W0268466

Technische Physik der Werkstoffe

Von

Dr. C. Zwikker

o. Professor für reine und angewandte Physik
an der Technische Hoogeschool Delft (Holland)

Mit 300 Abbildungen

Berlin
Springer-Verlag
1942

ISBN-13: 978-3-642-98119-7   e-ISBN-13: 978-3-642-98930-8
DOI: 10.1007/978-3-642-98930-8

Vorwort.

Das vorliegende Buch soll ein Versuch sein, alte und neue Einsichten in das Wesen des festen Körpers möglichst vollständig und einheitlich darzustellen. Den Inhalt bildet der durch Ergänzungen abgerundete Stoff von Vorlesungen, die an der Technischen Hochschule in Delft gehalten worden sind. Das bei diesen Vorlesungen in die Erscheinung getretene Bedürfnis nach einer umfassenden Einführung war der Anlaß zur vorliegenden Arbeit.

Die bei der Abfassung des Werkes zu überwindenden Schwierigkeiten hatten ihren Hauptgrund in der gewaltigen Stoffülle. Der Inhalt jedes einzelnen Kapitels, ja vielleicht schon eines Paragraphen, hat zu Monographien und Handbuchartikeln Veranlassung gegeben, die an Umfang bisweilen das vorliegende Buch übertreffen. Sollte es überhaupt gelingen, auf knappem Raum eine Gesamtübersicht über die Eigenschaften der festen Stoffe zu geben, so war eine fortgesetzte durchgreifende Einschränkung unerläßlich, sowohl in bezug auf die Auswahl der zu behandelnden Fragen wie auch in der Behandlungsweise der schließlich gewählten Probleme. Anfangs geplante Sonderausführungen über Erscheinungen, die auf Inhomogenität, Porosität, Oberflächeneigenschaften usw. beruhen, habe ich aus solchen Gründen wieder aufgegeben und versucht, die wichtigsten dahin gehörigen Angaben in den übrigen Kapiteln unterzubringen.

Grundsätzliche Bedeutung für die Darstellung hat der Entschluß, auf die Beschreibung aller experimentellen Verfahren zu verzichten. Diese Entscheidung ist mir deshalb so schwer gefallen, weil das Übergehen der experimentellen Einzelheiten eine Erörterung über die Zuverlässigkeit der experimentellen Ergebnisse unmöglich macht. Ich möchte daher dem Leser von vornherein zu bedenken geben, daß Meßresultate nur teilweise absoluten Wert haben; sie müssen immer im Zusammenhange mit den Unvollkommenheiten der Stoffreinheit und der Fehlergrenzen der Experimentiertechnik bewertet werden. In bezug auf die experimentellen Verfahren sei vor allem verwiesen auf das umfassende Werk „Handbuch der Werkstoffprüfung", herausgegeben von Prof. Dr.-Ing. E. Siebel, und auf die bekannten Hand- und Lehrbücher der Physik.

Die Behandlung der theoretischen Fragen stellt immer das anschauliche physikalische Bild in den Vordergrund; die mathematischen Berechnungen sind nur so weit durchgeführt, als sie sich zur Formung des physikalischen Gedankenganges nicht umgehen lassen. Oft hat die mathematische Darstellung wesentlich dadurch gekürzt werden können, daß Verzicht geleistet wurde auf die exakte Berechnung von Zahlenwerten, deren Kenntnis die physikalische Einsicht kaum verbessern oder der experimentellen Nachprüfung nicht zugänglich sein würde.

Das Buch setzt beim Leser keine eingehenden Kenntnisse der mathematischen Physik voraus. Die der Quantentheorie oder der Thermodynamik entlehnten Gleichungen sind ohne Beweis hinzunehmen. Für genauere Darlegungen sei auf die zahlreichen Lehrbücher dieser Teilgebiete verwiesen.

Ich bin mir bewußt, daß vielfach auch unter den Fachgelehrten noch keine Übereinstimmung besteht in den Ansichten bezüglich des wirksamen Mechanismus oder der Fragen nach den relativen Beiträgen mehrerer möglichen inneren Wirkungen, die zu demselben äußeren Effekt führen. Gegenüberstellung der abweichenden Ansichten und ihre kritische Erörterung wäre aber mehr die Aufgabe einer besonderen Monographie als dieses Buches gewesen. Im Rahmen der erforderlichen Raumbeschränkung war es nicht möglich, alle Behauptungen vollständig zu belegen; ich habe jedoch versucht, nur solche Ansichten zu bringen, die allgemein oder doch wenigstens durch die Mehrheit der Fachgenossen anerkannt worden sind.

Der Natur der Sache nach sind viele zahlenmäßig angebbare Stoffeigenschaften in Form von Tabellen und zeichnerischen Darstellungen aufgenommen, so daß ich mir vorstellen könnte, dieses Buch ließe sich in einzelnen Fällen als Nachschlagewerk benutzen. Dazu sei indessen bemerkt, daß diese ausgewählten Angaben oft nur die Bedeutung von Beispielen zur Erläuterung des Textes haben, die Forderung der Vollständigkeit ist also bei weitem nicht erfüllt. Die in die Form einer Thermometerskala gebrachten Übersichtsfiguren, die einige numerisch stark voneinander abweichende Eigenschaften verschiedener Stoffe veranschaulichen, sollen mehr zum Vergleich der Größenordnungen dienen, als daß sie eine bestimmte Genauigkeit verbürgen. In mehreren Fällen habe ich es bewußt unternommen, für eine Reihe Stoffe zwei Größen zeichnerisch in Abhängigkeit voneinander zu bringen, bisweilen, um gewisse im Texte besprochene Zusammenhänge zu prüfen (z. B. die GRÜNEISENschen Regeln), dann aber auch, um auf gewisse Regelmäßigkeiten hinzudeuten, die zwar noch zu viele Ausnahmen zeigen, um als gesetzmäßig anerkannt zu werden (z. B. Abb. 132 und 136), aber doch für die allgemeine Einsicht einen gewissen Wert haben dürften.

Herr Dipl.-Ing. E. W. VAN HEUVEN hat mich bei der Herstellung der Abbildungen aufs wirksamste unterstützt. Ich möchte ihm an dieser Stelle meinen herzlichen Dank aussprechen.

Mein besonderer Dank gebührt dem Springer-Verlag für die Sorgfalt mit der er trotz aller Zeitumstände die Ausstattung des Buches durchgeführt hat.

Delft (Holland), im Dezember 1941.

C. ZWIKKER.

Inhaltsverzeichnis.

I. Bausteine und Elementarkräfte.

1. Die Größe der Atome und Ionen.

Die elementaren Bausteine des festen Körpers sind die Atome und
die Ionen des periodischen Systems (s. Tab. 1). Die für den Aufbau
des festen Körpers wichtigsten Eigenschaften dieser Bausteine sind das
Volumen, die elektrische Ladung, die Ionisierbarkeit und die Polarisierbarkeit.

Tabelle 1. Das periodische System der Elemente.

Die mit ausgezogenen starken Strichen umrahmten Elemente sind die Metalloide,
die gestrichelt umrahmten die amphoteren Elemente. S bedeutet Supraleiter.

	1 H									2 He
1. Periode	3 Li	4 Be	5 B	6 C	7 N	8 O	9 F			10 Ne
2. Periode	11 Na	12 Mg	13 Al	14 Si	15 P	16 S	17 Cl			18 Ar
3. Periode	19 K	20 Ca	21 Sc	22 Ti^S	23 V	24 Cr	25 Mn	26 Fe	27 Co	28 Ni
	29 Cu	30 Zn	31 Ga^S	32 Ge	33 As	34 Se	35 Br			36 Kr
4. Periode	37 Rb	38 Sr	39 Y	40 Zr	41 Nb^S	42 Mo	43 Ma	44 Ru	45 Rh	46 Pd
	47 Ag	48 Cd	49 In^S	50 Sn^S	51 Sb	52 Te	53 J			54 X
5. Periode	55 Cs	56 Ba	S. E.	72 Hf	73 Ta^S	74 W	75 Re	76 Os	77 Ir	78 Pt
	79 Au	80 Hg^S	81 Tl^S	82 Pb^S	83 Bi	84 Po	85 —			86 Nt
6. Periode	87 —	88 Ra	89 Ac	90 Th^S	91 Pa	92 U				

Seltene Erden	57 La	58 Ce	59 Pr	60 Nd	61 Il	62 Sm	63 Eu	64 Gd
		65 Tb	66 Dy	67 Ho	68 Er	69 Tu	70 Yb	71 Cp

Abb. 1 gibt uns eine Übersicht über die Halbmesser der edelgasähnlichen Ionen und Atome. Nach den Anschauungen von KOSSEL und
vielen andern haben alle Atome die Neigung, sich durch Aufnehmen
oder Abgabe von Elektronen in Ionen umzuformen, die eine Elektronenhülle von Edelgasstruktur besitzen, d. h. eine Struktur, bei der die
äußerste Elektronenschale abgeschlossen ist. Daher interessieren uns
die edelgasartigen Gebilde am meisten. Zum besseren Verständnis der
Abb. 1 sei noch folgendes bemerkt. Betrachten wir z. B. den dritten
Ast, auf dem alle argonähnlichen Gebilde angedeutet sind. Das Edelgas

Argon hat im periodischen System die Ordnungszahl $Z = 18$, und seine
Elektronen sind über drei Schalen verteilt: die K-Schale enthält 2 Elektronen, die L-Schale 8 und die M-Schale gleichfalls 8 Elektronen (s. Tab. 2
auf S. 3). Das Element K ($Z = 19$) geht nach Abgabe eines Elektrons
über in das Ion K^+, das ebenso wie Ar 18 Elektronen besitzt. Die Kernladung beträgt aber eine Einheitsladung mehr als beim Ar-Atom, so
daß die Elektronen fester gebunden sind. Daher ist das K^+-Ion etwas

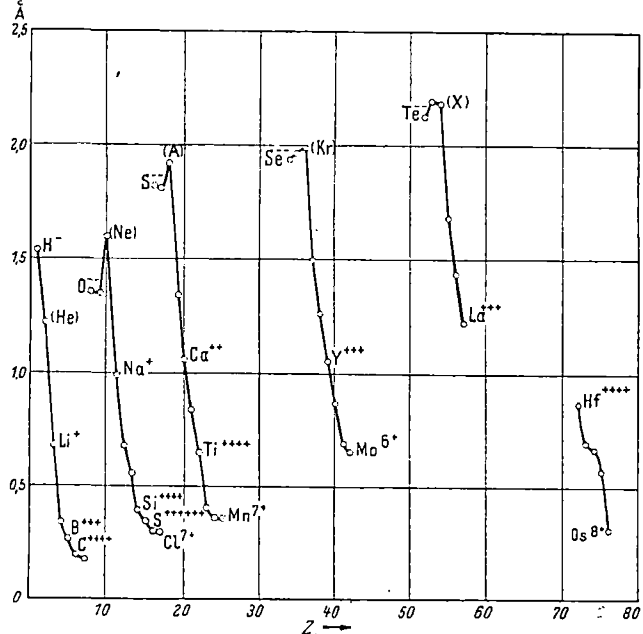

Abb. 1. Radien der edelgasähnlichen Ionen und Atome. Z = Ordnungszahl.
(Nach GOLDSCHMIDT: Handb. der Physik von H. GEIGER u. K. SCHEEL XXIV/2.)

kleiner als das Ar-Atom. So fortgehend leuchtet ein, daß Ca^{++} ($Z = 20$)
wieder kleiner sein muß als K^+, Sc^{+++} ($Z = 21$) nochmals kleiner usw.
Das Chlor ($Z = 17$) andererseits muß ein Elektron aufnehmen, um
argonähnliche Struktur zu erzielen. Die dann vorhandenen 18 Elektronen kreisen aber um eine Kernladung 17, die kleiner ist als im Falle
des Argons; die daraus folgende geringere Anziehung hat ein Cl^--Ion
zur Folge, das größer ist als das Ar-Atom. Ähnliches ist in erhöhtem
Maße von S^{--}, P^{---} usw. zu sagen. Hinsichtlich dieser Überlegungen
sind die Edelgaspunkte in der Abb. 1 zu hoch angegeben. Es sei aber
bemerkt, daß diese Atomradien, die mit denjenigen der Abb. 4 übereinstimmen, in anderer Weise abgeschätzt worden sind als die Ionenradien.

Die Wasserstoffverbindungen HCl, H_2O, NH_3, OH^- und NH_4^+ haben
auch edelgasartige Elektronenstruktur. Das kleine H^+-Ion dringt näm-

Tabelle 2. Der Aufbau der Elektronenhülle der Atome und die Füllung der Teilschalen.

Schale	K	L	M	N	O	P	Q
Teilschale	1s	2s 2p	3s 3p 3d	4s 4p 4d 4f	5s 5p 5d	6s 6p	7s 7p
1 H — 2 He	1-2						
3 Li — 10 Ne	2	1 — 8					
11 Na — 18 Ar	2	2 + 6	1 — 8				
19 K — 20 Ca	2	2 + 6	2 + 6	1-2			
21 Sc — 28 Ni	2	2 + 6	2 + 6 + 1-8	2			
29 Cu — 36 Kr	2	2 + 6	2 + 6 + 10	1 — 8			
37 Rb — 38 Sr	2	2 + 6	2 + 6 + 10	2+6	1-2		
39 Y — 40 Zr	2	2 + 6	2 + 6 + 10	2+6+1-2	2		
41 Nb — 45 Rh	2	2 + 6	2 + 6 + 10	2+6+4-8	1		
46 Pd	2	2 + 6	2 + 6 + 10	2+6+10			
47 Ag — 54 Xe	2	2 + 6	2 + 6 + 10	2+6+10	1 — 8		
55 Cs — 56 Ba	2	2 + 6	2 + 6 + 10	2+6+10	2+6	1-2	
57 La	2	2 + 6	2 + 6 + 10	2+6+10	2+6+1	2	
58 Ce — 71 Lu	2	2 + 6	2 + 6 + 10	2+6+10+1-14	2+6+1	2	
72 Hf — 78 Pt	2	2 + 6	2 + 6 + 10	2+6+10+14	2+6+2-8	2	
79 Au — 86 Nt	2	2 + 6	2 + 6 + 10	2+6+10+14	2+6+10	1 — 8	
87 — — 94 —	2	2 + 6	2 + 6 + 10	2+6+10+14	2+6+10	2+6	1 — 8

lich in die Elektronenhülle des elektronegativen Elements, so daß z. B. für die Verbindung H^+Cl^- (Abb. 2) ein Gebilde entsteht, das zwischen Cl^- und Ar liegt. Bewegte sich nämlich das H^+-Ion aus dem Unendlichen bis an den Cl-Kern, dann hätten wir den stetigen Übergang von Cl^- in Ar vor uns. Bei HCl befindet sich H^+ in einiger Entfernung vom Cl-Kern, so daß das Volumen von

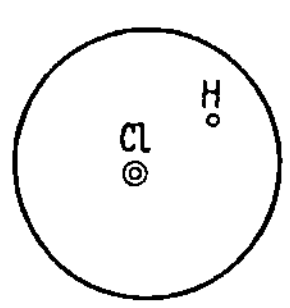

Abb. 2. Lage der Cl- und H-Kerne innerhalb der Elektronenhülle des HCl-Moleküls.

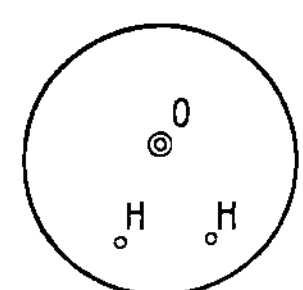

Abb. 3. Lage der O- und H-Kerne innerhalb der Elektronenhülle des H_2O-Moleküls.

HCl zwischen denen von Cl^- und Ar liegt. Ähnliches läßt sich für H_2O (Abb. 3) usw. sagen.

In Abb. 4 sind die Halbmesser der *Atome* angegeben. Die Atome einer Periode des periodischen Systems sind durch eine Kurve verbunden. Der teilweise abwärts gerichtete Verlauf einer solchen Kurve ist folgendermaßen zu verstehen. Beim K-Atom (Z = 19) wird das Valenzelektron angezogen von einem Atomrest mit einer Gesamtladung, die 1 Einheitsladung beträgt. Beim zweiwertigen Ca (Z = 20) sind die beiden Valenzelektronen an einem Atomrest mit doppelter Ladung gebunden. Sie

werden sich demzufolge enger an diesen Atomrest anschließen als beim
Kalium. Trotz der Zunahme der Elektronenzahl nimmt jedoch das Atomvolumen ab. Das Volumen ist für die Elemente in der Mitte der Periode

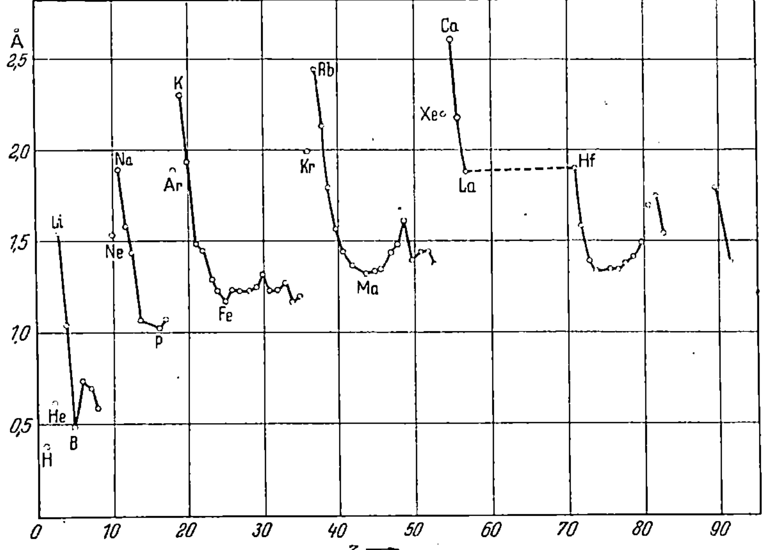

Abb. 4. Radien der Atome. Z = Ordnungszahl. (Nach GEIGER-SCHEEL: Handb. der Physik XXIV/2.)

minimal (Abb. 6). Die gegenseitige Abstoßung der Elektronen bewirkt
offenbar eine Vergrößerung des Volumens in der zweiten Hälfte der
Periode.

Die von verschiedenen Verfassern angegebenen numerischen Werte
der Atom- und Ionenradien weichen je nach den benutzten Abschätzungs-

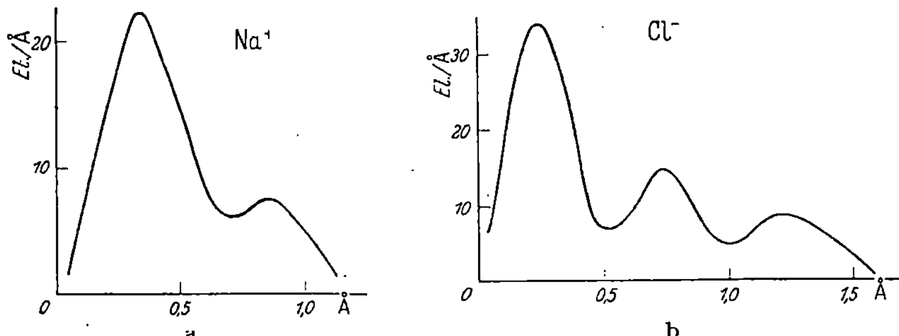

Abb. 5. Verteilung der Ladung in der Elektronenhülle der Na+- und Cl⁻-Ionen.

verfahren[1] voneinander ab. Diese Unterschiede haben keine wesentliche
Bedeutung, wenn man bedenkt, daß die Elektronenhüllen nicht scharf

---

[1] GOLDSCHMIDT: Ber. dtsch. chem. Ges. **60**, 1263 (1927). — PAULING: J. Amer.
chem. Soc. **49**, 765 (1927).

begrenzt sind, sondern an Dichte stetig nach außen abnehmen (s. Abb. 5, wo die Ladungsdichten der Elektronenhüllen von Na^+ und Cl^- angegeben sind im Vergleich mit den Zahlenwerten, die aus Abb. 1 für die Halbmesser dieser Ionen hervorgehen).

Die weitaus kleinsten Atome haben Beryllium, Bor, Kohlenstoff (Halbmesser 0,75 Å), Stickstoff und Sauerstoff. Sie kommen daher zuerst in Betracht für den Einbau zwischen den Gitterbausteinen von Kristallen und für Diffusion durch diese Kristalle hindurch. Ein nach dem Prinzip

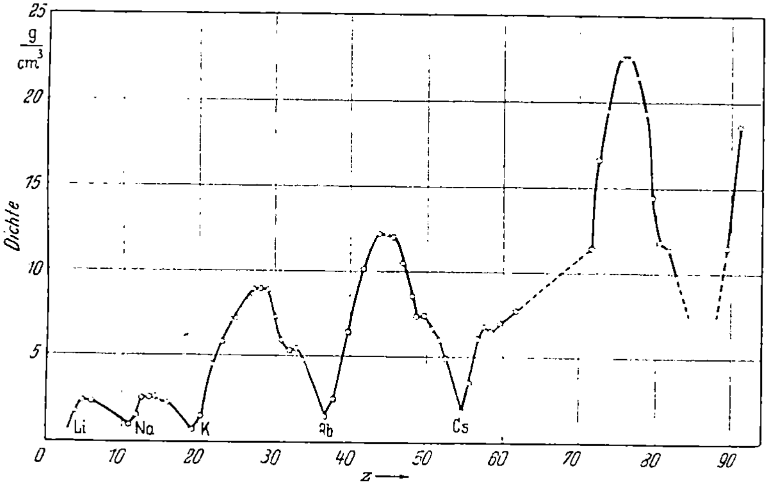

Abb. 6. Dichte der festen Elemente. Z = Ordnungszahl.

der dichtesten Kugelpackung gebauter Kristall (Abb. 17) enthält Hohlräume, worin Platz ist für eine Kugel mit einem Halbmesser, der kleiner ist als der 0,41fache Radius der Gitterbausteine. Ein Blick auf Abb. 4 lehrt, daß hiernach C in mehrere Metallgitter eingebaut werden kann. Für die Diffusion durch eine Ebene, die nach dem Prinzip der dichtesten Kugelpackung gefüllt ist, muß der Halbmesser des diffundierenden Atoms aber kleiner sein als ein Fünftelradius der Gitterbausteine. Dieser Anforderung genügt selbst das C-Atom nicht. Bei anderen Packungen des Gitters bleiben aber größere Öffnungen frei, und dann ist Diffusion von C (und vielleicht auch von Be, N und O) stereometrisch sehr wohl möglich (vgl. S. 127).

2. Ionisierbarkeit und Polarisierbarkeit.

Die Ionisierbarkeit der Atome ist in Abb. 7 wiedergegeben. Die Kurven, die die Elemente einer horizontalen Reihe des periodischen Systems verbinden, sind denen der Atomvolumina sehr ähnlich. Über ihren abwärts gerichteten Verlauf ist dasselbe zu sagen wie oben bei den Atomvolumenkurven. In Abb. 8 sind nicht nur die zur einmaligen

Ionisation nötigen Energien, sondern auch die höheren Ionisierungsenergien dargestellt.

Schließlich gibt Abb. 9 die Polarisierbarkeit der edelgasähnlichen Ionen und Moleküle wieder. Die Polarisierbarkeit α ist definiert durch die Gleichung:

$$p = \alpha F,$$

wo F die angelegte elektrische Feldstärke bedeutet und p das daraus durch Deformation der Elektronenhülle sich ergebende elektrische Dipol-

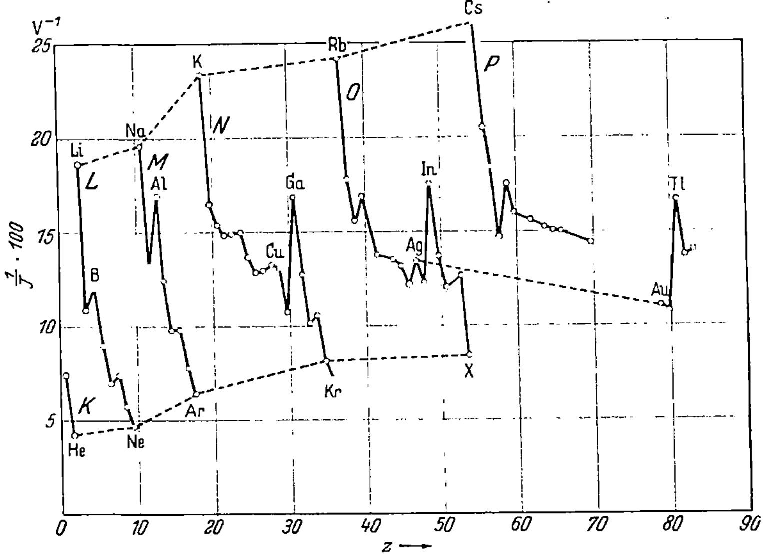

Abb. 7. Ionisierbarkeit der Atome. J = Ionisierungsspannung. (Nach GEIGER-SCHEEL: Handb. der Physik XXIV/2.)

moment. Die Dimension von α ist bei Benutzung elektrostatischer Einheiten ein Volumen, und die Rechnung zeigt, daß in grober Annäherung α gleich dem Volumen des entsprechenden Ions oder Atoms sein muß.

Bekanntlich hängt α theoretisch eng zusammen mit dem Brechungsindex n, und zwar mittels der LORENTZ-LORENZschen Gleichung:

$$\frac{n^2 - 1}{n^2 + 2} \cdot \frac{M}{\varrho} = \frac{4\pi}{3} N \sum \alpha.$$

Hierin ist: M = Molargewicht, ϱ = Dichte, N = LOSCHMIDTsche Zahl und $\sum \alpha$ die Summe der Polarisierbarkeiten der sämtlichen das Molekül bildenden Atome. Das so zum Ausdruck gebrachte Additivitätsgesetz ist durch zahllose Refraktionsbestimmungen sehr allgemein experimentell bestätigt worden. Das heißt, daß die Polarisierbarkeit durch chemische Bindung nur wenig beeinflußt wird und sicher nicht durch rein physikalische Mischung oder durch Aggregationsänderung. Wohl ist ein

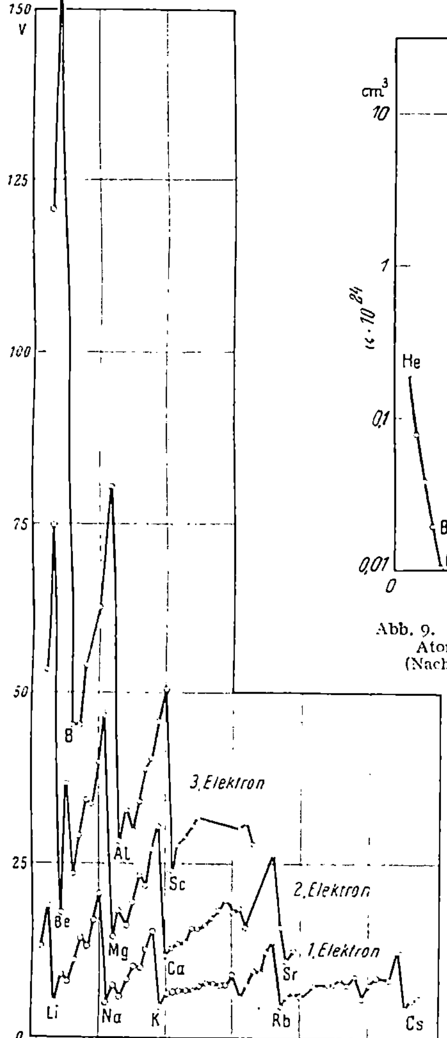

Abb. 8. Erste, zweite und dritte Ionisierungsarbeit in Elektronenvolt. Z = Ordnungszahl. (Nach Geiger-Scheel: Handb. der Physik XXIV/2.)

Abb. 9. Polarisierbarkeit der edelgasähnlichen Ionen und Atome in cgs-Einheiten (cm³). Z = Ordnungszahl. (Nach Geiger-Scheel: Handb. der Physik XXIV/2.)

Einfluß von etwaigen doppelten oder dreifachen Bindungen gefunden worden, und zwar liefern diese einen beträchtlichen Sonderbeitrag zur Gesamtpolarisation. Der Beitrag zur linken Seite der angegebenen Gleichung beläuft sich für ein mit vier einfachen Bindungen gebundenes Kohlenstoffatom auf $2{,}418\,\mathrm{cm}^3$; eine Doppelbindung $C=C$ liefert darüber hinaus $1{,}733\,\mathrm{cm}^3$; für eine dreifache Bindung $C\equiv C$ wird der Mehrbetrag $2{,}398\,\mathrm{cm}^3$. Aus Refraktionsmessungen an $C=O$ und $C\equiv N$ enthaltenden Stoffen geht weiter hervor, daß auch hierbei die Stellen mehrfacher Bindung außerordentlich stark polarisierbar sind.

3. Die elementaren Bindungskräfte.

Die elementaren Bindungskräfte der Atomphysik sind dreierlei Art:

a) Coulombkräfte;

b) Van der Waals-Kräfte;

c) Valenzkräfte.

a) Die Coulombkraft zwischen zwei Ladungen ist umgekehrt proportional dem Quadrate des Abstandes r, die Energie also $\sim r^{-1}$, und zwar $\varphi = -\dfrac{e_1 e_2}{r}$. Elektrische Kräfte zwischen Ladungen und Dipolen, bzw. zwischen Multipolen untereinenander, gehen wie r^{-n} ein, wobei n eine ganze Zahl bedeutet, die größer als 2 ist. Die elektrischen Kräfte sind auch in verwickelteren Fällen weitgehend zur Berechnung geeignet[1].

b) Die Van der Waals-Energie zweier Partikeln ergibt sich als proportional zu r^{-6}, die Kraft also proportional zu r^{-7}. Man hat drei Ursachen für diese Energie gefunden, nämlich einen „Dispersions"-beitrag (LONDON), einen „Induktions"beitrag (DEBYE) und einen „Orientierungs"beitrag (KEESOM).

Diese Effekte kommen auf folgende Weise zustande:

Die schnelle Bewegung der Elektronen in der Elektronenhülle erzeugt zeitlich schnell wechselnde Dipolmomente, die nach LONDON der Polarisierbarkeit der Hülle proportional sind. Zwei solche Hüllen üben Kräfte aufeinander aus, die im Mittel anziehend sind. Die entsprechende Energie ist:

$$\varphi_{\text{Disp.}} \cdot \quad \frac{3}{4} \cdot \frac{x^2 E_0}{r^6} \cdot$$

wo E_0 eine für das Atom (Ion) charakteristische Größe bedeutet, die zwischen der niedrigsten Anregungsenergie und der Ionisierungsenergie liegt.

Ein Molekül, das ein *permanentes* Dipolmoment trägt, induziert in benachbarten Molekülen ein sekundäres Dipolmoment; primärer und sekundärer Dipol üben Anziehungskräfte aufeinander aus, die abhängig von dem Winkel zwischen dem primären Dipolmoment und der Verbindungslinie der beiden Moleküle sind. Im Mittel resultiert eine Anziehungsenergie mit dem Werte:

$$\varphi_{\text{Induktion}} \cdots - 2 \frac{\mu^2 x}{r^6} \cdot$$

wobei μ das permanente Dipolmoment ist und x die Polarisierbarkeit der zweiten Partikel.

Zwei permanente Dipole beeinflussen einander natürlich gleichfalls, und auch hier kann sowohl Anziehung wie Abstoßung auftreten. Mittelung über alle Richtungsmöglichkeiten liefert die Anziehungsenergie:

$$\varphi_{\text{Orientierung}} = -\frac{2}{3 k T} \frac{\mu^4}{r^6} \cdot$$

In den meisten Fällen übersteigt der Dispersionseffekt die beiden anderen Van der Waals-Effekte; nur im Falle sehr großer Werte des permanenten

---

[1] ARKEL, A. E. v., u. J. H. DE BOER: Chemische Bindung als elektrostatische Erscheinung. 1931.

Dipolmomentes überwiegt der Orientierungseffekt. Der Induktionseffekt ist nie der größte, obwohl er in Einzelfällen wohl die zweite Stelle einnehmen kann.

Untenstehende Tabelle zeigt die Werte der Van der Waals-Energie für einige Molekelarten[1] (für $T = 293^\circ$ K, $r = 10$ Å) in 10^{-18} erg:

	Orientierungs-energie	Induktions-energie	Dispersions-energie	$\mu \cdot 10^{18}$ E.S.E.	$\nu \cdot 10^{24}$ cm³	E_0 eV
CO	0,0034	0,057	-· 67,5	0,12	1,99	14,3
HJ	0,35	· 1,68	·382	0,38	5,4	12
HBr	6,2	· 4,05	176	0,78	3,58	13,3
HCl	18,6	5,4	· 105	1,03	2,63	13,7
NH₃	84	10	93	1,5	2,21	16
H₂O	190	10	· 47	1,84	1,48	18

c) **Valenzkräfte.** Die Valenzkraft rührt von der Wechselwirkung zweier Valenzelektronen her, einer Wirkung, die sich nicht durch ein anschauliches Bild verdeutlichen läßt und die in der Quantentheorie

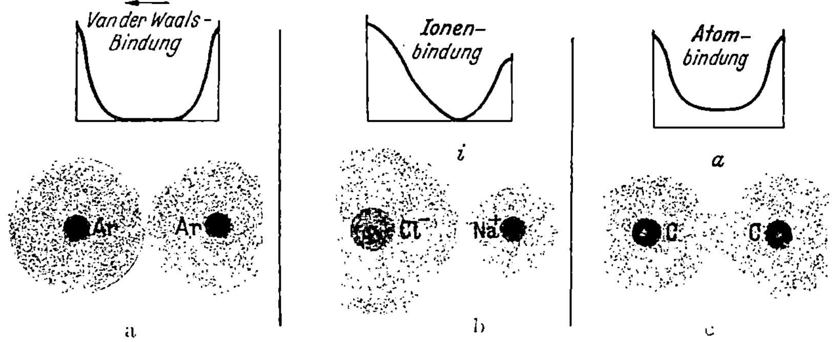

Abb. 10. Ladungsdichte bei: a) VAN DER WAALS-Bindung; b) Ionenbindung; c) Atombindung (Valenzbindung). [Nach GRIMM: Naturwiss. 27 (1939).]

als Austauscheffekt oder Resonanzeffekt bekannt ist. Die Bindungsenergie ist nicht eine einfache Funktion der Entfernung, und in vielen Fällen hat sie für alle Abstände die Bedeutung einer Abstoßungsenergie. Bisweilen geht sie durch ein negatives Minimum, das in recht kleinen Abständen liegt. Der Wirkungsradius der anziehenden Valenzkräfte ist daher immer sehr klein.

Ein weiteres Charakteristikum der Valenzkräfte ist ihre Absättigung und ihre räumliche Verteilung. Die erste Erscheinung hängt mit der Zahl der verfügbaren Valenzelektronen zusammen. Die zweite ist auch theoretisch gedeutet worden. Wenn z. B. ein Sauerstoffatom zwei andere Atome mit Valenzkräften festhält, nehmen diese Atome vorzugsweise eine solche Stelle ein, daß die beiden „Valenzarme" senkrecht aufein-

[1] LONDON, F.: Trans. Faraday Soc. 22, 19 (1937).

anderstehen. Bei dem dreiwertigen N sind drei zueinander senkrechte Valenzrichtungen bevorzugt, bei dem vierwertigen C-Atom richten die vier Valenzarme sich vorzugsweise nach den Eckpunkten eines regelmäßigen Tetraeders, wie es die Stereochemie schon längst gelehrt hat.

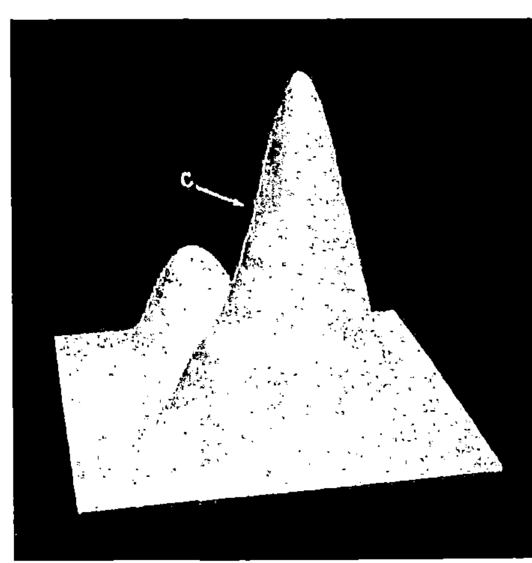

Abb. 11. Elektronendichteverteilung im Thioharnstoff $CS(NH_2)_2$. Die tieferen Spitzen sind (NH_2) , die höhere Spitze $(CS) + +$. Die NH-Bindung ist ebenso wie die CS-Bindung homöopolar (Valenzbindung). Die Bindung zwischen den Gruppen NH_2 und CS ist heteropolar (Ionenbindung). [Nach R. W. G. Wyckoff u. R. B. Corey: Z. Kristallogr. 81 (1932).]

Die Valenzkräfte sind demnach bei willkürlicher Lage der beiden Partner nicht rein zentral gerichtet, sondern besitzen auch eine Querkomponente.

Es ist nur in wenigen Fällen sichergestellt, ob ein zweiatomiges Molekül aus zwei Ionen besteht, die sich mittels der Coulombkraft festhalten (heteropolare Bindung), oder aus zwei Atomen, die sich durch Valenzkräfte festhalten (homöopolare Bindung). Prinzipiell ist zwischen den beiden Bindungsarten zu entscheiden mittels der Methode der Röntgeninterferenzen[1]; in den meisten Fällen hat man jedoch die Sicherheit auf indirektem Wege erreicht. Durch das Röntgenverfahren bestimmt man die Dichteverteilung der Elektronen, die in den drei Bindungsfällen verschieden ist. In Abb. 10a, b und c ist in schematischer Form eine Darstellung dieser Dichteverteilungen[2] gegeben. Die Abb. 11 zeigt die Verteilung der Elektronendichte in Thioharnstoff $CS(NH_2)_2$.[3]

4. Abstoßungskräfte.

Außer Anziehungskräften müssen auch Abstoßungskräfte bestehen, damit die Bausteine in endlicher Entfernung voneinander ihre Gleichgewichtsstelle finden.

Wir sahen oben schon, daß die Austauschenergie eines Elektronenpaares positiv (abstoßend) sein kann. Sie wird sicher positiv, wenn die beiden Atome einander genügend durchdringen. Die quantentheoretisch berechnete Formel für diesen Effekt ist ziemlich verwickelt. Nach

[1] Bragg, W. L., u. J. West: Z. Kristallogr. 69, 118 (1928). - Grimm: Z. angew. Chem. 48, 785 (1935).

[2] Grimm, H. G.: Naturwiss. 27, 1 (1939).

[3] Wyckoff. R. W. G., u. R. B. Corey: Z. Kristallogr. 81, 391 (1932).

Lennard-Jones beträgt das Abstoßungspotential in einer Entfernung r für zwei Atome, die nur zwei Elektronenschalen besitzen[1]:

$$\varphi_{\text{abst.}}(r) = \frac{e^2 w}{r}\, e^{-\eta}\left(\frac{8}{\eta} + 6 + 2\eta + \frac{\eta^2}{2}\right)$$

mit $\eta = w \cdot \dfrac{r}{r_0}$ und $w =$ Wertigkeit; der Halbmesser r_0 des Bohrschen Wasserstoffatoms ist:

$$r_0 = \frac{h^2}{4\pi^2 m\, e^2} = 0{,}53 \ \text{ÅE.}$$

Einen positiven Beitrag zur Energie liefert auch das Pauli-Verbot, welches untersagt, daß in einem gewissen gequantelten Zustande mehr als zwei Elektronen anwesend sein dürfen. Es ist z. B. nicht möglich, beim Li-Atom ($Z = 3$) dem dritten Elektron einen Platz in der K-Schale zu geben; es stellt sich mit erheblich größerer Energie in die L-Schale. Das Pauli-Verbot drängt die Elektronen in höhere Energiezustände nicht nur im Atom, sondern auch im Molekül und im Kristall. Bei den Metallen, in denen wir die Valenzelektronen als frei beweglich voraussetzen, erhalten diese auf Grund des Pauli-Verbotes erheblich hohe Geschwindigkeiten. Diese positive, wenn auch größtenteils kinetische Energie wirkt doch dazu mit, den Gitterabstand zu bestimmen, der ja von dem Prinzip der minimalen freien Energie bedingt wird.

5. Der Miesche Ansatz für die Gitterenergie.

Nach dem Vorgange von Mie setzt man für das gegenseitige Potential zweier Gitterpunkte eine Beziehung an von der Form:

$$\varphi(r) = -\frac{a}{r^m} + \frac{b}{r^n}\,.$$

n soll größer als m sein, damit eine Gleichgewichtslage besteht (Abb. 12).

Wegen der Absättigung und infolge des gerichteten Charakters der Valenzkräfte dürfen wir einen solchen Ansatz nicht auf Valenzgitter anwenden. Es bleiben diejenigen Gitter übrig, die von Van der Waals- oder von Coulombkräften zusammengehalten werden; dennoch ist der Ansatz als eine rohe Annäherung an die Wirklichkeit anzusehen.

Bei den heteropolaren Kristallen läßt sich das

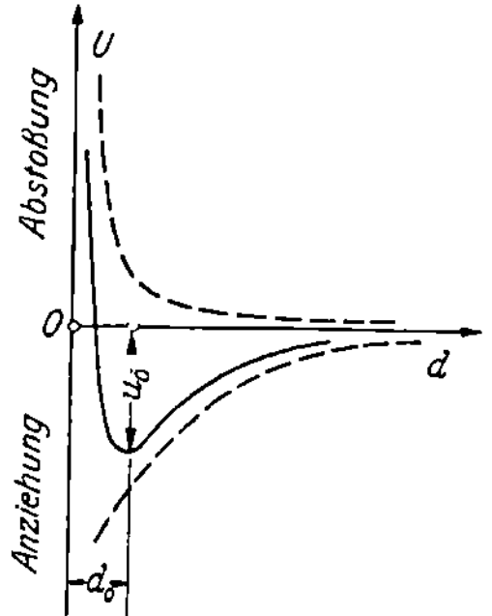

Abb. 12. Energie der anziehenden und abstoßenden Kräfte des Gitters sowie die Gesamtenergie als Funktion des Abstandes zweier Nachbarpartikeln (sehr schematisch).

Anziehungspotential $-\dfrac{a}{r^m}$ genau angeben, nämlich einfach $-\dfrac{e^2 w_1 w_2}{r}$, wo w_1 und w_2 die Valenzen der beiden Ionen sind; also ist $m = -1$. Bei

[1] Geiger, H., u. K. Scheel: Handb. der Physik XXIV/2, 176 (1933).

Van der Waals-Bindung (z. B. bei den festen Edelgasen) ist $m = 6$. Über den m-Wert bei Metallbindung s. unten.

Der Exponent n steht weniger fest, und es ist sehr wahrscheinlich, daß nur innerhalb sehr enger Grenzen des Abstandes r ein Potenzgesetz wie das genannte aufgestellt werden kann.

Die potentielle Energie des ganzen Gitters wird als Summe der $\varphi(r)$ über alle Gitterpunktpaare erhalten; sie erscheint in einer Form:

$$U_G = -\frac{A^*}{d^m} - \frac{B^*}{d^n},$$

wo d die Gitterkonstante bedeutet, A^* und B^* gewisse Summationsgrößen. Bemerken wir schließlich noch, daß die Gitterkonstante proportional $r^{-1/3}$ ist, so läßt sich der Miesche Ansatz wie folgt schreiben:

$$U_G = -\frac{A}{r^{m\,3}} - \frac{B}{r^{n\,3}}.$$

Wie gesagt, ist die Gültigkeit sehr anfechtbar; die Formel hat den Vorzug, einfache Struktur zu besitzen, und ermöglicht es uns daher, allerlei mathematische Folgerungen zu ziehen, die nachher geprüft werden können.

Versucht man das Lennard-Jonessche Abstoßungspotential durch ein einziges Glied b/r^n zu ersetzen, so hat man für eine gute Anpassung n wie folgt zu wählen, je nach dem Werte von η:

$$\eta = 4 \qquad 6 \qquad 8 \qquad 12$$
$$n = 3{,}08 \qquad 4{,}75 \qquad 6{,}56 \qquad 10{,}4$$

Dies führt für die Alkalihalogenide zu den folgenden Werten des Exponenten n:

	Na	K	Rb	Cs
F	10	9	9	10
Cl	9	8	8	9
Br	9	8	9	9
J	10	9	9	10

Im Mittel kann man also $n = 9$ setzen. Für Atome mit mehr als zwei Elektronenschalen ergeben sich höhere Werte von n (Abb. 13).

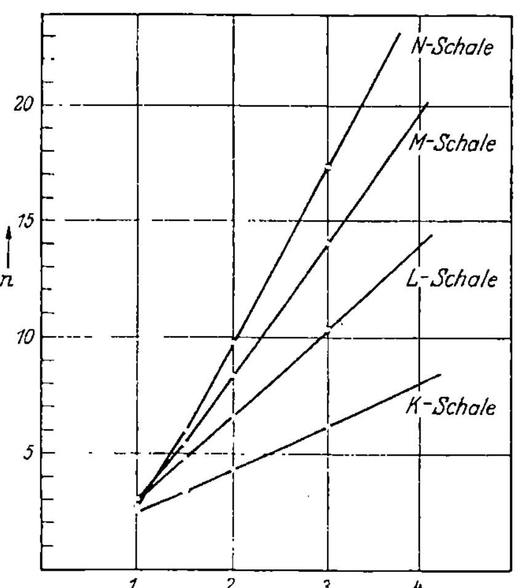

Abb. 13. Angenäherter Abstoßungsexponent als Funktion des Abstandes.
[Nach Z. Phys. 51, (1928).]

Für die heteropolaren Salze sind damit die Werte für m und n grundsätzlich bestimmt. Als charakteristische Werte für Ionengitter nehmen wir im folgenden: $m = 1$; $n = 9$.

6. Die Metallbindung.

Die Eigenart der Metalle äußert sich in dem geringen elektrischen Widerstand, in dem speziellen Metallglanz und in anderen Kennzeichen. Als Hauptursache dieses typisch metallischen Verhaltens sieht man die Existenz der freien Elektronen an. Die Metallatome sollen ihre Valenzelektronen loslassen, die sich ziemlich ungehindert von einem Ion zum nächsten bewegen können und so ein im großen und ganzen freies „Elektronengas" bilden. Dieses Elektronengas und das übrigbleibende Ionengitter üben gegenseitig anziehende Kräfte aufeinander aus, die in erster Linie elektrischer Natur sind. Man ist genötigt, die Wechselwirkung nach den Regeln der Wellenmechanik zu berechnen, eine schwierige Aufgabe, die erst in der letzten Zeit von WIGNER und SEITZ sowie von GOMBAS für einige Metalle gelöst worden ist[1]. Außer der gewöhnlichen elektrostatischen Energie, die auch klassisch zu deuten ist, begegnet man der sog. „Austauschenergie", d. i. ein quantenmechanischer Effekt, der klassisch gar nicht zu deuten ist und auch Veranlassung gibt für das Bestehen anderer, früher nicht zu erklärenden Kräfte, wie Valenzkräfte und Ferromagnetismus. Nach GOMBAS sind sowohl die COULOMBsche wie die Austauschenergie umgekehrt proportional dem Abstande der Teilchen und in der Formel für die Gitterenergie in dem Ausdruck $-A^*/d$ unterzubringen. Eine dritte Anziehungskraft, die von den einander anziehenden Elektronenspins herrührt, ist im allgemeinen klein.

Als Abstoßungspotential ist natürlich das auf S. 11 durch eine Formel dargestellte Verdrängungspotential vorhanden. Aus den Betrachtungen GOMBAS' ergibt sich aber, daß gegenüber diesem positiven Beitrag zur Kristallgitterenergie die kinetische Energie der Elektronen als überwiegend angenommen werden muß. Wie wir auf S. 192 näher besprechen werden, sind die Geschwindigkeiten der freien Elektronen gequantelt. Nach dem Pauliverbot kann jeder zugelassene Energiewert nur von zwei Elektronen (mit entgegengesetztem Spin) besetzt werden. Folglich sind alle niedrigen Energiestufen völlig besetzt, und die letzten Elektronen müssen recht hohe Energien haben (in der Größenordnung von 10 Voltelektronen). Die gesamte kinetische Energie des Elektronengases ist sehr bedeutend. Nach GOMBAS setzt sie sich für Kalium aus zwei Gliedern zusammen, von denen das eine proportional d^{-2} ist, das zweite und größere proportional d^{-3}. In erster roher Annäherung wird die Gitterenergie von Kalium also dargestellt durch:

$$U_G = -\frac{A}{V^{1/3}} + \frac{B}{V}.$$

---

[1] WIGNER u. SEITZ: Physic. Rev. **43**, 804 (1933). — GOMBAS, P.: Z. Physik **94**, 472; **95**, 687; **99**, 729; **100**, 599; **104**, 81, 592 (1937); **107**, 656 (1938).

Zahlenbeispiel. Für das Metall Kalium berechnet GOMBAS je Gramm-atom:

Energie der Coulombkräfte . . . . $-113,2$ kcal/Mol
  ,, der Austauschkräfte . . . . $-\ 57,9$,,
  ,, der Spinkräfte . . . . $-\ 18,2$,,
Kinetische Energie der Elektronen, quadratisch in $1/d$ $+\ 28,3$,,
Dasselbe, kubisch in $1/d$ . . . . $+\ 50,4$,,

Obwohl für die leichten Alkalien die Werte $m = 1$, $n = 3$ angenommen werden können, sind doch für die Metalle der höheren Reihen des periodischen Systems höhere Werte der Konstante n anzunehmen, bis zu dem aus der Abstoßungswirkung herkommenden Wert, der 9 und mehr beträgt nach Abb. 13.

7. Spezielle Atomeigenschaften.

Die Werkstoffe zeigen eine Reihe Eigenschaften, die ihrem Wesen nach dem Atom eigen sind. Teilweise offenbaren sie sich, unabhängig von dem Aufbau des festen Körpers, immer in derselben Weise.

Vor allen Dingen müssen in dieser Hinsicht die Kerneigenschaften genannt werden, wozu das Gebiet der künstlichen Radioaktivität gehört. Beryllium und Lithium haben eine Bedeutung als Neutronenquellen gewonnen; sie emittieren Neutronen nach Beschießung mit schweren Wasserstoffionen (Deutonen); man kann hierzu aber sowohl Salze dieser Elemente wie auch die Metalle selbst benutzen. Bei dem Bau kern-physikalischer Instrumente spielt weiter das Paraffin eine bedeutende Rolle als Schluckmittel für die Neutronenstrahlen. Das Paraffin enthält viele Wasserstoffkerne, die das gleiche Gewicht haben wie die Neu-tronen, und nach dem Zusammenstoß die ganze kinetische Energie des Neutrons übernehmen können.

Ebenso unabhängig von chemischer und physikalischer Bindung ist das Verhalten des Stoffes in bezug auf die Absorption von Röntgen-strahlen. Ein einfaches Gesetz besagt, daß der Schluckgrad der vierten Potenz der Atomnummer Z proportional ist. Auch der Nutzeffekt der Produktion von Röntgenstrahlen durch Elektronenstoß ist eine stark mit Z anwachsende Funktion. Diese Regeln haben im Gerätebau den Gebrauch des schweren Metalls Wolfram ($Z = 74$) veranlaßt als ,,Anti-kathode'' in den Röntgenröhren, sowie die Verwendung von Bleiblöcken und bleihaltigem Glas als Röntgenstrahlenschutz (Blei: $Z = 82$). Ande-rerseits hat man für Röntgenstrahlenfenster Glassorten geschaffen, die nur Elemente mit kleinem Z-Wert enthalten. Im ,,Lindemannglas'' ist das übliche Ca ($Z = 20$) ersetzt durch Be ($Z = 4$), das übliche K ($Z = 19$) durch Li ($Z = 3$) und das für Glas übliche Si ($z = 14$) durch Bor ($Z = 5$); dadurch rührt die Absorption wesentlich nur noch vom Sauerstoffgehalt ($Z = 8$) her.

Das merkwürdige Verhalten der ferromagnetischen Metalle hat eine befriedigende Erklärung gefunden auf Grund des Aufbauschemas für die Elektronenschalen. Dieser Aufbau, der sich aus spektroskopischen und anderen Daten für freie Atome ergeben hat, ist in Tab. 2 (S. 3) wiedergegeben. Obwohl Abweichungen hiervon für den festen Zustand immer zu erwarten sind, dürfte das Schema in großen Zügen doch auch für die festen Werkstoffe gültig sein. Es fällt auf, daß an einigen Stellen der Aufbau nicht in der äußersten Schale stattfindet, sondern in einer Innenschale. Zuerst tritt dies bei den Atomnummern 21 bis 28 auf, wo wir eben den ferromagnetischen Metallen Fe, Co und Ni begegnen.

Nach atomphysikalischen Ansichten kann eine abgeschlossene Elektronenschale kein magnetisches Moment zeigen. Zwar ist jedes Elektron Träger eines Momentes, das 1 Bohreinheit beträgt:

$$\left(= \frac{e}{m} \cdot \frac{h}{4\pi c} = 9{,}22 \cdot 10^{-21} \text{ Gauß cm} \right),$$

bei voller Besetzung der Schale sind aber sämtliche Elektronen so orientiert, daß sie sich in der magnetischen Wirkung gegenseitig neutralisieren. Bei nicht völlig gefüllten Schalen, so wie es die 3-d-Schale bei den Elementen 21 bis 28 ist, besteht aber die Möglichkeit des Auftretens nichtausgeglichener magnetischer Momente. Die Höchstwerte je Atom wären, wenn keine gegenseitige Ausgleichung aufträte, in Bohreinheiten:

21 Sc	22 Ti	23 V	24 Cr	25 Mn	26 Fe	27 Co	28 Ni
1	2	3	4	5	4	3	2

In Wirklichkeit zeigen die Höchstmagnetisierungen der Metalle Fe, Co und Ni die hier gegebene Reihenfolge: Das maximale Moment je Atom beträgt aber nur in dieser Reihenfolge: 2,2; 1,7 und 0,6 Bohreinheiten. Es gäbe also eine weitgehende gegenseitige Ausgleichung, oder — und das folgt aus anderen Erfahrungen — es hat Nickel im Metallzustande mehr als 8 Elektronen in der 3-d-Schale, und zwar 9,4 (S. 204).

Das Auftreten eines atomaren magnetischen Momentes ist ohnehin die Ursache eines starken Paramagnetismus. Man findet diese Eigenschaften wieder bei den weiter im periodischen System vorkommenden inneren Ausfüllungen, z. B. bei den seltenen Erden[1]. Der über den Paramagnetismus hinausgehende Ferromagnetismus soll nach HEISENBERG mit einer solchen Wechselwirkung zwischen den Atomen verknüpft sein, daß für bestimmte Werte des Atomabstandes maximale Gleichschaltungswirkung der atomaren Momente besteht. Zufällig genügen die Kristallgitter der Elemente 26 Fe, 27 Co und 28 Ni diesen Bedingungen, nicht aber die der Elemente 21 Sc bis 25 Mn.

Links und rechts von den ferromagnetischen Metallen finden wir 25 Mangan und 29 Kupfer. Es ist merkwürdig, daß bestimmte Legie-

---

[1] Gadolinium ist ferromagnetisch; Curiepunkt bei 16° C.

rungen dieser Elemente auch die ferromagnetischen Erscheinungen zeigen. Es sind dies die HEUSLERschen Legierungen: $AlMnCu_2$ und $SnMnCu_2$ (Abb. 224, S. 162). Möglicherweise sind die Mn-Atome in diesen Legierungen in den richtigen Abstand gekommen und müssen als die Träger des Ferromagnetismus angesehen werden. Es ist aber durchaus nicht ausgeschlossen, daß die Cu-Atome eine unvollständig abgeschlossene 3-d-Schale angenommen haben und deswegen zum Ferromagnetismus beitragen.

Haben wir bei der Deutung des Ferromagnetismus als Atomeigenschaft einen gewissen Erfolg errungen, so bleibt er aus bei der Suche nach den Ursachen für die Supraleitfähigkeit. Bis jetzt sind folgende Elemente supraleitfähig gemacht (der Sprungpunkt ist eingeklammert):

$Z = 22$	Titan	$(1,75° K)$	$Z = 73$	Tantal	$(4,4° K)$
31	Gallium	$(1,05° K)$	80	Quecksilber	$(4,22° K)$
41	Niob	$(8,2° K)$	81	Thallium	$(2,37° K)$
49	Indium	$(3,37° K)$	82	Blei	$(7,2° K)$
50	Zinn	$(3,71° K)$	90	Thorium	$(1,5° K)$

Diese Elemente sind ziemlich wahllos im periodischen System verteilt; höchstens ist eine Bevorzugung der amphoteren[1] Elemente bemerkenswert, die im System auf S. 1 mit einer Strichlinie umzogen sind. Noch mehr Willkür zeigt die Wahl der Legierungen, die supraleitend werden: NbC, MoC, ZrN, WC, Mo_2C, Au_2Bi, CuS. Bis jetzt sind alle Erklärungsversuche der Supraleitung gescheitert.

II. Aufbau des festen Körpers.

1. Die festen Elemente.

Die Einteilung der Elemente in Metalle und Metalloide, zwischen die sich mit ihrer doppellebigen Natur die amphoteren Elemente schalten, ist hauptsächlich im chemischen Verhalten begründet. Sie läßt sich aber auch sehr gut einhalten für den Aufbau des festen Zustandes der Elemente: die Metalloide zeigen homöopolare Bindung, die Metalle die typische Metallbindung, von der oben ausführlicher gesprochen wurde.

Homöopolare Bindung zeigen vorzugsweise diejenigen Atome, denen ein oder mehr Elektronen in der äußersten Schale fehlen. Bei der homöopolaren Bindung, z. B. von zwei Fluoratomen, deren jedes ein Elektron zu wenig hat, tritt ein Elektronenpaar auf als gleichzeitig zu beiden Atomen gehörig, wodurch beide Schalen vervollständigt sind. Die Nachbaratome der zweiwertigen Metalloide: O, S usw., können zwei Elektronenpaare bilden usw.

---

[1] Amphoter sind diejenigen Elemente, deren Hydroxyde chemisch das eine Mal als Base, das andere Mal als Säure reagieren können.

Mit Hilfe dieser Vorstellung ist der Kristallbau der Metalloide weitgehend verständlich. Die einwertigen Metalloide (Gruppe VII des periodischen Systems) bilden Atompaare (Moleküle) F_2, Cl_2 usw. Solche in
sich chemisch abgesättigten Moleküle werden in festem Zustande von

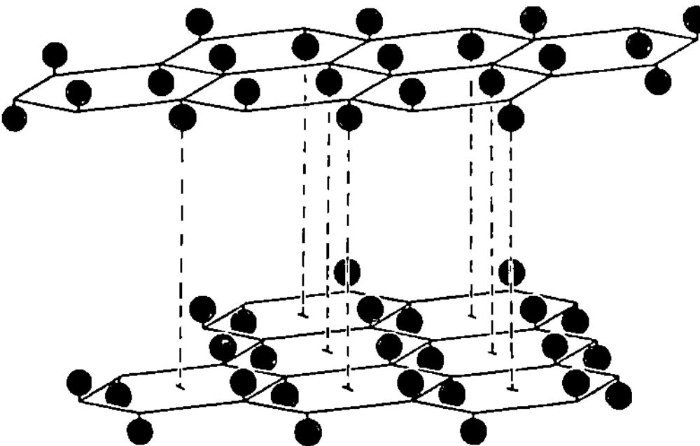

Abb. 14. Kristallgitter des Antimons.

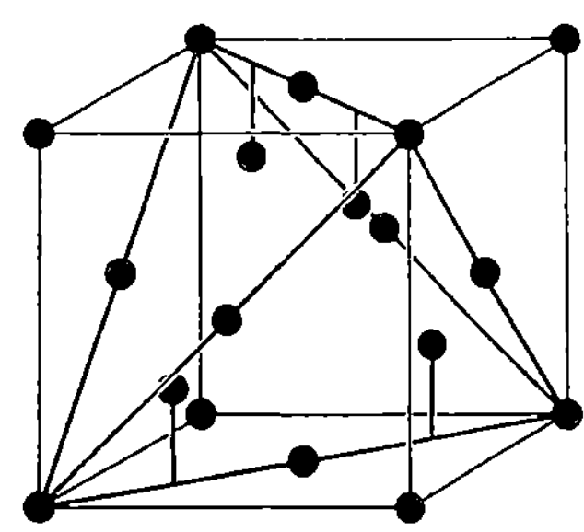

Abb. 15.
Diamantgitter; Koordinationszahl 4.

schwachen Van der Waals-Kräften in dem Gitter zusammengehalten.
Diese Stoffe sind leicht flüchtig; Siedepunkte: F_2 —187°; Cl_2 —34,6°;
Br_2 58,78°.

Auf die zweiwertigen Metalloide läßt sich grundsätzlich dieselbe Überlegung anwenden (z. B. O_2). Es besteht aber auch die Möglichkeit der

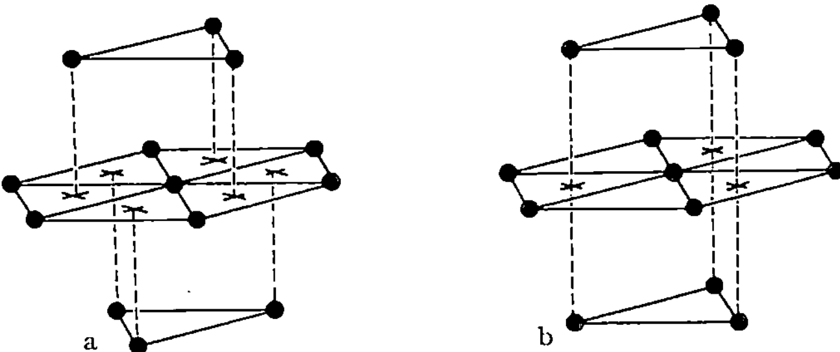

Abb. 16. Der Unterschied in dem Aufbau der kubischen (a) und der hexagonalen dichtesten Packung (b).

Formung sehr langer Riesenmoleküle, indem die beiden Valenzarme eines
Atoms nicht nach demselben Nachbaratom greifen, sondern nach zwei
verschiedenen. Man kennt solche spiralartig gewachsenen Riesenmoleküle
bei Schwefel und Selen. Bei den dreiwertigen (Antimon Sb, Arsen As)
besteht Gelegenheit zur Bildung homöopolar gebundener, zweidimensio-
naler, flächenhaft ausgebreiteter Riesenmoleküle (Abb. 14). Die linearen
Moleküle der zweiwertigen Elemente sowie die flächenhaften der dreiwertigen müssen von Van der Waals-Kräften zusammengehalten werden.

Die vierwertigen Elemente geben Anlaß zu dreidimensionalen Ge-
rüsten mit Bindungen durch Valenzkräfte nach allen Seiten. Es entsteht
eine kubische Struktur. Diamant (C), Si, Sn und Ge haben denselben
Kristalltypus (Abb. 15). Jedes Atom ist Mittelpunkt eines regelmäßigen

Tetraeders; die „Koordinationszahl", d. h. die Zahl der nächsten Nachbarn, ist vier. Der Raum ist nicht dicht gepackt.

Das gekennzeichnete Verfahren der homöopolaren Bindung reicht nicht mehr aus bei den Metallen, wo nur wenige Elektronen in der

Abb. 17. Kubisch dichteste Kugelpackung.

Außenschale des Atoms vorhanden sind. Das Bild der metallischen Bindung dagegen gestaltet sich folgendermaßen. Die Valenzelektronen verteilen sich auf die sämtlichen anderen Atome, können sich also

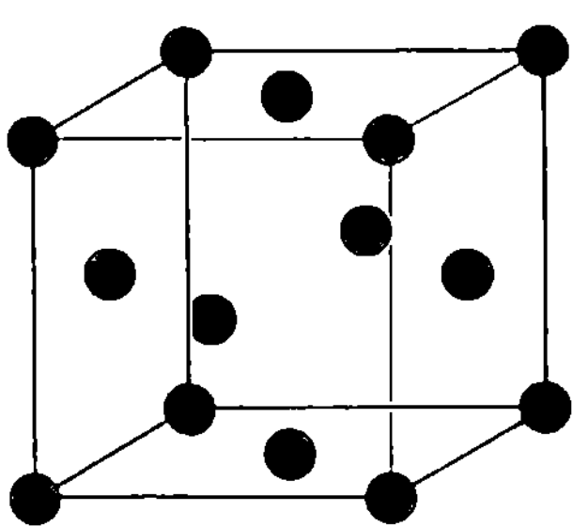

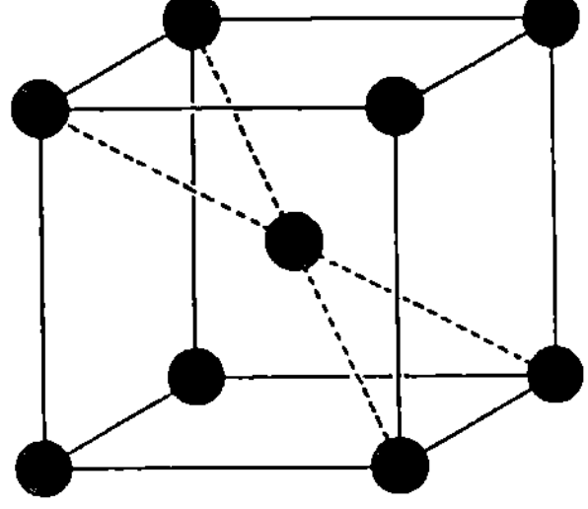

Abb. 18. Das flächenzentrierte kubische Gitter (dichteste Packung); Koordinationszahl 12.   Abb. 19. Das raumzentrierte kubische Gitter; Koordinationszahl 8.

ziemlich frei durch den ganzen Körper bewegen: der Stoff besitzt eine hohe elektrische Leitfähigkeit. Es ist nicht mehr möglich, anzugeben, mit wievielen und mit welchem Nachbar ein gewisses Atom seine Valenzelektronen gemeinsam hat; der Begriff der Valenzsättigung fällt fort.

Die Packungsdichte neigt dazu, so groß wie möglich zu sein zwecks Erreichung der minimalen Energie. Im Falle der valenzbedingten Koordinationszahl wird der Packungsdichte eine Grenze gesetzt; bei den Metallen aber sind größere Koordinationszahlen Regel.

Weitaus die meisten Metalle kristallisieren in der dichtesten Kugelpackung (Abb. 16 bis 18), sei es kubisch oder hexagonal. Diese beiden Packungen sind gleich dicht. Relativ wenige Metalle kristallisieren in der etwas mehr gelockerten Packung des raumzentrierten Würfels mit

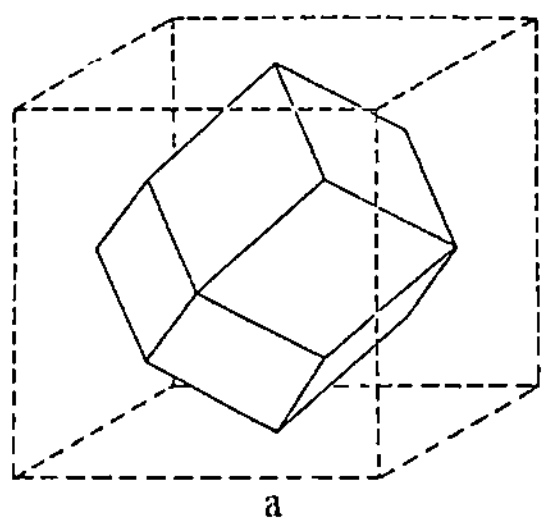
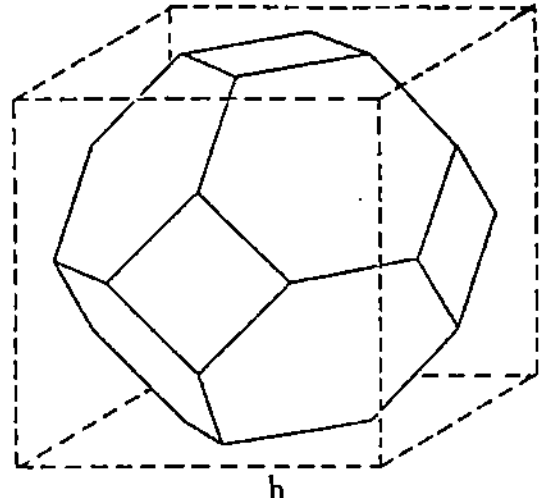

Abb. 20. Das dem einzelnen Baustein zur Verfügung stehende Volumen: a) in dem flächenzentrierten Gitter, b) in dem raumzentrierten Gitter.

der Koordinationszahl 8 (Abb. 19), u. a. Li, Na, W, Fe, wobei noch oft bei niedriger oder bei höherer Temperatur Abwandlungen in der dichtesten Packung auftreten.

Abweichungen von den drei genannten Metallkristalltypen begegnen wir nur bei den amphoteren Elementen Ga, Ge, Sb, Hg, Bi.

Homöopolare Bindung und Leitfähigkeit sind nicht als Gegensatz aufzufassen. Es gibt feste Elemente, die sowohl das Kennzeichen der Valenzsättigung wie das der Leitfähigkeit besitzen (z. B. Bi, Sn). Die Leitfähigkeit hängt davon ab, ob das Elektron sich leicht durch den ganzen Kristall bewegt. Beim Diamanten (C) ist dies offenbar nicht der Fall, er ist ein Isolator; die in gleicher Form kristallisierenden Stoffe Si und das CSi (Silit, Carborundum) zeigen schon eine geringe Leitfähigkeit; das ebenso wie Diamant kristallisierende Zinn zeigt normale metallische Leitfähigkeit. Interessant ist in dieser Hinsicht der Graphit, der ebenso wie der Diamant reiner Kohlenstoff ist. Er ist schichtenweise aufgebaut aus flächenhaft ausgewachsenen Benzenringen (Abb. 21). Die

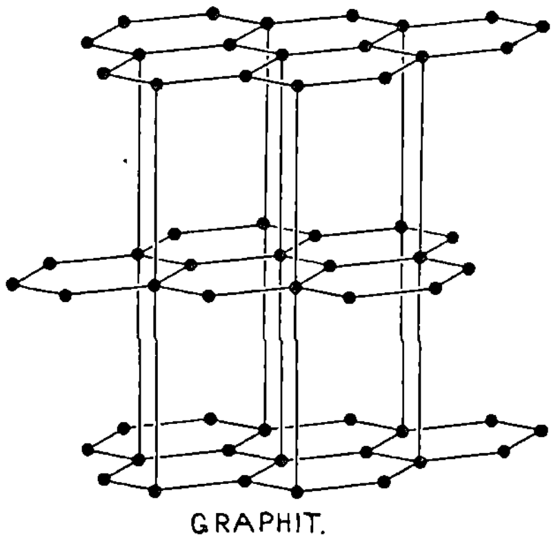

Abb. 21. Das Graphitgitter.

Schichten hängen relativ lose zusammen, in der Schicht dagegen ist die Bindung stark und homöopolar wie im Benzenring. Der Graphitkristall hat gute elektrische Leitfähigkeit, und zwar in der Ebene der Benzenringschichten, nicht in der dazu senkrechten Richtung.

2. Anorganische Verbindungen.

Bei den Ionenverbindungen vom Typus NaCl (Abb. 22) treten überwiegend Coulombbindungskräfte auf. Der Kristalltypus wird bei diesen Stoffen weitgehend von dem Verhältnis der beiden Ionenradien bedingt.

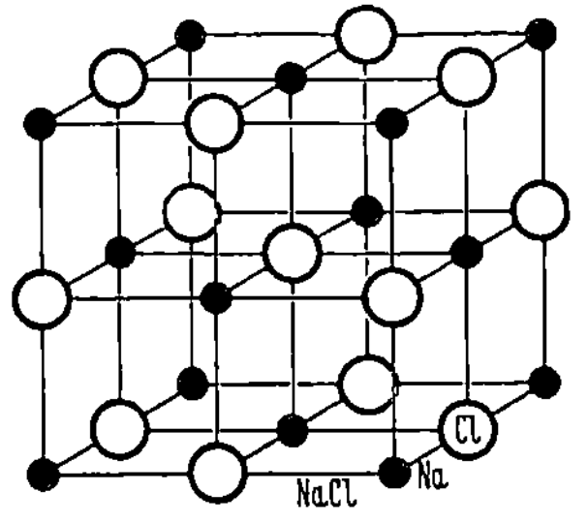

Abb. 22. Das NaCl-Gitter; Koordinationszahl 6.

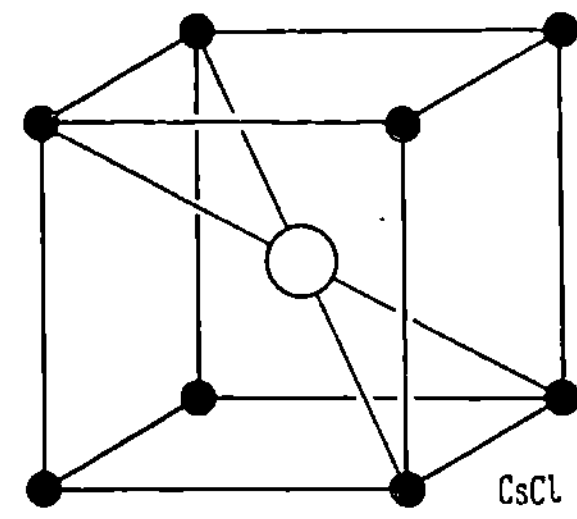

Abb. 23. Das CsCl-Gitter; Koordinationszahl 8.

Die Cl^--Ionen sind so groß, daß höchstens 6 sich um das kleine Na^+-Ion reihen können. Haben die Ionen ähnlich große Radien, so sammelt jedes 8 entgegengesetzt geladene Ionen um sich, wie z. B. beim CsCl (Abb. 23), wo ein Cs^+ im Mittelpunkt eines Cl^--Würfels steht und umgekehrt. Bei größerem Unterschied zwischen den Ionenradien da-

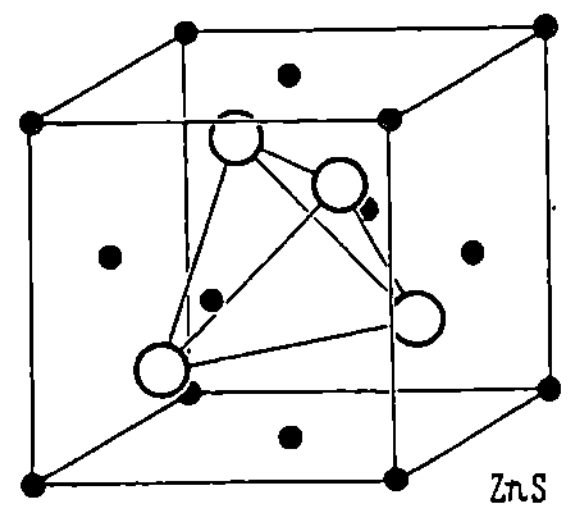

Abb. 24. Das ZnS-Gitter; Koordinationszahl 4.

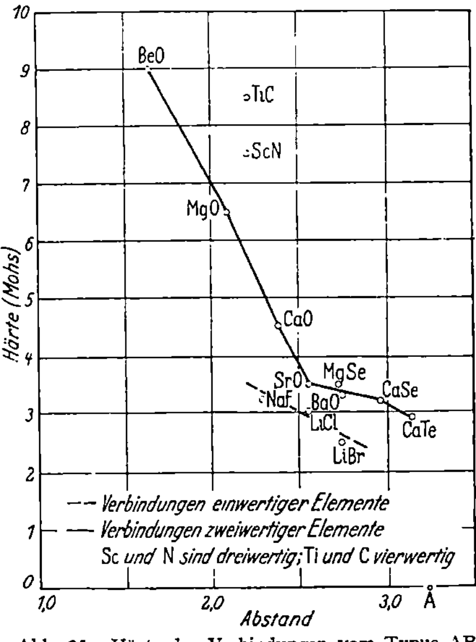

Abb. 25. Härte der Verbindungen vom Typus AB.

gegen nimmt die Koordinationszahl bis 4 ab. Der Kristalltypus wird dann dem Diamanttypus gleich, z. B. ZnS: Zinkblende (Abb. 24), AgJ, AlP. Die Ionengitter höherer Koordinationszahlen sind dichter gepackt als die Valenzgitter.

P. W. Bridgman[1] stellte fest, daß bei hohen Drucken polymorphe Umwandlungen auftreten, immer in der Richtung größerer Koordina-

---

[1] Bridgman, P. W.: Physic. Rev. 57, 237 (1940).

tionszahlen, also in der Richtung ZnS-Gitter → NaCl-Gitter → CsCl-Gitter.

Die Härte ist um so größer, je höher die Ladung der einzelnen Ionen ist, weil die Bindungskräfte ja den Ladungen e_1 und e_2 proportional sind (Abb. 25).

Verbindungen der stöchiometrischen Formel AB_2 müssen andere Kristallformen suchen. In den Abb. 26 bis 29 sind die Strukturen bzw.

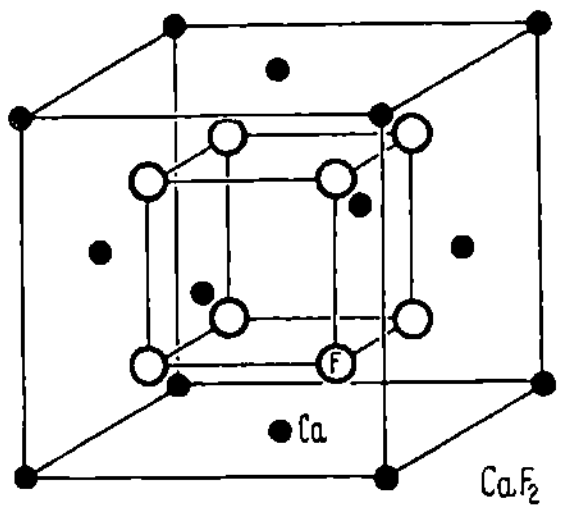

Abb. 26. Das Fluoritgitter; Koordinationszahlen 4 und 8.

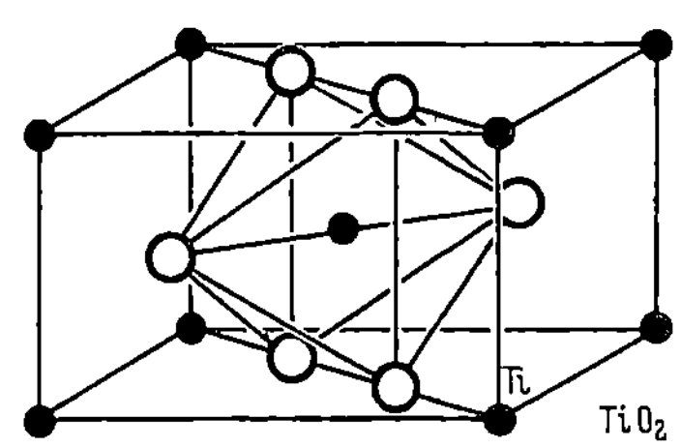

Abb. 27. Das Rutilgitter; Koordinationszahlen 3 und 6.

von CaF_2 (Fluorit), TiO_2 (Rutil), SiO_2 (Cristobalit) und Cu_2O (Cuprit) wiedergegeben. Die Koordinationszahlen sind 8 und 4 beim CaF_2, 6 und 3 beim TiO_2, 4 und 2 beim SiO_2 und Cu_2O; sie werden von den Ionenradien in der Weise bestimmt, daß bei größerem Unterschiede

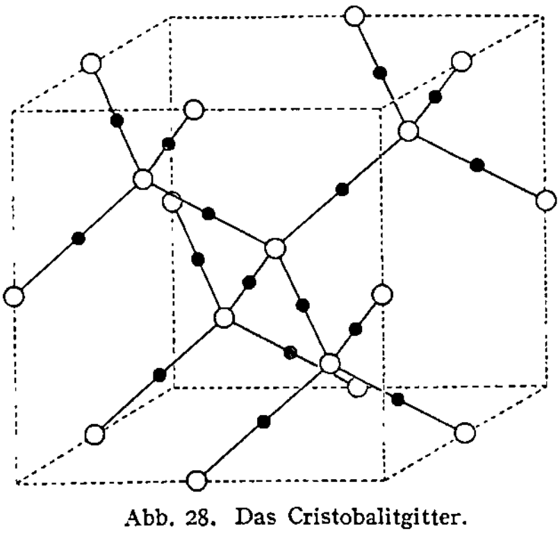

Abb. 28. Das Cristobalitgitter.

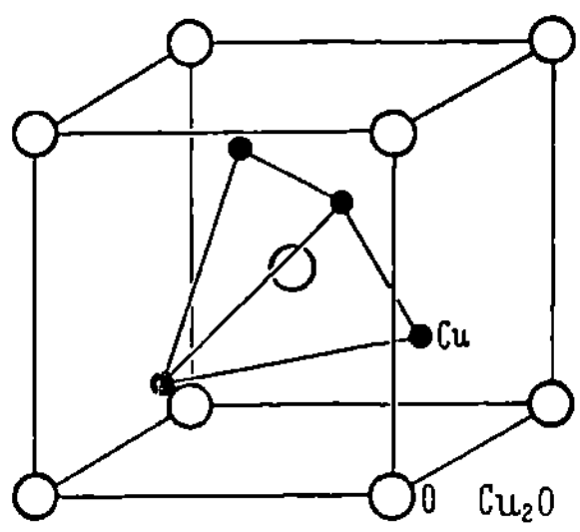

Abb. 29.
Das Cu₂O-Gitter; Koordinationszahlen 2 und 4.

der beiden Radien die Koordinationszahl geringer wird. Der Fluorittypus tritt auf für Werte von r_A/r_B abwärts bis 0,73; der Rutiltypus zwischen 0,73 und 0,41; der Cristobalittypus für $r_A/r_B < 0,41$.

Merkwürdigerweise bildet Cu_2O eine Ausnahme von dieser Regelmäßigkeit, weil das Cu^+-Ion gar nicht größer ist als das $O^=$-Ion. Für SiO_2 dagegen gilt obenstehende Betrachtungsweise durchaus, es ist $O^=$ sehr viel größer als Si^{+4}. Das Cupritgitter besteht aus zwei ineinandergestellten Cristobalitgittern; das ist, abgesehen von den mit Cuprit isomorphen Substanzen (Ag_2O, Pb_2O), eine einmalige Erscheinung. Die mangelhafte Raumfüllung des Cupritgitters dürfte wohl mit diesem seltsamen Aufbau zusammenhängen.

Für die Verbindungen AB_3 kann nur der flächenzentrierte Würfel in Frage kommen (Abb. 30). Für Verbindungen ABC_3 empfiehlt sich

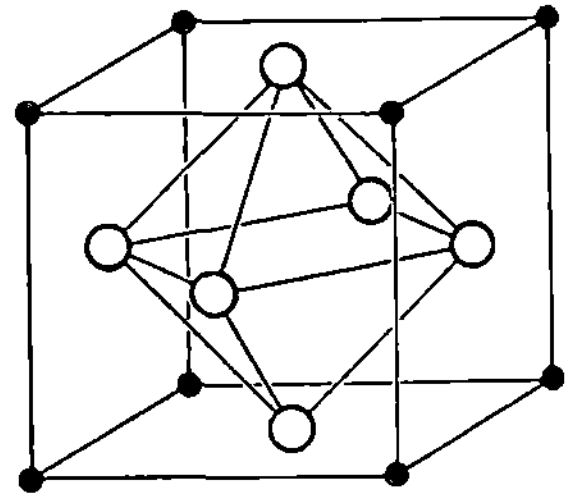

Abb. 30. Das AB_3-Gitter.

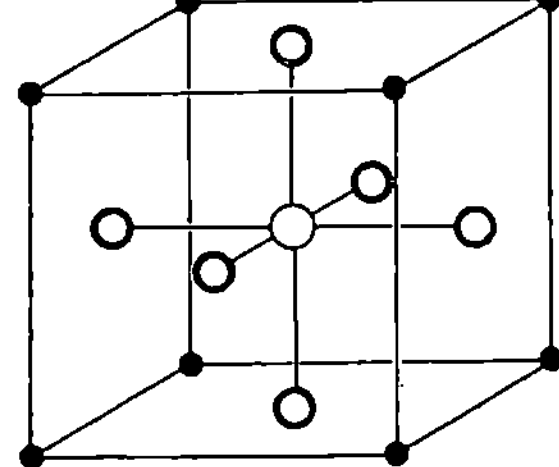

Abb. 31. Das ABC_3-Gitter (z. B. Perowskit: $CaTiO_3$).

die Struktur, bei der die Punkte A in den Eckpunkten eines Würfels liegen, B im Mittelpunkt des Würfels und C in den Mittelpunkten der Flächen (Abb. 31).

Wenn eines der Ionen komplex ist, so behalten die obenstehenden Betrachtungen größtenteils ihre Gültigkeit.

Es liegt auf der Hand, daß bei einer Verbindung wie NaF das Na sein Valenzelektron an das Fluor abgibt, wodurch zwei Ionen Na^+ und F^- mit vervollständigter Außenschale der Elektronenhülle entstehen, und diese Ionen geben dann Anlaß zu einem heteropolaren Kristall. Beim SiF_4 ist die Bindung aber homöopolar und nicht etwa $Si^{++++}\text{-}4\,F^-$. Die chemisch und elektrostatisch inaktive Gruppe SiF_4 kristallisiert in einem Molekülgitter. In der Reihe NaF, MgF_2, AlF_3, SiF_4 sieht man den Charakter allmählich von heteropolar zu homöopolar übergehen. Man hat diese Bemerkung statistisch zu betrachten in dem Sinne, daß immer einige Mg- und noch mehr Al-Atome anwesend sind, die homöopolar an F-Atome gebunden werden. Das läßt sich auch so ausdrücken: In NaF ist Na praktisch immer Ion, in MgF_2 ist Mg während eines gewissen Zeitabschnittes Atom, weiterhin aber immer Ion; in SiF_4 ist Si praktisch jederzeit Atom.

Die von den schwachen Van der Waals-Kräften zusammengehaltenen Molekülgitter sind dementsprechend weich, besitzen eine große Kompressibilität und einen niedrigen Schmelzpunkt, z. B. SiF_4 (Schmelzp. -77° C); PF_5 (-83° C); SF_6 (-56° C). Einige behalten aber noch bei Zimmertemperaturen den festen Zustand ($AlCl_3$, $NbCl_5$, WCl_6, Paraffin).

3. Der stabilste Gittertypus.

Solange die Bausteine der Kristalle als vollkommen hart betrachtet werden, erwartet man, daß sie einer möglichst dichten Packung zustreben, damit die potentielle Energie minimal wird. In diesem Falle wird der Kristalltypus durch die Zahl und Ladung der verschiedenen Ionen und ihre relative Größe bestimmt.

Es kommt eine neue Möglichkeit hinzu, wenn wir die Härte der Bausteine nicht als absolut annehmen, d. h. wenn wir mit einem endlichen Werte der MIEschen Zahl n rechnen. In der Tat nimmt n sogar in einigen Fällen recht niedrige Werte an (bis zu 3 und vielleicht noch etwas kleiner). Indem wir den MIEschen Ansatz für die potentielle Energie einführen:

$$\varphi(r) = -\frac{a}{r^m} + \frac{b}{r^n},$$

berechnen wir $\varphi(A) - \varphi(B)$ für zwei Stellen A und B eines benachbarten Bausteines (Abb. 32), einmal, wenn $n = \infty$ ist:

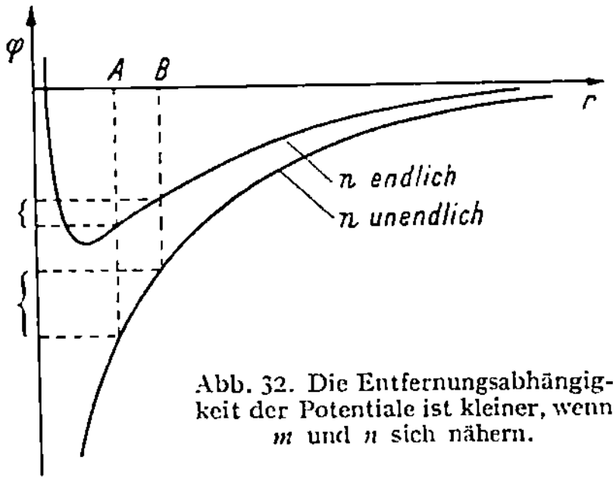

Abb. 32. Die Entfernungsabhängigkeit der Potentiale ist kleiner, wenn m und n sich nähern.

$$\varphi(A) - \varphi(B) = -\varDelta\left(\frac{a}{r^m}\right),$$

und das andere Mal, wenn n endlich ist:

$$\varphi(A) - \varphi(B) = -\varDelta\left(\frac{a}{r^m}\right) + \varDelta\left(\frac{b}{r^n}\right).$$

Im zweiten Fall ist die Entfernungsabhängigkeit von φ kleiner. Es entsteht sogar die Frage, ob dann nicht eine losere Packung energetisch vorteilhafter wird, weil in einer etwas größeren Entfernung mehr Bausteine Platz finden können.

In der Tat liefert die Durchführung dieser Rechnung für einen festgelegten Wert von m, daß bei größeren Werten von n die dichteste Packung (z. B. kubisch-flächenzentriert) stabiler ist als die etwas losere raumzentrierte Packung; für kleineres n aber ist die letzte die stabilste. Freilich ist die Koordinationszahl im letzten Falle nur 8 gegenüber 12 bei der dichtesten Packung; dem steht gegenüber, daß außerhalb der Schale mit 8 bald eine Schale mit abermals 6 Atomen kommt. Die einfache kubische Anordnung (Koordinationszahl 6) ist für keinen Wert von n die am meisten stabile.

Die meisten Metalle kristallisieren in hexagonaler oder kubisch dichtester Packung. Für solche, die abweichend hiervon in der raumzentrierten Anordnung kristallisieren (Alkalien, α-Fe, Mo, Ta, W), darf man daher nur kleine Unterschiede zwischen m und n annehmen, es sei denn, daß beide klein sind (wie es GOMBAS für die Alkalien schon gefunden hat), oder daß beide groß sind (wie es wahrscheinlich bei den andern Beispielen der Fall ist).

4. Heterosthenischer Aufbau.

Wir nennen diejenigen Kristallformen, bei denen die Bindung in verschiedenen Richtungen verschieden ist, heterosthenisch (griechisch: δ $\sigma\vartheta\acute{\epsilon}\nu o\varsigma$ [sthenos] = Kraft). Ist die Bindung in einer Richtung viel stärker als in den beiden andern, so entsteht eine Kettenstruktur:

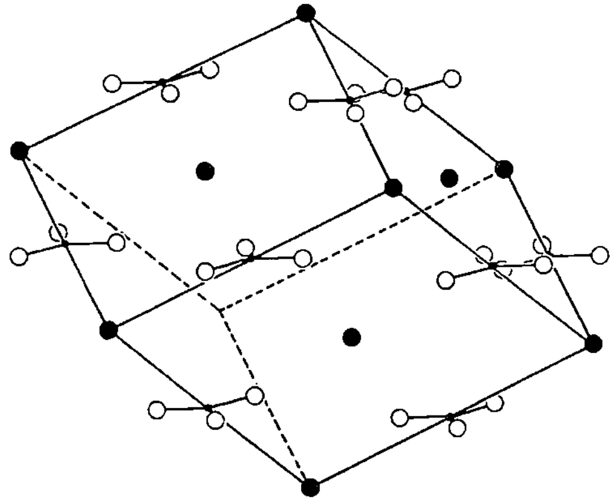

Abb. 33. Kalkspat: $CaCO_3$.

das Material ist faserig. Wenn die Bindung nur in einer Richtung merkbar schwächer wird, dann entsteht ein Schichtengitter, der Stoff ist schilfrig.

Bei den Kettengittern bestehen die folgenden Kombinationsmöglichkeiten (mit Beispielen):

Schwache Bindung / Starke Bindung	Valenz	Ionen
Ionen	Asbest	
Van der Waals	Zellulose	Kristallhydrate

Entsprechend gibt es für die Schichtengitter die folgenden Verknüpfungen (mit Beispielen):

Schwache Bindung / Starke Bindung	Valenz	Ionen
Ionen	Glimmer	$CaCO_3$ (Abb. 33)
Van der Waals	Talk, Graphit	Kristallhydrate

5. Die Härteskala von Mohs.

Der deutsche Mineralog Mohs führte 1825 die nach ihm benannte Härteskala ein. Er nennt einen Stoff härter als einen anderen, wenn der erste den zweiten leichter ritzt als umgekehrt.

Die zehn Mohsschen Stufen sind:

1.	Talk	$Mg_3H_2Si_4O_{12}$ aq.	Schichtengitter
2.	Gips	$CaSO_4 \cdot 2\,H_2O$	Schichtengitter
3.	Kalkspat	$CaCO_3$	Schichtengitter
4.	Fluorit	CaF_2	Ionenbindung
5.	Apatit	$Ca_5F(PO_4)_3$	Ionenbindung
6.	Orthoklas	$KAlSiO_4$	SiO_4-Skelett
7.	Quarz	SiO_2	SiO_4-Skelett
8.	Topas	$Al_2F_2SiO_4$	Gemischt: Ionen und Valenz
9.	Korund	Al_2O_3	Valenzbindung
10.	Diamant	C	Valenzbindung

Wie aus dieser Tabelle hervorgeht, ändert sich die Härte allmählich mit dem Charakter der Bindung.

Die ersten drei Stoffe sind schilfrig, die beiden letzten haben ausgesprochene Valenzbindung. Die Nummern 4 und 5 besetzen Ionen-

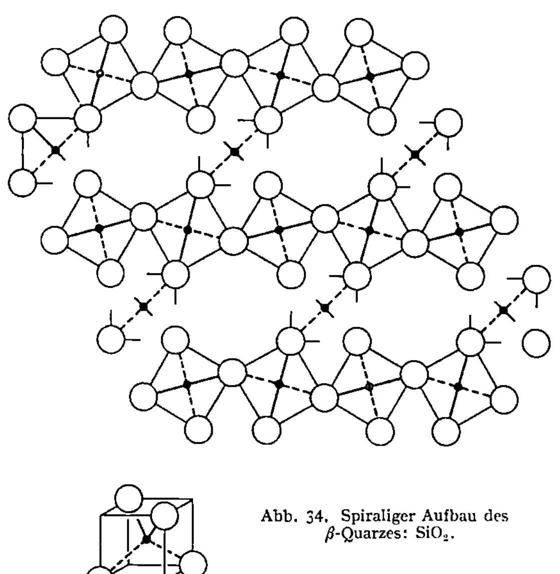

Abb. 34. Spiraliger Aufbau des β-Quarzes: SiO_2.

verbindungen; dann folgen einige Stoffe mit „SiO_4-Skelett[1]". Quarz (SiO_2) besitzt ein verdrehtes Cristobalitgitter (Abb. 34), es besteht aus aneinandergereihten SiO_4-Tetraedern, die jedesmal ein O gemeinsam

---

[1] Für den Kristallbau der Silikate im allgemeinen s. Schieboldt: Erg. exakt. Naturw. **11**, 352 (1932); **12**, 219 (1933).

haben. Wahrscheinlich liegt eine gemischte Ionen- und Valenzbindung
vor. Es bildet sich ein dreidimensionales Skelett. Orthoklas unterscheidet sich dadurch vom Quarz, daß die Hälfte der Si^{+4}-Ionen durch
Al^{+3}-Ionen ersetzt sind, wobei zur Wiederherstellung der elektrischen

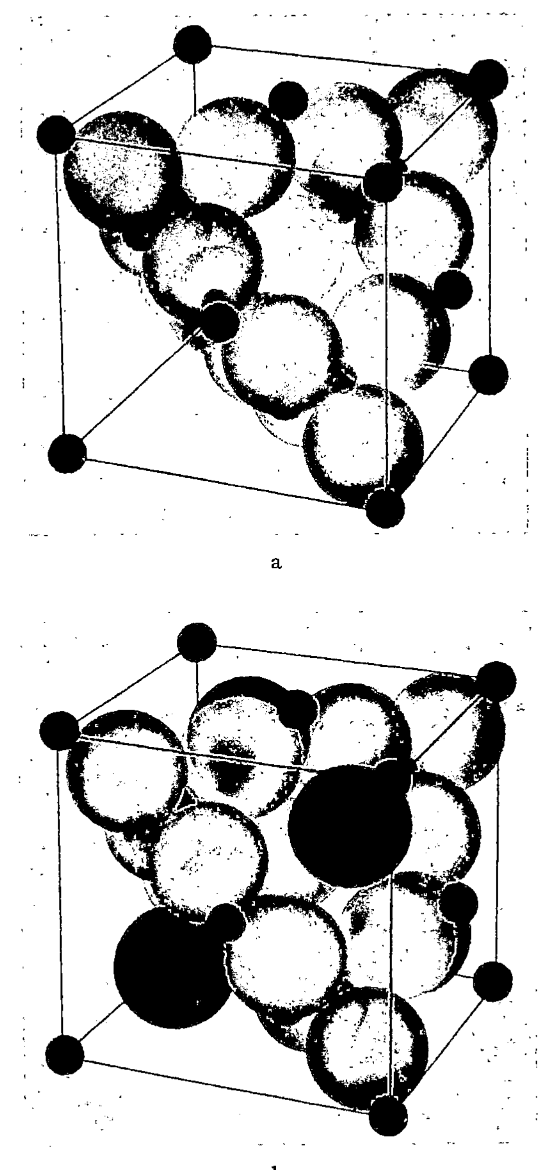

a

b

Abb. 35. Vergleich der Kristalle des Cristoballits (SiO_2) (a) mit demjenigen des Carnegieits ($NaAlSiO_4$).
(b) Der Unterschied ist, daß die Hälfte der Si-Ionen von Al-Ionen ersetzt ist unter gleichzeitiger Einführung von Na-Ionen. [Nach T. F. W. BARTH u. E. POSNJAK: Z. Kristallogr. 81 (1932).]

Neutralität auch noch ein K^{+1}-Ion auf ziemlich willkürliche Weise eingebaut werden kann. Vgl. Abb. 35a u. b.

Wir sehen aus den Stufen der MoHsschen Skala, daß die Härte mit der Bindungsweise im Kristall zusammenhängt derart, daß eine allmähliche Zunahme der Härte auftritt beim Übergang von der heterosthenischen Bindung über isosthenische Ionenverbindung nach Valenzbindung (Abb. 36).

6. Amorpher Aufbau.

Die Bausteine des festen Körpers brauchen sich nicht immer in der hochorganisierten Form eines Kristalles zu schalten. Es kann dies auch in ungeordneter Weise geschehen, wodurch ein amorpher Stoff entsteht. Der Aufbau von Quarz (SiO_2) aus $(SiO_4)^{+4}$-Tetraedern kann sehr wohl amorph geschehen (Quarzglas), wobei ebenso wie im kristallinischen Quarz ein dreidimensionales, von denselben Kräften zusammengehaltenes Skelett entsteht, das mechanisch nicht wesentlich schwächer ist als der Kristall (Abb. 37).

Der amorphe Zustand ist metastabil. Bei lange anhaltendem Er-

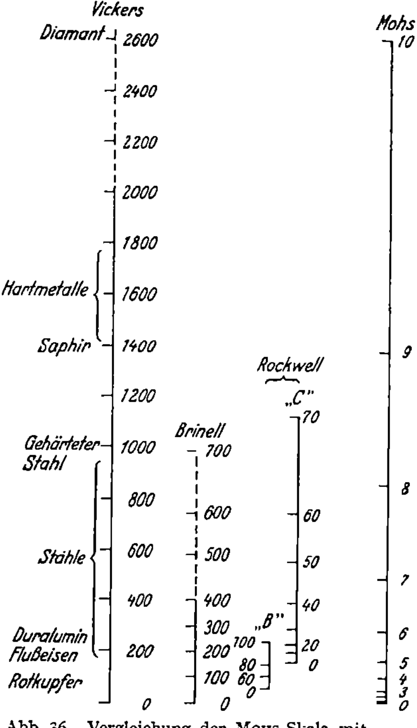

Abb. 36. Vergleichung der MoHs-Skala mit den technischen Härteskalen.

hitzen gelingt es in der Regel, den amorphen Stoff in einen kristallinischen umzusetzen. Die „Entglasung" von Glas ist eine solche Umsetzung. Die Umformung aus amorphem in kristallinisches Material wird beschleunigt, indem man das Material durch Anwendung einer Zugspannung oder einer anderen Belastung künstlich ordnet. Durch Strecken geht z. B. das plastische amorphe Arsen unumkehrbar in den spröden kristallinischen Zustand über.

Bei langsamer Formung des Stoffes, also bei langsamem Abkühlen aus der Schmelze, oder bei langsam vor sich gehender chemischer Reaktion, ist die Formung von Kristallen wahrscheinlich. Schnelles Kühlen oder schnelle Reaktion jedoch vergrößert die Wahrscheinlichkeit, daß die Ordnungslosigkeit erhalten bleibt.

Neben den natürlichen amorphen Bildungen (Quarzglas, Obsidian, Bernstein) spielen die technischen amorphen Bildungen eine große Rolle im täglichen Leben. Hierzu gehören die keramischen Stoffe, der Zement, die Kunstharze usw.

Die keramischen Materialien besitzen meist ein Silikatskelett, das der Hauptsache nach von Ionenkräften zusammengehalten wird; beim Portlandzement ist es ein Skelett aus Kalziumsilikat und Kalziumaluminat, beim Kalkmörtel ein Skelett aus Kalziumkarbonat. Das Skelett kann makroskopische und mikroskopische Füllkörner einschließen. Beim Zementbeton sind das Grand und Sand, bei anderen Baustoffen benutzt man zum Füllen Bims, Hochofenschlacke oder mineralische Füllstoffe, Holzabfall usw. In keramischen Materialien finden sich vielfach kleine Kristalle (Fenokristalle) von Bestandteilen, die aus der Schmelze ausgeschieden sind. Trübglas enthält z. B. kleine Kristalle aus CaF_2 und NaF, deren Abmessungen die Größenordnung 0,1 bis 1 Mikron haben.

Das zusammenhängende dreidimensionale Gerüst der amorphen Stoffe ist an sich ziemlich offen und bietet Platz für molekular verteilte Beimischungen. So sind die Na^-- und K^--Ionen im Glase ziemlich willkürlich angeordnet. Sie können sich über das Kalziumsilikatskelett ziemlich leicht bewegen und geben zu einer bedeutenden Diffusion und Elektrizitätsleitung Anlaß. Es findet auch eine bedeutende Menge molekularverteilten Wassers in dem Skelett

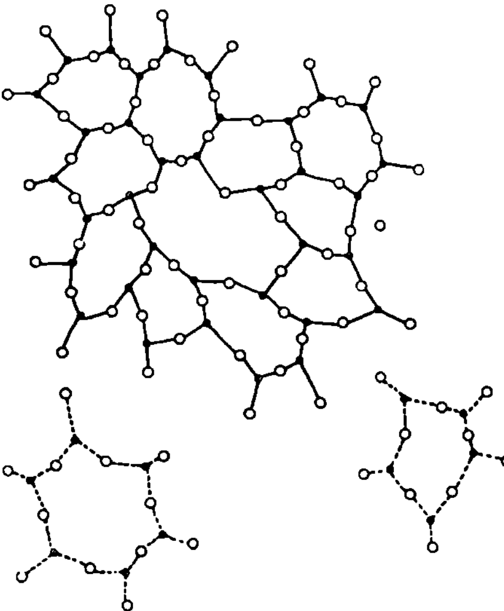

Abb. 37. Vergleichung des kristallinischen und amorphen Aufbaus des Quarzes. (Nach ZACHARIASSEN.)

Platz. Das Wassermolekül besitzt ein großes elektrische Moment und haftet leicht an Ionen und an allen Atomen, die sich polarisieren lassen. Wie bekannt, ist es unmöglich, alles Wasser aus Glas zu entfernen, ohne das Glas zu schmelzen.

In dieser Hinsicht haben Aluminagel und Silikagel technische Bedeutung gewonnen. Der Name „Gel“ für diese Substanzen ist nicht angemessen. Es sind steinharte Körner, die sich aus dem gelatinösen Zustande der Oxyde herstellen lassen und den Namen Gel beibehalten haben. Die genannten Gele sind amorphes Al_2O_3 bzw. amorphes SiO_2 von sehr offener Struktur. Sie können bis zu 40 % des eigenen Gewichtes an Wasser aufnehmen und durch nachherige Erhitzung auf 100° bis 200° C wieder regeneriert werden. Besonders Silikagel wird wegen dieser Eigenschaft in großer Menge benutzt bei Trockeninstallationen.

Die amorphen Stoffe besitzen keinen scharf definierten Schmelzpunkt. Lange vor dem Schmelzen fangen sie an zu erweichen, und die weiche Substanz geht bei Steigerung der Temperatur allmählich in den flüssigen Zustand über. In dieser weichen Formart werden Quarzglas und Glas bearbeitet. Die Erweichung muß eine Folge davon sein, daß die Bindungen wegen der örtlichen Unhomogenitäten und Spannungen nicht gleichwertig sind und einzelne bei einer bestimmten Temperatur sich lockern. Hierdurch entstehen Teilstücke, die sich relativ zueinander bewegen können. Je höher die Temperatur steigt, um so kleiner sind diese Stücke und um so kleiner wird die Viskosität[1].

Auch die Metalle treten gelegentlich als amorphe Stoffe auf. Im Vakuum auf eine Oberfläche übergedampftes Material setzt sich anfänglich als amorphe Schicht ab und auch metallische Niederschläge sind amorph. Wahrscheinlich bestehen sie aus normalen Atomen, wie sie im Dampf auftreten; die Schicht zeigt keine elektrische Leitfähigkeit. Nach einiger Zeit beginnt ein Kristallisationsvorgang, wobei die normalen metallischen Eigenschaften zum Vorschein kommen.

Nach BEILBY ist die beim Polieren von Metallen auftretende Schicht, die eine Dicke von der Größenordnung 100 Å hat, auch amorph; von anderen Seiten wird dieser Auffassung widersprochen[2]. BEILBYs Auffassung gründet sich hauptsächlich auf das abweichende chemische Verhalten polierter Metalloberflächen.

7. Das Gefüge.

Nicht immer kommt der feste Körper in der Form sichtbarer Kristalle vor, ja eigentlich sind diese regelmäßig gewachsenen Kristalle Ausnahmen. Die schönsten ausgewachsenen Kristalle findet man in der Natur, wo sie sich unter günstigen Verhältnissen von Temperatur und Druck in längeren Zeiten haben ausbilden können.

Beim Eindampfen einer Lösung bilden sich meist Aggregate von aneinandergewachsenen Kristallfragmenten (Abb. 38). Durch Parallelverwachsung entstehen unter gewissen Umständen die sog. „Dendrite" (Abb. 39), wie sie an Schneeflocken sehr schön zu beobachten sind. Eine andere regelmäßig vorkommende Art der Verwachsung ist die Bildung von Zwillingen und Viellingen. Zwillingsbildung kommt dadurch zustande, daß sich von einer gemeinschaftlichen Ionenebene aus zwei Kristalle mit verschiedener Orientierung aufbauen lassen (Abb. 40, 41).

Die zusammenhaltenden Kräfte einer feinkristallinischen Masse sind

---

[1] Siehe ferner das VIII. Kapitel „Umwandlungen".
[2] Trans. Faraday Soc. **31**, 1043 (1935).

bei Verbindungen meistens die Adhäsionskräfte (Van der Waals-Kräfte), die immer bei zwei sich eng berührenden Oberflächen auftreten. In diesem Falle bricht das Material bei genügender Belastung zwischen den Kristalliten.

Die Kristallgrenzen der metallischen Festkörper sind gegen die Erwartung nicht die Stellen des kleinsten Zusammenhangs. Der Bruch

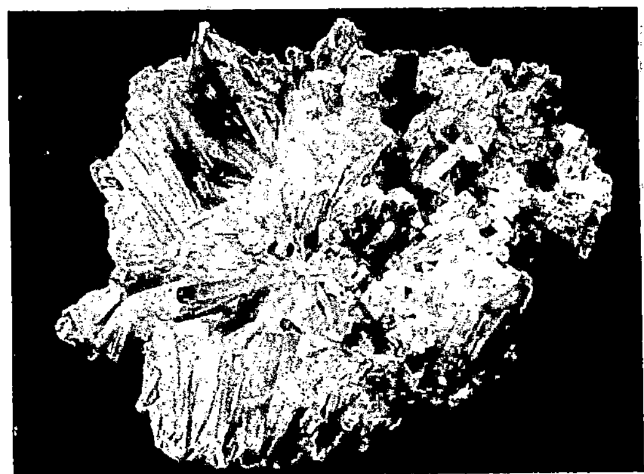
Abb. 38. Aggregat von Kristallfragmenten.

ist, wenigstens bei Zimmertemperatur, nicht interkristallinisch, sondern geht quer durch alle Kristalle hindurch, er ist intrakristallinisch. Dies beweist, daß die Kristallgrenzen nicht etwa Spalte sind infolge eines

Abb. 39. Dendritformung bei Wismut.

Mangels an Materie. Das Volumen ist vielmehr völlig mit Material ausgefüllt, nur ändert sich die Struktur an den Metallgrenzen. Die Übergangsschicht muß ziemlich ungeordnet gebaut sein, und man könnte fragen, ob diese Schicht amorph ist oder nicht. Diese Frage läßt sich kaum beantworten. Man kann die Kristallgrenze nämlich auch als eine stark deformierte kristallinische Schicht auffassen, was in Übereinstimmung steht mit der großen mechanischen Stärke. (Verfestigung durch Deformation s. Kapitel VII.)

Bei höherer Temperatur tritt Entfestigung im Korngrenzenmaterial auf, und der Bruch wird sicher interkristallinisch. Die Temperatur, wo-

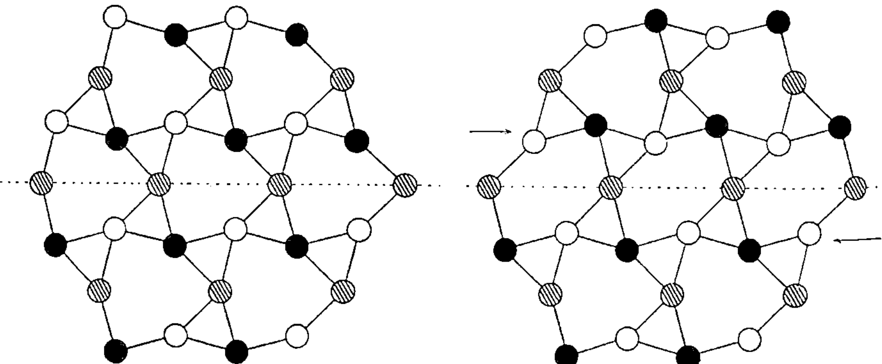

Abb. 40. Zwillingsbildung. Entstehungsweise des Dauphineer-Zwillings (elektrischen Zwillings) des α-Quarzes.

bei die beiden Bruchvorgänge gleich wahrscheinlich sind, heißt die Äquikohäsionstemperatur (Abb. 42).

Auch von Ionengittern ist bekannt, daß sie sich durch plastische Deformation verfestigen, und wieder ist in diesem Falle die Möglichkeit des Auftretens verfestigter Kristallgrenzen vorhanden. Es macht jedoch schon einen Unterschied, ob die Kristallite durch Kristallisation ent-

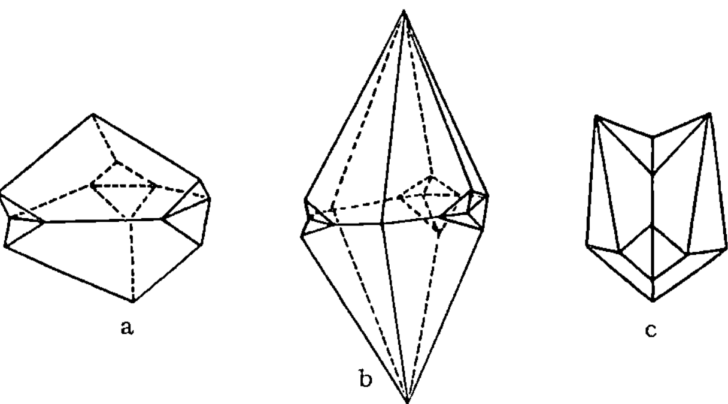

Abb. 41. Zwillingsformen des Kalzits.

standen sind, wobei das Material sich allmählich anlagert, oder durch Rekristallisation in einem schon vorher ganz mit Materie ausgefüllten Raum. Im ersten Falle bleiben offene Spalte zwischen den Kristalliten übrig, im letzten werden die Atome in eine deformierte Struktur hineingezwungen. Dort erfolgt der Bruch vorzugsweise zwischen den Körnern, hier quer durch die Körner hindurch.

Die Kristallgrenzen sind nicht immer leicht zu finden. In vielen Fällen ist es nötig, die Oberfläche flach zu schleifen und den Schliff nachher mit geeigneten Lösungsmitteln zu ätzen. Oft auch haben die Kristallite mikroskopische oder submikroskopische Abmessungen. Submikroskopische Kristalle können mittels der Methode der Röntgenstrahlinterferenzen festgestellt werden. Regelmäßige Anordnungen (also Mikrokristalle) von 10^3 Ionen sind als solche noch durch Röntgenstrahlinterferenzen zu erkennen. Bei kleineren Anhäufungen verliert die Frage, ob die Substanz kristallinisch ist, größtenteils ihren Sinn. Beim Ausbleiben der erwarteten Röntgeninterferenzen nennt man den Stoff amorph.

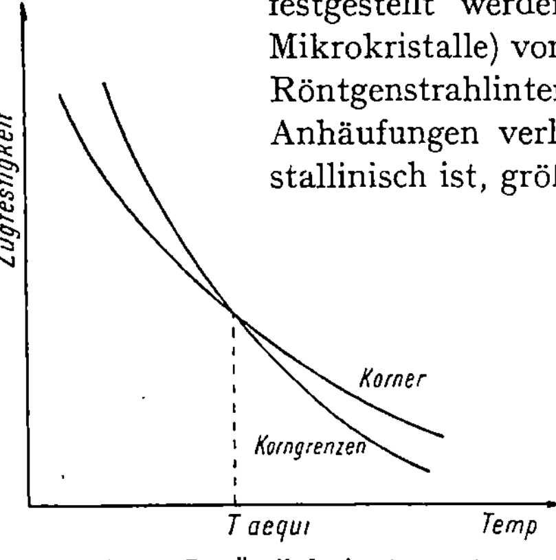

Abb. 42. Zur Äquikohäsionstemperatur.

Die Schliffe der Metallographie und der Mineralogie zeigen noch manche Einzelheiten, die mit dem etwaigen Mehrstoffcharakter des Materials zusammenhängen. Ausscheidungen und Einschließungen von allerlei Formen, die Gleichmäßigkeit der Verteilung und die Korngrößen der verschiedenen Bestandteile, Lamellen- und Schichtenbildung, Gasblasen und Gießgallen, Risse und Spalte usw. sind eben die Kennzeichen, die dem Fachmanne die Bestimmung der Stoffart ermöglichen, gleichzeitig aber auch die mechanischen Eigenschaften festlegen, die Korrosions- und Verwitterungsvorgänge u. a. offenbaren und zukünftige Korrosions- und Verwitterungsmöglichkeiten bestimmen. Die Physik dieser Erscheinungen ist noch wenig entwickelt. Auf einige Teilfragen aus diesem Gebiete kommen wir bei Behandlung der Struktur zurück.

8. Harze.

Unter den organischen Werkstoffen erfordern die künstlichen Polymerisationsprodukte besondere Aufmerksamkeit. Das älteste Beispiel ist der Bakelit, der aus Gruppen der Form

$$\rightarrow \underset{\underset{\cdot}{\wedge}}{\overset{OH}{\overset{|}{\bigcirc}}}\!\!-CH_2 \rightarrow$$

aufgebaut ist. Da hier drei freie Bindungsarme zur Verfügung stehen, können durch Anreihung ähnlicher Gruppen (Polymerisation) Riesenmoleküle gebildet werden. Als Grundstoffe benutzt man Formaldehyde, $H_2C{=}O$ und Phenol, $\bigcirc\!\!-OH$, die bei höherer Temperatur unter Wasserabgabe das oben dargestellte Radikal geben.

Die Zahl der Kunstharze ist bis in die Tausende gestiegen. Außer den aus Phenol abgeleiteten [a) *Phenoplaste*] haben die größte Bedeutung:

b) *Aminoplaste* mit Harnstoff als Grundlage, als Baugruppe enthaltend z. B.:

$$\rightarrow N\text{---}CH_2 \rightarrow$$
$$CO$$
$$\rightarrow N\text{---}CH_2 \rightarrow$$

c) *Polystyrene* mit dem Radikal:

$$\rightarrow CH\text{---}CH_2 \rightarrow$$

d) *Polyvinylharze*, beispielsweise mit den Radikalen:

$$\rightarrow CH_2\text{---}CH \rightarrow \qquad \rightarrow CH_2\text{---}CH \rightarrow \qquad \rightarrow CH_2\text{---}CH \rightarrow$$
$$Cl \qquad\qquad\qquad COOCH_3 \qquad\qquad\qquad OH$$

e) *Divinylharze*, z. B. mit dem Radikal:

$$\rightarrow CH\text{---}CH_2 \rightarrow$$
$$\rightarrow CH\text{---}CH_2 \rightarrow$$

Man unterscheidet thermohärtende und thermoplastische Kunstharze. Von den genannten Beispielen sind die Phenoplaste, die Aminoplaste und die Divinylharze thermohärtend. Sie bleiben bei höheren Temperaturen hart, bis sie sich zerlegen. Sie bilden ein dreidimensionales Gerüst, das nach drei Richtungen homöopolare Bindungen besitzt.

Dagegen können die Thermoplaste nur in einer Richtung polymerisieren; sie geben zu sehr großen aber linearen Molekeln Anlaß, die so ineinandergeschachtelt liegen, daß der Stoff bei Zimmertemperatur sich wie ein fester Körper verhält. Bei höherer Temperatur jedoch zeigen diese Körper eine gewisse Plastizität. Die Bindungskräfte zwischen den Molekeln haben die Natur der Van der Waals-Kräfte. Beispiele für thermoplastische Kunstharze sind die auf Styren- und Vinylbasis.

Die Naturharze und Naturgummiarten sind meist plastisch; Beispiele: Schellack, Latex, Guttapercha, Balata, Kolophonium, Kopal.

Naturgummi ist das Polymerisationsprodukt von Isopren; es baut sich auf aus den Gruppen:

$$CH_3$$
$$\rightarrow CH_2\text{---}C\text{=}CH\text{---}CH_2 \rightarrow$$

Künstlicher Gummi besteht auch aus langen Molekülen, z. B.

Buna:
$$\rightarrow CH_2-CH=CH-CH_2 \rightarrow$$

Dupren:
$$\rightarrow CH_2-CH=C-CH_2 \rightarrow$$
$$Cl$$

Thiokol:
$$\rightarrow CH_2-S-S-S-S-CH_2 \rightarrow$$

usw. Man nimmt an, daß die Moleküle stark zusammengerollt und eng verkettet sind.

Die linearen Molekeln können in Einzelfällen dreidimensional gekoppelt werden mittels Brücken, wodurch der plastische Stoff in einen elastischen übergeht. Das Vulkanisieren von Gummi ist nichts anderes als die Errichtung von Schwefelbrücken zwischen den Molekülen; bei großem Schwefelgehalt entsteht Hartgummi (Ebonit).

In derselben Weise wie bei den anorganischen Bindemitteln werden auch die organischen Handelsharze gegebenenfalls mit Füllstoffen versehen: Stein, Holzmehl (Zellulose), Kleie, Kreide, ZnO usw. Im Falle der Harze werden außerdem noch Verstärkungen hinzugefügt in Form von Faserstoffen: Asbest, Papier, Leinen, Holzfaser, Torf. Beispiele solcher Preßstoffe sind: Papier, Karton, Preßboard, Pertinax, Preßspan, Kunstholz.

9. Peptone.

Die eiweißartigen Werkstoffe sind Polyaminosäuren und besitzen NH- und C=O-Gruppen. Das einfachste Pepton ist das Glyzin, Polymerisationsprodukt der α-Aminopropionsäure mit dem Bauradikal:

$$\begin{array}{ccc} H & H & O \\ & | & \\ \rightarrow N-C-C & \rightarrow \\ & | & \\ & H & \end{array}$$

Bei den anderen Peptonen sind die H-Atome des mittleren C-Atoms durch andere Radikale versetzt. Leim, Fibroine (Naturseide), Kaseine, Keratine usw. sind Gemische dieser Peptone. Die Molekeln koppeln sich in sehr verwickelter Weise. Jedesmal, wenn eine NH-Gruppe und eine Gruppe C=O nahe aneinanderkommen, besteht Gelegenheit zur Herstellung einer Brücke unter der Bildung der Gruppe N—C—OH. In dieser Weise können dreidimensionale Gerüste entstehen, die zu festen Stoffen Anlaß geben, wie Seide, Wolle, Nägel, Horn, Haar, Leder, Kunsthorn (Galalith), Kunstwolle (Lanital, Nylon) usw. Die hier beschriebene Brücke läßt sich leicht verseifen, auch schon durch reines Wasser, nach der Formel:

$$N-C-OH+HOH \rightarrow N-H+C{<}^{OH}_{OH} \rightarrow N-H+C=O+H_2O \,.$$

Das ist die Ursache des seltsamen Verhaltens der Peptone bei Befeuchtung. Man versteht daher die Möglichkeit, nasse Wolle um mehrere hundert Prozent umkehrbar zu recken.

Abb. 43. Beispiel einer Quellung. (Nach STAUDINGER: Zur Entwicklung der Chemie der Hochpolymeren.)

Sowohl die elektrisch aktive Gruppe NH wie die ebenfalls elektrisch aktive Gruppe C=O treten als Fangarme für die einen starken Dipol tragenden Wassermoleküle auf. Den hygroskopischen Charakter aller Peptone erklärt somit die Quellwirkung des Wassers[1] (Abb. 43).

10. Zellulose.

Zellulose ist nicht amorph. Sie besteht aus sehr langen Molekülen $(C_6H_{10}O_5)_n$. Jede Gruppe $C_6H_{10}O_5$ enthält drei OH-Gruppen (Abb. 44), die ein ziemlich großes elektrisches Dipolmoment haben und dafür sorgen, daß zwei parallelgerichtete Zellulosemolekeln sich festhalten. Auf diese Weise entstehen geordnete Bereiche, die *Mizellen*, mit etwa 1000 Å Länge und dem Durchmesser 30 bis 60 Å; einige hundert Molekeln sind zu einem Bündel zusammengefaßt. Die Mizelle ist mit einem Mikrokristall zu vergleichen.

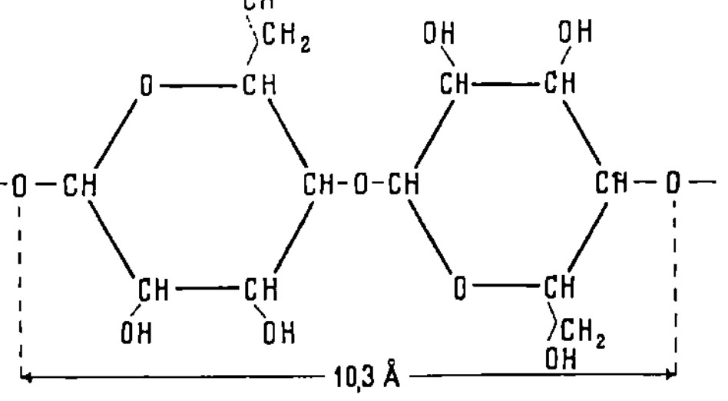

Abb. 44. Das Bauradikal der Zellulose.

Auch die bereits oben besprochenen Stoffe mit stark gewundenen Molekülen können eine Kristallisation dieser Art zeigen, wenn man sie stark streckt und dadurch die Moleküle künstlich parallel stellt (Abb. 45).

In Pflanzenstengeln, Baumwolle und anderen vegetabilen Bestandteilen sind die Zellulosemizellen parallel gerichtet und bilden die sog. Fibrillen. In Cellon, Trolit, Viskose usw. ist die Zellulose oder eines ihrer Salze in einem flüssigen Träger kolloidal verteilt, wobei die Mizellen die kolloidalen Teilchen formen. Beim Eintrocknen erhärten

---

[1] ASTBURY, W. T.: Fundamentals of Fibre Structure. Oxford 1933.

die Lösungen zu gallertartigen Substanzen von Festkörpercharakter (Zelluloid, Trolit, Zellophan, Kunstseide, Vulkanfiber). Bei den letzteren berühren sich die Mizellen an einzelnen Punkten, greifen ineinander

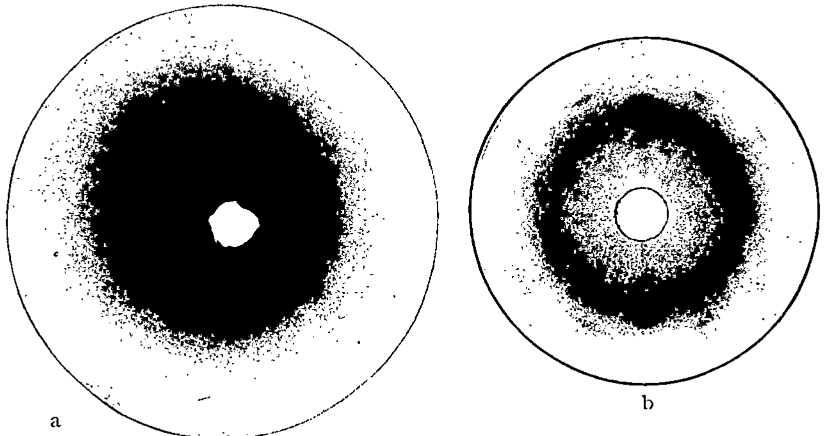

Abb. 45. Kristallinterferenzen an Kautschuk. a) ungedehnt, b) gedehnt. (Nach MEYER u. MARK.)

mittels Van der Waals-Kräften, formen ein dreidimensionales Skelett und schließen den Rest des Lösungsmittels ein (Abb. 46).

Dem Bestehen von Mizellen ist auch die mechanische Festigkeit von Asphalt, Pech und anderen bituminösen Produkten zu verdanken. Die Mizellen haben hierbei ungefähr Graphitstruktur, obgleich sie nicht als

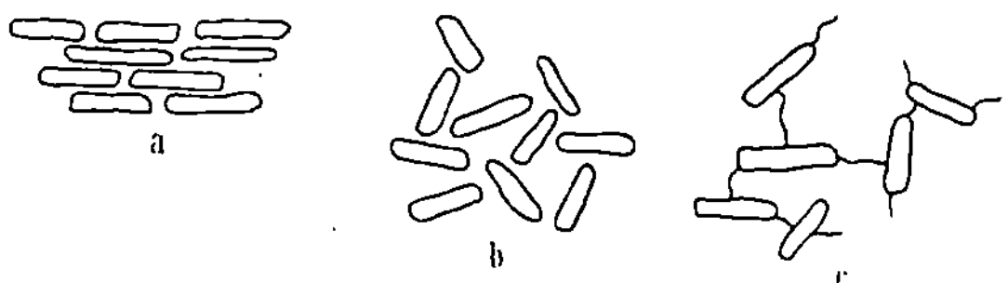

Abb. 46. Drei Formen der Zellulose: a) Fibrillen, b) kolloidal, c) gallertartig.

völlig reiner Graphit angesehen werden dürfen. Sie verleihen den Flüssigkeiten, die aus langen Molekülen der Petrolenen usw. bestehen dürften, eine größere Konsistenz.

Wir sind damit allmählich in das Gebiet der plastischen Stoffe gekommen, die man nicht mehr als Festkörper ansehen darf. Der Name „Flüssigkeit" trifft ebensowenig zu. Man bezeichnet sie meist als „disperse Systeme". Es ist hierbei an Stoffe zu denken wie Teer, Teig, Butter, Kleie, Fett und Salbe. Das Studium solcher Stoffe liegt außerhalb des Rahmens dieses Buches[1].

---

[1] HOUWINK, R.: Elastizität, Plastizität und Struktur der Materie. 1938.

III. Anisotropie.

1. Kristallographie.

Nach Art und Zahl der Symmetrieelemente teilt man die Kristalle in 32 Kristallklassen ein, die in Tab. 3 wiedergegeben sind. Die Symbole haben folgende Deutung:

4: vierzählige Drehungsachse: nach Drehung um $90°$ kommt der Kristall mit sich selbst zur Deckung.

$\bar{4}$: vierzählige Achse von zusammengesetzter Symmetrie: Deckung nach Drehung über $90°$ plus Spiegelung in einer Ebene senkrecht zur Drehungsachse.

m: Symmetrieebene.

$4/m$: Symmetrieebene senkrecht zur vierzähligen Achse.

$4m$: Symmetrieebene durch vierzählige Achse.

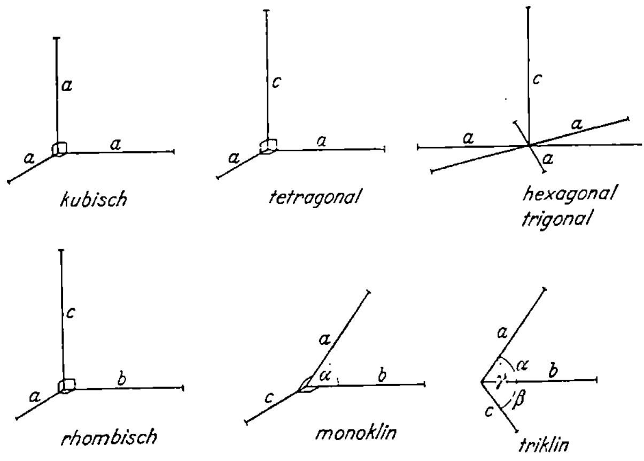

Abb. 47. Die Achsenkreuze der sieben Kristallsysteme.

Die 32 Symmetrieklassen sind in 7 Kristallsystemen vereinigt: Triklin (Klassen 1, 2), Monoklin (3 bis 5), Rhombisch (6 bis 8), Tetragonal (9 bis 15), Trigonal (16 bis 21), Hexagonal (22 bis 27), Kubisch (28 bis 32).

Die Systeme werden am einfachsten charakterisiert durch das Kristallachsenkreuz, das in Abb. 47 für die sieben Fälle angedeutet ist.

Kubisch: drei senkrecht zueinander stehende, gleich lange Achsen.

Tetragonal: senkrecht zueinander stehende Achsen, davon zwei gleich lang.

Rhombisch: senkrecht zueinander stehende Achsen ungleicher Längen.

Monoklin: zwei Achsen sind senkrecht zueinander; die dritte ist zur Ebene der beiden ersten geneigt.

Triklin: drei mit willkürlichen Winkeln zueinander geneigte Achsen.

Trigonal und Hexagonal: drei Achsen in einer Ebene, die senkrecht ist zur vierten Achse.

Tabelle 3. Kristallographische Klassen.

I.	1.	Triklin-pedial	1
	2.	Triklin-pinakoidal	$\bar{1}$
II.	3.	Monoklin-domatisch	m
	4.	Monoklin-sphenoidisch	2
	5.	Monoklin-prismatisch	2/m
III.	6.	Orthorhombisch-pyramidal	m m
	7.	Orthorhombisch-disphenoidisch	22
	8.	Orthorhombisch-dipyramidal	m m m
IV.	9.	Tetragonal-disphenoidisch	$\bar{4}$
	10.	Tetragonal-pyramidal	4
	11.	Tetragonal-dipyramidal	4/m
	12.	Tetragonal-skalenoedrisch	$\bar{4}$2m
	13.	Ditetragonal-pyramidal	4 m m
	14.	Tetragonal-trapezoedrisch	42
	15.	Ditetragonal-dipyramidal	4/m m m
V.	16.	Trigonal-pyramidal	3
	17.	Rhomboedrisch	$\bar{3}$
	18.	Ditrigonal-pyramidal	3 m 1 oder 3 1 m
	19.	Trapezoedrisch	3 2 1 oder 3 1 2
	20.	Ditrigonal-skalenoedrisch	$\bar{3}$ m 1 oder $\bar{3}$ 1 m
	21.	Trigonal-dipyramidal	3/m
VI.	22.	Hexagonal-pyramidal	6
	23.	Hexagonal-dipyramidal	6/m
	24.	Ditrigonal-dipyramidal	$\bar{6}$m2 oder $\bar{6}$2m
	25.	Dihexagonal-pyramidal	6 m m
	26.	Hexagonal-trapezoedrisch	62
	27.	Dihexagonal-bipyramidal	6/m m m
VII.	28.	Tetraedrisch-pentagon-dodekaedrisch	2 3
	29.	Dyakis-dodekaedrisch	m 3
	30.	Hexakis-tetraedrisch	$\bar{4}$3 m
	31.	Pentagon-ikositetraedrisch	4 3
	32.	Hexakis-oktaedrisch	m 3 m

Die Abb. 48 zeigt charakteristische Beispiele für Kristalle der sieben Systeme.

Die Lage von Richtungen und Ebenen wird in der Kristallographie durch die sog. MILLERschen Indizes angedeutet. Eine Richtung bestimmen die Komponenten einer in ihr aufgetragenen Länge, bezogen auf die Richtungen der drei kristallographischen Hauptachsen bzw. im trigonalen und im hexagonalen System auf die Richtungen der vier kristallographischen Achsen.

Nach MILLER gibt man das Verhältnis der in Gitterabständen gemessenen Werte der Komponenten an; so bildet die Richtung [111] im kubischen System gleiche Winkel mit den drei Kristallachsen; die Richtung [112] bildet mit der Z-Achse einen kleineren Winkel als mit der X- und Y-Achse, und zwar ist der Kosinus doppelt so groß. Die Richtungen [100], [010], [001] sind die X- bzw. die Y- und Z-Achse.

Die Ebenen werden bestimmt von den reziproken Werten der Stücke, die sie von den Achsen abschneiden, wobei diese Stücke auch wieder in Gitterabständen zu messen sind und nur ihr Verhältnis wichtig ist.

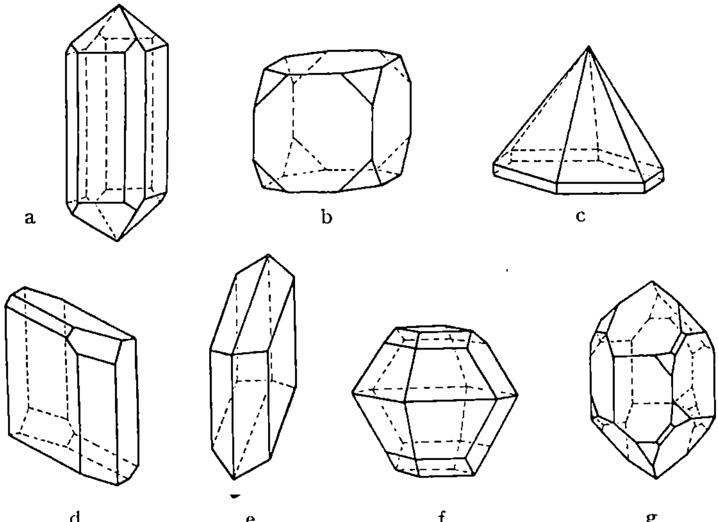

Abb. 48. Beispiele von Kristallen der sieben Kristallsysteme.

a) Rutil, TiO_2, tetragonal; b) Sylvin, KCl, kubisch; c) Zinkoxyd, ZnO, hexagonal; d) Dinitro-dibrom-benzen, triklin; e) Gips, monoklin; f) Schwefel, rhombisch; g) Quarz, trigonal.

Die Ebene (1 1 1) schneidet im kubischen System drei gleiche Stücke ab und steht senkrecht zur Richtung [1 1 1]. Die Ebene (1 0 0) steht senkrecht zur X-Achse [1 0 0] usw.; bei schiefem Achsenkreuz ist die Ebene (1 0 0) nicht senkrecht zur [1 0 0]-Richtung, wohl aber parallel zur YZ-Ebene usw.

2. Anisotrope Werkstoffe.

Die stärkste Anisotropie findet man wohl bei den Kristallen mit heterosthenischer Bindung der Kristallbausteine, wodurch in äußersten Fällen Faser- und Schichtenstrukturen entstehen. Doch ist die Kristallanisotropie nicht eindeutig mit der heterosthenischen Bindung verknüpft. Auch die kubisch symmetrischen Kristalle, die immer isosthenisch gebunden sind, sind anisotrop, indem in der Richtung der Diagonale die Materialeigenschaften andere Zahlenwerte haben können wie in der Richtung der Kubuskanten. Weiter ist zu bemerken, daß isosthenische Bindung nicht immer zu kubischer Symmetrie führt. Die hexagonal dichteste Packung ist ein Beispiel nichtkubischer isosthenischer Bindung.

Faserstoffe haben gegebenenfalls Zylindersymmetrie, d. h. in allen Richtungen senkrecht zur Faserrichtung sind die Eigenschaften dieselben.

Man erwartet dieses Verhalten z. B. bei Samtfasern, bei den künstlichen gepreßten Fasern (Kunstseide, Kunstwolle) und bei gezogenem Draht (Glas, Metalldraht). Auch viele natürliche Fasern animalen oder vege-

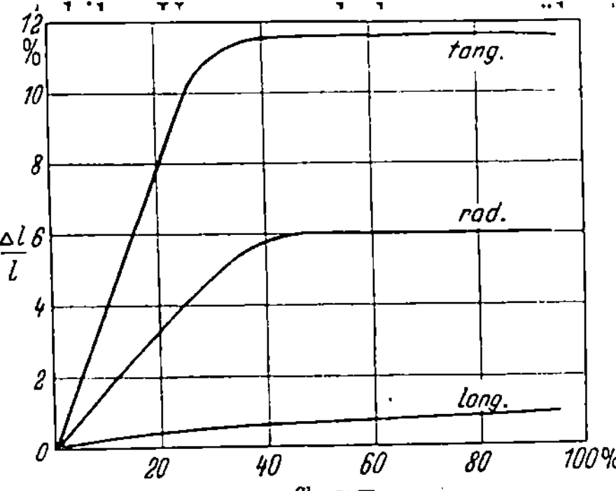

Abb. 49. Anisotropie in der Quellung von Buchenholz. φ = relative Feuchtigkeit der Luft.

Abb. 49. Anisotropie in der Quellung von Buchenholz. φ = relative Feuchtigkeit der Luft.

tabilen Ursprungs haben Zylindersymmetrie: Haare, Baumwolle, Pflanzenstengel. Holz besitzt viel weniger Symmetrie; die Eigenschaften sind in longitudinaler, radialer und tangentialer Richtung des Baumes wesentlich verschieden (Abb. 49). In radialer Richtung folgen Frühlingsholz und Sommerholz der Jahresringe so aufeinander, daß keine Symmetrieebene senkrecht zur radialen Richtung vorhanden ist.

Leder, Tuch, Sedimentgesteine und gepreßte Stoffe haben annäherungsweise Zylindersymmetrie. Bei den durch Walzen erzeugten Plattenmaterialien dagegen kann man wieder Unterschiede in den Eigenschaften erwarten, je nachdem in der Plattenebene in der Walzrichtung oder senkrecht darauf gemessen wird; die Symmetrie ist annäherungsweise rhombisch. Zum Beispiel

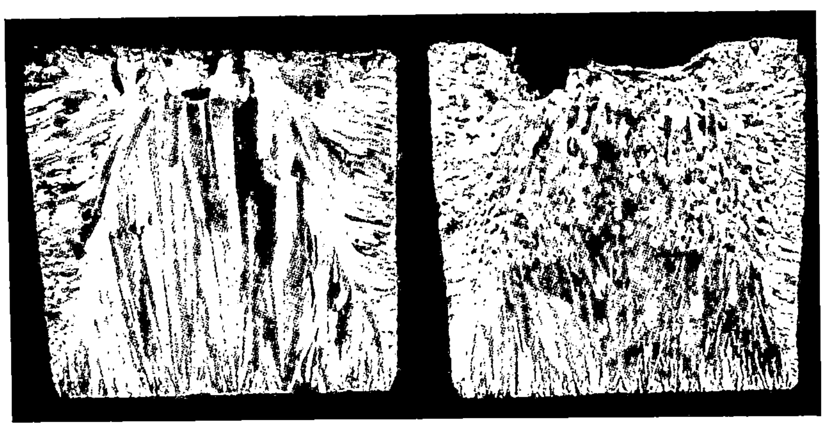

Abb. 50. Anisotroper Aufbau von Kupfer, das aus der Schmelze erstarrt ist.
[Nach Northcott: J. Inst. Met. 9 (1937).]

hat plastizierte Balata in der Faserrichtung den Elastizitätsmodul 6 kg/mm²; in der Querrichtung nur 0,6 kg/mm²; Zellophan hat in der Längsrichtung den Elastizitätsmodul 20 kg/mm², in der Querrichtung 10 kg/mm². Die Unterschiede des Moduls für die verschiedenen Richtungen sind so groß, daß sie nicht nur theoretisches, sondern auch technisches Interesse haben.

Sowohl in Stoffen, die aus der Schmelze durch Abkühlung entstanden sind (Abb. 50), wie in solchen, die durch Übersättigung aus einer Lösung ausgeschieden sind, findet man in der Dickenrichtung andere numerische Werte der Eigenschaften als in der Flächenrichtung; dasselbe gilt für elektrolytisch oder kataphoretisch erzeugte Materialschichten sowie für Salzschichten, die durch Sublimation entstanden sind. Bisweilen besitzen schon die Kristallkeime Vorzugslagen; in andern Fällen bestimmt die verschiedene Wachstumsgeschwindigkeit der Kristallebenen eine Vorzugslage der ausgewachsenen Kristalle. Bei elektrolytischen Niederschlägen hat man festgestellt, daß die zur Stromlinie parallel liegende Kristallrichtung abhängig ist von der Wahl der elektrolytischen Lösung und der Stromdichte. Bei den raumzentrierten Kuben (z. B. Fe) scheint indessen ein Vorzug für die [1 1 1]-Richtung, bei den flächenzentrierten Kuben (z. B. Cu, Ni) ein solcher für die [100]-Kante zu bestehen.

3. Textur.

Die nach Kaltverarbeitung von Metallen auftretende Textur ist weitgehend bedingt von dem Mechanismus des Gleitens (Abb. 51 u. 52).

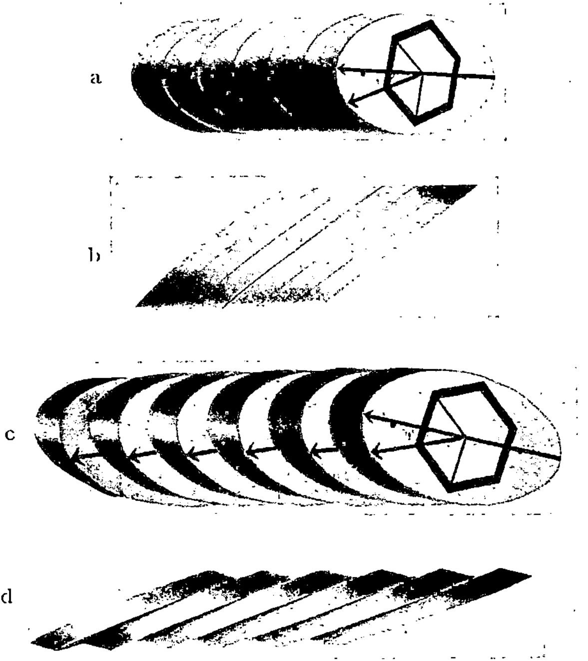

Abb. 51. Zum Mechanismus des Gleitens. (Nach Schmid u. Boas: Kristallplastizität.)
a) und b) Ausgangszustand, c) und d) nach der Dehnung.

Die Vorzugsgleitebenen der Metallkristalle sind diejenigen mit der dichtesten Atombesetzung, während in diesen Ebenen wieder die Richtungen

mit dichtester Besetzung vorzugsweise als Gleitrichtungen auftreten.
Für die am meisten vorkommenden Kristalltypen ergibt sich:

	Gleitebene	Gleitrichtung
Kubisch flächenzentriert	(1 1 1)	[1 0 1]
Kubisch raumzentriert	(1 1 0)	[1 1 1]
Hexagonal dichteste Packung . .	(0 0 0 1)	[1 1 2 0] [1]

Von größter Wichtigkeit ist, daß durch die Gleitung eine Drehung
des Kristalles stattfindet (Abb. 51 d), wobei immer die Gleitrichtung sich

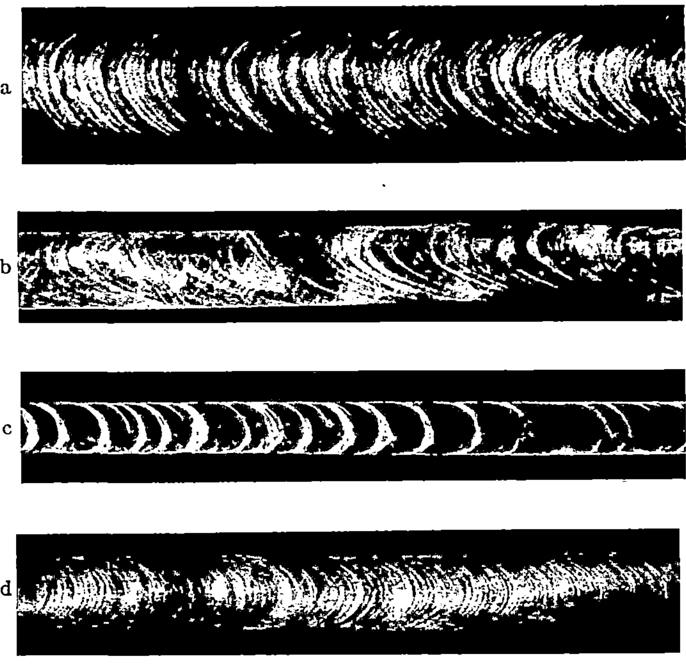

Abb. 52. Auftreten von Gleitlinien an Metallkristallen. (Nach v. GÖLER u. SACHS.)
a) Zn,   b) Cd,   c) β-Sn,   d) Bi.

nach der Zugrichtung bewegt. Wenn zwei Gleitrichtungen zusammen in
einer Gleitebene sich abwechseln, dreht diese Ebene sich nach der Zugrichtung (Abb. 53). Anfänglich pseudoisotropes vielkristallinisches Material zeigt daher nach der Kaltverarbeitung eine anisotrope Textur. In
einigen einfachen Fällen, z. B. bei der Dehnung eines Einkristalles, hat
man die Endlagen der kristallographischen Richtungen auf Grund der
angestellten kinetischen Betrachtung restlos deuten können, in vielen
anderen Fällen aber kann man das Ergebnis nicht vorhersagen; erstens,

---

[1] Die Angabe 2 deutet auf die negative Richtung der Achse hin. Bei der
Angabe der MILLERschen Indizes für hexagonale Kristalle bezieht sich die letzte
Ziffer auf die hexagonale Achse. Die Ebene (0001) ist also die Basisebene.

Abb. 53. Wechsel des Gleitebenensystems. (Nach Smithells: Tungsten.)

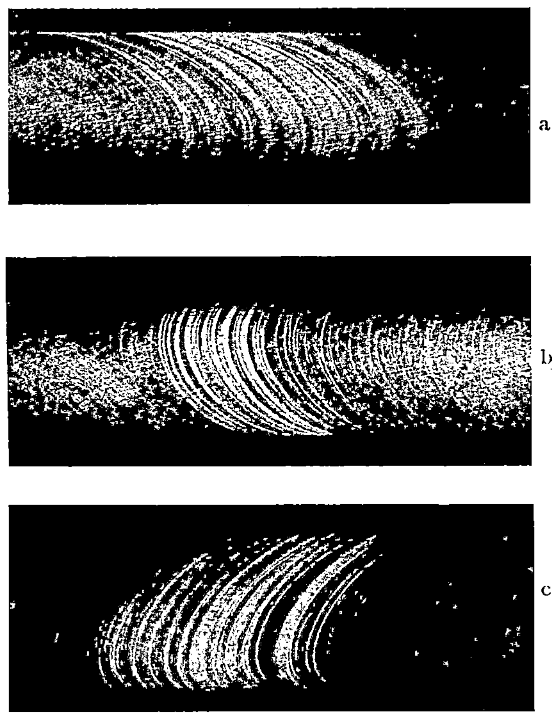

Abb. 54. Neuerscheinende Gleitlinien beim Wechsel des Gleitsystems.
[Nach v. Göler u. Sachs: Z. Physik 55 (1929).]

weil die Art der dynamischen Beanspruchung zu verwickelt ist, und zweitens, weil die Anzahl der Gleitebenen und der möglichen Gleitrichtungen zu groß ist.

Doch hat man röntgenographisch in vielen Fällen deutlich ausgeprägte Texturen festgestellt. Für einfache Belastungsweisen gelten folgende Regeln:

Beim Strecken bzw. bei Druck ergibt sich parallel zur Kraftrichtung vorzugsweise[1]:

	Strecken	Druck
Kubisch flächenzentriert	[1 1 2]	[0 1 1]
Kubisch raumzentriert	[1 1 0]	[1 1 1]
Hexagonal dichteste Packung . .	[0 0 0 1]	[0 0 0 1]
	(um 70° geneigt)	

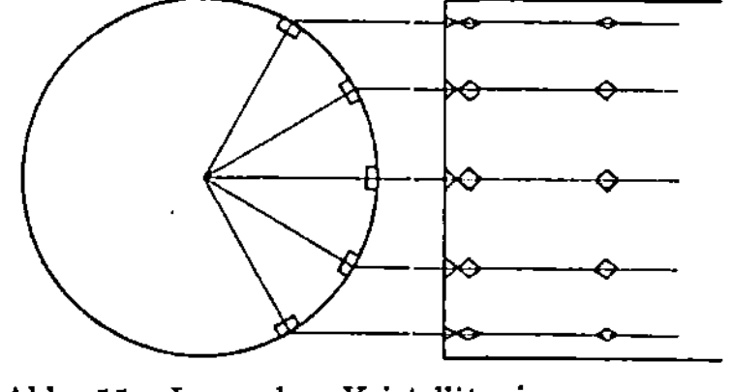

Abb. 55. Lage der Kristallite in gezogenem Wolframdraht. (Nach SMITHELLS: Tungsten.)

Beim Kaltziehen bzw. Hämmern von Draht treten ganz andere Spannungsverteilungen auf; man findet dann auch andere Texturen. Parallel zur Drahtrichtung hat man[2] (Abb. 55):

	[1 1 1]	sowohl beim
Kubisch flächenzentriert	[1 1 1]	sowohl beim
Kubisch raumzentriert	[1 1 0]	Ziehen wie
Hexagonal dichteste Packung . .	[0 0 0 1]	b. Hämmern
	(um 18° geneigt)	

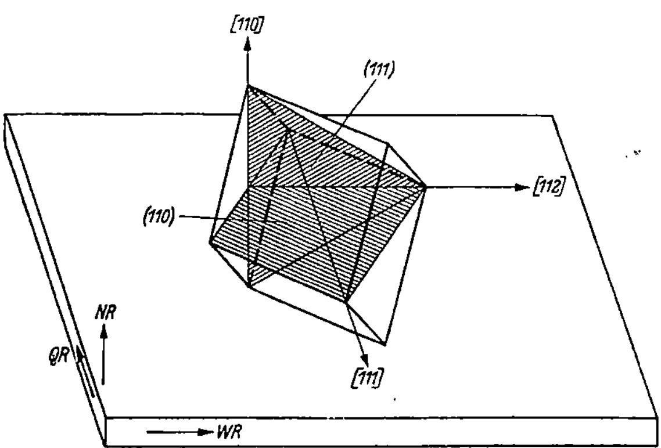

Abb. 56. Schematische Darstellung der Hauptwalztextur ([1 1 2]-Lage) kubisch flächenzentrierter Kristalle (WR = Walzrichtung; QR = Querrichtung; NR = Normalrichtung.) (Aus Wiss. Veröff. Siemens-Werk 17.)

Als Merkmale der Walztextur gibt man die mit der Walzrichtung zusammenfallende kristallographische Richtung und die in die Walzebene fallende kristallographische Ebene an[3] (Abb. 56):

---

[1] VACHER, H. C.: J. Res. Nat. Bur. St. 22, 651 (1939).
[2] BARNETT, C. S.: Amer. Inst. Min. Met. Eng. Techn. Paper 977 (1939).
[3] WIDMANN, H.: Z. Physik 45, 200 (1927).

	Walzrichtung	Walzebene
Kubisch flächenzentriert	[1 1 2]	(1 1 0)
Kubisch raumzentriert	[1 1 0]	(1 0 0)
Hexagonal dichteste Packung . .	[0 0 0 1] 30° mit Walzebene	

Der deformierte Stoff läßt sich leicht rekristallisieren. In einigen Fällen ist das rekristallisierte Material regellos orientiert, in anderen zeigt der rekristallisierte Stoff aber noch immer Bevorzugung einer gewissen Textur. Als Rekristallisationstextur für kalt gewalztes Metall wird angegeben[1]:

	Walzrichtung	Walzebene
Kubisch flächenzentriert	[1 0 0]	(0 0 1)
Kubisch raumzentriert	[1 1 2]	(1 1 1)
Hexagonal dichteste Packung . .	nicht deutlich	

Es muß betont werden, daß die hier wiedergegebenen Texturtabellen nur Vorzüge andeuten. Oft findet man keine Textur oder eine andere

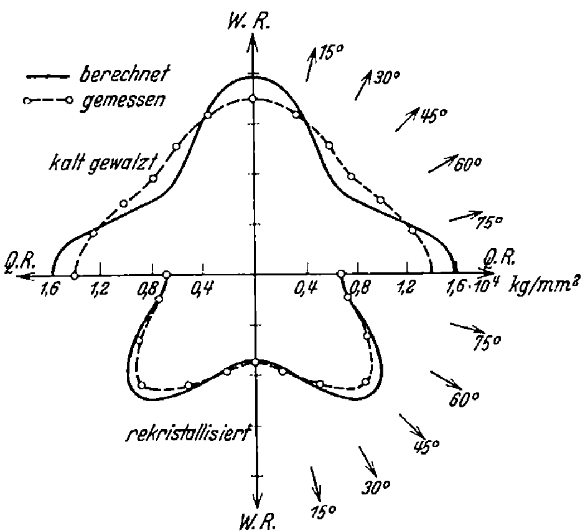

Abb. 57. Richtungsabhängigkeit des Elastizitätsmoduls in kaltgewalztem und rekristallisiertem Cu-Blech. WR = Walzrichtung; QR = Querrichtung. (Nach Schmid u. Boas: Kristallplastizität.)

als die Tabelle anführt. Das Vorhandensein etwaiger Verunreinigungen und die Wärmebehandlung bei der Rekristallisation führen sogar bei demselben Metall zur Erzeugung verschiedener Texturen.

Abb. 57 zeigt die Änderungen der Anisotropie des Elastizitätsmoduls von Kupferband (flächenzentriert) vor und nach der Rekristallisation. Andere Beispiele bieten die Abb. 58 bis 60.

---

[1] v. Göler u. Sachs: Z. Physik **41**, 889 (1927).

Die auftretende Textur ist in manchen Fällen derart, daß im Endergebnis die Walzrichtung und die Querrichtung äquivalent sind, so daß

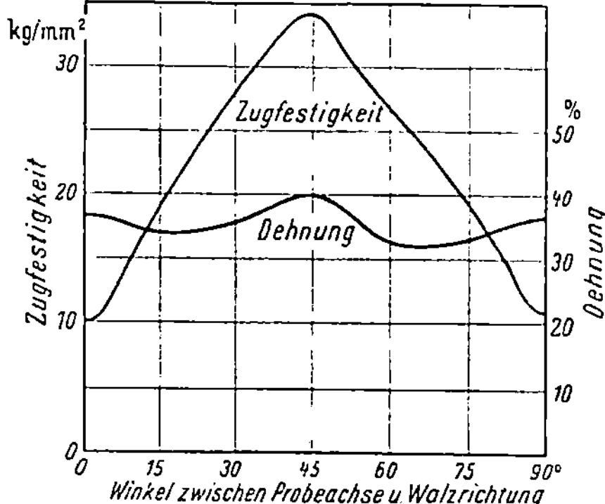

Abb. 58. Richtungsabhängigkeit der Festigkeit und Dehnung von Kupferblech mit Würfeltextur. [Nach FAHRENHORST, MATTHAES u. SCHMIDT: Z. VDI 76 (1932).

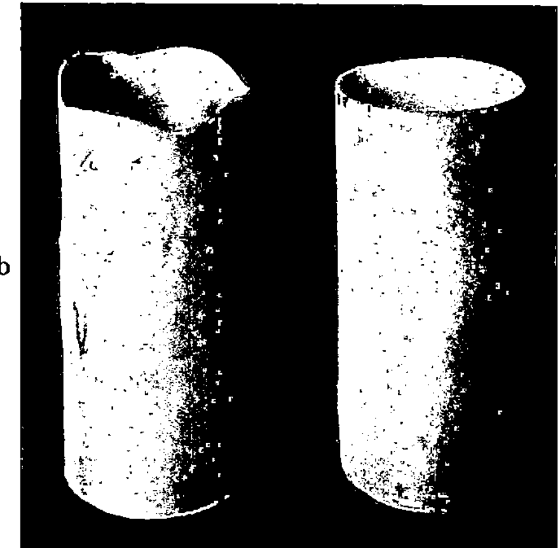

Abb. 59. Zipfelbildung bei gezogenen Hohlkörpern aus Al-Blech. [Nach v. GÖLER u. SACHS: Z. Physik 56 (1929).]

bei fortgesetztem Walzen die Anisotropie wieder abnimmt. Zinkband, das von 3 mm bis auf 2,27 mm dünner gewalzt wird, zeigt stärkere

Anisotropie, als wenn dasselbe Band dann weiter bis zu 0,65 mm Dicke gewalzt wird[1]. Die folgende Übersicht veranschaulicht die Verhältnisse.

Blechdicke	2,27 mm	0,65 mm
Ausdehnungskoeffizient (Walzrichtung) . .	$30{,}5 \cdot 10^{-6}$	$21{,}0 \cdot 10^{-6}$
(Querrichtung) . .	$18{,}7 \cdot 10^{-6}$	$14{,}1 \cdot 10^{-6}$
Elastizitätsmodul (Walzrichtung) . .	$8200\ \mathrm{kg/mm^2}$	$9180\ \mathrm{kg/mm^2}$
(Querrichtung) . .	$10100\ \mathrm{kg/mm^2}$	$10110\ \mathrm{kg/mm^2}$
Bruchdehnung (Walzrichtung) . .	12%	10%
(Querrichtung) . .	3%	7%

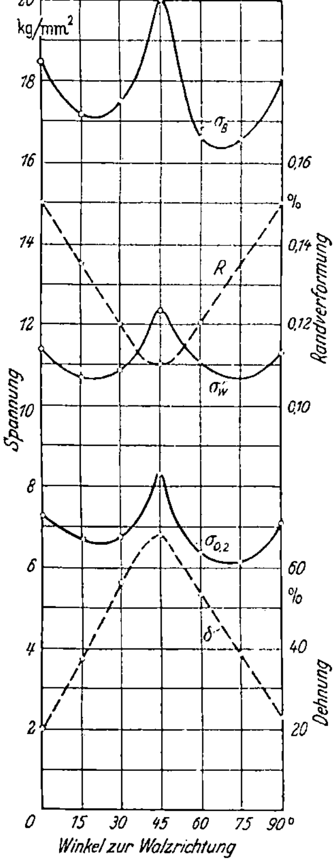

Abb. 60. Richtungsabhängigkeit der Zugfestigkeit und Streckgrenze für Kupferblech. [Nach WASSERMANN: Z. VDI 80 (1936).] δ = Dehnung; $\sigma_{0,2}$ = Streckgrenze; σ_W = Biegewinkel $\times$ 10⁶; σ_B = Zugfestigkeit.

Abb. 61. Festigkeitskörper für Al. [Nach v. GÖLER u. SACHS: Z. techn. Physik 12 (1927).]

Abb. 62. Dehnungskörper für Al. (Nach v. GÖLER u. SACHS.)

---

[1] SCHMID, E., u. W. BOAS: Kristallplastizität, S. 334. Berlin: Springer 1935.

4. Anisotropieeffekte.

Wegen des Auftretens von Anisotropie besitzt der Stoff eine Fülle
Eigenschaften, die bei den isotropen oder den quasiisotropen klein-
kristallinischen Stoffen wegen der Gleichberechtigung aller Richtungen
abwesend sind oder ausgelöscht zu sein scheinen. Die typischen Eigenschaften der Anisotropie lassen sich in zwei Gruppen unterteilen. Der erste
Typus umfaßt solche Effekte, die in der isotropen Phase überhaupt nicht
vorkommen, während der zweite Typus diejenigen Eigenschaften umfaßt,
die zwar dem isotropen Zustand auch zukommen, nun aber stärker ausgeprägte Einzelheiten zeigen. Siehe z. B. die Abb. 61 und 62.

Zu der ersten Klasse gehören Vektorerscheinungen, wie die Pyroelektrizität, zur zweiten Klasse die Leitfähigkeit, die bei Kristallen ein
Tensor zweiten Grades wird.

Der Elastizitätstensor, der bei isotropen Stoffen nur noch durch zwei
unabhängige Grundeigenschaften zur Geltung kommt (Elastizitätsmodul
und Schubmodul), wird im allgemeinsten Falle zu einem Tensor vierten
Grades mit 21 Komponenten erweitert.

5. Pyro- und Piezoelektrizität.

Wenden wir uns zunächst den Vektoreffekten des ersten Typus zu,
und zwar der Pyroelektrizität.

Bringt man Turmalin (B-Al-Silikat) auf höhere Temperatur, dann
wird der Kristall an einem Ende (der analoge Pol) elektrisch positiv,
am anderen Ende (der antiloge Pol) negativ. Der Kristall zeigt, anders
ausgedrückt, eine elektrische Polarisation. Wir stellen also das Auftreten
einer Vektorgröße fest (Tensor ersten Grades) als Folge der Anwendung
einer skalaren Größe (Tensor nullten Grades). Ein Kristall mit einem
Symmetriezentrum kann z. B. unmöglich Pyroelektrizität zeigen, denn
bei Spiegelung würde P sein Vorzeichen umkehren.

Auch der inverse Effekt ist bekannt. Bringt man ein elektrisches
Feld in der Richtung der pyroelektrischen Achse von Turmalin an, so
bemerkt man eine Erwärmung oder Abkühlung, je nach dem Sinne des
Feldes (elektrokalorischer Effekt), bei Turmalin 0,001 ° C in einem Felde
von 15000 V/cm. Pyroelektrizität und elektrokalorischer Effekt hängen
wie alle zueinander inverse Effekte thermodynamisch zusammen. In
diesem Fall gilt die Gleichung:

$$\left(\frac{\partial Q}{\partial F}\right)_T = T\left(\frac{\partial P}{\partial T}\right)_F,$$

wo Q die Wärmetönung je Volumeneinheit, F die elektrische Feldstärke,
P die Polarisation und T die absolute Temperatur ist.

Der hier genannte kalorische Effekt ist wohl zu unterscheiden von
dem quadratischen Effekt. Dieser tritt immer bei Elektrisierung des

Stoffes auf, wechselt sein Vorzeichen bei Umkehrung der Feldrichtung nicht und ist keine spezielle Kristalleigenschaft.

Der *piezoelektrische Effekt* ist kein Skalar-Vektoreffekt, weil der Druck kein Skalar, sondern ein Teil des Spannungstensors ist. Eine Vektorgröße (die elektrische Polarisation) wird aus einer Tensorgröße zweiten Grades mit 6 Komponenten erhalten. In dem allgemeinen Ausdruck:

$$P_i = \sum_k c_{ik} T_k , \qquad \begin{aligned} i &= 1, 2, 3, \\ k &= 1, 2, 3, 4, 5, 6 \end{aligned}$$

kommen daher 18 Koeffizienten c_{ik} vor. Der piezoelektrische Effekt ist also wesentlich verwickelter als der pyroelektrische. Wegen etwaiger Symmetrie ist die Zahl der unabhängigen piezoelektrischen Koeffizienten

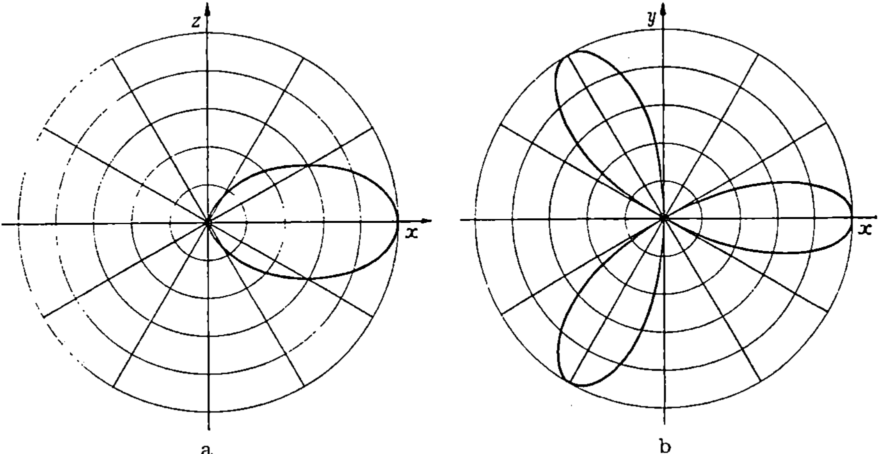

Abb. 63a u. b. Schnitte der piezoelektrischen Fläche von Quarz. Z-Achse = Optische Achse. X-Achse = Elektrische Achse.

aber sehr viel geringer. Quarz (trigonal) hat nur zwei piezoelektrische Konstanten (Abb. 63); Turmalin (trigonal) hat vier und Rochellesalz drei. Rochellesalz ist ungefähr tausendmal so stark piezoelektrisch wie Turmalin oder Quarz.

6. Thermische Ausdehnung.

Der folgende Schritt in der systematischen Untersuchung der Anisotropieeffekte ist der, daß wir nach Tensoren zweiten Grades suchen, die von der Änderung der skalaren Größe, der Temperatur, herrühren. Als einen solchen Tensor zweiten Grades kennen wir die homogene Deformation des Gitters, die wir als die Verallgemeinerung der isotropen thermischen Dilatation ansehen müssen.

Eine homogene Deformation eines homogenen Stoffes läßt sich mathematisch ausdrücken mittels dreier Gleichungen:

$$\left.\begin{aligned}
\xi &= e_{xx}\,x + e_{xy}\,y + e_{xz}\,z\,, \\
\eta &= e_{yx}\,x + e_{yy}\,y + e_{yz}\,z\,, \\
\zeta &= e_{zx}\,x + e_{zy}\,y + e_{zz}\,z\,,
\end{aligned}\right\}$$

wo ξ, η, ζ die Verrückungskomponenten des Punktes x, y, z sind.

Den Mittelpunkt des Koordinatensystems wählt man vorteilhaft im Schwerpunkt des Körpers; wir müssen uns also vorstellen, daß der Schwerpunkt an der ursprünglichen Stelle bleibt. Die Koeffizienten e_{xx}, e_{yy} und e_{zz} stellen die relativen Verlängerungen des Körpers in der x- bzw. in der y- und in der z-Richtung dar. Die Beiwerte e_{xy} usw. sind die Tangenten der Deformationswinkel.

Es treten in diesen Gleichungen 9 Koeffizienten e_{ik} auf, die im allgemeinsten Fall alle unabhängig voneinander und verschieden sein können. Es liegt nahe, die Zahl 9 der Koeffizienten auf 6 zu reduzieren, indem wir bemerken, daß es zur Feststellung der Deformation des Körpers nicht so sehr auf die Werte von e_{xz} und e_{zx} einzeln ankommt, als vielmehr auf den Wert von $e_{xz} + e_{zx}$. Dazu betrachten wir die Abb. 64, welche die Bedeutung der Beiwerte e_{ik} verdeutlichen soll. Man sieht, daß sowohl e_{zx} wie e_{xz} eine Abscherung des Körpers um die y-Achse

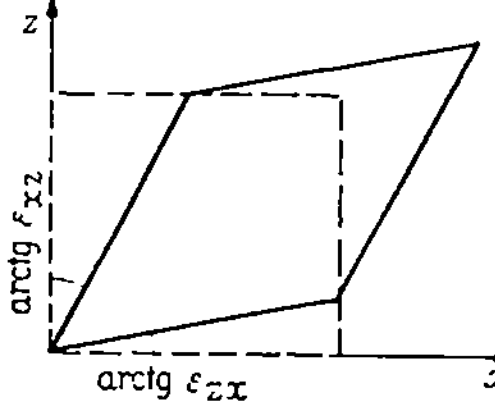

Abb. 64. Bedeutung der Scherungskonstante.

bedeutet, und daß bei genügend kleinen Werten der Größen e der totale Deformationswinkel der Abscherung um die y-Achse durch $e_{zx} + e_{xz}$ bestimmt ist, während dagegen die Verteilung der Einzelgrößen e_{zx} und e_{xz} über die Summe nur die Lage des ganzen Körpers beeinflußt.

Es bleiben also sechs unabhängige Deformationen übrig: drei Dilatationen und drei Abscherungen, die beliebig überlagert werden können. Eine allseitige Kompression hat dieselbe Bedeutung wie die Summe dreier gleichen Längsverkürzungen. Die Torsion eines Stabes gehört nicht zu den homogenen Deformationen, weil die Umgebung der Achse weniger verzerrt wird als der Umfang. Die meisten technischen Deformationen gehören überhaupt zu der nichthomogenen Art.

Größte Bedeutung hat die sog. „Hauptachsentransformation" des Tensors zweiten Grades, was wir am Beispiel der homogenen Deformation erläutern wollen.

Wenn man in dem obigen Gleichungssystem die erste Gleichung mit x, die zweite mit y, die dritte mit z multipliziert und danach addiert, so ergibt sich:

$$f(x,y,z) = \xi x + \eta y + \zeta z = e_{xx}\,x^2 + (e_{xy} + e_{yx})\,xy + e_{yy}\,y^2 +$$
$$+ (e_{xz} + e_{zx})\,xz + (e_{yz} + e_{zy})\,yz + e_{zz}\,z^2\,.$$

Der Wert dieser Funktion ist konstant bei quadratischen Oberflächen, deren Mittelpunkt mit dem Mittelpunkt des Achsenkreuzes zusammenfällt.

Durch Drehung des Achsenkreuzes ist das rechte Glied immer auf die Form $\varepsilon_1 x^2 + \varepsilon_2 y^2 + \varepsilon_3 z^2$ zu bringen. Es ist dies die Hauptachsentransformation der quadratischen Flächen. Mit andern Worten lassen sich die Koordinatenachsen immer so wählen, daß die Abscherungen den Wert Null erhalten und nur die Dilatationen übrigbleiben. Abb. 65 zeigt, wie eine Scherung gleichwertig ist mit der Summe einer positiven und einer negativen Dilatation. Zu jeder homogenen Deformation gehört ein solches System von drei zueinander senkrechten Hauptachsen.

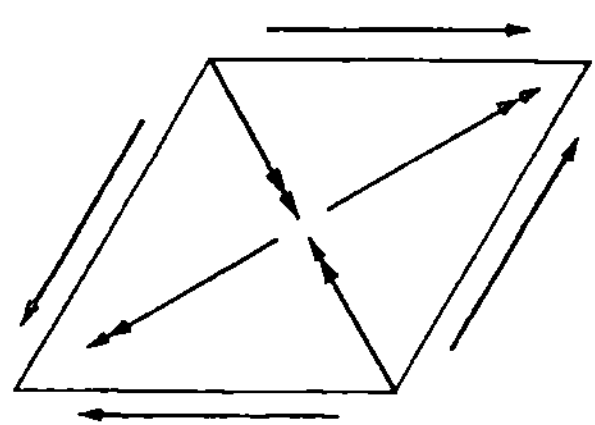

Abb. 65. Äquivalenz einer Scherung mit zwei Normaldeformationen.

Wenn man die Lage der Hauptachsen einmal kennt, ist die Deformation vollkommen bestimmt durch die drei Dilatationen in diesen drei besonderen Richtungen.

Im allgemeinsten Fall anisotroper Stoffe brauchen daher nie mehr als drei thermische Ausdehnungskoeffizienten aufzutreten, die immer, auch bei triklinen Kristallen, die Ausdehnung in drei zueinander senkrechten Richtungen darstellen.

Es können übrigens sehr wohl negative Werte für einen oder sogar für zwei der Ausdehnungskoeffizienten auftreten. Z. B. je Grad Celsius:

$Al(OH)_3$: $\quad \alpha_1 = 38 \cdot 10^{-6}$; $\quad \alpha_2 = 11 \cdot 10^{-6}$; $\quad \alpha_3 = -6 \cdot 10^{-6}$,

Adular (Mondstein, $K \cdot AlSi_3O_8$): $\quad \alpha_1 = 19 \cdot 10^{-6}$; $\quad \alpha_2 = -2 \cdot 10^{-6}$;
$$\alpha_3 = -1 \cdot 10^{-6}.$$

7. Leitfähigkeit.

Daß durch Benutzung eines Vektors ein anderer Vektor in derselben Richtung erhalten wird, ist eine Eigenschaft der isotropen Stoffe (z. B. Stromdichte beim Anbringen eines elektrischen Feldes). Typisch für die anisotropen Stoffe ist die Richtungsabhängigkeit des Quotienten der beiden Vektorlängen und das Nichtzusammenfallen der beiden Richtungen des erregenden und des erregten Vektors. Der Zusammenhang zwischen Vektor P und Vektor Q ist im allgemeinen für lineare Effekte:

$$\left.\begin{aligned}
P_x &= e_{xx} Q_x + e_{xy} Q_y + e_{xz} Q_z, \\
P_y &= e_{yx} Q_x + e_{yy} Q_y + e_{yz} Q_z, \\
P_z &= e_{zx} Q_x + e_{zy} Q_y + e_{zz} Q_z,
\end{aligned}\right\} \tag{1}$$

wo die e_{ij} Materialeigenschaften und P und Q durch den ganzen Körper konstant sind. Die neun Zahlen e_{ij} bilden einen Tensor zweiten Grades, der jetzt keinen Zustand beschreibt, wie im Falle der homogenen Deformation, sondern eine Materialeigenschaft.

Im allgemeinen kann man einen solchen Tensor aufspalten in einen symmetrischen $(e'_{ij} = e'_{ji})$ und einen schiefsymmetrischen $(e''_{ij} = -e''_{ji})$ durch folgende Zerlegung:

$$e_{ij} = \frac{e_{ij} + e_{ji}}{2} + \frac{e_{ij} - e_{ji}}{2} = e'_{ij} + e''_{ij},$$

$$e_{ji} = \frac{e_{ij} + e_{ji}}{2} - \frac{e_{ij} - e_{ji}}{2} = e'_{ji} + e''_{ji}.$$

Der symmetrische Teil soll nachher behandelt werden; wir wenden uns zunächst dem schiefsymmetrischen Teil zu. Einem Beispiel eines schiefsymmetrischen Tensors begegnen wir in dem Falle, wo die elektrische Verschiebung D zwar immer in einem konstanten Größenverhältnis zur elektrischen Feldstärke F $(D = \varepsilon F)$ steht, immer aber um einen Winkel φ nach rechts gedreht ist, unabhängig von der Lage von F in der Zeichenebene (Abb. 66). Der Zusammenhang zwischen F und D ist dann:

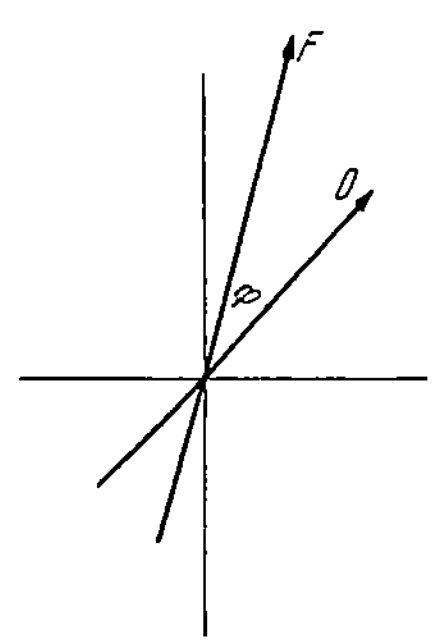

Abb. 66.
Rotatorischer Effekt.

$$\frac{D_x}{\varepsilon} = \cos\varphi \cdot F_x + \sin\varphi \cdot F_y,$$

$$\frac{D_y}{\varepsilon} = -\sin\varphi \cdot F_x + \cos\varphi \cdot F_y.$$

Hier tritt ein schiefsymmetrischer Tensor auf. Es läßt sich im allgemeinen zeigen, daß der schiefsymmetrische Teil des Tensors sich auf eine Drehung um eine im allgemeinen zu den Koordinatenachsen schief stehende Rotationsachse zurückführen läßt.

In keinem einzigen Fall hat man solche rotatorischen Effekte bei den Materialeigenschaften, welche die Gestalt eines Tensors zweiten Grades haben, beobachten können. Dies hat sich daraus ergeben, daß bei Anlegen eines radial verlaufenden erregenden Vektorfeldes das erregte Vektorfeld eine spiralige Struktur haben müßte; z. B. sollte die Wärme vom Punkte der höchsten Temperatur nicht geradlinig, sondern spiralförmig davonströmen.

Es ist wohl bekannt, daß ins Magnetfeld gebrachte Stoffe rotatorische Eigenschaften erhalten. Insbesondere ist die magnetische Drehung der Polarisationsebene des Lichtes als eine Drehung des D-Vektors in bezug auf den F-Vektor zu deuten, wie oben als Beispiel erwähnt wurde.

Was die Materialeigenschaften an sich betrifft, so dürfen wir uns also auf den Fall des symmetrischen Tensors mit nur 6 Komponenten beschränken. Wenn man in dem Gleichungssystem (1) für ξ, η, ζ auf S. 51 die erste Gleichung mit Q_x, die zweite mit Q_y, die dritte mit Q_z multipliziert und dann addiert, so entsteht das sog. skalare Produkt:

$$f(Q_x\,Q_y\,Q_z) = P_x\,Q_x + P_y\,Q_y + P_z\,Q_z = \sum_{ij} e_{ij}\,Q_i\,Q_j.$$

Durch geeignete Drehung der Koordinatenachsen, wobei das Q in die neuen Komponenten $Q_{x'}$, $Q_{y'}$, $Q_{z'}$ zerlegt wird, kann die homogene quadratische Form rechts immer auf die Form

$$\varepsilon_1 Q_{x'}^2 + \varepsilon_2 Q_{y'}^2 + \varepsilon_3 Q_{z'}^2$$

gebracht werden. Hätten wir die Hauptachsenrichtungen von vornherein als Koordinatenachsen gewählt, dann hätte (1) wie folgt gelautet[1]:

$$P_x = \varepsilon_1 Q_x; \qquad P_y = \varepsilon_2 Q_y; \qquad P_z = \varepsilon_3 Q_z. \tag{2}$$

Der Stoff ist hinsichtlich des P-Q-Zusammenhanges charakterisiert durch drei Konstanten. In den Richtungen der drei Hauptachsen sind P und Q einander parallel; fällt der erregende Vektor Q in einer Richtung schief zu den Hauptrichtungen, so ist Q erst in die drei Komponenten zu zerlegen; für diese drei Komponenten sucht man die entsprechenden P_i und stellt diese nachher zusammen. Das resultierende P fällt im allgemeinen nicht in die Q-Richtung.

Jede Materialeigenschaft hat ihr eigenes Hauptachsenkreuz. Da man erwarten muß, daß dieses Kreuz mit dem Aufbau des Stoffes zusammenhängt, ist ein Aufeinanderfallen der Hauptachsen mehrerer Materialeigenschaften nicht verwunderlich.

Aus (2) geht hervor:

$$\frac{P_x^2}{\varepsilon_1^2} + \frac{P_y^2}{\varepsilon_2^2} + \frac{P_z^2}{\varepsilon_3^2} = Q^2. \tag{3}$$

Wenn man Q der Größe nach konstant läßt, ihm aber nacheinander alle möglichen Richtungen gibt, durchläuft das Ende des P-Vektors ein Ellipsoid.

Für hexagonale, tetragonale und trigonale Kristalle fällt die Z-Achse auf die sechs- bzw. vier- und dreizählige Achse. In der X-Y-Ebene muß sechszählige bzw. vier- und dreizählige Symmetrie bestehen. Das kann für die quadratische Fläche (3) nur möglich sein, wenn sie ein Umdrehungsellipsoid ist. Hexagonale, tetragonale und trigonale Kristalle unterscheiden sich daher nicht von Stoffen mit Zylindersymmetrie; sie besitzen nur eine Hauptachse und haben nur zwei Leitfähigkeiten, nur zwei Dielektrizitätskonstanten usw., bezeichnet mit $\varepsilon_{||}$ und $\varepsilon_{\perp}$:

$$\frac{P_x^2 + P_y^2}{\varepsilon_{\perp}} + \frac{P_z^2}{\varepsilon_{||}} = Q^2.$$

Kristalle mit kubischer Symmetrie zeigen keine Anisotropie in bezug auf Eigenschaften mit dem Charakter von Tensoren zweiten Grades. Es muß nämlich $\varepsilon_1 = \varepsilon_2 = \varepsilon_3$ sein, und das Ellipsoid (3) entartet zu einer Kugel.

---

[1] Immer unter der Voraussetzung, daß der Tensor der e_{ij} symmetrisch sei.

8. Beispiele tensorieller Materialeigenschaften.

1. Es sei Q der Temperaturgradient, P die Wärmestromdichte. Die drei ε_1 sind die drei Wärmeleitfähigkeiten des Kristalls. Es können die drei Leitfähigkeiten ziemlich stark verschieden sein. Bekannte Beispiele sind Graphit, bei dem die Leitfähigkeit senkrecht zur hexagonalen Achse viermal so groß ist wie diejenige in der Richtung der hexagonalen Achse (Abb. 67), und Glimmer $(KAlSiO_4)$, bei dem die Verhältniszahl 6 auftritt. Man erwartet den Effekt insbesondere bei geschichteten Gittern.

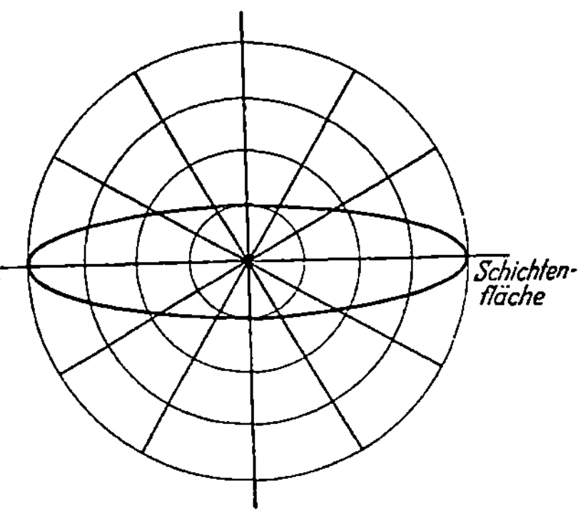

Abb. 67. Anisotropie der thermischen Leitfähigkeit des Graphits.

2. Man nehme für Q den Temperaturgradienten, für P die elektrische Feldstärke; dann stellen die ε_i die thermoelektrischen Konstanten dar. Beispiele für Anisotropie: Pyrit (FeS_2), Wismutmetall, Graphit.

3. Mit Q als elektrische Feldstärke und P als elektrische Stromdichte kommen wir auf das Problem der Elektrizitätsleitung. Starke Anisotropie zeigt wieder der Graphit. Vgl. S. 19.

4. Der Zusammenhang zwischen der elektrischen Feldstärke und der elektrischen Durchschiebung wird durch die drei Dielektrizitätskonstanten für die drei Hauptachsen hergestellt, ebenso treten im analogen magnetischen Fall drei Permeabilitäten (bzw. Suszeptibilitäten) auf. Die Anisotropie ist in Schichtengittern weit größer als in isosthenischen. Besonders große magnetische Anisotropie besitzen Antimon, Wismut und Pyrrhotit (Fe_7S_8).

Für einige rhombische Sulfate sind die Dielektrizitätskonstanten:

$$\text{Zölestin } (SrSO_4)\!: \quad \varepsilon_1 = 7{,}7, \quad \varepsilon_2 = 18{,}5, \quad \varepsilon_3 = 8{,}3;$$
$$\text{Baryt } (BaSO_4)\!: \quad \varepsilon_1 = 7{,}65, \quad \varepsilon_2 = 12{,}6, \quad \varepsilon_3 = 7{,}7;$$
$$\text{Anglesit } (PbSO_4)\!: \quad \varepsilon_1 = 27{,}5, \quad \varepsilon_2 = 54{,}6, \quad \varepsilon_3 = 27{,}3.$$

Am merkwürdigsten in dieser Hinsicht verhält sich das Seignettesalz (oder Rochellesalz: $NaKC_4H_4O_6 \cdot 4\,H_2O$). In einer bestimmten Richtung hat ε hier einen Wert, der von der Temperatur abhängig zwischen 10000 und 60000 schwankt; dies ist in den Temperaturgrenzen $-10°\,C$ bis $+20°\,C$ der Fall. Außerhalb dieses Temperaturgebietes beläuft sich ε auf einige hundert, während in den anderen Richtungen ε bei allen Temperaturen 60 beträgt. In dem genannten Temperaturbereich zeigt das Salz auch oft permanente Elektrisierung und elektrische Hysterese.

Ähnliche Eigenschaften wie Seignettesalz zeigen Kaliumphosphat und Kaliumarsenit[1].

---

[1] BUSCH, G., u. P. SCHERRER: Helv. phys. Acta **11**, 269 (1939).

5. Der erregende Vektor kann ein Vektorprodukt sein, wie es bei den galvanomagnetischen und thermomagnetischen Effekten der Fall ist. Beim isotropen Halleffekt tritt eine elektrische Feldstärke auf in der Richtung des Vektorproduktes der magnetischen Erregung H und der Stromdichte j (Abb. 68). Der Zusammenhang ist im Falle isotroper Körper:

$$F = \text{Konst.} \, [j \times H];$$

im Falle der Kristalle wird die Konstante ein Tensor zweiten Grades, die durch Hauptachsentransformation auf drei Zahlenwerte zurückzuführen ist. Dieselben Erwägungen gelten für den

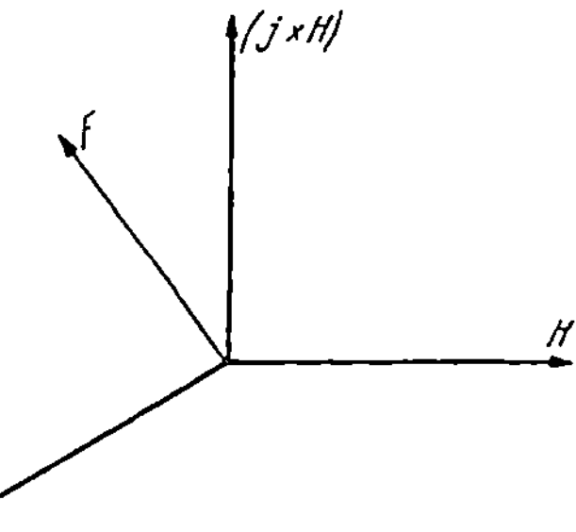

Abb. 68. Zur Anisotropie des Hall-Effektes.

Ettingshauseneffekt (Temperaturgradient = Konst. $[j \times H]$;
Nernsteffekt (F = Konst. $[\text{grad}\, T \times H]$) und
Righi-Leduc-Effekt (Temperaturgradient = Konst. $[\text{grad}\, T \times H]$).

Wo das Studium dieser Effekte an isotropen Stoffen schon wegen der schwachen und strukturbedingten Natur schwierig ist, läßt sich erwarten, daß die kristallinischen Verfeinerungen noch so gut wie gar nicht experimentell erforscht sind.

Im folgenden Schema sind die wichtigsten Eigenschaften nach Tensorcharakter geordnet. Die Ziffern bezeichnen die Zahl der Komponenten:

Erregende Größe / Erregte Größe		1 Skalar	3 Vektor	6 Tensor
Skalar	1	Spezifische Wärme	Linearer elektrokal. Effekt	Quadratischer elektrokal. Effekt
Vektor	3	Pyroelektr.	Wärmeleitung Thermokraft Elektr. Leitung Dielektrische Konstante	Piezoelektr.
Tensor	6	Thermische Ausdehnung	Magnetostriktion	Elastizität

9. Die Permeabilität ferromagnetischer Stoffe.

An dieser Stelle müssen auch dem Begriff der „Anfangspermeabilität" der ferromagnetischen Materialien einige Worte gewidmet werden. Die Permeabilität gehört zu den Tensoreffekten zweiten Grades, die im vorigen Paragraphen behandelt sind und die im Falle kubischer Symmetrie alle Richtungseigenschaften verlieren[1]. Doch findet man im Schrifttum verschiedene Zahlenwerte für die Permeabilität von Eisen- und Nickelkristallen je nach der Kristallrichtung; für Eisen ist die Permeabilität in der [1 00]-Richtung (Kubuskante) am größten, in der [1 1 1]-Richtung (Raumdiagonale) am kleinsten; die Permeabilitäten verhalten sich ungefähr wie $1 : \frac{1}{2} : \frac{1}{3}$, wobei sich die mittlere Zahl auf die Flächendiagonale [1 1 0] bezieht. Beim Nickel dagegen ist die Raumdiagonale die Vorzugsrichtung der Magnetisation. Man benutzt diese Richtungseigenschaften der ferromagnetischen Stoffe, indem man durch Anstreben der entsprechenden Textur Material mit ausgeprägten Eigenschaften herstellt.

Das Paradoxon wird dadurch erklärt, daß man bei der letzten Aussage nicht die Anfangspermeabilität, sondern die maximale Permeabilität, deren Definition aus der Abb. 190 S. 144 hervorgeht, meint. Die für diese Messung erforderlichen Feldstärken reichen aus dem Bereich des linearen Zusammenhanges zwischen Erregung H und Magnetisierung I weit hinaus.

Das typische ferromagnetische Verhalten, d. h. das Sichgleichrichten der Spins der Elektronen in den unabgeschlossenen 3-d-Schalen des Elements[2] ist an ziemlich eng begrenzte Abstände zwischen den Atomen gebunden. Diese kritische Entfernung findet man beim raumzentrierten Fe-Kristall in der Richtung der Würfelkante, beim flächenzentrierten Nickelkristall dagegen in der Richtung der Raumdiagonale. Allein in diesen Richtungen kann das Material permanent magnetisiert werden, in den anderen Richtungen nur vorübergehend und unter Aufwand größerer magnetischer Erregung. Im hexagonalen Nickel[3] und im flächenzentrierten γ-Eisen (stabil oberhalb 910° C) kommen die kritischen Atomentfernungen nicht vor; sie sind deshalb nicht ferromagnetisch.

Im unmagnetischen Eisenkristall sind die Magnetisierungsrichtungen der WEISSschen Bezirke (das sind Bezirke, worin alle Spins vollständig gleichgerichtet sind) gleichmäßig über die sechs Würfelkantenrichtungen verteilt. Beim Anlegen eines schwachen H-Feldes verschieben die Begrenzungen dieser Bezirke sich nach einer in bezug auf das äußere Feld günstigeren Lage. Diese Bewegung ist umkehrbar; sie geht beim Verschwinden des Feldes völlig zurück.

Beim Anlegen einer stärkeren magnetischen Erregung H in einer zu den Kubuskanten geneigten Richtung drehen sich die WEISSschen Elementarbezirke des Eisens allmählich, aber unumkehrbar nach den energetisch leichtesten Würfelkantenrichtungen; sie stellen sich aber nicht in die Richtung des angelegten H-Vektors. Legt man z. B. den

---

[1] BECKER, R., u. W. DÖRING: Ferromagnetismus, S. 151. Berlin: Springer 1939.   [2] Vgl. S. 15.

[3] LE CLERC u. MICHEL: C. R. Acad. Sci., Paris **208**, 1583 (1939).

H-Vektor in die [1 1 1]-Richtung, dann verteilen die Weißgebiete sich gleichmäßig über die drei Kubuskanten. Nach jeder dieser Richtungen arbeitet aber nur die Erregung $H/\sqrt{3}$. Das erregte Moment, das von der Zahl der Bezirke abhängt, die sich parallel bzw. antiparallel zur Achse stellen, muß nachher auf die [1 1 1]-Richtung projiziert werden, wodurch noch einmal eine Teilung durch $\sqrt{3}$ stattfindet, so daß damit erklärt wird, warum in der [1 1 1]-Richtung die Permeabilität dreimal so klein ausfällt wie in der [1 0 0]-Richtung.

Bei Anwendung größerer magnetischer Erregung *H* gelingt es freilich doch, die Elektronenspins aus den drei Kubusrichtungen herauszudrehen. So ist es möglich, beim Eisen in der [1 1 1]-Richtung dieselbe Sättigungsmagnetisation zu erreichen wie in der [1 0 0]-Richtung. Abb. 69 zeigt, wie für das Erreichen einer Magnetisierung mit dem Werte Sättigung/$\sqrt{3}$ ein unbedeutendes *H* genügt, daß darüber hinaus

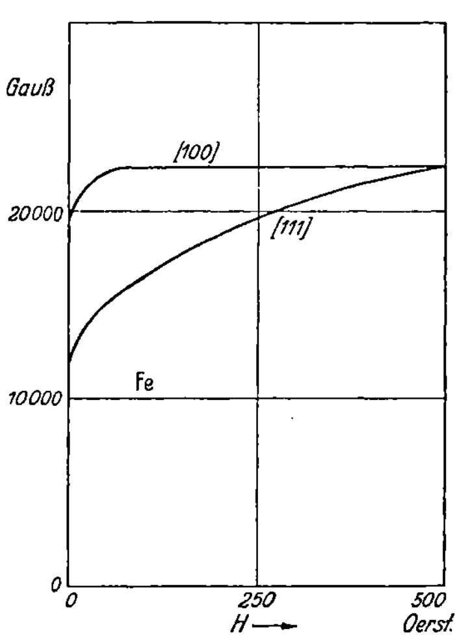

Abb. 69. Magnetisierung von Eisen-Einkristallen. (Nach KERSTEN.)

aber starke *H*-Felder gefordert werden. Die Fläche, die von den beiden mit [1 0 0] und [1 1 1] bezeichneten Linien eingeschlossen wird, stellt den Arbeitsaufwand $\int H\,dJ$ dar, den die Drehung der Spins aus der [1 0 0]-Richtung in die [1 1 1]-Richtung erfordert. Er beträgt bei Eisen $4 \cdot 10^5$ erg/cm³.

10. Tensoren höheren Grades.

Die Tensoren höheren als des zweiten Grades haben große Wichtigkeit. Ein solcher ist der Elastizitätstensor (vierten Grades), der den Zusammenhang zwischen den Komponenten des Deformationstensors e_{ij} (zweiten Grades) und des Spannungstensors σ_{ij} (zweiten Grades) darstellt:

$$\sigma_{xx} = c_{xx}^{xx} e_{xx} + c_{xx}^{xy} e_{xy} + c_{xx}^{xz} e_{xz} + c_{xx}^{yy} e_{yy} + c_{xx}^{yz} e_{yz} + c_{xx}^{zz} e_{zz}, \quad (1)$$

$$\sigma_{xy} = \text{usw.}$$

und der im Kapitel „Elastizität" näher behandelt wird.

Zu dieser Klasse von Materialeigenschaften geben auch die Erscheinungen Anlaß, die quadratisch mit einem angelegten Vektor zusammenhängen (wie die Elektro- und die Magnetostriktion in gewissen Feldstärkebereichen).

$$e_{xx} = c_{xx}^{xx} F_x^2 + c_{xx}^{xy} F_x F_y + c_{xx}^{xz} F_x F_z + c_{xx}^{yy} F_y^2 + c_{xx}^{yz} F_y F_z + c_{xx}^{zz} F_z^2,$$

$$e_{xy} = \text{usw.}$$

Andere Beispiele sind: die Änderung des Leitvermögens im magnetischen Feld oder durch Anwendung von mechanischen Spannungen; die Änderung der Dielektrizitätskonstante und Suszeptibilität unter Einfluß mechanischer Spannungen usw.

Wegen des Auftretens von Symmetrie reduziert sich die Zahl der Komponenten des Tensors vierten Grades $c_{kl \atop ij}$ auf eine geringere Zahl, wie im nächsten Kapitel für den Fall der Elastizität näher erörtert wird, und zwar:

	Zahl der Elastizitätskonstanten
Trigonal	6
Tetragonal	7
Hexagonal	5
Kubisch	3
Zylindersymmetrie	4
Isotrop	2

11. Die optischen Achsen.

Bei der Behandlung der Leitfähigkeit und Permeabilität haben wir einachsige und dreiachsige Kristalle kennengelernt. Merkwürdigerweise gibt es in der Optik einachsige und zweiachsige Kristalle. Es wird in diesem Paragraphen auseinandergesetzt, warum die elektrisch dreiachsigen Kristalle optisch zweiachsig sind.

Die elektromagnetische Lichttheorie lehrt, daß der Brechungsindex n für Licht mit der Dielektrizitätskonstante ε und der Permeabilität μ wie folgt zusammenhängt:

$$n^2 = \varepsilon\mu.$$

Da μ für die meisten Stoffe sehr nahe 1 ist, können wir annäherungsweise schreiben

$$n^2 = \varepsilon.$$

Die Formel ist nicht ganz richtig. Die Größe ε wird teilweise von permanenten Dipolen verursacht, die sich unter dem Einfluß des elektrischen Feldes drehen müssen. Sie sind zu träge, um den schnellen Feldwechseln des Lichtes zu folgen. Es soll also nicht das volle ε in Rechnung gesetzt werden, sondern nur der Elektronenanteil ε_e, eine Größe, die ebenso wie das volle ε ein Tensor zweiten Grades ist und also im Kristall drei senkrecht zueinander stehende Hauptachsen besitzt, die wir die drei elektrischen Achsen nennen wollen. Wir legen nun die Koordinatenachsen so, daß die x-Achse in der Richtung des kleinsten ε_e liegt, die z-Achse in der Richtung des größten ε_e, und die drei Werte von ε_e in den drei Richtungen seien entsprechend $\varepsilon_1, \varepsilon_2, \varepsilon_3$.

Ein sich in der y-Richtung fortpflanzender Lichtstrahl besitzt ein schnell wechselndes elektrisches Feld senkrecht zu dieser Achse; im allgemeinen ist der elektrische Wechselvektor zu zerlegen in eine Komponente in Richtung der x-Achse und in eine zweite in Richtung der

z-Achse; anders ausgedrückt: Der Lichtstrahl ist in zwei Teilstrahlen zu zerlegen, die bezüglich in der x- und in der z-Richtung polarisiert sind.

Der Brechungsindex des ersten Teilstrahles wird von ε_1 bedingt, die entsprechende Fortpflanzungsgeschwindigkeit $v_1 = c/\sqrt{\varepsilon_1}$ ist größer als die des zweiten Teilstrahles $v_3 = c/\sqrt{\varepsilon_3}$, weil ja $\varepsilon_1 < \varepsilon_3$ gesetzt war. In Abb. 70 sind v_1 und v_3 auf der y-Achse aufgetragen. Entsprechend kann man auf der x-Achse zwei Lichtgeschwindigkciten v_2 und v_3 und auf der z-Achse v_1 und v_2 auftragen. Abb. 70 gibt weiter sechs Bogen an, die den Verlauf der „Geschwindigkeitsfläche" für Licht von willkürlicher Fortpflanzungsrichtung zur Anschauung bringen sollen. Die Kurven $(v_1$—$v_1)$, $(v_2$—$v_2)$ und $(v_3$—$v_3)$ sind Kreise, die Kurven $(v_1$—$v_2)$, $(v_2$—$v_3)$ und $(v_3$—$v_1)$ sind Ellipsen. Wählen wir als Beispiel die Fortpflanzungsrichtung in der y-z-Ebene. Die beiden Teilstrahlen sind polarisiert in der x-Richtung (Geschwindigkeit v_1) und in einer Richtung, die in der y-z-Ebene senkrecht zur Strahlrichtung liegt (Geschwindigkeit zwischen v_2 und v_3). Die zweiseitigen Pfeile bei den Bogen deuten die jeweilige Polarisation des zu ihnen gehörigen Lichtes an.

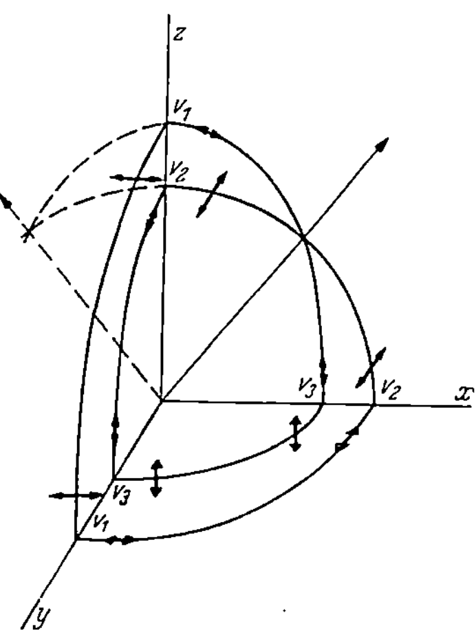

Abb. 70. Geschwindigkeitsoberfläche eines zweiachsigen Kristalls.

In jedem Quadranten der x-z-Ebene befindet sich ein Durchschnittspunkt der beiden Geschwindigkeitskurven. Für die entsprechenden Fortpflanzungsrichtungen (mit einem Pfeil angedeutet) besitzen beide Teilstrahlen dieselbe Fortpflanzungsgeschwindigkeit; in optischen Begriffen ausgedrückt: für diese beiden Richtungen gibt es keine „Doppelbrechung".

Diese beiden besonderen Richtungen nennt man die *optischen Achsen*. Sie liegen in derselben Ebene mit den beiden elektrischen Achsen, die zu dem kleinsten und dem größten ε_e gehören; der Winkel zwischen den beiden optischen Achsen wird von den elektrischen Achsen halbiert. Die elektrischen Achsen sind unmittelbar durch die Kristallstruktur bestimmt, die optischen erst mittelbar. Die elektrischen Achsen dürfen in vielen Fällen mit den kristallographischen zusammenfallen; die optischen Achsen bilden ziemlich willkürliche Winkel mit den kristallographischen Achsen.

Die einachsigen Kristalle besitzen nur *eine* optische Achse. Dies trifft zu, wenn v_2 einer der beiden anderen Geschwindigkeiten gleich ist. Für $v_2 = v_1$ fallen die beiden optischen Achsen mit der z-Achse (Richtung der größten ε_e) zusammen; man nennt einen solchen Kristall „positiv einachsig" (Abb. 71). Ist $v_2 = v_3$, dann wird die x-Achse zur optischen Achse, der Kristall ist „negativ einachsig" (Abb. 72). Beispiele für positiv einachsige Kristalle sind Quarz, Eis, Kalomel; Beispiele für negativ einachsige Kristalle sind Kalkspat, Beryll.

Ein Beispiel eines zweiachsigen Kristalls ist Gips (monoklin, $CaSO_4 \cdot 2\,H_2O$). Da Gips sich leicht nach Spaltflächen parallel zur x-z-

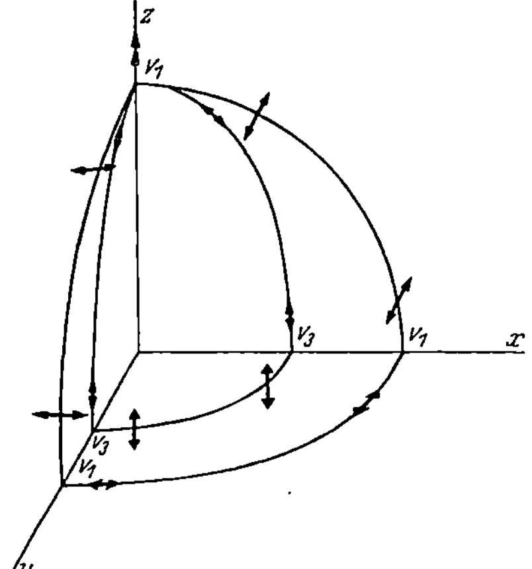

Abb. 71. Geschwindigkeitsoberfläche eines positiven einachsigen Kristalls.

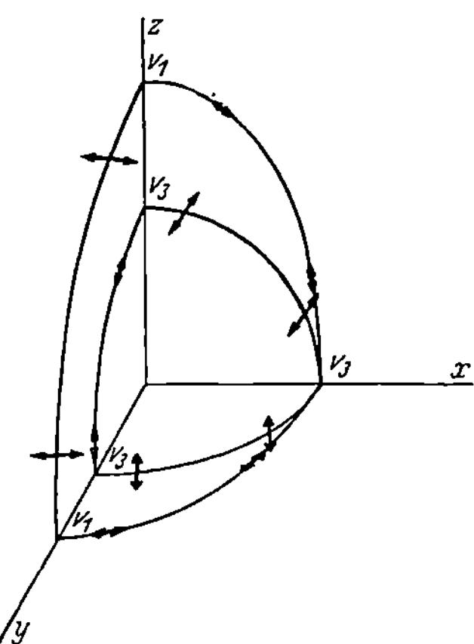

Abb. 72. Geschwindigkeitsoberfläche eines negativen einachsigen Kristalls.

Ebene spalten läßt, ist dies das geeignete Material zur Herstellung von Viertelwellenplatten, die für die Umwandlung von linear polarisiertem Licht in zirkularpolarisiertes und umgekehrt benutzt werden (Abb. 73).

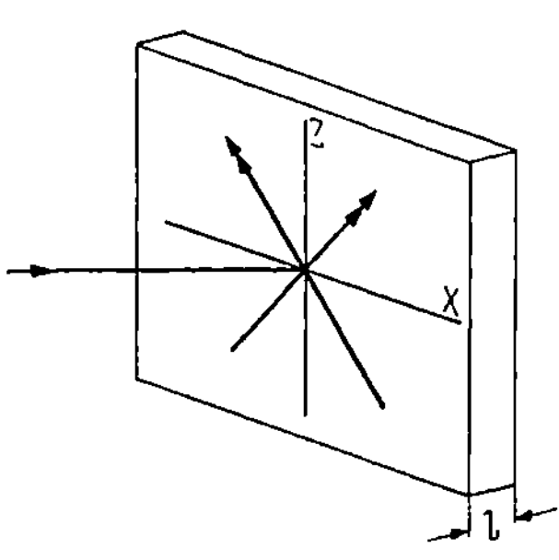

Abb. 73. Viertelwellenplatte aus Gips.

Man wählt die Dicke l des Blättchens so, daß die beiden Teilstrahlen bei senkrechtem Einfall eben mit der Phasendifferenz $\frac{1}{4}$ oder $\frac{1}{2}$ Wellenlänge austreten. Für Licht der Wellenlänge 5000 Å braucht man zur Herstellung einer $\frac{1}{4}$-Welle-Platte die Gipsstärke 0,032 mm.

Es liegt die Frage nahe, ob die optische Aktivität (d. i. die Drehung der Polarisationsebene des Lichtes) auf rotatorische Terme[1] in dem ε-Tensor zurückzuführen ist. Dann müßte beim Umkehren der Lichtrichtung die Drehung, absolut genommen, in demselben Sinn erfolgen; mit dem Lichtstrahl mitgehend, sollte man im einen Fall eine Rechtsdrehung, im zweiten Fall eine Linksdrehung beobachten müssen. Dies trifft aber nicht zu. Die Drehung ist immer nach rechts oder nach links

---

[1] Vgl. S. 52.

und in beiden Fortpflanzungsrichtungen zahlenmäßig genau die gleiche. Der ε-Tensor besitzt also keinen Rotationsanteil, er ist vollkommen symmetrisch.

Es bleibt nur noch übrig, die Erklärung der optischen Aktivität in einer Schraubenstruktur des Kristalls zu suchen. Eine linksdrehende Schraube ist nach Umkehrung auch linksdrehend. Wir wollen die diesbezüglichen Erörterungen hier nicht anstellen[1].

Man kennt noch eine andere Ursache für die Drehung der Polarisationsebene, nämlich den Faradayeffekt. Sendet man Licht in Richtung der Kraftlinien durch ein magnetisches Feld, so tritt eine Drehung der Polarisationsebene auf, deren Größe von der Art des Mediums abhängt und deren Sinn sich bei Umkehrung der Lichtrichtung ändert. Das Magnetfeld erteilt also dem Medium rotatorische Eigenschaften. Die Polarisationsebene dreht immer in demselben Sinn, in dem sich die Elektronen in der das Magnetfeld erregenden Spule bewegen.

IV. Elastizität.

1. Der Spannungstensor.

Der Spannungszustand in einem festen Körper wird vollständig beschrieben durch die neun Kräftepaare, die an einem Elementarwürfel angreifen. In der x-Richtung sind es deren drei; das erste Kräftepaar X_x greift an der yz-Fläche an (Streckspannung bzw. Druckspannung σ_{xx}, und davon wird die erste positiv gerechnet, die zweite negativ); das zweite Kräftepaar X_y arbeitet in der x-Richtung, greift aber an den beiden zur xz-Ebene parallel gerichteten Flächen an (σ_{xy}). Schließlich gibt es noch ein Paar Kräfte X_y, die an den beiden Flächen parallel zur xz-Ebene angreifen (Abb. 74). σ_{xz} und σ_{xy} sind Scherungsspannungen. Hier und überall im weiteren Text wird unter σ die Spannung, d. h. die Kraft je Oberflächeneinheit verstanden. Mit

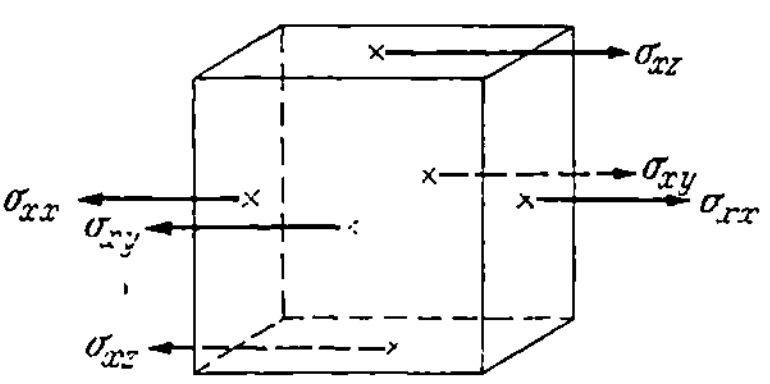

Abb. 74. Die drei in der X-Richtung wirkenden Komponenten des Spannungstensors.

den drei Spannungen, die in der y-Richtung wirken und mit den drei in der z-Richtung wirksamen ergeben sich in erster Darstellung neun Spannungskomponenten. die zusammen den Spannungstensor bilden.

Ebenso wie im Falle des Deformationstensors wird auch hier die Zahl der Komponenten auf sechs beschränkt. Das Kräftepaar X_z würde dem Elementarwürfel eine beschleunigte Rotation um die y-Achse erteilen, wenn diesem Bestreben nicht durch das Kräftepaar Z_x entgegengewirkt würde. Wir sehen also, daß im Gleichgewichtsfall X_z und Z_x sich gegen-

---

[1] HECKMANN, G.: Ergebn. exakt. Naturw. 4, 132 (1925).

seitig völlig aufheben müssen, d. h. es wird $\sigma_{xz} = \sigma_{zx}$. Ebenso gelangt man zu $\sigma_{xy} = \sigma_{yx}$ und $\sigma_{yz} = \sigma_{zy}$. Es bleiben also sechs unabhängige innere Spannungen übrig (Abb. 75).

Wie jeder symmetrische Tensor kann auch der Spannungstensor durch Hauptachsentransformation (Drehung des Achsenkreuzes) reduziert werden, und zwar wird der Spannungstensor auf drei zueinander senkrecht stehende Normalspannungen (Streckspannungen bzw. Druckspannungen)

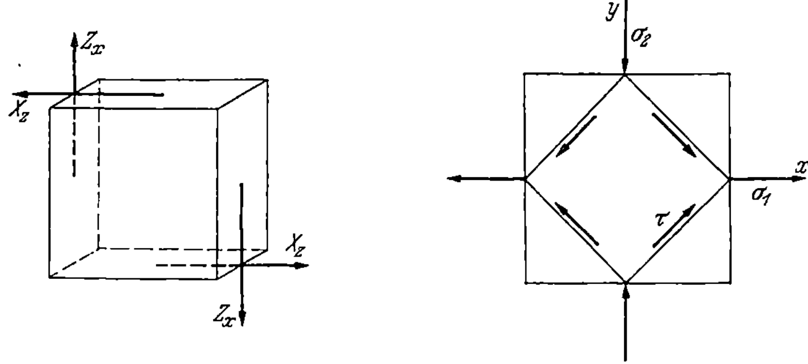

Abb. 75. Zur Gleichsetzung $\sigma_{xz} = \sigma_{zx}$.   Abb. 76. Äquivalenz von Schub- und Normalspannungen.

σ_1, σ_2, σ_3 zurückgeführt, wobei keine Schubspannungen mehr berücksichtigt zu werden brauchen. Man ersieht z. B. leicht aus Abb. 76, wie eine Schubspannung τ gleichwertig ist mit einer Streckspannung $\sigma_1 = \tau$ in der x-Richtung und einer Druckspannung $\sigma_2 = \tau$ in der y-Richtung. Beide Systeme üben nämlich auf den quadratischen Körper gleiche Kräfte aus.

Die vom angelegten Spannungstensor hervorgerufene Deformation hat im allgemeinen Hauptachsen, die mit denen des Spannungstensors nicht zusammenfallen. Dies ist nur gelegentlich der Fall, z. B. wenn die Spannungshauptachsen mit den Hauptachsen der thermischen Ausdehnung zusammenfallend gewählt werden, was für rhombische und höhere Symmetriefälle auf Übereinstimmung mit den Kristallachsen hinausläuft.

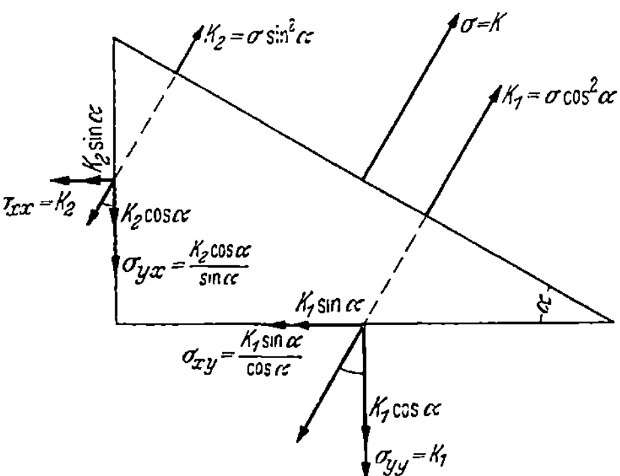

Abb. 77. Zur Transformation der Spannungskomponenten.

2. Transformation der Spannungskomponenten.

Eine Spannung in einer willkürlichen Richtung α läßt sich in folgender Weise auf Streck-, Druck- oder Schubspannungen zurückführen, bezogen auf willkürliche Achsen xyz. Man betrachtet einen dreieckigen Block, wie ihn die Abb. 77 darstellt; die angelegte Spannung ist σ. Wenn

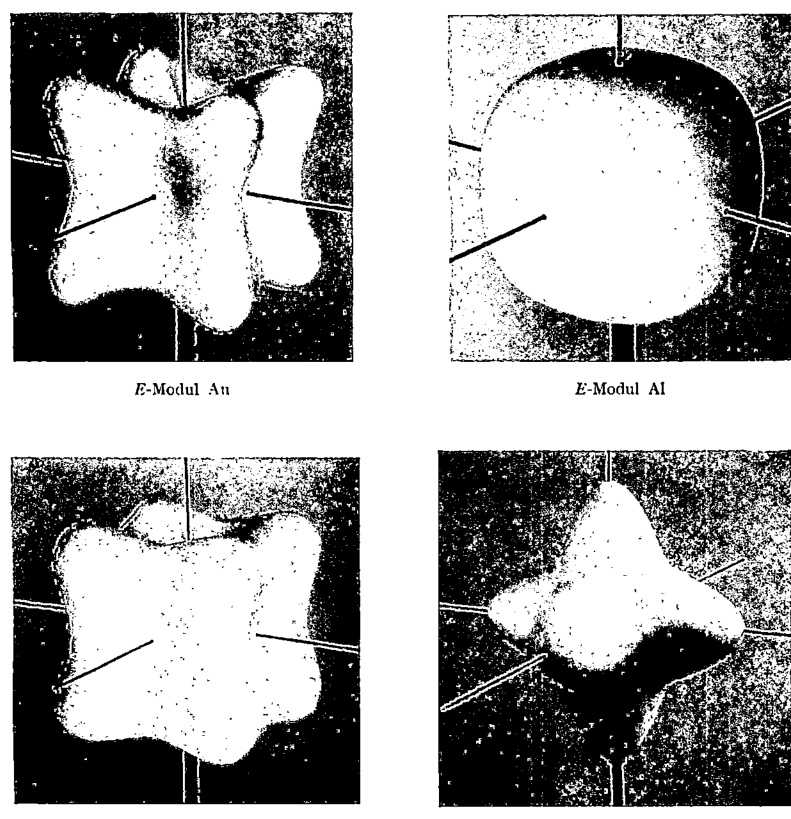

E-Modul Au

E-Modul Al

E-Modul Fe

G-Modul Fe

Abb. 78. Elastizitäts- und Torsionskörper einiger Metalle. (Nach Schmid u. Boas: Kristallplastizität.)

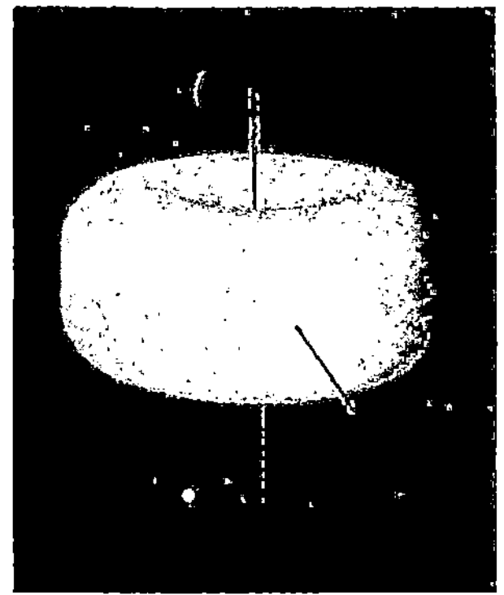

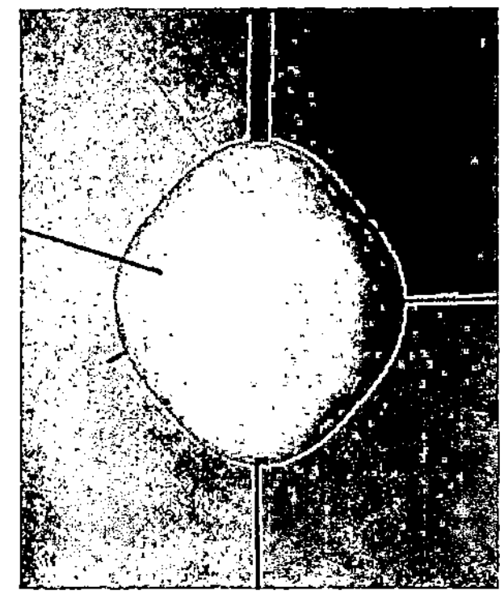

Abb. 79. Elastizitätskörper von Mg.
(Nach Schmid u. Boas: Kristallplastizität.)

Abb. 80. Elastizitätskörper von Zn.
(Nach Schmid u. Boas: Kristallplastizität.)

die Hypotenusenfläche gleich 1 ist, ist σ auch die Kraft K. Wir zerlegen K in die beiden Kräfte $K_1 = \sigma \cos^2\alpha$ und $K_2 = \sigma \sin^2\alpha$, und dann zerlegen wir noch einmal K_1 in $K_1\cos\alpha = \sigma_{yy} \cdot \cos\alpha$ und

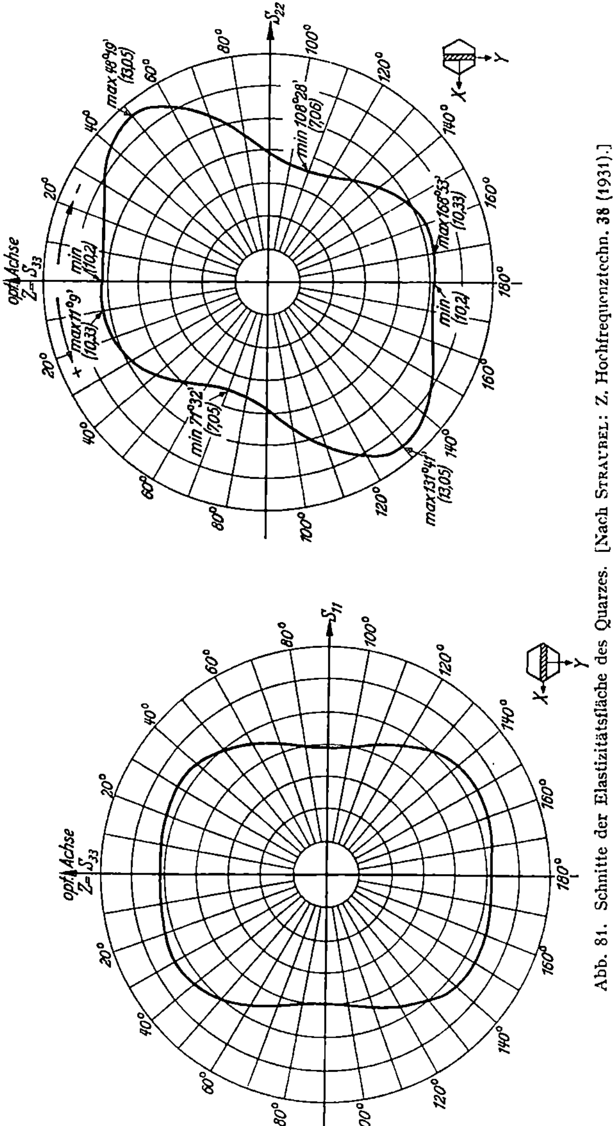

Abb. 81. Schnitte der Elastizitätsfläche des Quarzes. [Nach STRAUBEL: Z. Hochfrequenztechn. **38** (1931).]

$K_1 \sin\alpha = \sigma_{xy} \cos\alpha$. Weil nämlich K_1 an einer Fläche von der Größe $\cos\alpha$ angreift, sind die Komponenten der Kraft durch $\cos\alpha$ zu dividieren, um die Komponenten der Spannung zu erhalten. Ähnliches führen wir aus für die Kraft K_2. Wir sehen also, daß die Streckspannung σ gleichwertig ist mit der Streckspannung $\sigma_{yy} = \sigma_\alpha \cos^2\alpha$ in der y-Richtung, der Streckspannung $\sigma_{xx} = \sigma \sin^2\alpha$ in der x-Richtung und der Schubspannung $\sigma_{yx} = \sigma_{xy} = \sigma \sin\alpha \cos\alpha$.

Hätten wir σ nicht in der xy-Ebene gewählt, so hätten wir drei Richtungskoeffizienten $\cos\alpha$, $\cos\beta$ und $\cos\gamma$ einführen müssen, die der Gleichung

$$\cos^2\alpha + \cos^2\beta + \cos^2\gamma = 1$$

genügen, und dann hätten wir im allgemeinen bei der Zerlegung sechs verschiedene σ_{ij} gefunden:

$$\sigma_{xx} = \sigma\cos^2\alpha; \quad \sigma_{yy} = \sigma\cos^2\beta; \quad \sigma_{xy} = \sigma_{yx} = \sigma\cos\alpha\cos\beta \quad \text{usw.}$$

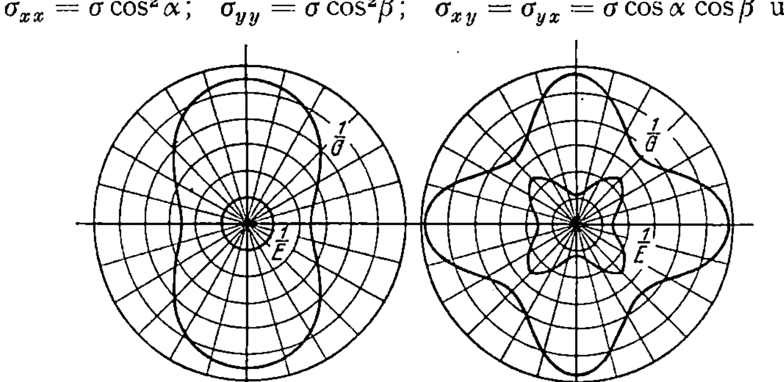

Abb. 82. Schnitte der Elastizitätsfläche von Rochellesalz. (Nach WOOSTER: Crystal Physics.)

Eine willkürliche Schubspannung, die, wie wir vorher sahen, mit zwei Streckspannungen äquivalent ist, ist auch mittels Einführung quadratischer Funktionen der Richtungskoeffizienten auf dieselben sechs σ_{ij} ($i = x,y,z$; $j = x,y,z$) zurückführbar.

Jedes der sechs Elemente e_{ij} des Deformationstensors, die sich nach Gl. (1), S. 57, linear in denen des Spannungstensors ausdrücken lassen, ist daher auch eine quadratische Funktion der Richtungskoeffizienten.

Wenn man nun weiter verfolgt, wie groß der Anteil eines jeden der e_{ij} an der Dehnung ε in der Richtung des ursprünglichen σ ist, müssen nochmals dieselben quadratischen Funktionen der Richtungskoeffizienten eingeführt werden. Der Quotient σ/ε, den man als den Elastizitätsmodul in der betreffenden Richtung definieren kann, ist daher eine homogene Funktion vierten Grades der Richtungskoeffizienten (Abb. 78, 81 u. 82).

Die drei- bzw. sechszählige Symmetrie, die der Körper bei trigonalen bzw. hexagonalen Kristallen aufzeigen muß, ist für eine Kurve vierten Grades nur zu leisten, wenn sie Kreisgestalt annimmt. Hinsichtlich der elastischen Eigenschaften verhalten sich trigonale und hexagonale Kristalle daher weitgehend wie Körper mit Zylindersymmetrie (Abb. 79 u. 80, Mg und Zn).

3. Die Zahl der elastischen Konstanten; Multikonstantentheorie.

In den Gleichungen, die den Zusammenhang zwischen Spannungs-
und Deformationstensor festlegen:

$$
\left.\begin{aligned}
\sigma_{xx} &= c_{xx\atop xx}\,e_{xx} + c_{xx\atop xy}\,e_{xy} + c_{xx\atop xz}\,e_{xz} + c_{xx\atop yy}\,e_{yy} + c_{xx\atop yz}\,e_{yz} + c_{xx\atop zz}\,e_{zz}, \\
\sigma_{xy} &= c_{xy\atop xx}\,e_{xx} \quad \text{usw.}
\end{aligned}\right\} \tag{1}
$$

$$\cdots \cdots \cdots \cdots$$

erscheinen zunächst 36 Koeffizienten c. Folgende einfache Überlegung
reduziert die Zahl der unabhängigen Koeffizienten auf 21.

Bei der elastischen Deformation unter Einfluß des Spannungstensors σ_{ij} wird eine mechanische Arbeit geleistet, die den Wert hat:

$$A = \tfrac{1}{2} \sum_{ij} \sigma_{ij}\,e_{ij}\,.$$

Nách Einsetzung der σ_{ij}-Werte aus (1) finden wir für A eine quadratische Funktion der e_{ij}:

$$2\,A = c_{xx\atop xx}\,e_{xx}^2 + c_{xx\atop xy}\,e_{xx}\,e_{xy} + \cdots + c_{xx\atop zz}\,e_{xx}\,e_{zz}$$

$$+\, c_{xy\atop xx}\,e_{xy}\,e_{xx} + c_{xy\atop xy}\,e_{xy}\,e_{xy} + \cdots + c_{zz\atop zz}\,e_{zz}\,e_{zz}\,.$$

Da im allgemeinen $\dfrac{\partial^2 A}{\partial u\,\partial v} = \dfrac{\partial^2 A}{\partial v\,\partial u}$ ist, wird $c_{xx\atop xy} = c_{xy\atop xx}$, d. h. die Koeffizienten c behalten ihren Wert, wenn man das untere und das obere
Indexpaar vertauscht. Das bedeutet, daß die Matrix der 36 Koeffizienten c in bezug auf die Diagonale symmetrisch ist, womit die Zahl
der unabhängigen Konstanten auf 21 eingeschränkt wird.

Wie RAYLEIGH betont hat, bleibt obengenannte Reziprozität erhalten, auch wenn die äußeren Kräfte innere Reibungswiderstände
überwinden müssen. Wenn die Reibungskräfte den Deformationsge-
schwindigkeiten wieder proportional sind, gilt für die 36 Reibungs-
konstanten (Viskositäten) sogar der analoge Reziprozitätssatz, wie
oben für die elastischen Konstanten angegeben ist.

4. Die technischen elastischen Konstanten.

Die Technik arbeitet mit einem anderen Satz elastischer Konstanten
als die c, mit denen wir es bis jetzt gemacht haben. Des weiteren
definiert man die technischen Konstanten nur bei gewissen Symmetrieverhältnissen. Wir betrachten erst den Fall rhombischer Symmetrie.

Wenn das Hauptachsenkreuz der Spannung mit den Kristallachsen
und mit dem Hauptachsenkreuz der Deformation zusammenfällt, be-
steht die Gestaltänderung aus drei Dilatationen ε_1, ε_2, ε_3, die in erster
Näherung linear von den Spannungen abhängen (HOOKEsches Gesetz),

und zwar nach der technischen Bezeichnung wie folgt (Hauptspannungen σ_1, σ_2, σ_3):

$$\left.\begin{aligned}
\varepsilon_1 &= \frac{\sigma_1}{E_1} - \frac{\sigma_2}{E_2 m_{12}} - \frac{\sigma_3}{E_3 m_{13}}, \\
\varepsilon_2 &= -\frac{\sigma_1}{E_1 m_{21}} + \frac{\sigma_2}{E_2} - \frac{\sigma_3}{E_3 m_{23}}, \\
\varepsilon_3 &= -\frac{\sigma_1}{E_1 m_{31}} - \frac{\sigma_2}{E_2 m_{32}} + \frac{\sigma_3}{E_3}.
\end{aligned}\right\} \tag{2a}$$

Hierbei sind ε_i die spezifischen Längenänderungen; die E_i sind die drei Elastizitätsmoduln, die m_{ij} die POISSONschen Moduln für die Querkontraktion.

Wenn die Hauptachsenkreuze nicht zusammenfallen, ist es doch vorteilhaft, die Kristallachsen als Koordinatenachsen zu betrachten und alle Spannungen auf dieses Bezugssystem zurückzuführen. Außer den drei Normalspannungen σ_1, σ_2 und σ_3 treten dann im allgemeinen noch drei Schubspannungen τ_1, τ_2 und τ_3 auf, die im Falle rhombischer oder höherer Symmetrie zu drei Scherungen γ_1, γ_2 und γ_3 Anlaß geben, wodurch drei Schubmoduln G_1, G_2 und G_3 definiert werden (Abb. 83):

$$\tau_1 = G_1 \gamma_1; \quad \tau_2 = G_2 \gamma_2; \quad \tau_3 = G_3 \gamma_3. \tag{2b}$$

Die Gleichungen (2a) entsprechen nicht den unmittelbaren Gleichungen des Systems (1), S. 66; sie sind vielmehr dazu reziprok. In (1) werden nämlich die σ geschrieben als lineare Funktion der e, in (2a) sind die e geschrieben als lineare Funktion der σ. Doch läßt sich die Überlegung des vorigen Paragraphen ohne weiteres auch anwenden auf die Koeffizienten des reziproken Gleichungensatzes, d. h. die Koeffizienten von (2a) bilden ebenso wie die von (1) eine symmetrische Matrix. Von den sechs POISSONschen Moduln erscheinen also nur drei unabhängig, denn es ist:

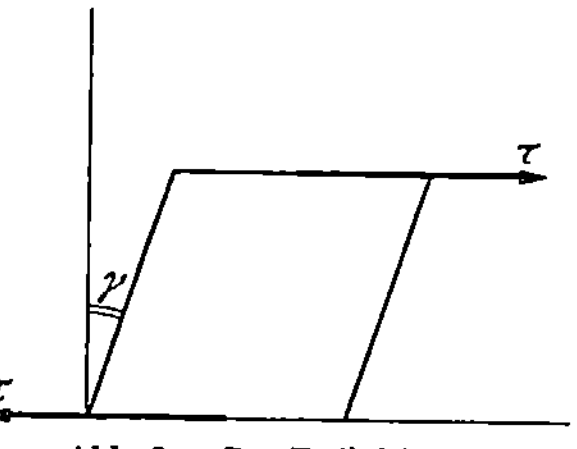

Abb. 83. Zur Definition des Schubmoduls.

$$E_1 m_{21} = E_2 m_{12}; \quad E_1 m_{31} = E_3 m_{13}; \quad E_2 m_{32} = E_3 m_{23}. \tag{3}$$

Die Gleichungen (2b) dagegen entsprechen wohl drei der Gleichungen des Systems (1), und wir können die entsprechenden G und c unmittelbar einander gleichsetzen:

$$G_1 = c_{yz}; \quad G_2 = c_{zx}; \quad G_3 = c_{xy}. \tag{4a}$$

Höhere Symmetrie setzt die Zahl der unabhängigen Elastizitätskonstanten noch weiter herab. Bei kubischer Symmetrie bleiben nur *ein* Elastizitätsmodul, *ein* POISSONscher Modul und *ein* Schubmodul übrig; im Falle zweier gleichwertiger Achsen (tetragonale Symmetrie) ergeben sich je zwei dieser Moduln.

Im Falle kubischer Symmetrie oder der Isotropie ist:

$$\varepsilon_1 = \frac{\sigma_1}{E} - \frac{\sigma_2}{mE} - \frac{\sigma_3}{mE},$$

$$\varepsilon_2 = -\frac{\sigma_1}{mE} + \frac{\sigma_2}{E} - \frac{\sigma_3}{mE},$$

$$\varepsilon_3 = -\frac{\sigma_1}{mE} - \frac{\sigma_2}{mE} + \frac{\sigma_3}{E}$$

oder, gelöst nach den σ_i:

$$\sigma_1 = E\,\frac{m(m-1)}{(m+1)(m-2)}\,\varepsilon_1 + E\,\frac{m}{(m+1)(m-2)}\,\varepsilon_2 + E\,\frac{m}{(m+1)(m-2)}\,\varepsilon_3$$

und zyklisch.

Der Zusammenhang zwischen den Koeffizienten c und den technischen Moduln ist also:

$$c_{xx} = c_{yy} = c_{zz} = E\,\frac{m(m-1)}{(m+1)(m-2)}, \tag{4b}$$

$$c_{xx} = c_{yy} \text{ usw. } = E\,\frac{m}{(m+1)(m-2)}. \tag{4c}$$

Es sei noch bemerkt, daß der Kompressibilitätsmodul, definiert als Quotient des angelegten allseitigen Druckes p und der relativen Volumenänderung, nicht eine neue, von den schon eingeführten Elastizitätskonstanten unabhängige Materialeigenschaft ist. Ein allseitiger Druck ist gleichwertig mit drei senkrecht zueinander stehenden Druckspannungen $(\sigma_1 = \sigma_2 = \sigma_3 = -p)$; die drei entsprechenden Kompressionen sind:

$$\varepsilon_1 = -\frac{p}{E_1} + \frac{p}{m_{12}E_2} + \frac{p}{m_{13}E_3},$$

$$\varepsilon_2 = \frac{p}{m_{21}E_1} - \frac{p}{E_2} + \frac{p}{m_{23}E_3},$$

$$\varepsilon_3 = \frac{p}{m_{31}E_1} + \frac{p}{m_{32}E_2} + \frac{p}{E_3}.$$

Die relative Volumenänderung ist einerseits $-\dfrac{\Delta V}{V} = \varepsilon_1 + \varepsilon_2 + \varepsilon_3$, anderseits $-\dfrac{\Delta V}{V} = \dfrac{p}{K}$. Durch Kombination findet man $1/K$ als Funktion der m und E. Im kubischen und im isotropen Falle wird

$$K = \frac{E}{3} \cdot \frac{m}{m-2}. \tag{5}$$

Ein anderer technisch wichtiger Fall ist jener, wobei Zylindersymmetrie vorhanden ist, die dritte Achse sei Symmetrieachse.

Für Faserstoffe mit Zylindersymmetrie mißt man sieben Konstanten, nämlich $E_{\parallel}$, $E_{\perp}$, $G_{\parallel}$, $G_{\perp}$, m_{13}, m_{31} und m_{12}. Die Bedeutung der vier erstgenannten Größen ist klar wegen des Auftretens der Faserrichtung als Hauptrichtung. Die Größe m_{13} ist der POISSONsche Modul für die Querkontraktion bei Längsdehnung, m_{31} der für die Längskontraktion bei Querdehnung. Von den sieben Konstanten sind nur fünf unabhängig. Es gelten nämlich die beiden Beziehungen:

$$m_{13} E_{\|} = m_{31} E_{\perp} \quad \text{und} \quad G_{\|} = \frac{E_{\perp}}{2} \frac{m_{12}}{m_{12} + 1} .$$

Zum Beweise der letztgenannten Beziehung betrachte man Abb. 84. Das dort gezeichnete Quadrat erleidet eine relative Verlängerung ε in der x-Richtung und eine relative Verkürzung ε in der y-Richtung. Der Scherungswinkel γ ist aus geometrischen Gründen 2ε *.

Die Zylindersymmetrie fordert nun, daß für die schiefe Richtung derselbe Zusammenhang zwischen Scherungsmoment und Scherungswinkel besteht wie für die x- und y-Richtung; also soll sein[1]:

$$\sigma = G_{\|} \cdot 2\varepsilon .$$

Anderseits ist

$$\varepsilon = \frac{\sigma}{E_{\perp}} + \frac{\sigma}{E_{\perp} m_{12}} .$$

Die Vereinigung beider Gleichungen liefert:

$$G_{\|} = \frac{E_{\perp}}{2} \frac{m_{12}}{m_{12} + 1} .$$

Aus all diesen Überlegungen gehen die folgenden Anzahlen der unabhängigen Konstanten hervor:

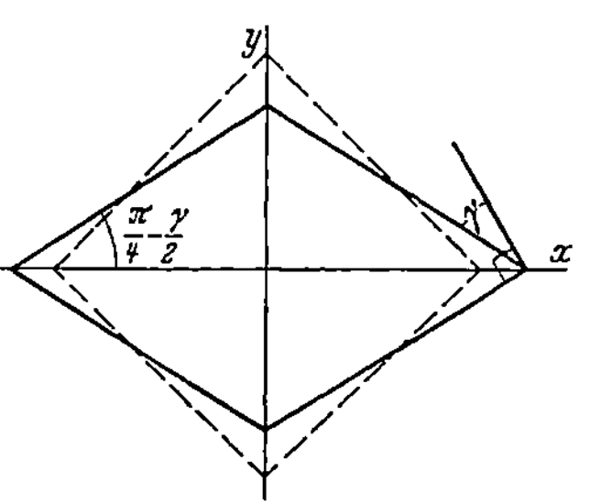

Abb. 84. Zur Herleitung der Isotropiebedingung.

Rhombisch 9
Tetragonal 6
Hexagonal, Trigonal, Zylindersymmetrie . 5
Kubisch 3
Isotrop 2

5. Die Rarikonstantentheorie.

CAUCHY hat einige Beziehungen hergeleitet, die ohne jede Bezugnahme auf Symmetrieeigenschaften bestehen und auch für vollkommen unsymmetrische Kristalle gelten sollten. Es handelt sich dabei um die folgenden Gleichungen:

$$c_{\substack{xx\\yy}} = c_{\substack{xy\\yx}}; \quad c_{\substack{xx\\yz}} = c_{\substack{xz\\yx}}; \quad c_{\substack{xx\\zz}} = c_{\substack{xz\\zx}}; \quad c_{\substack{yx\\zz}} = c_{\substack{yz\\zx}}; \quad c_{\substack{xy\\yz}} = c_{\substack{xz\\yy}}; \quad c_{\substack{yz\\zy}} = c_{\substack{yy\\zz}} .$$

Im allgemeinen gilt: bei Vertauschung der beiden hinteren Indizes ändert sich der Wert der Konstanten nicht. Von den zahlreichen Be-

---

* $\dfrac{1 - \varepsilon}{1 + \varepsilon} = \mathrm{tg}\left(45° - \dfrac{\gamma}{2}\right) = \dfrac{1 - \gamma/2}{1 + \gamma/2}$ also $\gamma = 2\varepsilon$.

[1] Nach S. 62 ist ja der eingeführte Spannungszustand äquivalent mit der Schubspannung $\tau = \sigma$.

ziehungen, die so zwischen den $c_{ij \atop kl}$ bestehen, sind nur sechs sinnvoll und die übrigen trivial, z. B.: $c_{xy \atop xy} = c_{xy \atop xy}$; oder sie führen zu schon früher bekannten Gleichungen, z. B.: $c_{yx \atop yz} = c_{yz \atop yx}$, bzw. sie sind von den sechs ersten abhängig, z. B.: $c_{yx \atop xy} = c_{yy \atop xx}$.

Hiermit ist die Zahl der unabhängigen Konstanten auf 15 reduziert. Die CAUCHYsche Theorie heißt darum die Rarikonstantentheorie.

Hier folge erst der Beweis der CAUCHYschen Relationen.

Sei $\varphi(r_l)$ die potentielle Energie zwischen zwei Massenpunkten des Stoffes, die den Abstand r_l voneinander haben. Die gesamte potentielle Energie eines Massenpunktes erhält man durch Summierung der φ über alle anderen Massenpunkte:

$$\sum_l \varphi(r_l);$$

die gesamte potentielle Energie des Körpers ergibt die Multiplikation mit der Anzahl der Massenpunkte N und die Division durch 2 (weil jeder Massenpunkt zweimal benutzt ist), also:

$$U = \frac{N}{2} \sum_l \varphi(r_l).$$

Sind nicht alle Massenpunkte gleichwertig, so teilt man sie in Gruppen von gleichwertigen und findet U als eine Summe von Formen der obenstehenden Art.

Man entwickelt U nach den Verrückungen ξ_l, η_l, ζ_l aller Massenpunkte. Wegen der Gleichgewichtsbedingungen treten in $\varDelta U$ nur quadratische Glieder auf:

$$\varDelta U = \frac{N}{2} \frac{1}{2} \sum_l \sum_{ik} \frac{\partial^2 \varphi(r_l)}{\partial \xi_l \partial \eta_l} \xi_l \eta_l. \qquad \begin{pmatrix} i = \xi, \eta, \zeta \\ k = \xi, \eta, \zeta \end{pmatrix}$$

Man beachte, daß wegen[1]

$$\xi_l = \sum_u e_{xu} u, \qquad\qquad (u = x, y, z)$$

$$\eta_l = \sum_v e_{yv} v \qquad\qquad (v = x, y, z)$$

das Produkt $\xi_l \eta_l = \sum_u \sum_v e_{xu} e_{yv} uv$ wird. $\varDelta U$ ist aber nichts anderes als das schon oben (S. 66) eingeführte A, und wir erhalten A wieder in der Gestalt einer quadratischen Form in den e:

$$A = \varDelta U = \frac{N}{2} \frac{1}{2} \sum_l \sum_{ik} \frac{\partial^2 \varphi(r_l)}{\partial \xi_l \partial \eta_l} \sum_u \sum_v e_{xu} e_{yv} uv, \qquad \begin{matrix} i = \xi \eta \zeta, \; k = \xi \eta \zeta \\ (u = xyz, \; v = xyz) \end{matrix}$$

deren Koeffizienten den Konstanten $c_{iu \atop kv}$ gleich sind. Man berücksichtige, daß Vertauschung von u und v den Koeffizienten unberührt läßt und

---

[1] Vgl. S. 50.

nur das Produkt $e_{xu}e_{yv}$ überführt in $e_{xv}e_{yu}$. Hieraus folgt, daß die zugehörigen Konstanten $c_{\substack{xu\\yv}}$ und $c_{\substack{xv\\yu}}$ einander gleich sein müssen.

Es sei nochmals betont, daß diese Einschränkung der Zahl der Konstanten unabhängig ist von den vorher erwähnten Beziehungen $c_{\substack{iu\\kv}}=c_{\substack{ui\\kv}}$ (S. 62), $c_{\substack{iu\\kv}}=c_{\substack{iu\\vk}}$ (S. 50) und $c_{\substack{iu\\kv}}=c_{\substack{kv\\iu}}$ (S. 66) und von den Symmetrieverhältnissen.

6. Die Zuverlässigkeit der Rarikonstantentheorie.

Obgleich bei der ersten Kenntnisnahme die CAUCHYsche Theorie unanfechtbar erscheint, stellt sich doch bei näherer Prüfung heraus, daß mehrere Annahmen gemacht sind, die in der Wirklichkeit vielleicht nicht zutreffen.

Zuerst ist angenommen, daß die potentielle Energie φ zwischen zwei Massenpunkten nur eine Funktion des Abstandes r ist. Dies trifft in der Tat für Van der Waals-Kräfte und für Coulomkräfte zu, nicht aber für Valenzkräfte. Bei homöopolaren Bindungen können nächst den radialen Kräften auch tangentiale auftreten, was mit den festen Winkeln zwischen den von einem Atom ausgehenden Valenzen zusammenhängt. Aus diesem Grunde wird sich ein Diamantgitter, bei dem jedes C-Atom homöopolar an vier Nachbarn gebunden ist, stark gegen Scherbewegungen sträuben. Man muß in diesem Fall erwarten, daß der Koeffizient $c_{\substack{xy\\xy}} = c_{\substack{xy\\yx}}$, der auf Scherung beruht, größer ist als der Koeffizient $c_{\substack{xx\\yy}}$, der nur eine Dehnung wiedergibt (CAUCHY verlangt $c_{\substack{xy\\yx}} = c_{\substack{xx\\yy}}$).

Auch beim Quarz ist die Bindungsart homöopolar, und man erwartet größere Werte für die Scherungskonstanten. Die gemessenen Werte für die $c_{\substack{iu\\kv}}$ sind beim Quarz (in 10^9 dyn/cm^2) nach VOIGT[1]:

	xx	yy	zz	zy	zx	yx
xx	851	69	140	168	0	0
yy	—	851	140	−168	0	0
zz	—	—	1053	0	0	0
yz	—	—	—	571	0	0
xz	—	—	—	—	571	0
xy	—	—	—	—	—	391

Man sieht, daß $c_{\substack{yz\\zy}} > c_{\substack{yy\\zz}}$; $c_{\substack{xz\\zx}} > c_{\substack{xx\\zz}}$; $c_{\substack{xy\\yx}} > c_{\substack{xx\\yy}}$ ist, und zwar sind die Unterschiede so groß, daß die CAUCHYsche Theorie auch nicht annäherungsweise zutrifft.

Bedeutung hat auch die Frage, ob die vorgenommene Entwicklung von ξ nach den Koordinaten x, y und z gerechtfertigt ist. Es leuchtet ein, daß die Teile eines Moleküls, die im Molekülverbande so stark ge-

---

[1] VOIGT: Lehrbuch der Kristallphysik. 1910.

bunden sind, daß das Molekül sich wie ein starres System verschiebt, keine Verschiebung erfahren, die dem Abstand zu einem willkürlichen Zentrum proportional ist. Nur wenn die zwischenmolekularen Kräfte ebenso groß wären wie die innermolekularen, würde die lineare Entwicklung streng gültig sein.

Eine Abweichung der CAUCHYSCHEN Beziehungen ist auch bei den Metallen zu erwarten. Das Gas der freien Elektronen wirkt wegen seiner negativen Ladung einer Dehnung des positiven Gitters entgegen, sträubt sich aber kaum gegen Scherung. Auch die große kinetische Energie der Elektronen, die bei der Herstellung des Gleichgewichtszustandes eine Rolle spielt, ist wohl volumen-, aber nicht formabhängig. In diesem Fall wird man also erwarten dürfen, daß $c_{xx} > c_{xy}$, $c_{xx} > c_{xz}$, $c_{yy} > c_{yz}$ ist.

In Zahlen hat sich ergeben:

Kubisch

Kupfer	$c_{xx} =$	$12{,}3 \cdot 10^{11}$ dyn/cm^2;	$c_{xy} =$	$7{,}53 \cdot 10^{11}$ dyn/cm^2
Silber		$8{,}97$		$4{,}36$
Gold		$16{,}6$		$4{,}0$
Aluminium		$6{,}2$		$2{,}8$
Wolfram		$20{,}6$		$15{,}3$

Hexagonal

Magnesium	$c_{yy} =$	$1{,}81 \cdot 10^{11}$ dyn/cm^2;	$c_{yz} =$	$1{,}68 \cdot 10^{11}$ dyn/cm^2
Zink		$4{,}82$		$4{,}00$
Kadmium		$3{,}75$		$1{,}56$

Es seien noch einige experimentell untersuchte Fälle zusammengestellt, wo die Wirkung einer einfachen Coulombkraft sicher ist:

NaCl	$c_{xx} =$	$1{,}37 \cdot 10^{11}$ dyn/cm^2;	$c_{xy} =$	$1{,}28 \cdot 10^{11}$ dyn/cm^2
NaBr		$1{,}31$		$1{,}33$
KCl		$0{,}81$		$0{,}79$
KBr		$0{,}58$		$0{,}62$
KJ		$0{,}43$		$0{,}42$

Soweit experimentelle Ergebnisse vorliegen, scheinen den Cauchyrelationen Ionengitter und Molekülgitter mit Van der Waals-Bindungen hinreichend genau zu genügen[1], nicht aber Valenzgitter und Metallgitter. Ebensowenig treffen die Cauchyrelationen für langgestreckte organische Moleküle zu, die sich bei den Deformationen entwickeln (Gummi), oder bei denen gar Brücken im Molekül zerbrochen werden (Keratine, Wolle), und zwar sind auch hier Scherungen bei konstantem Volumen leichter herzustellen als Volumenänderungen, d. h. es wird wieder zu erwarten sein, daß $c_{xx} > c_{xy}$ wird.

Für die Übersetzung der in diesem Paragraphen gewonnenen Resultate in die Sprache der technischen Moduln benutze man die Beziehungen (4), S. 67 u. 68.

---

[1] DURAND, M. A.: Phys. Rev. **50**, 449 (1936), verneint sogar die Gültigkeit der CAUCHYSCHEN Relationen für die Alkalihalogenide.

7. Die Poissonsche Konstante.

Es interessiert uns zu erfahren, wie die einzige im isotropen Fall übrigbleibende Cauchysche Relation $c_{xy \atop yx} = c_{xx \atop yy}$ sich in die Sprache der Moduln überträgt. Man erhält nach (4) S. 67 u. 68:

$$G = E \cdot \frac{m}{(m+1)(m-2)}.$$

Kombiniert mit der Isotropiebedingung (S. 69)

$$G = E \frac{m}{(m+1) \cdot 2}$$

folgt daraus:

$$m - 2 = 2, \text{ oder } \boldsymbol{m = 4}.$$

Dies ist ein merkwürdiges Ergebnis: die Rarikonstantentheorie fordert, daß die Poissonsche Konstante m für isotrope Stoffe gleich 4 sei.

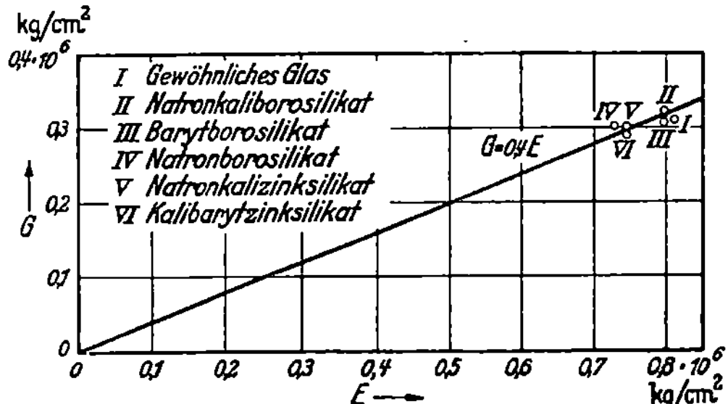

Abb. 85. Der Zusammenhang zwischen G und E für Gläser. Die ausgezogene Linie veranschaulicht die theoretische Beziehung.

Diese Aussage liefert ein bequemes Mittel zur Prüfung der Rarikonstantentheorie, weil sich der Wert m auf einfache Weise und durch

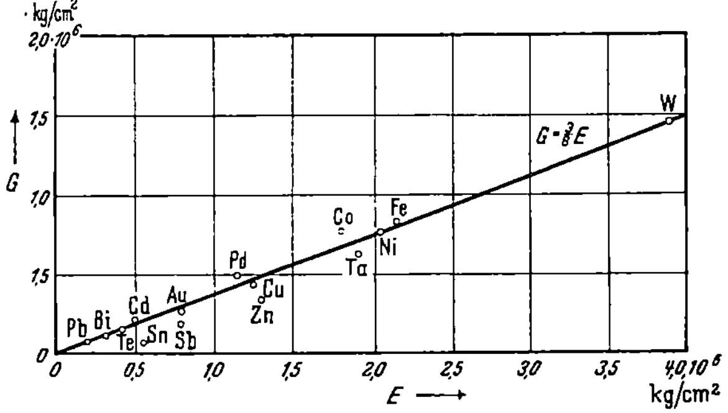

Abb. 86. Die Beziehung zwischen G und E für Metalle. Die ausgezogene Linie veranschaulicht die theoretische Beziehung.

mehrere Verfahren bestimmen läßt. In Übereinstimmung mit den theoretischen Betrachtungen des § 6 findet man für steinartige Kristalle in der Tat den Wert 4, wenigstens so wenig von 4 abweichend, daß man oft die Beobachtungsfehler für die Abweichungen verantwortlich machen kann. Die Metalle ergeben wesentliche Abweichungen, hier liegen die Werte vielmehr in der Nähe von $m = 3$. Die hochmolekularen, hochelastischen Stoffe mit entfaltbaren Molekülen liefern Werte, die noch niedriger sind. Alle Werte bleiben höher als 2, obwohl für die allerweichsten Stoffe (z. B. Gummi) die

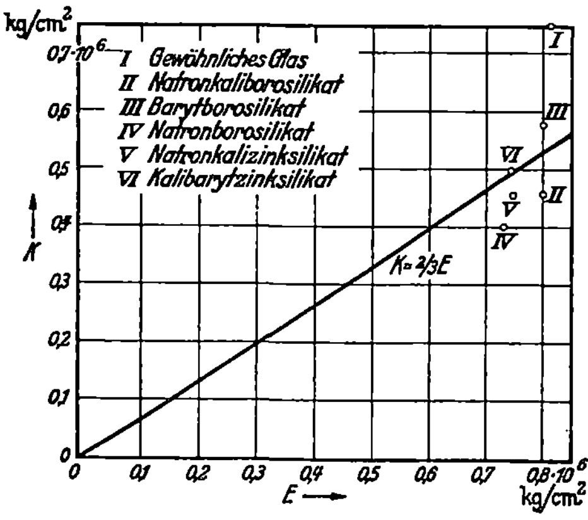

Abb. 87. Zusammenhang zwischen K und E für Gläser. Die ausgezogene Linie stellt die theoretische Beziehung dar.

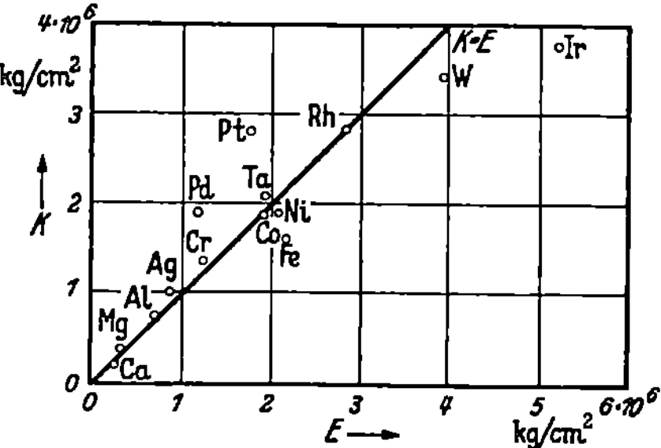

Abb. 88. Beziehung zwischen K und E für Metalle. Die ausgezogene Gerade stellt die theoretische Beziehung dar.

Größe für m nahe an den Wert 2 rückt. Für Flüssigkeiten soll $m = 2$ genau sein (K ist endlich, E ist Null, $K = \dfrac{E}{3}\dfrac{m}{m-2}$, also $m = 2$).

Für $m = 4$, 3 bzw. 2 kann man die Verhältnisse der Elastizitätsmoduln berechnen und kommt zu folgender Tabelle von angenäherten Werten (Abb. 85 bis 88):

Stein und Glas . . . . $m \approx 4$; $G \approx 4/10\,E$; $K \approx 2/3\,E$

Metalle . . . . $m \approx 3$; $G \approx 3/8\,E$; $K \approx E$

Hochelastische Stoffe . $m \approx 2$; $G \approx 1/3\,E$; K/E sehr groß

Das Verhältnis G/E schwankt nur wenig; es soll zwischen 0,40 und 0,33 liegen.

Tabelle für den Wert der Poissonschen Konstante.

Stoff	m	Stoff	m
Quarzglas	7	Al	3,1
Diamant	4	Zinn	3,0
Granit	4—5	Kupfer	2,9
Glas	3,7—5,0	Messing	2,7
Stahl	3,7	Blei	2,3
Gußeisen	3,5	Gummi	2,0
Nickel	3,2		

8. Gitterenergie und Kompressibilität.

Nachdem wir den Zusammenhang der übrigen elastischen Stoffeigenschaften mit dem Kompressionsmodul K behandelt haben, soll jetzt erörtert werden, wie letzterer zahlenmäßig mit dem Gitterbau zusammenhängt. Wir beschränken uns hier auf isotrope oder quasi-isotrope Stoffe.

Die Energie des festen Körpers setzt sich aus der (negativen) potentiellen Gitterenergie und der (positiven) thermischen Energie zusammen:

$$U = U_{G\,(\text{itter})} + U_{T\,(\text{herm})} .$$

Die Größen sollen sich immer auf ein Grammolekül bzw. Grammatom der Substanz beziehen.

In dem thermodynamischen Gleichgewichtszustand ist die freie Energie $F = U - TS$ ($S =$ Entropie) minimal; bei genügend niedriger Temperatur strebt auch U dem Minimalwerte zu wegen des Verschwindens des Gliedes TS. Wenn wir uns also nicht zu weit vom absoluten Nullpunkt entfernen, wird sich das Volumen, der Kristalltypus usw. so einstellen, daß U_G ein Minimum wird.

U_G ist im allgemeinen eine Funktion des Volumens, und die Gleichgewichtsbedingung $dU_G/dV = 0$ führt zu einem ganz bestimmten Gleichgewichtsvolumen V_0 und zu einer Gleichgewichtsenergie U_0.

Es sei U_0 die Gitterenergie bei Fehlen eines äußeren Druckes; bei Anwendung eines Druckes sei U_G die Energie und ΔV die Volumenänderung; dann läßt sich U_G wie folgt entwickeln:

$$U_G = U_0 + \left(\frac{dU_G}{dV}\right)_0 \Delta V + \frac{1}{2} \left(\frac{d^2 U_G}{dV^2}\right)_0 (\Delta V)^2 + \cdots .$$

Wegen der Gleichgewichtsbedingung ist der zweite Term des rechten Gliedes gleich Null; daher wird in erster Näherung:

$$U_G = U_0 + \frac{1}{2} \left(\frac{d^2 U_G}{dV^2}\right)_0 (\Delta V)^2 .$$

Die Zunahme der Energie rührt von der Arbeit $\int p\, \Delta V$ des äußeren Druckes her und beträgt also:

$$\frac{1}{2} \frac{K}{V_0} (\Delta V)^2 ,$$

wenn K der Kompressibilitätsmodul ist.

Durch Gleichsetzen entstehen die Beziehungen

$$K = V_0 \left(\frac{d^2 U_G}{\partial V^2}\right)_0 \tag{1}$$

und

$$U_G = U_0 + \frac{1}{2} \frac{K}{V_0} (\Delta V)^2 . \tag{2}$$

In Kapitel I, S. 12, fanden wir für die Gitterenergie im Anschluß an Mie:

$$U_G = -\frac{A}{V^{m\cdot 3}} + \frac{B}{V^{n\cdot 3}} .$$

A und B sind nicht unabhängig voneinander, denn wegen $(dU_G/dV)_0 = 0$ muß

$$0 = \frac{m}{3} \cdot \frac{A}{V_0^{\frac{m}{3}+1}} - \frac{n}{3} \frac{B}{V_0^{\frac{n}{3}+1}}$$

sein, d. h.

$$\frac{B}{V_0^{\frac{n}{3}}} = \frac{m}{n} \frac{A}{V_0^{\frac{m}{3}}} \tag{3}$$

und

$$U_0 = - \frac{n-m}{n} \frac{A}{V_0^{\frac{m}{3}}} . \tag{4}$$

Durch zweimalige Differentiation nach V finden wir:

$$\frac{d^2 U_G}{dV^2} = - \frac{m}{3}\left(\frac{m}{3}+1\right)\frac{A}{V^{\frac{m}{3}+2}} + \frac{n}{3}\left(\frac{n}{3}+1\right)\frac{B}{V^{\frac{n}{3}+2}}$$

und wegen (3):

$$\left(\frac{d^2 U_G}{dV^2}\right)_0 = - \frac{m}{3} \frac{m-n}{3} \cdot \frac{A}{V_0^{\frac{m}{3}+2}}$$

$$= - \frac{mn}{9} \frac{U_0}{V_0^2} .$$

Für den Kompressibilitätsmodul erhalten wir also in Verbindung mit (1):

$$K V_0 = - \frac{mn}{9} U_0 \tag{5}$$

oder mit Hilfe von (4):

$$K = - \frac{m(n-m)}{9} \frac{A}{V_0^{\frac{m}{3}+1}} . \tag{6}$$

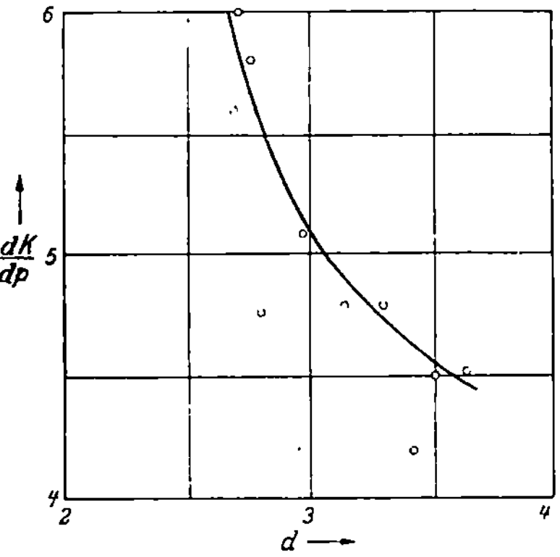

Abb. 89. Die dimensionslose Größe dK/dp für Alkalihalogenide.

Die Gleichung (5), die wir im Augenblick die *erste* GRÜNEISEN*sche Regel*[1] nennen wollen, soll einer näheren Untersuchung unterzogen werden wenn wir die experimentelle Bedeutung slcr Größe U_G eingehender besprochen haben.

Es wird noch Interesse haben, die dimensionslose Größe dK/dp zu betrachten, die wegen $K = - \frac{1}{V} \frac{dp}{dV}$ gleich $- \frac{V}{K} \frac{dK}{dV}$ ist. Wir berechneten oben schon:

$$K = V \frac{d^2 U}{dV^2} = - \frac{m}{3}\left(\frac{m}{3}+1\right)\frac{A}{V^{\frac{m}{3}+1}} + \frac{n}{3}\left(\frac{n}{3}+1\right)\frac{B}{V^{\frac{n}{3}+1}} .$$

Die weitere Rechnung ergibt mühelos:

$$\left(\frac{dK}{dp}\right)_0 = - \left(\frac{V}{K} \frac{dK}{dV}\right)_0 = \frac{m+n+6}{3} . \tag{7}$$

---

[1] GRÜNEISEN, E.: Ann. Physik, Lpz. **26**, 393 (1908); **39**, 257 (1912).

Experimentell[1] findet man Werte, die für die Ionenkristalle rund 5 betragen (Abb. 89); setzt man $m = 1$ und $n = 9$ (vgl. S. 12), so berechnet man mit (7) für dK/dp den Wert 5,33.

9. Bestimmung der Gitterenergie.

Der absolute Betrag der Gitterenergie läßt sich experimentell folgendermaßen bestimmen:

Vor allen Dingen hängt die Gitterenergie mit der Sublimationswärme zusammen; beide Begriffe sind aber nicht identisch. Für die Atomkristalle, wie z. B. den Diamanten und die festen Edelgase, ist in der Tat die nach dem absoluten Nullpunkt extrapolierte und mit dem Minuszeichen versehene Sublimationswärme gleich der potentiellen Energie des Gitters. Dasselbe gilt für die von Van der Waals-Kräften gebundenen Molekülgitter.

Für Ionengitter trifft dies aber nicht mehr zu, weil z. B. beim Steinsalz vollständige NaCl-Moleküle abdampfen und nicht die eigentlichen Bausteine, die Ionen. Die Gitterenergie enthält außer der Sublimationswärme L noch die Dissoziationsenergie D des Moleküls und die Ionisierungsenergien der beiden Atome $I_{Na} + I_{Cl}$ (die für Cl übrigens negativ ist):

$$U_0 = -L - D - I_{Na} - I_{Cl}.$$

Die Thermochemie und die Spektraloptik liefern eine genügende Anzahl Daten, um für einige Salzkristalle die Gitterenergie indirekt zu bestimmen[2].

Für die Ionengitter kann anderseits auch theoretisch die Energie bestimmt werden, wobei man ausgeht von (vgl. S. 12):

$$\varphi(r) = -\frac{w^2 e^2}{r} + \frac{b}{r^9}. \qquad (w = \text{Wertigkeit der Ionen})$$

Die Summe aller Anziehungspotentiale läßt sich in der Form schreiben:

$$-\frac{A^*}{d} = -\frac{N}{2} \cdot \frac{w^2 e^2}{d} \cdot \alpha,$$

wo N die Loschmidtsche Zahl ist, d die Gitterkonstante und α eine Summierungskonstante, die sog. Madelungsche Konstante, die von der Kristallstruktur abhängig ist. Für die verschiedenen Kristalltypen beträgt die Madelungsche Konstante:

CsCl (innenzentr.)	Koordinationszahl	8	$\alpha = 1{,}7627$
NaCl		6	1,7476
ZnS		4	1,6381
Fluorit CaF$_2$		4 und 8	5,0387

---

[1] EBERT: Phys. Z. **36**, 388 (1935). — BRIDGMAN, P. W.: Proc. Amer. Soc. Arts Sci. **70**, 295 (1935). — BIRCH, F.: J. Appl. Physics **9**, 279 (1938).

[2] BORN, M., u. J. E. MAYER: In GEIGER-SCHEEL: Handb. d. Phys. **24 II**, 727 (1933).

Die gesamte Gitterenergie wird nach S. 12:

$$U_G = -\frac{A^*}{d^m} + \frac{B^*}{d^n}$$

oder, nach Einführung der Gleichgewichtsbedingung:

$$U_0 = -\frac{n-m}{n} \cdot \frac{A^*}{d}.$$

Mit den Werten $n = 9$, $m = 1$ ist:

$$U_0 = -\frac{4}{9} \frac{\alpha N}{d} w^2 e^2.$$

Numerisch berechnet, ergibt sich hieraus für die Salze vom Typus NaCl in kcal/Grammatom:

	F	Cl	Br	J	
Li	240	199	188	174	
Na	213	183	175	164	
K	190	165	159	151	kcal/Grammat.
Rb	182	161	153	145	
Cs	174	152	146	139	

Experimentell sind z. B. die Gitterenergien 153,8 für KJ und 141,5 von CsJ gefunden. Die Übereinstimmung zwischen Theorie und Experiment ist also gut.

Nach GOMBAS[1] beträgt die Anziehungsenergie je Grammatom bei metallischer Bindung angenähert:

$$-\frac{A^*}{d} = -\frac{5}{2} \frac{N e^2 w^{4/3}}{d}$$

($N = L$ OSCHMIDTsche Zahl $w = $ Wertigkeit $d = $ Gitterkonstante).

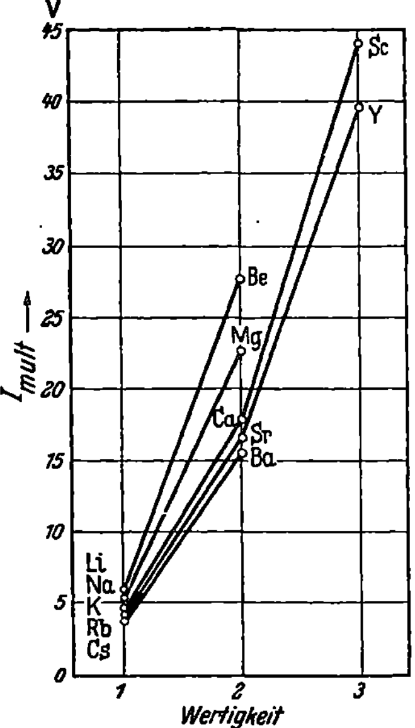

Abb. 90. Die multiple Ionisierungsenergie einiger Metalle.

Die Gitterenergie $-\frac{n-m}{n} \frac{A^*}{d}$ ist dann, wegen $m = 1$ und $n = 3$:

$$U_0 = -\frac{5}{3} \frac{N e^2 w^{4/3}}{d}.$$

Beispiele:

Metall	d (in cm)	w	U_0 berechnet in Erg/Mol	U_0 berechnet in EV/Mol (eV)	Subl. Wärme (L) in EV/Mol	Ionis. En. (I) in EV/Mol	$L+I$
K	$4,25 \cdot 10^{-8}$	1	$-\,5,3 \cdot 10^{12}$	$-\,5,3$	1,15	4,32	5,47
Sr	$3,82 \cdot 10^{-8}$	2	$-15,0 \cdot 10^{12}$	-15	1,7	16,6	18,3
Ba	$3,92 \cdot 10^{-8}$	2	$-15,0 \cdot 10^{12}$	-15	1,7	15,1	16,8

[1] S. 13.

Das so berechnete U_0 ist mit der Summe von Sublimierungsenergie und Ionisierungsenergie zu vergleichen. Aus den oben ausgeführten Beispielen ersieht man, daß die Ionisierungsenergie der weithin überwiegende Beitrag ist. Die Stabilität des Gitters ist also eng verknüpft mit der Ionisierungsenergie des Metalls: $U_0 \approx -I$. Hierbei ist unter I die Summe der ersten, zweiten usw. Ionisationsenergie zu verstehen, wobei die Zahl der Summanden gleich der Wertigkeit des Metalls ist (Abb. 90).

10. Prüfung der ersten GRÜNEISENschen Regel.

Da wir jetzt über die Werte m, n und U_0 Näheres wissen, ist es möglich, die GRÜNEISENsche Regel:

$$KV_0 = -\frac{mn}{9}\,U_0$$

nachzuprüfen.

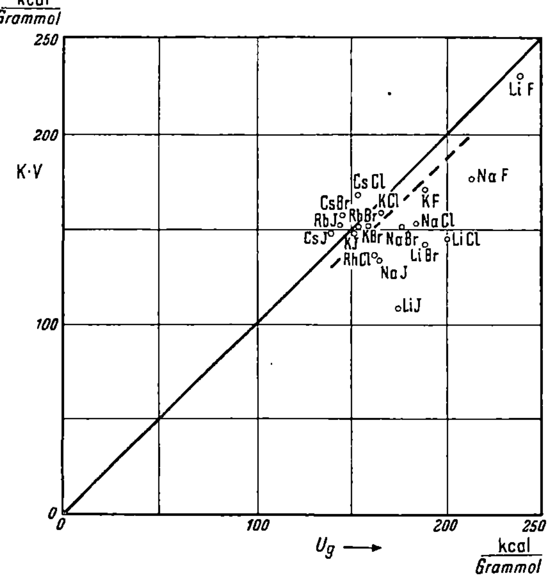

Abb. 91. Zusammenhang zwischen Kompressibilität und Gitterenergie für die Alkalihalogenide. Ausgezogene Gerade: $KV = U_G$.

Wir unterscheiden drei typische Fälle:

a) heteropolare Kristalle[1]: $m = 1$, $n = 9$: $KV_0 = -U_0$;
b) van der Waals-Bindung: $m = 6$, $n = 9$: $KV_0 = -6U_0$;
c) metallische Bindung: $m = 1$, $n = 3$ bis 9: $KV_0 = -(\tfrac{1}{3}$ bis $1)\,U_0$.

---

[1] P. W. BRIDGMAN bemerkt (Physics of High pressure, S. 166), daß empirisch gilt: $K \approx \dfrac{e^2 w^2}{2d} \cdot \dfrac{1}{d^3}$, also: $KV \approx \dfrac{N}{2}\dfrac{e^2 w^2}{d}$, was bis auf den Faktor $\dfrac{8}{9}\alpha$ mit dem auf S. 78 berechneten Werte U_0 übereinstimmt.

Zur Nachprüfung (Abb. 91 bis 93) sind bei den heteropolaren Kristallen (a) die aus Sublimationswärme und optischen Daten folgenden U_0-Werte einzuführen. Bei den unter (b) genannten Stoffen ist einfach

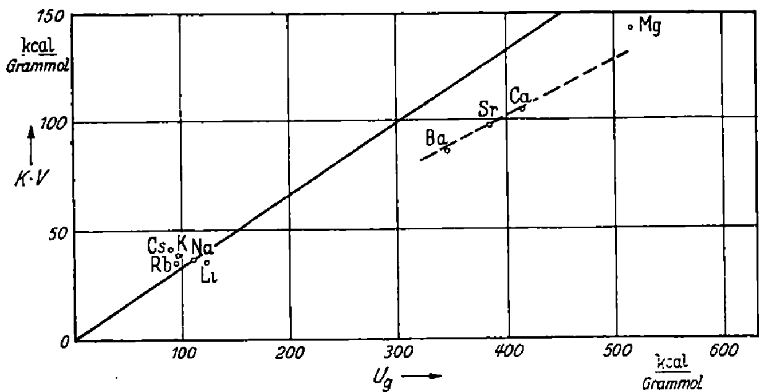

Abb. 92. Zusammenhang zwischen Kompressibilität und Gitterenergie für die Alkalien und Erdalkalien.
Ausgezogene Gerade: $KV = \frac{1}{3} U_G$.

$U_0 = -L$ ($L =$ Sublimationswärme). Bei den unter (c) genannten Stoffen ist U_0 annäherungsweise gleich der mit dem Minuszeichen versehenen multiplen Ionisierungsenergie gesetzt worden.

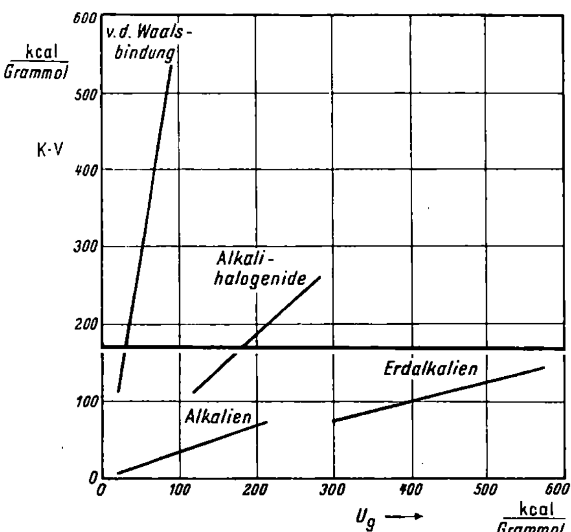

Abb. 93. Zusammenhang zwischen Kompressibilität und Gitterenergie für verschiedene Stoffe.

Die Kompressibilität ist für die verschiedenen Metalle sehr verschieden groß (Abb. 94); die Zahlen umfassen einen Wertbereich von 1 bis 500. Die Atomvolumina schwanken viel weniger, und es ist also zu erwarten, daß K für diejenigen Metalle groß ist, die ein großes U_0 haben, was nach dem Vorhergesagten heißt, daß K groß ist für die

Metalle, die eine große multiple Ionisierungsenergie haben. Diese Größe wächst in einer horizontalen Reihe des periodischen Systems mit der Valenzzahl an, bis man an die Metalloide gelangt (Abb. 95).

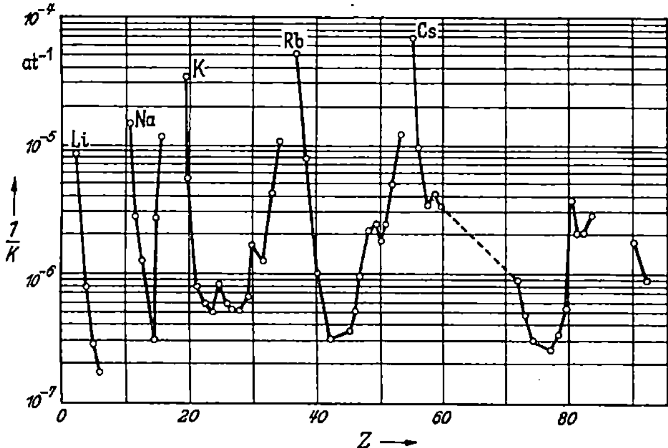

Abb. 94. Kompressibilität für die festen Elemente. Z = Ordnungszahl.

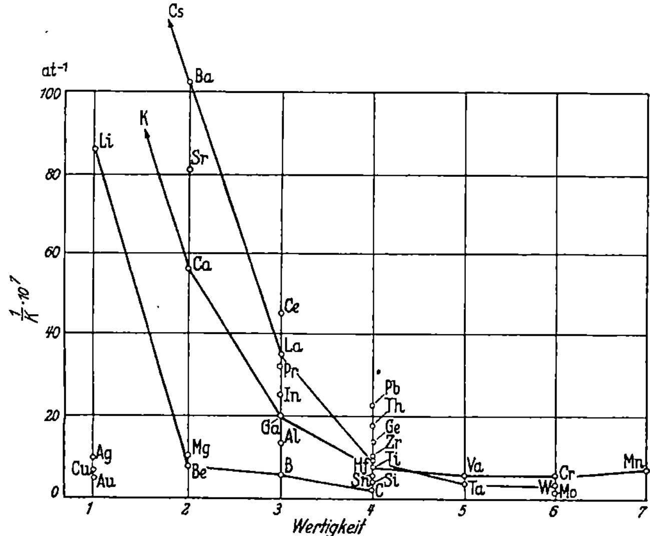

Abb. 95. Die Kompressibilität einiger Metalle als Funktion der Wertigkeit. Die Elemente einer Periode sind durch eine Kurve verbunden.

V. Mechanische Schwingungen.

1. Longitudinale elastische Wellen.

Eine lokale Verdichtung oder Ausweitung des Gitters pflanzt sich nach allen Seiten fort (dreidimensionale Ausbreitung), und zwar im allgemeinen nach verschiedenen Seiten mit verschiedener Geschwindigkeit. Erleiden alle in Flächen parallel zur yz-Ebene liegenden Punkte dieselbe

Verscl iebung, so besteht kein Anlaß dazu, daß in Richtungen senkrecht zur x-Richtung ein Wellenzug entsteht; nur in der x-Richtung wird sich die Störung auszubreiten suchen (eindimensionale Ausbreitung).

Im Falle longitudinaler Störung besteht die Deformation hauptsächlich in einer Dilatation $\varepsilon_{x\,x}$, die eine Funktion von x

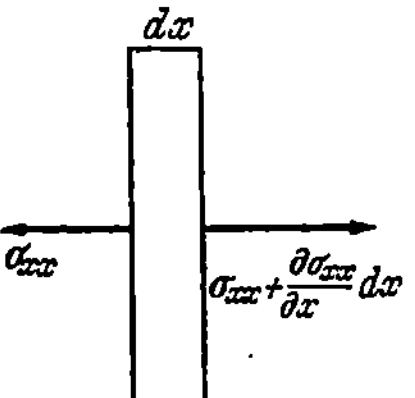

Abb. 96. Zur longitudinalen elastischen Welle.

ist; dasselbe gilt von der Spannung $\sigma_{x x}$, die mit $\varepsilon_{x x}$ verbunden ist durch die Beziehung:

$$\sigma_{x x} = E\,\varepsilon_{x x}\,. \qquad (1)$$

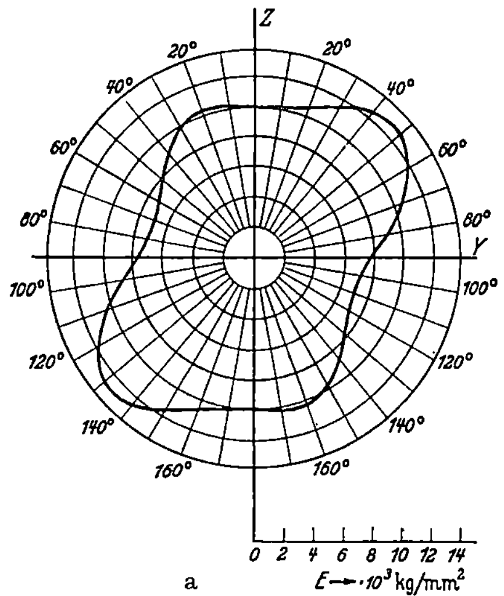

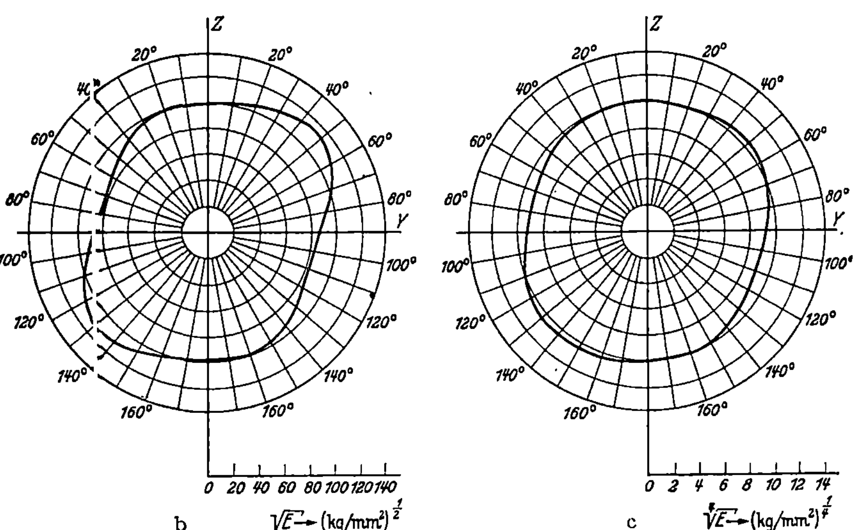

Abb. 97. Anisotropie des Elastizitätsmoduls (a); der Geschwindigkeit longitudinaler Wellen (b); der Geschwindigkeit von Biegungswellen (c) für Quarz. Es gilt für Biegungswellen: $c \sim \sqrt[4]{E}$.

Nach dem NEWTONschen *Kraftgesetz* ist die auf eine Platte der Dicke dx wirksame treibende Kraft gleich Masse mal Beschleunigung:

$$F\,\frac{\partial \sigma_{x x}}{\partial x}\,d x = m\,\frac{\partial v}{\partial t}\,d x\,, \qquad (2)$$

wo F die Querschnittsoberfläche ist, v die Geschwindigkeit und m die Masse einer Schicht von der Dicke 1 (Abb. 96).

Vorder- und Rückseite haben nicht dieselbe Geschwindigkeit. Es gilt die *Kontinuitätsbedingung*:

$$\frac{\partial(mv)}{\partial x} = -\frac{\partial m}{\partial t}$$

oder in guter Annäherung:

$$m\frac{\partial v}{\partial x} = -\frac{\partial m}{\partial t}. \tag{3}$$

Wenn wir nun noch beachten, daß $\varepsilon_{xx} = -\frac{\Delta m}{m}$ ist, $\sigma_{xx} = E\varepsilon_{xx}$ und $m = \varrho F$, so kann man die Gleichungen (2) und (3) auf die Form bringen:

und

$$\frac{E}{\varrho}\frac{\partial \varepsilon_{xx}}{\partial x} = \frac{\partial v}{\partial t} \tag{2a}$$

$$\frac{\partial v}{\partial x} = \frac{\partial \varepsilon_{xx}}{\partial t}. \tag{3a}$$

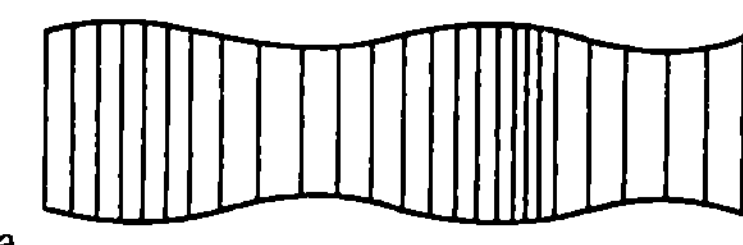

Differenziert man die erste dieser beiden Gleichungen nach x, die zweite nach t, so entsteht nach Gleichsetzung die Wellengleichung:

$$\frac{E}{\varrho}\frac{\partial^2 \varepsilon}{\partial x^2} = \frac{\partial^2 \varepsilon}{\partial t^2}. \tag{4}$$

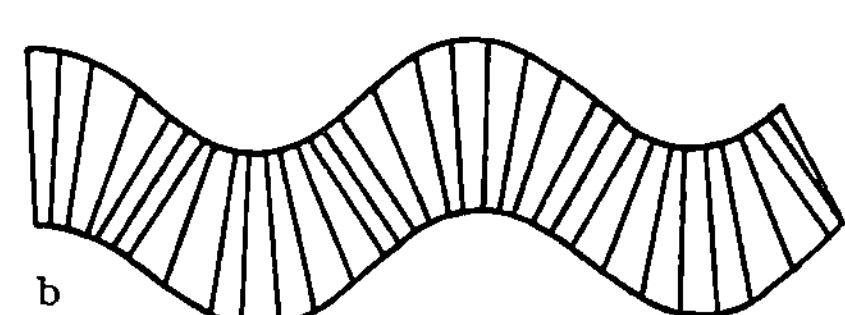

Die allgemeine Lösung dieser Differentialgleichung ist:

Abb. 98. a) Transversale Dehnungswelle; b) Biegungswelle.

$$\varepsilon = f(x - ct) + g(x + ct), \tag{5}$$

worin f und g willkürliche Funktionen bedeuten und $c = \sqrt{\frac{E}{\varrho}}$ ist. Der physikalische Inhalt von c ergibt sich aus der Deutung der Lösung: c ist die Fortpflanzungsgeschwindigkeit der longitudinalen Störungen, oder kürzer, die longitudinale Schallgeschwindigkeit.

In anisotropen Medien ist die Schallgeschwindigkeit eine Funktion der gewählten Richtung. Eine ebene Welle wird sich also nach verschiedenen Seiten mit verschiedener Geschwindigkeit fortpflanzen (Abb. 97). Ebenso wie die Größe E ist die Geschwindigkeit im allgemeinen eine Funktion vierten Grades der Richtungskoeffizienten.

Eng verknüpft mit der longitudinalen Welle ist die *transversale Dehnungswelle* (Abb. 98). Die longitudinale Verzerrung ε_{xx} ist nämlich von den Querkontraktionen ε_{yy} und ε_{zz} begleitet, die mit derselben Geschwindigkeit sich in der x-Richtung fortpflanzen. Longitudinale und transversale Dehnungswellen sind in Stäben endlichen Durchmessers nicht geschieden zu bekommen.

Drückt man eine Platte an einem Punkt periodisch zusammen, so gehen nach allen Seiten Dehnungswellen aus, und zwar beim anisotropen Material (z. B. Quarzscheibe) mit verschiedener Geschwindigkeit. Einfache Schwingungsfiguren bei piezoelektrisch erregten Quarzscheiben erhält man, wenn man nach STRAUBEL[1] der Scheibe eine Form gibt,

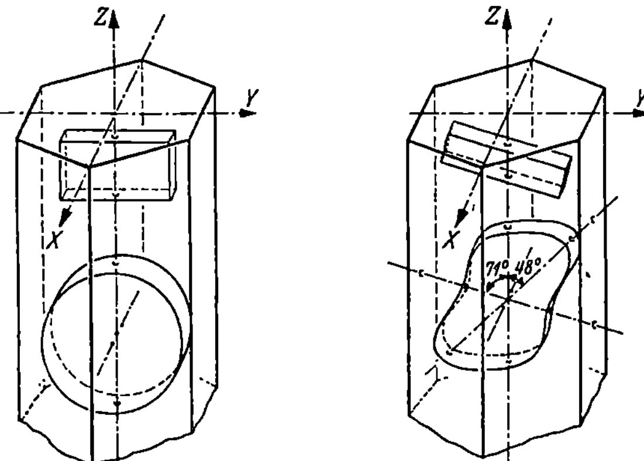

Abb. 99. Orientierung von Piezoquarzplatten und -stäben zum Kristall. (Nach E. GROSSMANN: Handb. der Ex.-Physik XVII/1.)

bei der jeder Durchmesser proportional ist der longitudinalen Störungsgeschwindigkeit in der Richtung des betreffenden Durchmessers, d. h. die Scheibe ist in Übereinstimmung mit der $\sqrt{E}$-Kurve (Abb. 99).

2. Transversale Scherungswelle.

Ist die Verzerrung eine Scherung in der z-Richtung, die nur eine Funktion von x ist, so sind die bestimmenden Gleichungen:

$$\sigma_{xz} = G \cdot \varepsilon_{zx}; \quad \frac{\partial \varepsilon_{zx}}{\partial t} = \frac{\partial w}{\partial x} \quad \text{und} \quad \frac{\partial \sigma_{xz}}{\partial x} = \varrho \frac{\partial w}{\partial t}$$

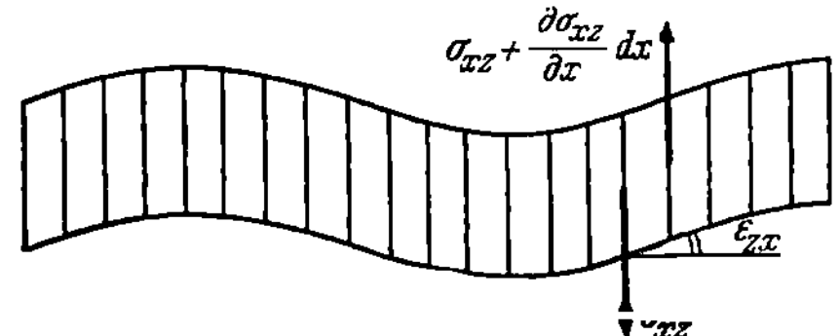

Abb. 100. Transversale Scherungswelle.

($w = y$-Komponente der Geschwindigkeit), woraus man in derselben Weise, wie oben für die longitudinalen Wellen ausgeführt wurde, die Wellengleichung erhält (Abb. 100):

$$\frac{\partial^2 \sigma_{xz}}{\partial x^2} = \varrho \frac{\partial^2 \varepsilon_{zx}}{\partial t^2} = G \frac{\partial^2 \varepsilon_{zx}}{\partial x^2} .$$

Sie führt zu einer transversalen Schallgeschwindigkeit

$$c_{\text{trans}} = \sqrt{\frac{G}{\varrho}} .$$

Für isotrope Stoffe liegt das Verhältnis von c_t und c_l innerhalb gewisser Grenzen (Abb. 101), weil ja auch das Verhältnis E/G wenig variiert, und zwar ist für:

		G/E	c_t/c_l
Steine	$m = 4$	0,400	0,632
Metalle	$m = 3$	0,375	0,613
Gummi	$m = 2$	0,333	0,577

---

[1] STRAUBEL: Physik. Z. **32**, 222 (1931).

Die Frage, ob die elastischen Schwingungen adiabatisch oder isothermisch vor sich gehen, hat historisches Interesse (Luftschallgeschwindigkeit: LAPLACE gegen NEWTON). Im Gebiete des festen Körpers ist die

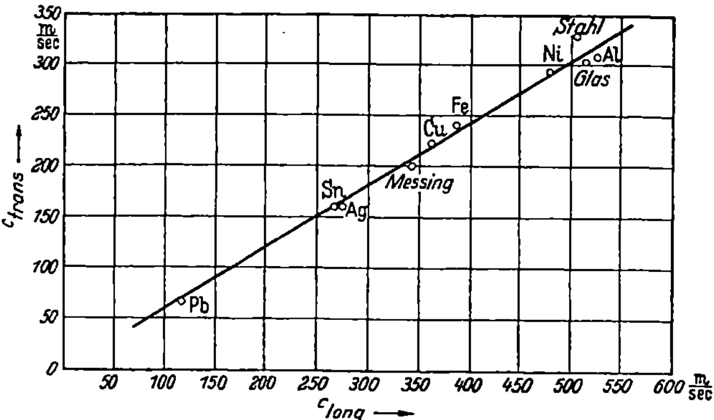

Abb. 101. Zusammenhang zwischen longitudinaler und transversaler Schallgeschwindigkeit für verschiedene Stoffe. Ausgezogene Gerade: $c_t = 0{,}62\,c_l$.

Frage zwar nicht gegenstandslos, hat aber keine praktische Bedeutung, weil die Abweichung zwischen den adiabatischen und den isothermischen elastischen Konstanten unbedeutend ist.

3. Dispersion der mechanischen Wellen.

Die hergeleiteten Formeln für die longitudinale und die transversale Schallgeschwindigkeit liefern Werte, die von der Frequenz unabhängig sind. Dies ist nur gültig, solange man dem Medium die Eigenschaft der Kontinuität beilegt. Im Falle der Diskontinuität eines Mediums ist die Geschwindigkeit durchaus eine Funktion der Frequenz. Als Vorbild für Fragen dieser Art läßt sich das Problem der belasteten Saite ansehen, eine Aufgabe, mit der sich schon

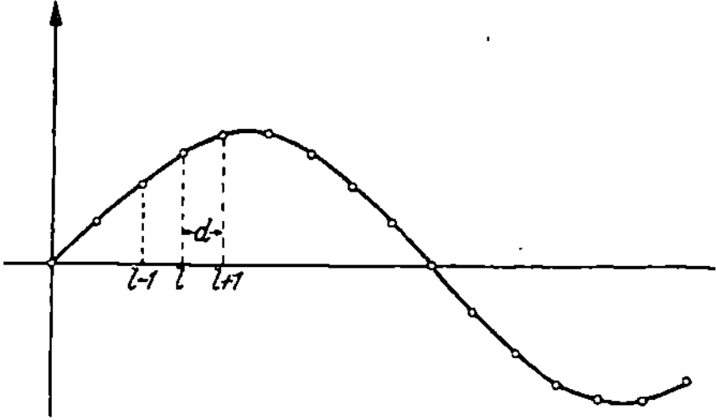

Abb. 102. Zum Problem der belasteten Saite.

LAGRANGE·und später RAYLEIGH ausführlich beschäftigt haben.

Es seien in gleichen Abständen d auf einer Saite Massen angebracht, deren jede gleich m ist (Abb. 102). Die l-te Masse unterliegt einer Kraft, die nur abhängt von den Differenzen ihres eigenen Ausschlags gegenüber den Ausschlägen der beiden benachbarten Massen; die Kraft ist diesen Differenzen proportional, also:

$$K_l = m \frac{d^2 y_l}{dt^2} = C\,(y_{l+1} - y_l + y_{l-1} - y_l).$$

Welches ist die Fortpflanzungsgeschwindigkeit c einer Störung mit Kreisfrequenz ω die Saite entlang? Wir setzen als Lösung die Welle an:

$$y_l = Y\, e^{j\left(\omega t - \frac{2\pi x}{\lambda}\right)} \quad \text{mit } x = l \cdot d\,.$$

Durch Einsetzen in die Differentialgleichung ergibt sich:

$$-m\omega^2 = C\left[e^{-j\frac{2\pi d}{\lambda}} + e^{+j\frac{2\pi d}{\lambda}} - 2\right]$$

$$= C\left[2\cos\frac{2\pi d}{\lambda} - 2\right],$$

$$m\omega^2 = 4C\sin^2\frac{\pi d}{\lambda}\,.$$

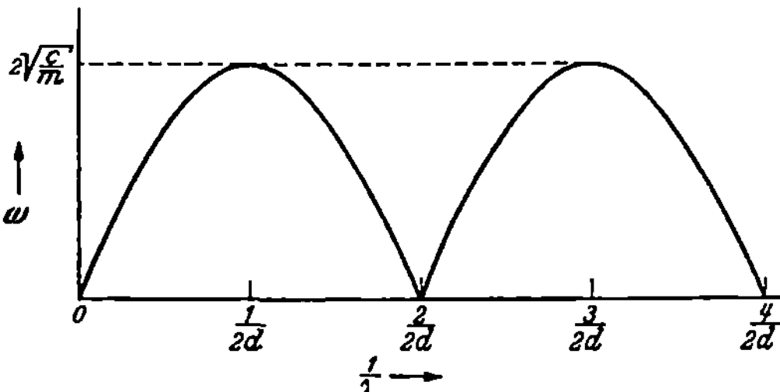

Abb. 103. Dispersion der mechanischen Schwingungen.

Damit ist der Zusammenhang zwischen der Kreisfrequenz ω und der Wellenlänge λ dargestellt (Dispersionsgleichung). Da $\omega = 2\pi\nu = 2\pi\frac{c}{\lambda}$ ist, kann man die Gleichung auch als die zwischen c und λ bestehende Beziehung auffassen.

Für lange Wellen ist der Sinus dem Argument gleichzusetzen, also:

$$\omega = \sqrt{\frac{C}{m}} \cdot \frac{2\pi d}{\lambda}\,, \quad \text{woraus: } c = \sqrt{\frac{C}{m}} \cdot d \text{ folgt.}$$

Die Größe $\sqrt{\dfrac{C}{m}} \cdot d$ stimmt mit der Fortpflanzungsgeschwindigkeit für unendlich großes λ überein. Wenn wir diesen Wert gleich c_∞ setzen, ist die Dispersionsgleichung:

$$\omega = \frac{2c_\infty}{d}\left|\sin\frac{\pi d}{\lambda}\right|$$

oder wegen $\omega = 2\pi\frac{c}{\lambda}$:

$$\frac{c}{c_\infty} = \left|\frac{\sin\frac{\pi d}{\lambda}}{\frac{\pi d}{\lambda}}\right|\,.$$

Abb. 103 zeigt den Zusammenhang zwischen ω und $1/\lambda$. Die Frequenz ω zeigt ein Maximum, wenn der Sinus gleich 1 wird, also zum ersten Male für $\lambda = 2d$.

Versucht man, der Saite eine höhere Frequenz aufzuzwingen, so ergibt sich keine fortschreitende Welle. Das Einsetzen einer zu hohen Frequenz

in die Formeln führt zu einem komplexen Sinus, was physikalisch eine
gedämpfte Welle bedeutet.

Vollständigkeitshalber ist in Abb. 103 mehr als ein halber Bogen des
Sinus gezeichnet. In Wirklichkeit haben die weiteren Bogen keine

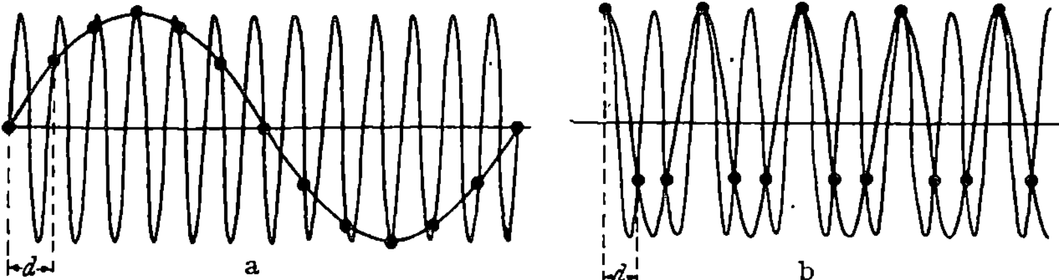

Abb. 104a u. b. Äquivalenz von kurzen und langen Wellen.

physikalische Bedeutung, wenn nur die Abweichungen der Massenpunkte
als die einzig wahrnehmbaren Größen betrachtet werden. Eine Wellenlänge, die kürzer als $2d$ ist, läßt sich nämlich von einer längeren Welle
nicht unterscheiden (Abb. 104). Die
kürzeste sinnvolle Wellenlänge ist
$\lambda = 2d$ (Abb. 105). Die Dispersionsfigur darf daher (Abb. 103) nach
dem ersten halben Bogen abge-
brochen werden. Die kürzeste Welle
hat die kleinste Fortpflanzungsgeschwindigkeit, und zwar $\frac{2}{\pi} \cdot c_\infty$.

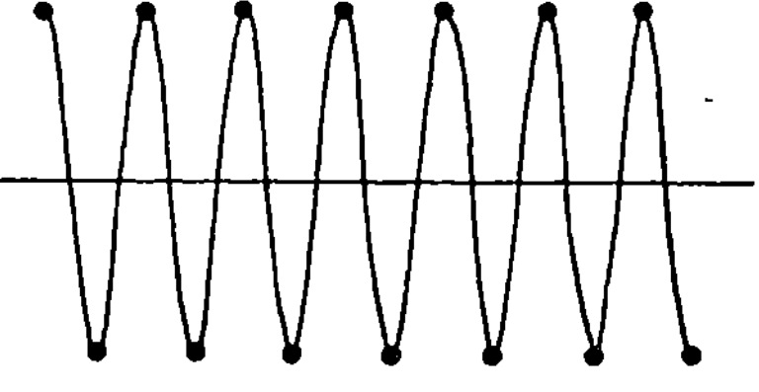

Abb. 105. Die kürzeste zu unterscheidende
Wellenlänge.

Schließlich sei noch bemerkt, daß diese Betrachtungen sowohl für
longitudinale wie für transversale Wellen gültig sind.

4. Dispersion in körnigem und in massivem Material.

Für eine dreidimensionale Anordnung von Massenpunkten gelten
ähnliche Überlegungen. Es gibt auch in diesem Fall eine Maximal-
frequenz $\omega_{max} = \frac{2 c_\infty}{d}$, abhängig von einem effektiven Abstand d, der
von dem wirklichen mittleren Abstand nicht weit entfernt sein kann.
Die Fortpflanzungsgeschwindigkeit nimmt auch in diesem Falle mit
wachsender Frequenz ab, und zwar von dem Werte c_∞ (für $\lambda = \infty$)
bis $\frac{2}{\pi} \cdot c_\infty$.

Genauere Berechnungen lassen sich in den Fällen anstellen, wo die
Massenpunkte regelmäßige Anordnung haben. Betrachten wir z. B.
einen Haufen Sandkörner in der einfachen kubischen Anordnung. Was
sind in diesem Falle c und c_∞?

Scherungskräfte im Sand sind wohl als klein anzunehmen; es kommen
nur longitudinale Wellen in Betracht. Der Halbmesser der Berührungs-

fläche zweier kugelförmigen Körner, die mit einer Kraft K aneinander-gedrückt werden (Abb. 106), ist nach der Festigkeitslehre:

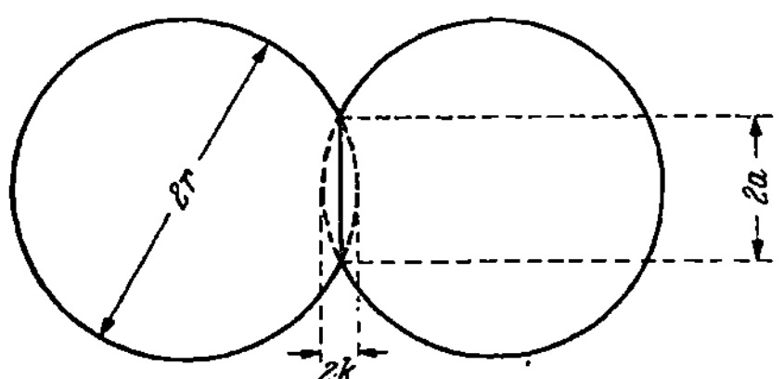

Abb. 106. Berührung zweier kugelförmigen Körner.

$$a = 1{,}11 \left(\frac{K\,r}{2\,E}\right)^{1/3},$$

und weil aus geometrischen Gründen die Eindrückung k gemäß der Beziehung

$$k = r\left(1 - \sqrt{1 - \left(\frac{a}{r}\right)^2}\right) \approx \frac{a^2}{2\,r}$$

mit a zusammenhängt, folgt für den Wert der Konstante C durch Differentiation:

$$C = \frac{\partial K}{\partial k} = 3{,}86 \cdot K^{1/3} r^{1/3} E^{2/3}.$$

Die Fortpflanzungsgeschwindigkeit c_∞ für langsame Schwingungen ist $2r\sqrt{\dfrac{C}{m}}$, was mit $m = \dfrac{4}{3}\pi r^3 \varrho$ bei einem Druck $p = \dfrac{K}{4\,r^2}$ ergibt:

$$c_\infty = 2{,}42 \cdot p^{1/6} \cdot \varrho^{-1/2} \cdot E^{1/3}.$$

Es ist hier lose kubische Packung vorausgesetzt; bei kubisch dichtester Packung wird der Zahlenfaktor ein wenig größer, und zwar 2,65 [1].

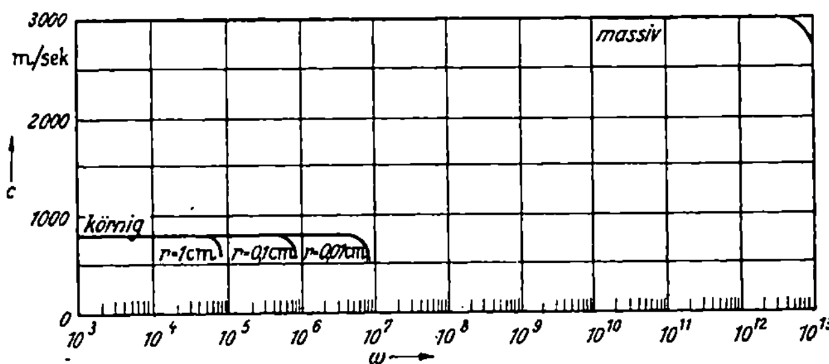

Abb. 107. Dispersion longitudinaler Wellen.

Die höchste Frequenz, die vom körnigen Stoff durchgelassen wird, nämlich $\omega_{max} = \dfrac{c_\infty}{r}$, berechnet sich zu:

$$\omega_{max} = 2{,}42 \cdot r^{-1} \cdot p^{1/6}\varrho^{-\frac{1}{2}} \cdot E^{1/3}.$$

Folgendes Zahlenbeispiel sei zur Erläuterung gewählt: Gegeben $r = 0{,}1$ cm; $p = 10^6$ dyn/cm² (ungefähr 1 kg/cm²); $\varrho = 10$ g/cm³; $E = 10^{12}$ dyn/cm². Berechnet: $c_\infty = 800$ m/sec; $\omega_{max} = 8 \cdot 10^5$ Hz (Abb. 107).

In massivem Zustand hätte das Material die longitudinale Schallgeschwindigkeit: $c_{massiv} = \sqrt{E/\varrho} = 3000$ m/sec.

---

[1] Hara, G.: Elektr. Nachr.-Techn. 12, 191 (1935).

Wenn wir unsere Betrachtung bis auf molekulare Dimensionen ausdehnen, bemerken wir, daß alles massive Material ebenfalls Diskontinuität des Aufbaus zeigt, und wir haben, sei es bei entsprechend höherer Frequenz als bei körnigem Stoff, auch hier Dispersion und eine Maximalfrequenz zu erwarten[1].

Die Maximalfrequenz liegt bei $\omega_{\max} = \dfrac{2\,c_\infty}{d}$, wobei jetzt c_∞ die normale longitudinale bzw. transversale Schallgeschwindigkeit ist und d den Atomabstand bedeutet. In Abb. 107 ist für diesen Abstand 3 Å angenommen; $\omega_{\max}$ beläuft sich dann auf $2 \cdot 10^{13}$. Licht dieser Frequenz hätte die Wellenlänge $\lambda = 100\,\mu$, liegt also im fernen Infrarot.

5. Optische Gitterschwingungen.

Wenn das Gitter aus abwechselnd leichteren und schwereren Teilchen besteht, wie es bei den heteropolaren Salzen der Zusammensetzung AB der Fall ist, weicht die Dispersionskurve in einem wesentlichen Punkte von der zuvor erwähnten ab. Zur Analyse dieses Falles betrachten

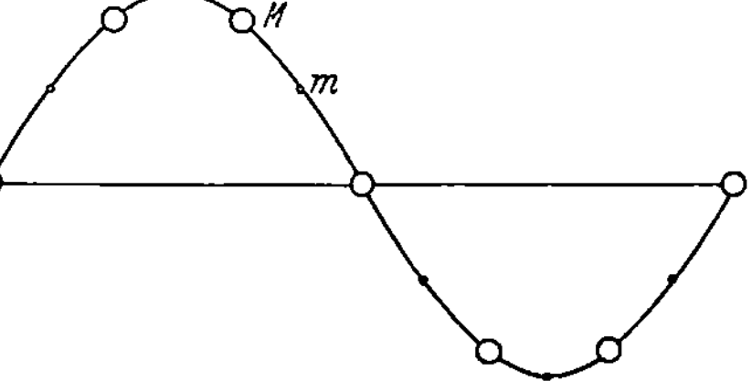

Abb. 108. Zum Problem der mit zwei Teilchenarten belasteten Saite.

wir wieder zuerst das lineare Problem der belasteten Saite, jetzt aber unter der Voraussetzung, daß die Teilchen abwechselnd die Massen M und m besitzen (Abb. 108).

Die Bewegungsgleichungen sind dann:

$$m\,\frac{d^2 y_l}{dt^2} = C\,[y_{l+1} - y_l + y_{l-1} - y_l]\,,$$

$$M\,\frac{d^2 y_{l+1}}{dt^2} = C\,[y_{l+2} - y_{l+1} + y_l - y_{l+1}]\,.$$

Wir setzen die Lösung an:

$$y_l = Y_m \cdot e^{j\left(\omega t - \frac{2\pi x}{\lambda}\right)}, \quad x = l\,d;$$

$$y_{l+1} = Y_M \cdot e^{j\left(\omega t - \frac{2\pi x}{\lambda}\right)}, \quad x = (l+1)\,d\,.$$

Nach Einsetzen in die Differentialgleichungen ergibt sich:

$$(2\,C - m\,\omega^2)\,Y_m = C\,Y_M\left[e^{-j\frac{2\pi d}{\lambda}} + e^{j\frac{2\pi d}{\lambda}}\right] = 2\,C\,Y_M \cos\frac{2\pi d}{\lambda}\,;$$

$$(2\,C - M\,\omega^2)\,Y_M = C\,Y_m\left[e^{-j\frac{2\pi d}{\lambda}} + e^{j\frac{2\pi d}{\lambda}}\right] = 2\,C\,Y_m \cos\frac{2\pi d}{\lambda}\,.$$

---

[1] Siehe z. B. H. GEIGER u. K. SCHEEL: Handb. der Physik 24 II, 400 (1933).

Diese beiden Gleichungen sind lösbar bei Verschwinden der Determinante

$$\begin{vmatrix} 2\,C - m\,\omega^2 & -2\,C\cos\dfrac{2\pi d}{\lambda} \\[2mm] -2\,C\cos\dfrac{2\pi d}{\lambda} & 2\,C - M\,\omega^2 \end{vmatrix} = 0\,.$$

Für ω^2 ergibt sich dann der Wert:

$$\omega^2 = \frac{C}{m\,M}\left[m + M \pm \sqrt{m^2 + M^2 + 2\,m\,M\cos\frac{4\pi d}{\lambda}}\,\right],$$

während das Amplitudenverhältnis wird:

$$\frac{Y_m}{Y_M} = \frac{2\,M\cos\dfrac{2\pi d}{\lambda}}{M - m \mp \sqrt{\left(m^2 + M^2 + 2\,m\,M\cos\dfrac{4\pi d}{\lambda}\right)}}\,.$$

Die Lösung liefert zwei Äste (Abb. 109); der obere gehört zu dem Pluszeichen in der Formel für ω^2, der untere zu dem Minuszeichen. Der

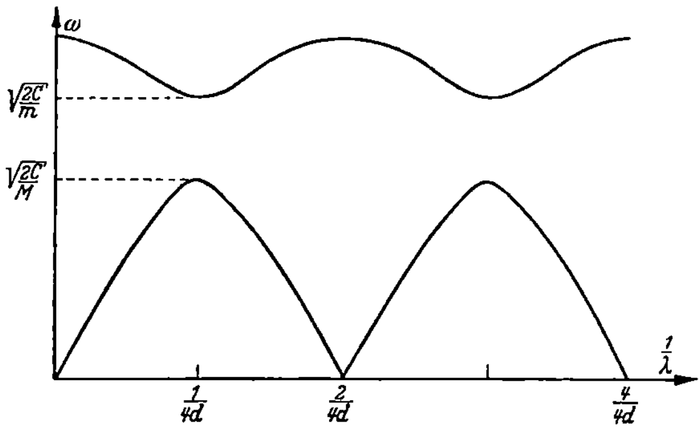

Abb. 109. Dispersion der akustischen und optischen Schwingungen.

obere Ast entspricht ungleichen Vorzeichen von Y_m und Y_M, der untere Ast gleichen Vorzeichen der beiden Amplituden. Der untere heißt der akustische Ast, der obere der optische, aus einem noch zu erläuternden Grunde.

Für $1/\lambda = 0$ ist:

$$\omega^2 = C\,\frac{2\,(m + M)}{m\,M} \qquad \text{bzw.} \qquad \omega^2 = 0$$

und für kleine Werte von $1/\lambda$ ist der untere Ast:

$$\omega = \sqrt{\frac{C}{2\,(m + M)}} \cdot \frac{4\pi d}{\lambda}\,.$$

Setzen wir hier wieder $\omega = c_\infty\,\dfrac{2\pi}{\lambda}$, so wird:

$$c_\infty = \sqrt{\frac{2\,C}{m + M}} \cdot d\,,$$

entsprechend dem Ergebnis auf S. 86.

Die maximale Frequenz der akustischen Schwingungen ist (bei $\cos\frac{4\pi d}{\lambda} = -1$, $\lambda = 4d$): $\omega^2 = \frac{2C}{M}$; die minimale Frequenz der optischen Schwingungen $\left(\text{gleichfalls bei } \cos\frac{4\pi d}{\lambda} = -1\right)$ wird $\omega^2 = \frac{2C}{m}$.

Das Maximum der optischen Schwingungen ist

$$\left(\cos\frac{4\pi d}{\lambda} = 1, \quad \lambda = 2d\right): \omega^2 = 2C\,\frac{m+M}{mM}.$$

Der optische Frequenzbereich ist sehr schmal, falls $M \gg m$.

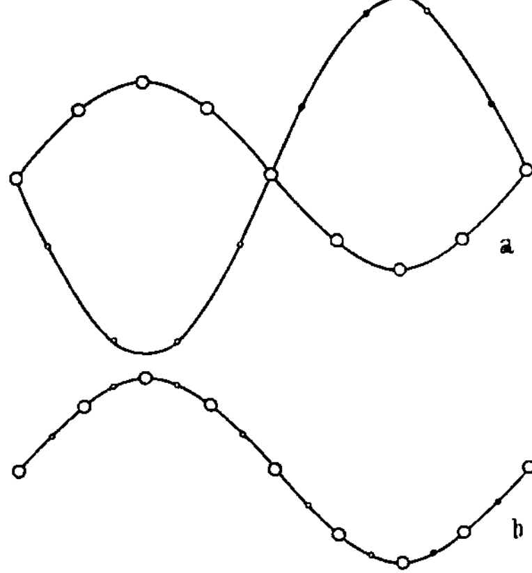

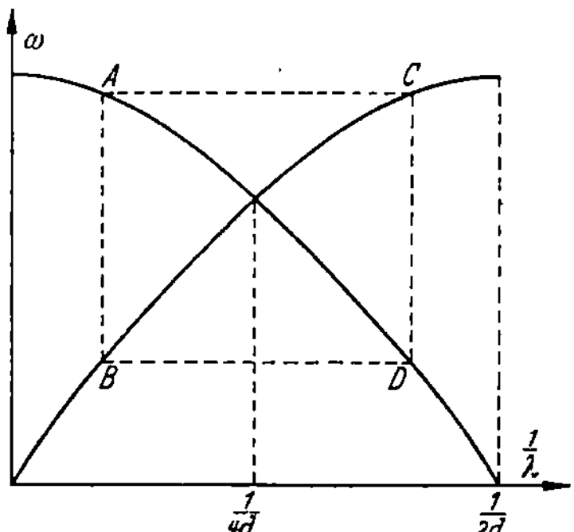

Abb. 110. Der Unterschied zwischen einer optischen (a) und einer akustischen (b) Schwingung gleicher Wellenlänge.

Abb. 111. Entartung der Dispersionskurve für $m = M$.

Abb. 110a zeigt die Lage der Massenpunkte bei einer optischen Schwingung, Abb. 110b dasselbe bei einer akustischen der gleichen Wellenlänge.

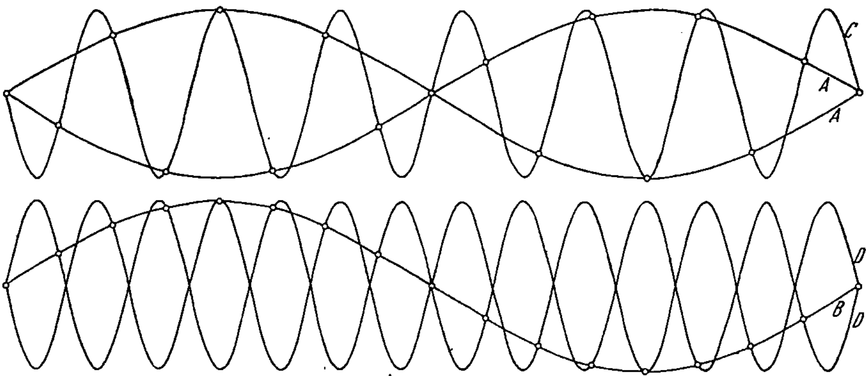

Abb. 112. Optische oder akustische Deutung derselben Schwingung.

Wenn die beiden Teilchenarten entgegengesetzte elektrische Ladung besitzen, entspricht die optische Schwingung schwingenden elektrischen Dipolen, während für den akustischen Ast das elektrische Dipolmoment zu vernachlässigen ist. Der Name „optische Schwingungen" folgt daraus, daß ultrarote Lichtwellen wegen ihrer elektromagnetischen Natur diese Dipolschwingungen anregen können, nicht aber die akustischen.

Sind die Massen der Teilchen einander gleich ($m = M$), so entartet die Dispersionsfigur zu Abb. 111. Die zu A, B, C und D gehörigen Schwingungen sind in Abb. 112 dargestellt. A und D sind „optische", B und C „akustische" Schwingungen. Nichtsdestoweniger sind A und C physikalisch identisch, und ebenso B und D. Es empfiehlt sich, in diesem Falle die Abb. 111 nur bis $1/\lambda = 1/4d$ gelten zu lassen, oder den Ast AD zu beseitigen.

6. Reststrahlen und Ramaneffekt.

Der Frequenzbereich der optischen Schwingungen ist wenig breit und liegt bei $\omega_r = \sqrt{\dfrac{2C}{m}}$. C hängt nach S. 84 mit dem Gleitmodul G so zusammen, daß c_∞^2 für transversale Schwingungen sowohl $= \dfrac{2C}{M+m}\, d^2$ wie auch gleich G/ϱ sein muß. Das optische Frequenzband liegt daher bei $\omega_r = \sqrt{\dfrac{2Gd}{m}}$, wobei noch $M + m = 2\varrho d^3$ gesetzt ist.

Wenn man diese Frequenz für einige heteropolare Salze berechnet, findet man Werte, die im infraroten Gebiete liegen und ungefähr mit den von HAGEN und RUBENS bestimmten Reststrahlen zusammenfallen:

	λ (Reststrahlen)	λ (berechnet aus G)
NaCl	$52{,}0\,\mu$	$65{,}5\,\mu$
KCl	$63{,}4\,\mu$	$77{,}0\,\mu$
CaF$_2$	$56{,}1\,\mu$	$51{,}0\,\mu$

Die Reststrahlen werden von der zuletzt übrigbleibenden Frequenz gebildet bei wiederholter Reflexion von infraroter Strahlung an den Kristalloberflächen. Der größte Reflexionsfaktor fällt nicht genau mit der optischen Eigenfrequenz zusammen. Nach FÖRSTERLING[1] muß noch eine Korrektion von 4 bis 8 μ angewandt werden. Im großen und ganzen stimmen aber die Reststrahlfrequenzen mit den berechneten Ultrarotschwingungen überein.

Eine andere experimentelle Methode zum Studium der Ultrarotfrequenzen liefert der Ramaneffekt. Bestrahlt man nämlich einen Kristall mit Licht der Kreisfrequenz ω, so findet man in der gestreuten Strahlung außer dieser eingestrahlten Frequenz ω die Kombinationsfrequenzen $\omega \pm \omega_r$. Auf diesem Wege sind für festen Schwefel Eigenfrequenzen gefunden[2] bei 55 μ, 46 μ und 21 μ; für Diamant zwischen 8,6 μ und 6,3 μ; für Chlorate, Jodate und Sulfate in der Nachbarschaft von 10 μ;

---

[1] Ann. Phys., Lpz. **61**, 577 (1920).
[2] KOHLRAUSCH, K. M. F.: Der Smekal-Raman-Effekt.

für einwertige und zweiwertige Hydroxyde in der Umgebung von 2,8 μ (Abb. 113).

Es sei schließlich noch die empirische MADELUNGsche Formel[1]

$$\lambda_r = \text{Const}\ \frac{\text{Mol}^{1,3}\varrho^{1,6}}{K^{1,2}}$$

erwähnt, wobei die Konstante den Wert $1{,}27 \cdot 10^3\ \text{cm} \cdot \text{sec}^{-1}$ hat und Mol das Molgewicht bedeutet. Wir können diese Formel in Verbindung bringen mit der Formel:

$$\omega_r = \sqrt{\frac{2\,G\,d}{m}}\ .$$

Wenn wir nämlich $G = 0{,}6\,K$ (vgl. S. 85), $\text{Mol} = N\,(m+M) = N \cdot 2\varrho d^3$ und beispielsweise $M/m = 3$ einführen, so geht die letzte Gleichung über in:

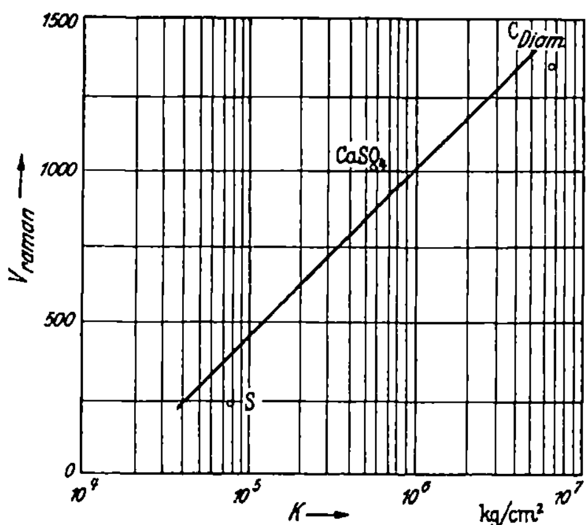

Abb. 113. Zusammenhang zwischen Ramanfrequenz und Kompressibilitätsmodul für einige Stoffe.

$$\omega_r = \text{Const}\ \sqrt{N} \cdot \frac{K^{1,2}}{\text{Mol}^{1,3}\varrho^{1/6}}\ ,$$

woraus mit der Lichtgeschwindigkeit $3 \cdot 10^{10}$ cm/sec und $N = 6 \cdot 10^{23}$ folgt:

$$\lambda_r = \text{Const}\ \frac{\text{Mol}^{1,3}\varrho^{1,6}}{K^{1,2}}$$

mit $\text{Const} = 1{,}14 \cdot 10^3$ cm sec^{-1}, also mit gutem Anschluß an die MADE-LUNGsche Konstante.

7. Eigenschwingungen.

Ein parallelepipedischer Körper kann auf vielerlei Weisen in Eigenschwingungen (stehende Schwingungen) verharren. Für eine bestimmte Eigenschwingung ist notwendig, daß die Phasenebenen, die einander mit 180° Phasendifferenz folgen, von den drei Kanten a, b und c Stücke abschneiden, die sich ohne Rest auf den Kanten abtragen lassen. Es muß also sein (Abb. 114):

$$a \cos\alpha_1 = m_1 \frac{\lambda}{2}\ , \qquad (m_1 = 0, 1, 2, \ldots)$$

$$b \cos\alpha_2 = m_2 \frac{\lambda}{2}\ , \qquad (m_2 = 0, 1, 2, \ldots)$$

$$c \cos\alpha_3 = m_3 \frac{\lambda}{2}\ . \qquad (m_3 = 0, 1, 2, \ldots)$$

---

[1] MADELUNG, E.: Physik. Z. **11**, 898 (1910).

Nach dem pythagoreischen Lehrsatz ist: $\cos^2\alpha_1 + \cos^2\alpha_2 + \cos^2\alpha_3 = 1$; also sind die Eigenwellenlängen bestimmt durch:

$$\frac{1}{\lambda^2} = \frac{m_1^2}{4a^2} + \frac{m_2^2}{4b^2} + \frac{m_3^2}{4c^2}.$$

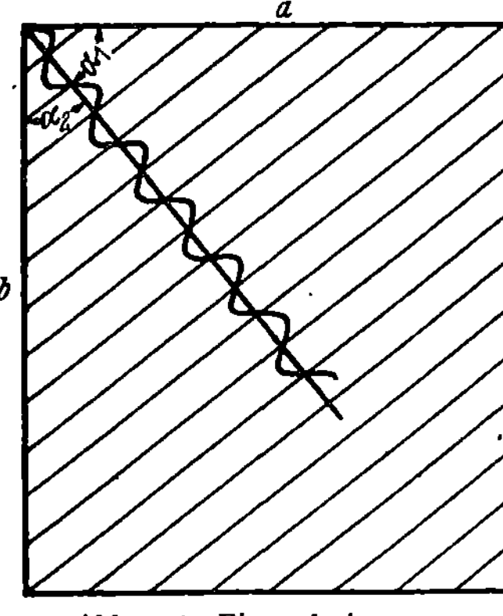

Abb. 114. Eigenschwingungen.

Eine anschauliche Vorstellung der möglichen Werte der Wellenlänge $1/\lambda$ ergibt sich, indem man auf drei zueinander senkrechten Achsen bezüglich die Abstände $1/2a$, $1/2b$ und $1/2c$ aufträgt und alle hierzu gehörigen Gitterpunkte zeichnet (Abb. 115). Der vom Ursprung ausgehende Vektor nach einem dieser Gitterpunkte hat den Wert $1/\lambda$, und die drei Komponenten dieses Vektors sind die Zahlen $m_1/2a$, $m_2/2b$ und $m_3/2c$. Durch Spiegelung eines dieser Vektoren an den Koordinatenebenen in diesem $1/\lambda$-Raum entstehen sieben gleich lange Vektoren, die dieselben Zahlenwerte m_1, m_2 und m_3 haben, nur mit anderer Wahl der Plus- und Minuszeichen. Diese acht Vektoren gehören zur selben stehenden Eigenschwingung des Körpers. Bei Reflexion an einer der Wände ändert eine der Größen m ihr Zeichen, wir müssen also im $1/\lambda$-Raum auf einen der gespiegelten Vektoren übergehen. Beide Wellen, vor und nach der Reflexion, sind jedoch Teile derselben Eigenschwingung. Es genügt also, nur einen Oktanten des $1/\lambda$-Raumes zu betrachten. Der Punkt Null soll nicht mitgezählt werden, weil für $m_1 = m_2 = m_3 = 0$ der Körper im Gleichgewicht verharrt.

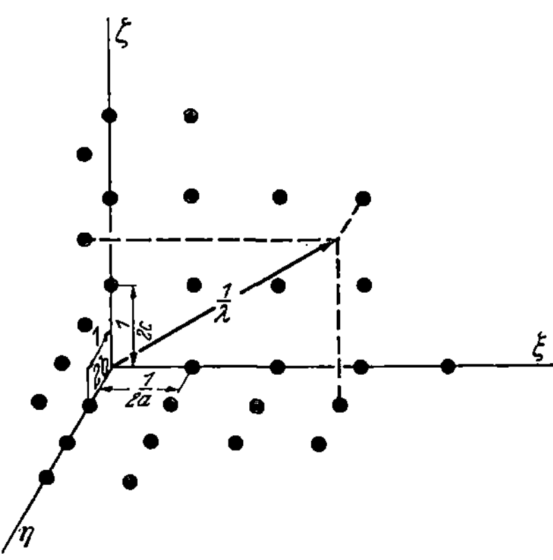

Abb. 115. Darstellung der Eigenschwingungen im Wellenzahlenraum.

Die Frage, wieviel Eigenschwingungen sich angeben lassen mit Wellenlängen, die größer als λ_0 sind, ist gleichbedeutend mit der Frage, wieviel Gitterpunkte im $1/\lambda$-Oktanten innerhalb der Kugel mit dem Radius $1/\lambda_0$ liegen. In guter Näherung ist diese Zahl gleich dem Inhalt des Kugeloktanten, dividiert durch das Volumen einer Elementarzelle $1/2a \cdot 1/2b \cdot 1/2c$.

Die gesuchte Zahl ist also:

$$\frac{\dfrac{1}{8} \cdot \dfrac{4}{3}\pi \cdot \dfrac{1}{\lambda_0^3}}{\dfrac{1}{2a}\,\dfrac{1}{2b}\,\dfrac{1}{2c}} = \frac{4}{3}\,\frac{\pi\,abc}{\lambda_0^3}.$$

, Diese Zahl ist mithin dem Volumen des Blockes abc proportional. Für die Volumeneinheit gibt es daher $\frac{4}{3}\frac{\pi}{\lambda_0^3}$ Eigenschwingungen mit einer Wellenlänge, die größer als λ_0 ist. In dem Wellenzahlenintervall zwischen $\frac{1}{\lambda}$ und $\frac{1}{\lambda}+d\frac{1}{\lambda}$ liegen: $l\left(\frac{1}{\lambda}\right)d\frac{1}{\lambda}=\frac{4\pi}{\lambda^2}d\frac{1}{\lambda}$ verschiedene Wellenzahlen. Für kleine Werte von $1/\lambda_0$ ist diese Formel nicht ausreichend streng.

Bei der obenstehenden Herleitung des Verteilungsgesetzes der Wellenzahlen ist über die Natur der Wellen nichts gesagt, nur sollen sie im Körper beschlossen sein. Sie gilt also sowohl für die longitudinalen akustischen Wellen wie für die transversalen. Eine transversale Schwingung mit willkürlicher Lage der Schwingungsebene kann man immer auffassen als Zusammensetzung zweier phasengleichen oder -ungleichen Schwingungen mit vorgegebenen, zueinander senkrechten Schwingungsebenen. Zu jeder Wellenzahl $1/\lambda$ gehören also drei unabhängige akustische Schwingungen, eine longitudinale und zwei transversale. Weil die Fortpflanzungsgeschwindigkeit von longitudinalen und transversalen Schwingungen verschieden ist, sind die zugehörigen Frequenzen ebenso verschieden.

8. Der Brillouinsche Körper.

Wir bemerkten schon S. 87 an Hand eines linearen Modells, daß es keinen Sinn hat, kürzere Wellenlängen als $\lambda = 2d$ zu betrachten, wo d der Abstand zweier benachbarter Gitterpunkte ist. Auf den dreidimensionalen Fall erweitert kommt dies darauf hinaus, den $1/\lambda$-Raum zu begrenzen durch Ebenen im Abstand $1/\lambda = 1/2d$ vom Koordinatenmittelpunkt und senkrecht zur Richtung $1/d$, als Vektor aufgefaßt. Für eine einfache kubische Anordnung entsteht so ein Würfel mit der Kantenlänge $1/2d$, der also

$$\frac{\left(\frac{1}{2d}\right)^3}{\frac{1}{8\,abc}} = \frac{a\,b\,c}{d^3}$$

Vektoren enthält; das ist eben die Zahl n der im Volumen abc befindlichen Kristallbausteine. Durch Spiegelung dieses Würfels an den Koordinatenebenen entsteht ein größerer Würfel mit der Kantenlänge $1/d$, der zwar $8n$ Vektoren umschließt, von denen aber nur n unabhängig sind.

Diesen Würfel nennen wir den Brillouinschen Körper oder die erste Brillouinsche Zone (vgl. S. 200) des einfach kubischen Gitters.

Ein schiefstehender $1/\lambda$-Vektor sollte nach dem Vorhergehenden höchstens die Länge $1/2d\cos\alpha$ haben; es muß daher λ mindestens die Größe $2d\cos\alpha$ besitzen. In der Tat wird die Periodizitätslänge in der x-Richtung dann eben wieder $2d$; sie ist also auf das physikalische Minimum gebracht, Abb. 116.

Man kann im kubischen Gitter leicht schiefe Gitterebenen finden, die einander auf kleinerem Abstand als d folgen, etwa d'. Die entsprechenden Ebenen, in Abständen $1/2d'$ im $1/\lambda$-Raum angebracht, liegen außerhalb des Brillouinschen Körpers und haben keine Bedeutung für

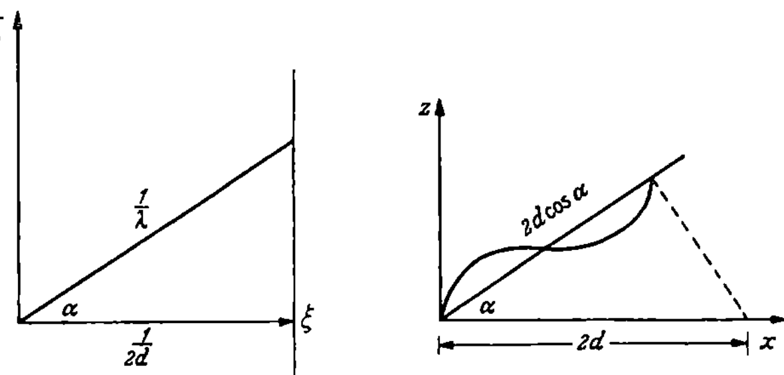

Abb. 116. Die Abgrenzung eines schief stehenden $1/\lambda$-Vektors.

die Abgrenzung der in physikalischem Sinne zulässigen Eigenschwingungen. Dazu brauchen wir nur einen oder, bei einigen Gittertypen, zwei der größten nicht unterteilbaren Gitterebenenabstände.

Der größte nicht unterteilbare Gitterebenenabstand des raumzentrierten Würfels ist die halbe Flächendiagonale (Abb. 117). Es gehören hierzu zwölf Ebenen im $1/\lambda$-Raum, die zusammen einen Brillouinschen Körper in Form eines Rhombendodekaeders bilden (Abb. 118).

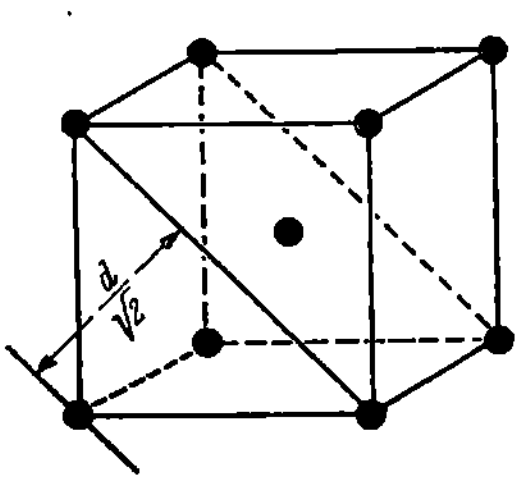

Abb. 117. Der größte nicht unterteilbare Gitterebenenabstand des raumzentrierten Gitters.

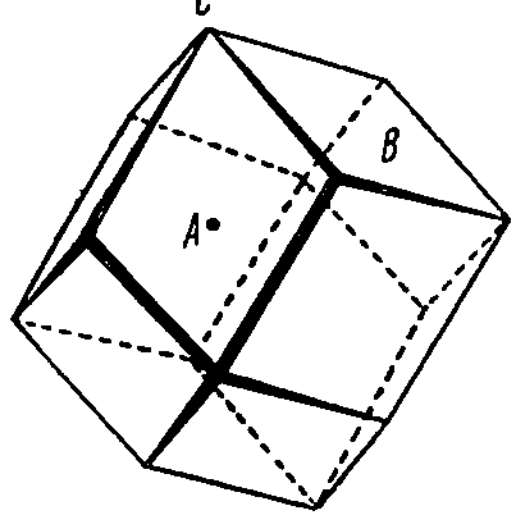

Abb. 118. Der Brillouinsche Körper des raumzentrierten Gitters.

Der Oktanteninhalt ist $2/d^3$; die Zahl der in dieser Zone liegenden unabhängigen $1/\lambda$-Punkte ist wieder gleich der Zahl der Atome im Körper der Abmessungen abc, nämlich $2abc/d^3$, denn jedem unabhängigen Gitterpunkt kommt das Volumen $1/abc$ im $1/\lambda$-Raum zu, und die Elementarzelle des flächenzentrierten Würfels enthält zwei Atome.

Bei der flächenzentriert-kubischen Struktur (4 Bausteine je Elementarzelle) finden wir als größte nicht unterteilbare Gitterflächenabstände zwei Werte, die sich nur wenig unterscheiden, nämlich ein Drittel der Körperdiagonale $\left(r_1 = \tfrac{1}{3}d\sqrt{3}\right)$ und die halbe Würfelkante $(r_2 = \tfrac{1}{2}d)$ (Abb. 119). Die entsprechenden, im $1/\lambda$-Raum gezeichneten Ebenen in den Abständen $1/r_1$ und $1/r_2$ vom Ursprung bilden einen Brillouinschen Körper, der aus sechs Würfelflächen und acht Oktaederflächen besteht (abgestumpftes Oktaeder, Abb. 120). Der Inhalt eines Oktanten ist $4/d^3$;

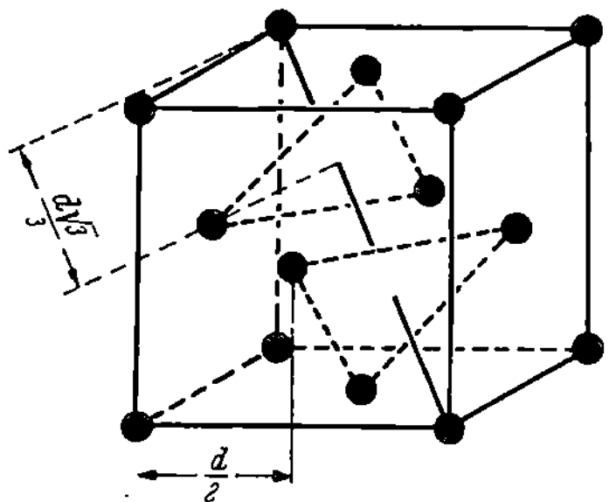

Abb. 119. Die zwei größten nicht unterteilbaren Gitterebenenabstände des flächenzentrierten Gitters.

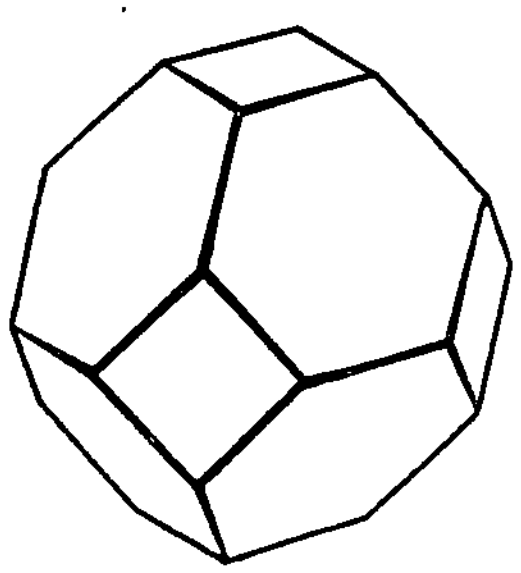

Abb. 120. Der Brillouinkörper des flächenzentrierten Gitters.

folglich ist die Zahl der möglichen Eigenwellenlängen wieder gleich der Zahl der Gitterbausteine im Körper mit den Abmessungen abc. Diese Eigenschaft gilt allgemein für alle Kristalltypen.

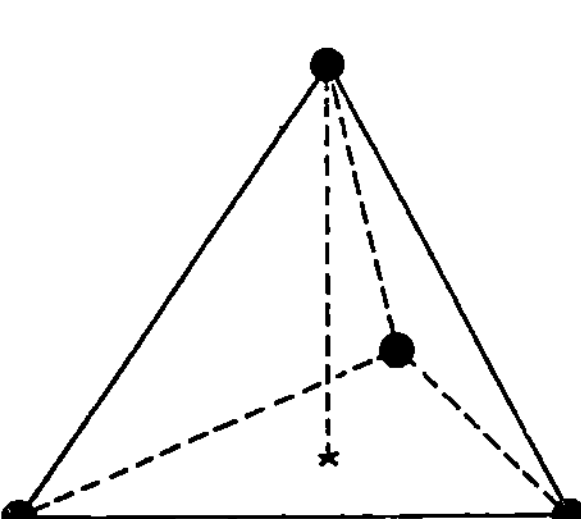

Abb. 121. Der größte nicht unterteilbare Abstand der hexagonal dichtesten Packung.

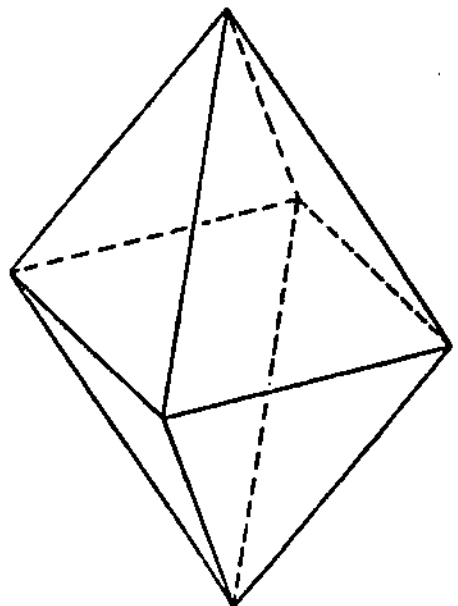

Abb. 122. Der Brillouinkörper der hexagonal dichtesten Packung.

Bei der hexagonal dichtesten Packung sind die größten, nicht unterteilbaren Gitterflächenabstände nach vier Richtungen dieselben, nämlich die Höhe des Elementartetraeders (Abb. 121). Der Brillouinkörper ist also diesmal ein Oktaeder (Abb. 122).

Bei verwickelten Kristallstrukturen wird die rein geometrische Konstruktion des Brillouinschen Körpers schwer. Ein bequemes experimentelles Hilfsmittel bilden jedoch die längstwelligen Reflexionen der Röntgenstrahlen, aus deren Wellenlänge mittels der Braggschen Relationen eben die Gitterflächenabstände berechnet werden, die für die Brillouinsche Konstruktion nötig sind. Man suche also im Röntgenogramm die längsten Wellenlängen der reflektierten Strahlung auf. Wenn zwei solcher Wellenlängen nahe beieinander liegen, haben wir sie wahrscheinlich beide nötig, und die entsprechenden $1/\lambda$-Ebenen bilden zusammen den Brillouinschen Körper. Die so bestimmten Brillouinkörper der β-Mn-Struktur und der γ-Messing-Struktur zeigen die Abb. 123 u. 124.

Die Form des Brillouinschen Körpers wird im folgenden zweimal eine Rolle spielen, nämlich einmal bei der Behandlung der spezifischen

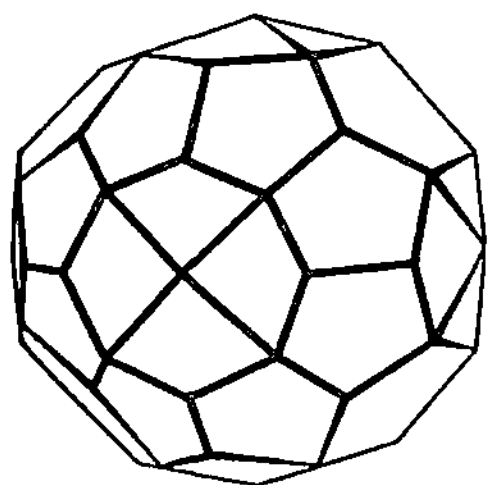 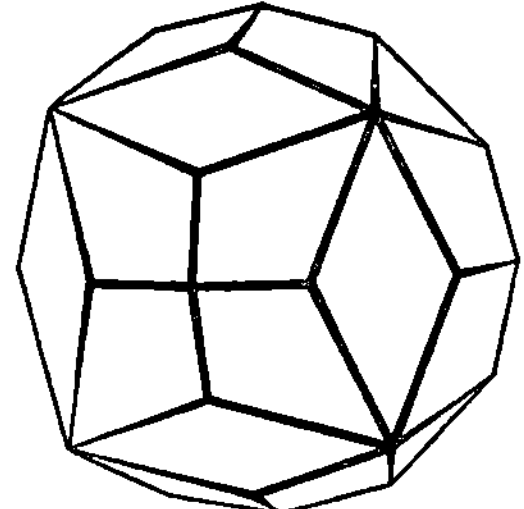

Abb. 123. Der Brillouinkörper der β-Mn-Struktur.   Abb. 124. Der Brillouinkörper der γ-Messing-Struktur.

Wärme (Kap. VI) und das andere Mal bei den Elektroneneigenschaften (Kap. X).

VI. Thermische Eigenschaften.

1. Thermische Energie.

Der von der Temperatur abhängige Teil der Energie, also die Energie, die der Bewegung der im Verbande des festen Zustandes schwingenden Atomen zukommt, ist zwar klein gegenüber der Gitterenergie, sogar klein gegenüber der kinetischen Energie der Elektronen im Metallzustand, experimentell ist sie aber außerordentlich wichtig, weil ihre Änderungen sich als spezifische Wärme offenbaren.

Schon lange ist das Gesetz von Dulong und Petit bekannt, das besagt, daß die spezifische Wärme je Atom $3\,k$ beträgt (k = Boltzmannkonstante = $1{,}371 \cdot 10^{-16}$ erg/grad), also je Grammatom $3\,R$ (R = Gaskonstante = $1{,}96$ cal/° C). Die Erklärung dieses Gesetzes liegt auf der Hand. Die N (N = Loschmidtsche Zahl = $6{,}061 \cdot 10^{23}$) Atome, die sich in einem Grammatom befinden, besitzen $3\,N$ Freiheitsgrade und führen dementsprechend $3\,N$ unabhängige Schwingungen aus. Nach dem Äquipartitionsgesetz der kinetischen Wärmetheorie kommt jedem Freiheitsgrad im Mittel der Betrag $\frac{1}{2}kT$ an kinetischer und ein gleich großer Betrag an potentieller Energie zu. Der Energieinhalt ist daher je Atom $3\,kT$ und die spezifische Wärme je Atom $3\,k$.

Es ist ebenfalls schon lange bekannt, daß bei tiefen Temperaturen Abweichungen vom Dulong-Petitschen Gesetz auftreten, derart, daß die spezifische Wärme wesentlich kleiner ausfällt. Die Erklärung dieser Anomalie ist im Jahre 1905 auf elegante Weise Einstein gelungen, indem er darauf aufmerksam machte, daß nach der Quantentheorie ein Oszillator sich erst bei höherer Temperatur geltend macht. Nach der

Quantenstatistik beträgt der Energieinhalt eines Oszillators mit der Eigenfrequenz ν:

$$E = kT \cdot \frac{\frac{h\nu}{kT}}{e^{\frac{h\nu}{kT}} - 1} + \frac{1}{2} h\nu .$$

($h =$ PLANCKsche Konstante $= 6,547 \cdot 10^{-27}$ erg sec).

Der temperaturunabhängige Ausdruck $\frac{1}{2}h\nu$ ist die sog. „Nullpunktsenergie". Hinsichtlich der spezifischen Wärme spielt sie keine Rolle und wird darum im folgenden außer acht gelassen.

Abb. 125 stellt die Funktion $P(x) = \frac{x}{e^x - 1}$ dar, die sog. „PLANCKsche Funktion", als Funktion von $1/x$. Sie nähert sich für $x \to 0$ (hohe Temperaturen) dem Werte 1, und damit nähert sich E dem klassischen Werte kT.

Interesse erweckt die Temperatur, bei der die Energie den klassischen Wert praktisch erreicht hat. Sie liegt ungefähr bei $x = 1$, d. h. $T = \frac{h\nu}{k}$, und zur Berechnung müßten wir also den Wert von ν kennen. Nun führt der Körper nicht eine, sondern $3N$ Eigenschwingungen mit $3N$ verschiedenen Frequenzen aus, und die Frage ist, was wir als die effektive Frequenz zu betrachten haben.

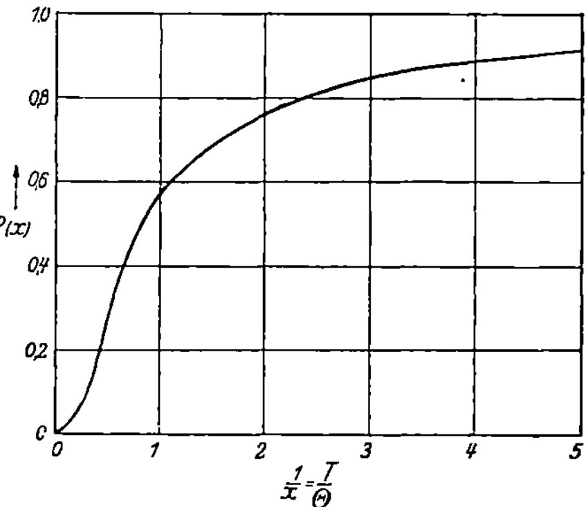

Abb. 125. Die PLANCKsche Funktion.

Dieses Problem ist im Jahre 1912 von P. DEBYE sowie von M. BORN gelöst worden. Im folgenden geben wir ihre Überlegungen in etwas vereinfachter Form wieder.

Wir wissen schon (S. 95), daß die Zahl der akustischen Eigenschwingungen mit einer Wellenzahl, die in dem Intervall $\frac{1}{\lambda}$ bis $\left(\frac{1}{\lambda} + d\,\frac{1}{\lambda}\right)$ liegt, sich berechnet nach:

$$dl = \frac{4\pi}{\lambda^2} d\,\frac{1}{\lambda} .$$

Wegen der Quantelung wollen wir von den Wellenzahlen $1/\lambda$ auf die Frequenzen ν übergehen, um nachher die Energie berechnen zu können. Dazu brauchen wir das Dispersionsgesetz (S. 86):

$$\nu = \frac{c_\infty}{2\pi d} \sin \frac{2\pi d}{\lambda} \quad (d \text{ ist Gitterkonstante}),$$

und die exakte Form des Brillouinkörpers soll bekannt sein. Die Rechnung haben auf dieser Grundlage BORN[1] und BLACKMAN[2] ausgeführt,

---

[1] BORN, M., u. TH. V. KARMAN: Physik. Z. **14**, 15 (1913).
[2] Proc. roy. Soc., Lond. A **179**, 126 (1935).

und sie sind zu einem Ergebnis gelangt, das experimentell bestätigt
worden ist. Debye[1] aber hat auf eine mehr übersichtliche Weise ein
Resultat erhalten, das theoretisch weniger streng ist, dagegen viel ein-
fachere Formeln als das Bornsche Verfahren verlangt und schließlich
quantitativ so wenig von dem Bornschen Ergebnis abweicht, daß die
Differenz experimentell kaum gemessen werden kann.

Debye negiert die Disper-
sion und setzt einfach:

$$\frac{1}{\lambda} = \frac{\nu}{c_\infty};$$

er bricht weiter die ν-Statistik ab, nachdem er $3\,N$ Oszillatoren abgezählt hat. Hierdurch führt er künstlich die Beschränkung der Anzahl der Eigenfrequenzen ein, welche die Dispersionstheorie von Born automatisch gibt (Abb. 126).

Die zu einem bestimmten $1/\lambda$-Wert gehörigen ν-Werte für longitudinale und transversale Schwingungen sind verschieden, weil die Fortpflanzungsgeschwindigkeit c in beiden Fällen verschieden ist. Für jedes $1/\lambda$ gibt es eine longitudinale und zwei transversale Schwingungen, also ist die Zahl der Schwingungen zwischen ν und $(\nu + d\nu)$ je Volumeneinheit:

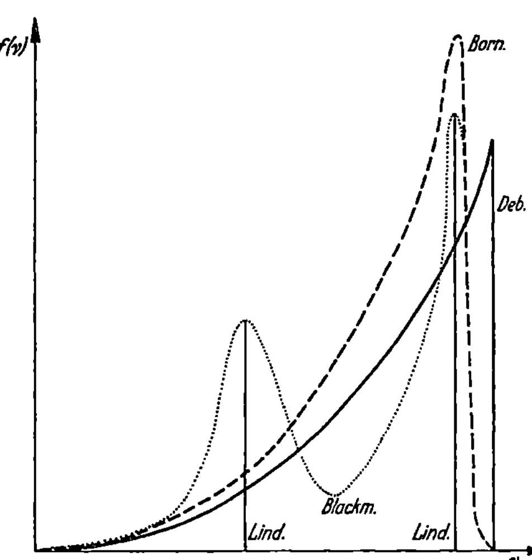

Abb. 126. Die Verteilung der thermischen Oszillatoren
nach der Eigenfrequenz ν bei verschiedenen Verfassern.
Lindemann nahm zwei diskrete Eigenfrequenzen an.

$$ds = \frac{4\pi\nu^2}{c_{\text{long}}^3}\,d\nu + 2\cdot\frac{4\pi\nu^2}{c_{\text{trans}}^3}\,d\nu$$

oder mit

$$\frac{3}{\bar c^3} = \frac{1}{c_{\text{long}}^3} + \frac{2}{c_{\text{trans}}^3},$$

$$ds = \frac{12\,\pi}{\bar c^3}\,\nu^2\,d\nu.$$

Bezogen auf 1 Grammatom des Stoffes (V = Atomvolumen):

$$ds = \frac{12\,\pi\,V}{\bar c^3}\,\nu^2\,d\nu.$$

Der höchste Wert von ν ergibt sich aus der Forderung, daß die Gesamtanzahl der Schwingungen $3\,N$ sein soll:

$$3N = \frac{12\,\pi\,V}{\bar c^3}\int_0^{\nu_{\text{max}}} \nu^2\,d\nu,$$

[1] Debye, P.: Ann. Phys., Lpz. **39**, 789 (1912).

woraus
$$v_{\max} = \bar{c}\,\sqrt[3]{\frac{3\,N}{4\,\pi\,V}}\,.$$

Durch Einführung von $x = h\nu/kT$ wird:
$$ds = \frac{12\,\pi\,V}{\bar{c}^3}\cdot\left(\frac{kT}{h}\right)^3 x^2\,dx$$

und
$$x_{\max} = \frac{h\bar{c}}{kT}\cdot\sqrt[3]{\frac{3\,N}{4\,\pi\,V}}\,.$$

Der thermische Energieinhalt eines Grammatoms wird, da die Energie eines Oszillators nach S. 99 gleich $kT\,P(x)$ ist:

$$U_T = kT\int\limits_0^{3N} P(x)\,ds = \frac{12\,\pi\,V}{\bar{c}^3}\cdot\left(\frac{kT}{h}\right)^3 kT\int\limits_0^{x_{\max}} P(x)\cdot x^2\,dx$$

$$= 3\,RT\cdot\frac{3}{x_{\max}^3}\int\limits_0^{x_{\max}} P(x)\,x^2\,dx\,.$$

Das Integral läßt sich nicht durch eine elementare Funktion ausdrücken. Der Faktor $3\,RT$ ist abgesondert, weil nach der klassischen Theorie der Energieinhalt $3\,RT$ sein sollte. Hinter dem Faktor $3\,RT$ steht eine Funktion von $x_{\max}$, die man als die DEBYEsche Funktion angibt:

$$D(\xi) = \frac{3}{\xi^3}\int\limits_0^{\xi} P(x)\cdot x^2\,dx\,.$$

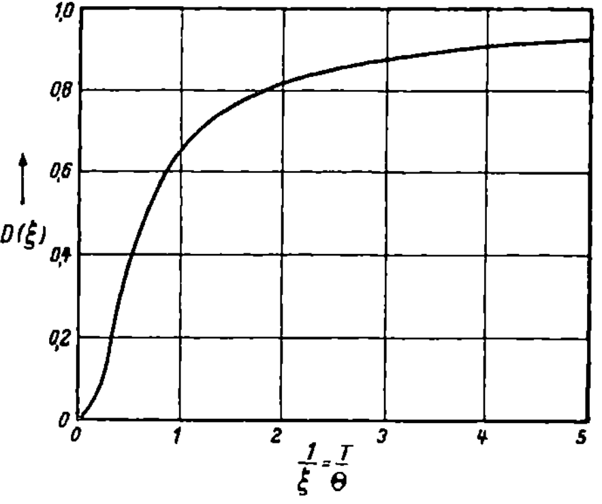

Abb. 127. Die DEBYEsche Funktion.

Die Funktion D strebt ebenso wie P dem Wert 1 zu für kleine Werte des Arguments, also für hohe Temperaturen. Eine graphische oder numerische Berechnung der Funktion führt zu der Kurve, die in Abb. 127 gezeichnet ist.

2. Die charakteristische Temperatur Θ.

Das Knie in der $D(\xi)$-Kurve der Abb. 127 liegt ungefähr da, wo $\xi = x_{\max} = 1$ ist, also bei der Temperatur

$$\Theta = \frac{h\,v_{\max}}{k}\,.$$

Diese Temperatur ist eine Materialkonstante; man bezeichnet sie in der Regel durch Θ und nennt sie die charakteristische oder die DEBYEsche Temperatur. Die Höhenlage von Θ gegenüber Zimmertemperatur hat Interesse, damit wir wissen, ob der Stoff sich in thermischer Hinsicht klassisch verhält oder nicht. Wenn Θ höher liegt als Zimmertemperatur, ist die spezifische Wärme bedeutend kleiner, als das einfache klassische Gesetz von DULONG und PETIT lehrt.

Es ist $c_{\text{long}} = \sqrt{\dfrac{E}{\varrho}}$, $c_{\text{trans}} = \sqrt{\dfrac{G}{\varrho}}$. Führen wir die Annäherung $G = \dfrac{3}{8} E$, $E = K$ ein, so folgt daraus:

$$\bar{c} = 0{,}7 \sqrt{\frac{K}{\varrho}} \,,$$

also

$$v_{\max} = 0{,}7 \sqrt{\frac{K}{\varrho}} \cdot \sqrt[3]{\frac{3N}{4\pi V}}$$

und

$$\Theta = 0{,}7 \frac{h}{k} \sqrt{\frac{K}{\varrho}} \cdot \sqrt[3]{\frac{3N}{4\pi V}} \,.$$

Für ein bestimmtes Material sind alle rechts stehenden Werte bekannt, und Θ läßt sich berechnen. Dieser auf elastischem Wege bestimmte Wert kann mit dem auf thermischem Weg aus der Atomwärme ermittelten verglichen werden. Man findet für Θ in °K:

Material	Thermisch	Elastisch
Pb	95	72
Ag	215	214
Cu	309	332
Al	398	413
Fe	453	483
C (Diamant)	1860	1420

Für viele Stoffe sind die Werte Θ so niedrig, daß sie bei Zimmertemperatur klassisches Verhalten zeigen; die leichten Stoffe B, Be und C weichen aber stark ab. Es fällt dabei auf, daß sowohl Graphit wie Diamant hohe Werte von Θ besitzen, nämlich bzw. 1450° K und 1860° K. Bezüglich verwickelter Erscheinungen im $(C_v - T)$-Verlauf wegen der starken Anisotropie des Graphitkristalls s. S. 111.

In der Formel für $v_{\max}$ kommen die Materialeigenschaften in der Kombination

$$\sqrt{\frac{K}{\varrho}} \cdot \sqrt[3]{\frac{1}{V}} \quad \text{oder} \quad \frac{K^{1,2}}{\text{Mol}^{1/3}\, \varrho^{1,6}}$$

vor, ebenso wie in der MADELUNGschen Formel für die optischen Eigenschwingungen (S. 93). Sogar der numerische Faktor hat dieselbe Größenordnung wie v_{rot} nach MADELUNG, und wirklich können $v_{\max}$ und v_{rot} der Natur der Sache nach nicht weit voneinander entfernt sein.

3. Spezifische Wärme.

Die Atomwärme bei konstantem Volumen folgt aus U durch Differentiation nach T. Wir hatten gefunden:

$$U_T = 3RT \cdot D(x_{\max}) \,,$$

also

$$C_v = 3R \left\{ D - T \frac{\partial D}{\partial T} \right\} \,.$$

Es ist

$$\frac{\partial D}{\partial T} = \frac{\partial D}{\partial x_{\max}} \cdot \frac{\partial x_{\max}}{\partial T} = -\frac{h\nu_{\max}}{kT^2} \cdot \frac{\partial D}{\partial x_{\max}} = \frac{-x_{\max}}{T} \frac{\partial D}{\partial x_{\max}}$$

und, weil

$$D(x_{\max}) = \frac{3}{x_{\max}^3} \int_0^{x_{\max}} P(x) \cdot x^2 \cdot dx$$

ist, wird

$$\frac{\partial D}{\partial x_{\max}} = -\frac{3D}{x_{\max}} + \frac{3}{x_{\max}} P(x_{\max}) .$$

Folglich:

$$C_v = 3R \left\{ 4D(x_{\max}) - 3P(x_{\max}) \right\} .$$

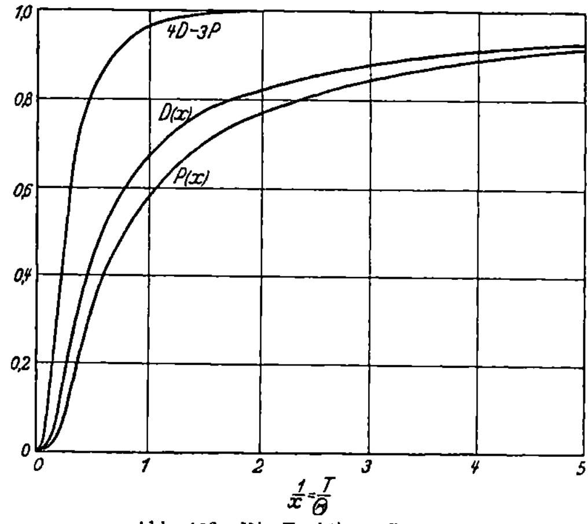

Abb. 128. Die Funktion $4D - 3P$.

Wieder haben wir das Ergebnis ausgedrückt als Produkt des klassischen Wertes $(3R)$ und einer Funktion der Temperatur, die bei genügender Höhe den Wert 1 erhält (Abb. 128 u. 129).

Experimentell bestimmt man immer C_p anstatt C_v. Der Unterschied ist aber für feste Körper gering. Thermodynamisch gilt nämlich:

$$C_p - C_v = TVK\, 9\alpha^2$$

(wo α den linearen Ausdehnungskoeffizienten bezeichnet), und diese Größe ist berechenbar. Der Betrag darf, wie schon erwähnt, vernachlässigt werden.

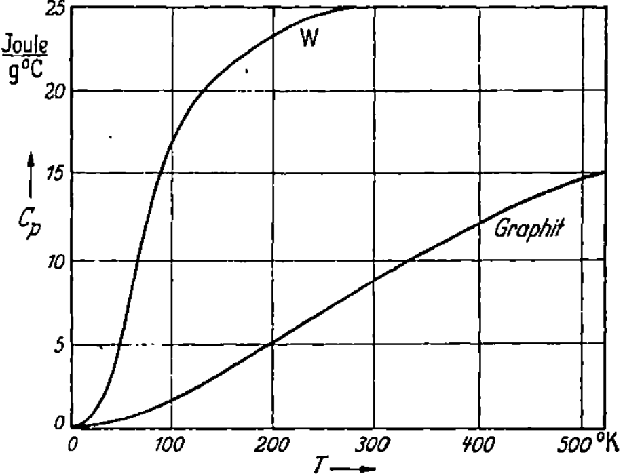

Abb. 129. Die Temperaturabhängigkeit der spezifischen Wärme für einen Stoff mit niedrigem Θ (Wolfram) und einen mit hohem Θ (Graphit).

Die von dem Gesetze von DULONG und PETIT geforderte Konstanz der Atomwärmen bedeutet, daß die spezifische Wärme (Wärmekapazität je Gramm) der Stoffe mit großem Atomgewicht klein ist (Abb. 130).

Anderseits fordert das Sinken der Funktion $(4D - 3P)$ aber für einige leichtatomare Stoffe (Be, B, C) relativ kleine spezifische Wärme.

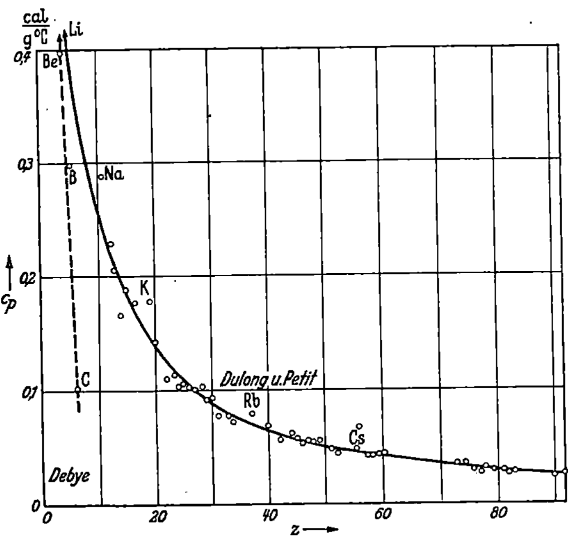

Abb. 130. Die spezifische Wärme der festen Elemente als Funktion der Ordnungszahl.

Links und rechts von C befinden sich die Stoffe mit der (bei Zimmertemperatur) höchsten spezifischen Wärme: Li, Be, B, Na, Mg, Al, Si usw.

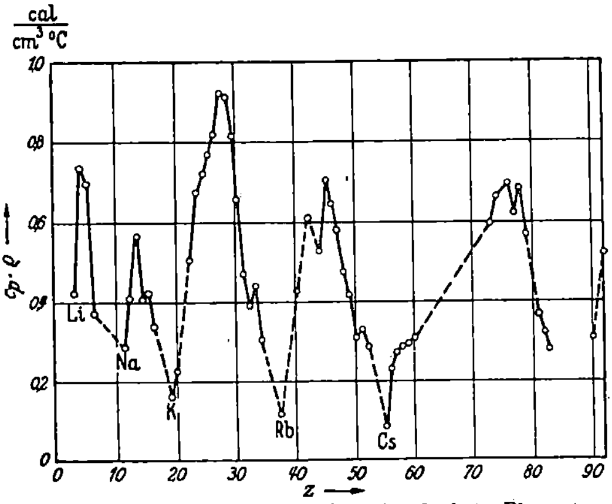

Bei niedriger Temperatur fallen die spezifischen Wärmen von Na bis Si schnell; bei höheren Temperaturen wird der Be-B-C-Ast hochgezogen.

Die spezifische Wärmekapazität (Wärmekapazität je Volumeneinheit) ändert sich für massive feste Stoffe weit weniger als die spezifische Wärme und liegt, abgesehen von einigen Ausnahmen, immer zwischen 300 und 700 kcal/m³ °C (Abb. 131 u. 132).

Abb. 131. Die spezifische Wärmekapazität der festen Elemente als Funktion der Ordnungszahl.

Bei sehr niedrigen Temperaturen $(T \ll \Theta)$ läßt sich die Funktion $(4D - 3P)$ entwickeln. Für sehr großes x strebt $P(x)$ exponentiell der Null zu.

In $D(x_{\max}) = \dfrac{3}{x_{\max}^3} \displaystyle\int_0^{x_{\max}} P(x) \cdot x^2 \cdot dx$ ist das Integral daher ohne

merklichen Fehler von 0 bis ∞ zu erstrecken. Hierdurch wird es mittels partieller Integration integrierbar:

$$\int_0^\infty \frac{x^3\,dx}{e^x - 1} = \int_0^\infty x^3\,(e^{-x} + e^{-2x} \ldots)\,dx = \frac{\pi^4}{15}.$$

Es wird:

$$D = \frac{\pi^4}{5} \cdot \frac{1}{x_{\max}^3} = \frac{\pi^4}{5}\frac{\cdot T^3}{\Theta^3}$$

und

$$C_v = 3R \cdot 4D = \frac{12\pi^4}{5} R \cdot \frac{T^3}{\Theta^3},$$

$$U_T = \int_0^T C_v\,dT = \frac{3\pi^4}{5} R \frac{T^4}{\Theta^3}.$$

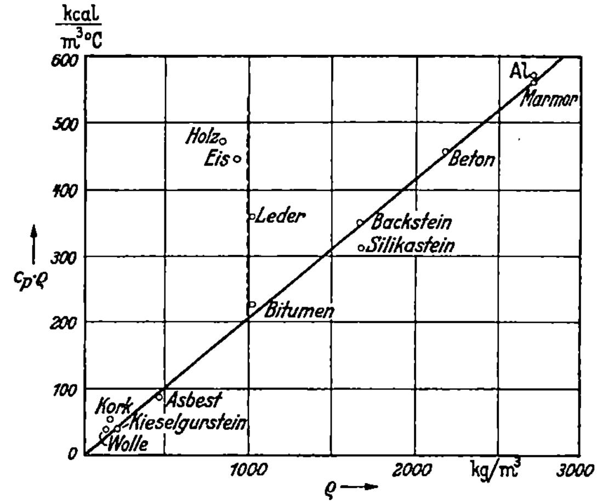

Abb. 132. Die Wärmekapazität je m³ einiger Stoffe als Funktion der Dichte.

Der Verlauf von C_v gemäß T^3 und von U_T gemäß T^4 bei niedrigen Temperaturen ist experimentell sehr gut bestätigt. Man beachte die Übereinstimmung mit dem BOLTZMANNschen Gesetz für die Strahlungsenergie.

4. Thermische Ausdehnung.

Das bisher benutzte Bild der Oszillatoren ist nicht imstande, die thermische Ausdehnung zu erklären. Vielmehr haben wir immer vorausgesetzt, daß die Gitterpunkte im Mittel an der Gleichgewichtsstelle bleiben, also in den beim absoluten Nullpunkt bestehenden Gleichgewichtsentfernungen.

Zur Erklärung der thermischen Dilatation müssen wir annehmen, daß das Gitter sich unter dem Einfluß der Eigenschwingungen erweitert;

das bedeutet: wir müssen von symmetrischen zu unsymmetrischen
Schwingungen derart übergehen, daß die nach außen gerichtete Amplitude größer ist als die nach innen gerichtete. Bei einem einfachen
Oszillator gelingt dies durch die Annahme, daß der Zusammenhang
zwischen Ausweichung und rücktreibender Kraft nicht mehr rein linear
ist. Wir führen als Korrektion einen Beitrag zur Kraft ein, der dem
Quadrate der momentanen Ausweichung
proportional ist.

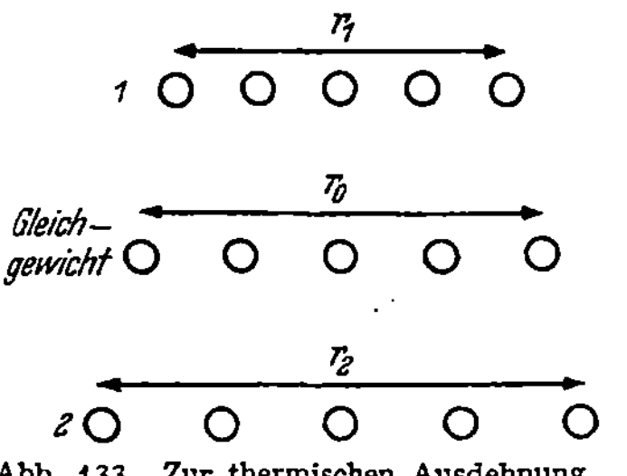

Abb. 133. Zur thermischen Ausdehnung.

In der Tat liefert der ursprüngliche
Miesche Ansatz für die potentielle
Energie zweier Partikeln:

$$\varphi(r) = -\frac{a}{r^m} + \frac{b}{r^n}$$

ein nichtsymmetrisches Kraftgesetz, wie
sich unmittelbar herausstellt, wenn man
die Kraft $\partial\varphi/\partial r$ nach Potenzen von $\Delta r = r - r_0$ (r_0 = Gleichgewichts-
abstand) entwickelt bis zu höheren Potenzen als der ersten, und wie
auch ohne Rechnung an der Kurve der potentiellen Energie (Abb. 12,
S. 11) zu erkennen ist.

Die Punkte mögen Schwingungen zwischen den Zuständen 1 und 2
ausführen (Abb. 133). Die zeichnerischen Darstellungen 1 und 2 sollen
zwei Gebilde mit derselben potentiellen Energie wiedergeben. Setzt
man $r_1 = r_0 (1 - \varepsilon_1)$ und $r_2 = r_0 (1 + \varepsilon_2)$, wobei r_0 den Gleichgewichts-
abstand bedeutet, so ist $\varepsilon_2 > \varepsilon_1$.

Um den Betrag von $(\varepsilon_2 - \varepsilon_1)$ zu berechnen, muß man φ_1 bzw. φ_2
bis zu Gliedern in ε_1^3 und ε_2^3 entwickeln und dann $\varphi_1 = \varphi_2$ setzen. Es
folgt so eine Beziehung zwischen ε_1 und ε_2, die lautet:

$$\varepsilon_1 - \varepsilon_2 = -\frac{1}{3}\left(\frac{d^3\varphi}{dr^3}\right)_0 \bigg/ \left(\frac{d^2\varphi}{dr^2}\right)_0 \cdot r_0 \cdot \frac{\varepsilon_1^3 + \varepsilon_2^3}{\varepsilon_1 + \varepsilon_2}. \tag{1}$$

Für die Gleichgewichtslage, in der

$$\frac{m\,a}{r_0^m} = \frac{n\,b}{r_0^n}$$

ist, findet man

$$-r_0\frac{\left(\dfrac{d^3\varphi}{dr^3}\right)_0}{\left(\dfrac{d^2\varphi}{dr^2}\right)_0} = m + n + 3.$$

Für $\dfrac{\varepsilon_1^3 + \varepsilon_2^3}{\varepsilon_1 + \varepsilon_2}$ kann man wegen des geringen Unterschiedes zwischen ε_1
und ε_2 schreiben $\varepsilon_{\max}^2$; daher wird:

$$\varepsilon_1 - \varepsilon_2 = \frac{m + n + 3}{3}\,\varepsilon_{\max}^2. \tag{1a}$$

Die mittlere Länge der Punktreihe wächst proportional mit dem
Betrage $(\varepsilon_1 - \varepsilon_2)$. Diese Dehnung wird also der thermischen Energie
proportional, die ja ihrerseits proportional $\varepsilon_{\max}^2$ ist.

Werden Dehnung und Energie nach der Temperatur differenziert, so folgt nun für den linearen thermischen Ausdehnungskoeffizienten:

$$\alpha = \text{Konst. } C_v. \qquad (2)$$

Der Ausdehnungskoeffizient hat also denselben Temperaturverlauf wie C_v (Abb. 134). Der thermische Ausdehnungskoeffizient ist ebenso wie die spezifische Wärme unterhalb der Debyetemperatur relativ gering und nimmt erst oberhalb dieser Temperatur einen konstanten Wert an. Die leichten Elemente Be, B und C haben bei Zimmertemperatur noch eine abnorm kleine Ausdehnung (Abb. 135).

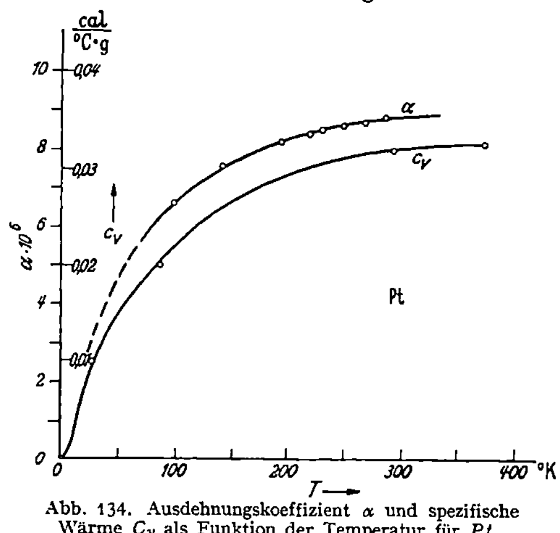

Abb. 134. Ausdehnungskoeffizient α und spezifische Wärme C_v als Funktion der Temperatur für Pt.

5. Die zweite GRÜNEISENsche Regel.

Es ist sogar möglich, über den Wert der in der letzten Formel (2) auftretenden Konstante weitere Aussagen zu machen. Die potentielle Energie eines Körpers ist bei einer relativen Volumenzunahme $\Delta V/V$ gleich $\dfrac{1}{2}\dfrac{K}{V}(\Delta V)^2$ (vgl. S. 75). Also ist die thermische Energie, die im Momente der größten Ausweichung lauter potentieller Art ist, bei der allseitigen linearen Dehnung $\varepsilon_{\max}$ wegen $\Delta V/V = 3\,\varepsilon$ gleich

$$U_T = \tfrac{1}{2} K V \cdot 9\,\varepsilon_{\max}^2 . \qquad (3)$$

Anderseits ist die mittlere lineare Ausdehnung numerisch gleich $\tfrac{3}{4}(\varepsilon_1 - \varepsilon_2)$. Dies folgt aus der Bedingung, daß die Kraft $\partial\varphi/\partial r$ nicht nur in der Gleichgewichtslage, sondern auch im Mittel Null sein soll. Die Entwicklung bis zu Größen von der Ordnung $(r-r_0)^2$ ergibt nämlich:

$$\frac{d\varphi}{dr} = \left(\frac{d\varphi}{dr_0}\right)_0 + \left(\frac{d^2\varphi}{dr^2}\right)_0 (r-r_0) + \frac{1}{2}\left(\frac{d^3\varphi}{dr^3}\right)_0 (r-r_0)^2 .$$

Im Mittel wird daher bei gleichzeitiger Einführung von ε:

$$0 = 0 + \left(\frac{d^2\varphi}{dr^2}\right)_0 \bar\varepsilon\, r_0 + \frac{1}{2}\left(\frac{d^3\varphi}{dr^3}\right)_0 \overline{\varepsilon^2}\, r_0^2 .$$

Da ε sinusförmig schwingt, ist $\overline{\varepsilon^2} = \tfrac{1}{2}\varepsilon_{\max}^2$ und folglich:

$$\text{Dehnung} = \bar\varepsilon = -\frac{1}{4}\frac{\left(\dfrac{d^3\varphi}{dr^3}\right)_0}{\left(\dfrac{d^2\varphi}{dr^2}\right)_0} \cdot r_0 \cdot \varepsilon_{\max}^2 .$$

Also wird wegen (1):

$$\bar{\varepsilon} = \tfrac{3}{4}\,(\varepsilon_1 - \varepsilon_2)\,.\tag{4}$$

Einführung der Gl. (3) und (4) in (1 a) liefert:

$$\frac{4}{3}\,\bar{\varepsilon} = \frac{m + n + 3}{3} \cdot \frac{2}{9\,KV}\,U_T$$

oder wegen $\bar{\varepsilon} = \int \alpha\, dT$ und $U_T = \int C_v\, dT$:

$$\frac{K \cdot 3\,\alpha \cdot V}{C_v} = \frac{m + n + 3}{6}\tag{5}$$

(zweite GRÜNEISENsche Regel).

Für feste Werte von m und n ist die rechte Seite von (5) eine Konstante, die wir mit dem Symbol Gr bezeichnen wollen. Die äußersten Grenzen von Gr sind 1 $(m = 1,\ n = 2)$ und etwa 3 $(m = 6,\ n = 9)$.

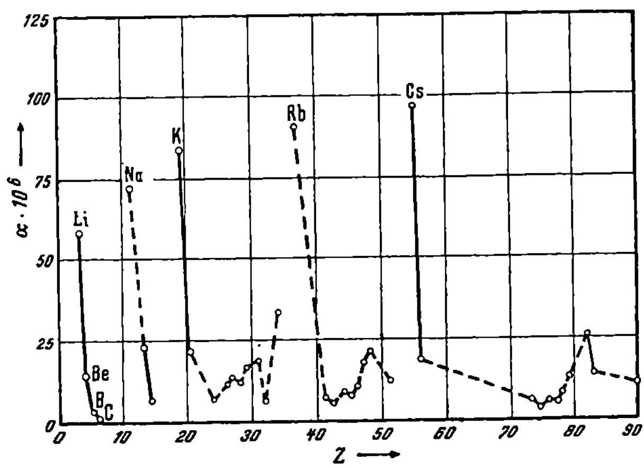

Abb. 135. Der lineare Ausdehnungskoeffizient für die festen Elemente als Funktion der Ordnungszahl.

Bereits 1910 hatte GRÜNEISEN gefunden, daß für viele Stoffe und über einen großen Temperaturbereich

$$\frac{K \cdot 3\,\alpha \cdot V}{C_v} = Gr *$$

einen konstanten Wert hat, und zwar nahe an 2: $Gr \approx 2$.

Tabelle. (Raumzentrierte kubische Metalle.)

Metall	Li	Na	K	Rb	Cs	W	Fe	Mo	Ta
Gr	1,17	1,25	1,34	1,48	1,29	1,62	1,60	1,57	1,75

(Flächenzentrierte Würfel.)

Metall	Al	Co	Ni	Cu	Pd	Ag	Pt	Au	Pb
Gr	2,17	1,87	1,88	1,96	2,23	2,40	2,54	2,40	2,73

Der Mittelwert von Gr bei diesen 18 Metallen ist: $Gr = 1,9$.

---

* In anderer Bezeichnung ist $Gr = \left(\dfrac{\partial p}{\partial T}\right)_v \cdot \dfrac{V}{C_v}$. Siehe z. B. F. SIMON: Z. Physik 25, 160 (1924); Z. phys. Chem. B 135, 113 (1928).

Für einwertige Metalle ist $m = 1$ und $n = 3$. Aus (5) folgt dann:

$$Gr = 7/6 = 1{,}17,$$

was angesichts der rohen Herleitung eine genügende Annäherung an den experimentellen Wert ist. Für die raumzentrierten Metalle W bis Ta gäben die Werte $m = 3$, $n = 4$ oder $m = 2$, $n = 5$ bessere Übereinstimmung. [Vgl. S. 23, wo wir zu einer kleinen Differenz $(n - m)$ geführt wurden.]

Da Gr nach dem hier Ausgeführten für die verschiedenen festen Elemente nur wenig schwankt und nach Abb. 131 auch

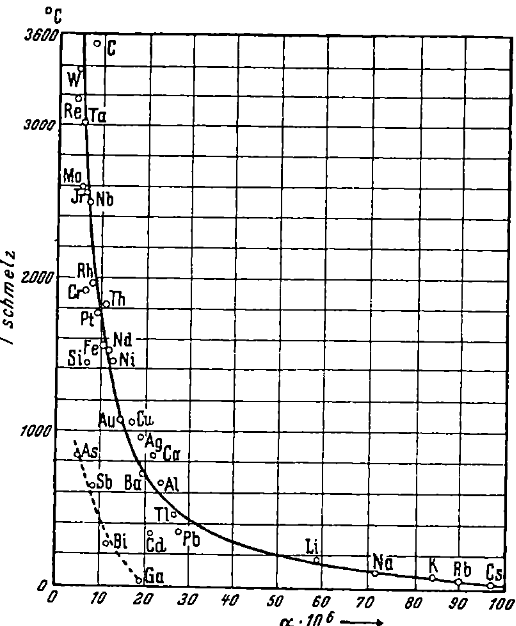

Abb. 136. Zusammenhang zwischen Schmelzpunkt und Ausdehnungskoeffizient für eine Reihe Stoffe.

C_v/V keine großen Unterschiede aufzeigt, muß α im großen und ganzen als Funktion der Atomnummer denselben Verlauf zeigen wie $1/K$

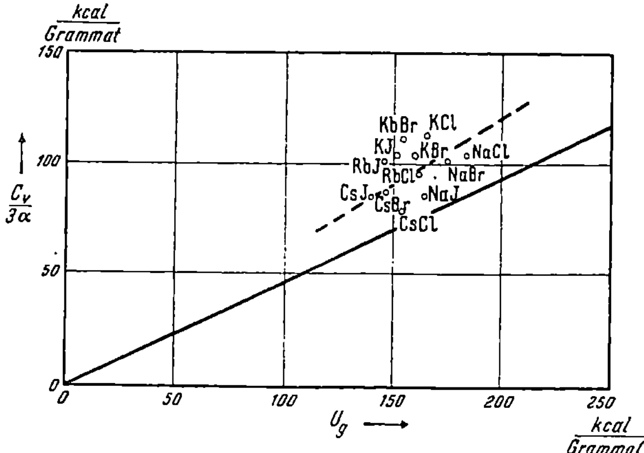

Abb. 137. Experimentelle Prüfung der Grüneisenschen Regeln für die Alkalihalogenide. Die ausgezogene Gerade ist die theoretische Kurve.

(s. Abb. 94 u. 135), d. h. es ist wesentlich von der Wertigkeit des betreffenden Elementes bedingt.

Aus Abb. 136 ersieht man außerdem, daß ein Gitter, das sich am leichtesten aufweiten läßt, auch am leichtesten schmilzt, obwohl die

Gesetzmäßigkeiten, die in dieser Hinsicht bestehen, sich immer nur auf eine beschränkte Gruppe von Stoffen beziehen.

Kombination der GRÜNEISENschen Regeln.

Die beiden GRÜNEISENschen Regeln lauten:

$$KV = \frac{mn}{9}\, U_0 \,,$$

$$\frac{K \cdot 3\alpha \cdot V}{C_v} = \frac{m + n + 3}{6} \,.$$

Ihre Kombination liefert:

$$\frac{C_v}{3\alpha} = \frac{2}{3}\, \frac{mn}{m + n + 3} \cdot U_0 \,.$$

Für die drei Fälle der

a) heteropolaren Salze,

b) van der Waals-Bindung,

c) Alkalimetalle

ist der numerische Zusammenhang theoretisch:

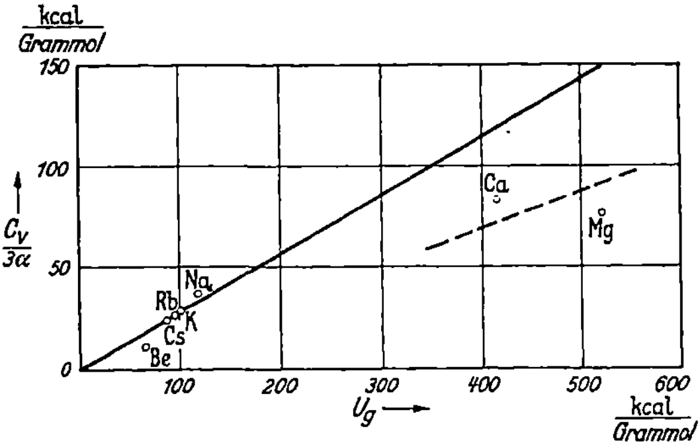

Abb. 138. Experimentelle Prüfung der GRÜNEISENschen Regeln für die Alkalien und Erdalkalien. Die ausgezogene Gerade ist die theoretische Kurve für die Alkalien.

a) $m = 1$, $n = 9$: $\dfrac{C_v}{3\alpha} = 0{,}46 \cdot U_0$;

b) $m = 6$, $n = 9$: $\dfrac{C_v}{3\alpha} = 2{,}0 \cdot U_0$;

c) $m = 1$, $n = 3$: $\dfrac{C_v}{3\alpha} = 0{,}28^6 \cdot U_0$.

Die experimentellen Befunde sind in den Abb. 137 bis 139 wiedergegeben.

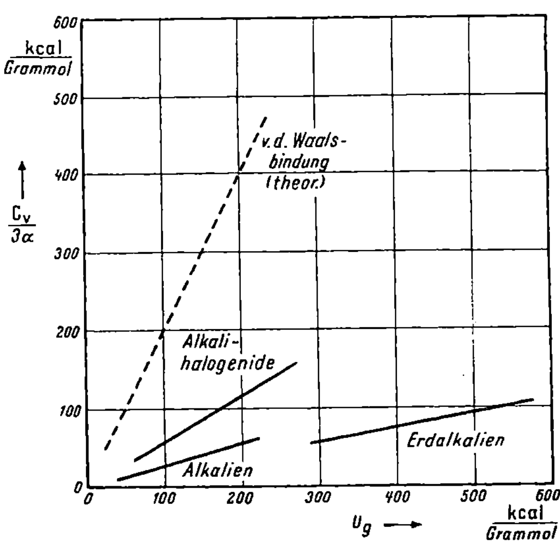

Abb. 139. Zusammenhang zwischen $C_v/3\alpha$ und U_g für verschiedene Stoffe.

6. Anisotrope thermische Eigenschaften.

Bisher haben wir in diesem Kapitel den Stoff immer als isotrop betrachtet.

Zeigt der Stoff anisotrope elastische Eigenschaften, so sind in der Behandlung einige Abänderungen vorzunehmen. Die Umrechnung von Wellenlängen in Frequenzen wird dann von der Fortpflanzungsrichtung der betreffenden Eigenschwingung abhängig. Die Fortpflanzungsgeschwindigkeit ist nach S. 83 am größten in der Richtung des größten Elastizitätsmoduls, und die zu einer bestimmten Wellenlänge gehörige Frequenz ist in dieser Richtung ebenfalls am größten.

Dies führt weiter dazu, nicht mit einer einzigen Maximalfrequenz und einer einzigen DEBYEschen Temperatur zu arbeiten, sondern jedesmal mit drei. Zu der Richtung des größten Elastizitätsmoduls gehört die höchste. Maximalfrequenz und die höchste Debyetemperatur. Die

spezifische Wärme wird als Summe dreier Funktionen der Form $R(4D - 3P)$ erhalten, die nur durch den Wert der Größe Θ_i voneinander verschieden sind.

Eigentlich hätten wir eine ähnliche Verfeinerung schon für den isotropen Körper einführen müssen, weil doch in bezug auf die Maximalfrequenzen und die zugehörigen Debyetemperaturen ein Unterschied für longitudinale gegenüber transversalen Schwingungen zu machen ist. Die Abzählweise von DEBYE hat diese Verfeinerung ausgelöscht. Im anisotropen

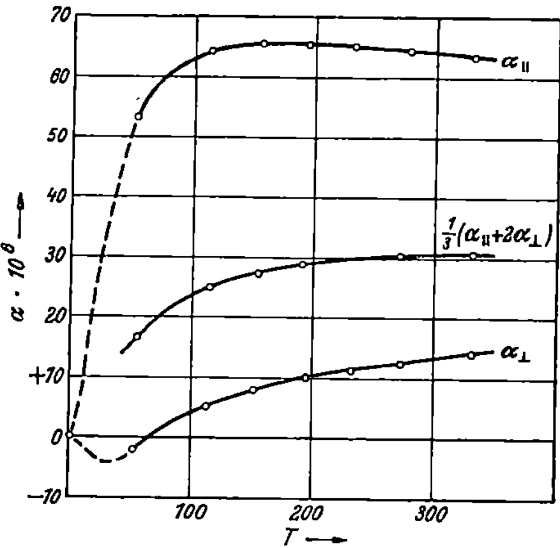

Abb. 140. Thermische Ausdehnung von Zn nach GRÜNEISEN und GOENS.

Falle finden wir also insgesamt neun Debyetemperaturen. Überwiegt der Anisotropieeffekt den Polarisationseffekt, dann lassen wir im Anschluß an DEBYE jeweils drei der Funktionen $\{4D - 3P\}$ zusammenfallen und erwarten einen $(C_v - T)$-Verlauf, der als die Superposition dreier Kurven mit verschiedenem Θ_i zu betrachten ist. Im Falle hexagonaler Symmetrie (Graphit, Cd, Zn) werden zwei dieser Funktionen einander gleich, und es bleiben nur zwei Teilfunktionen mit nur zwei kritischen Temperaturen übrig. Für Zn sind diese Werte[1]

$$\Theta = 200° \text{ K} \quad \text{und} \quad \Theta = 320° \text{ K}.$$

Wichtiger noch ist der Einfluß der Anisotropie auf die thermische Ausdehnung. Die thermische Schwingungsweite und die damit zusam-

---

[1] GRÜNEISEN, E., u. E. GOENS: Z. Physik **26**, 142 (1924).

menhängende Ausdehnung ist am kleinsten in der Richtung des größten Elastizitätsmoduls; sie erreicht außerdem erst bei höherer Temperatur den konstanten Endwert (Abb. 140). Das Auftreten negativer Ausdehnungskoeffizienten rührt von der Querkontraktion her, welche die Ausdehnung in den anderen Richtungen begleitet und offenbar die Ausdehnung in der eigenen Richtung übertreffen kann.

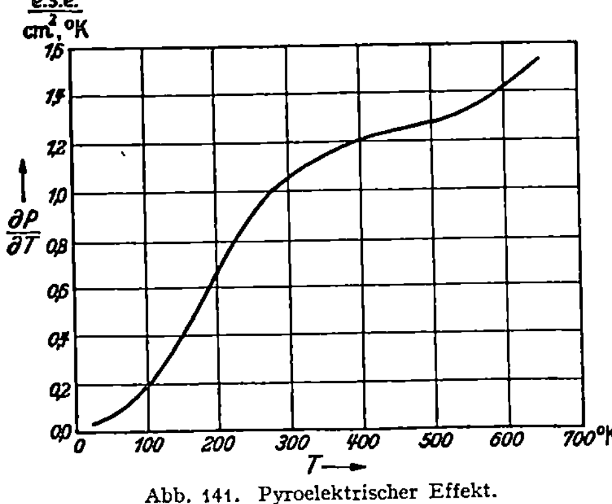

Abb. 141. Pyroelektrischer Effekt.

Von dem pyroelektrischen Effekt kann ebenso wie von der thermischen Ausdehnung gesagt werden, daß er ausbleibt, solange die Gitterbausteine bei ihrer Schwingung im Mittel an der Gleichgewichtsstelle bleiben. Die Verrückung der mittleren Stellen der Teilchen, die für die elektrische Polarisation verantwortlich ist, ist an die thermische Energie gebunden, in ganz ähnlicher Weise wie diejenige, die für die thermische Ausdehnung verantwortlich ist. Der Temperaturverlauf des pyroelektrischen Effektes gleicht dem der thermischen Energie[1], und der Temperaturkoeffizient nimmt oberhalb der Debyetemperatur einen fast konstanten Wert an. Abb. 141 zeigt den Verlauf des Temperaturkoeffizienten des pyroelektrischen Effektes für Turmalin[2].

7. Thermische Leitfähigkeit der Nichtmetalle.

Hinsichtlich der thermischen Leitfähigkeit müssen wir zwischen der Elektronenleitung und der Gitterleitung scharf unterscheiden. Wir sprechen hier von der Gitterleitung; über die Elektronenleitung s. Kap. X.

Man stelle sich vor, daß die Gitterbausteine von Stelle zu Stelle in ungleicher Erregung schwingen, dann werden sich von allen Punkten aus Störungswellen mit Schallgeschwindigkeit ausbreiten, die einander gegenseitig überlagern. Wenn das Gitter sich so ideal linear verhielte wie der Äther, würden alle diese Wellen immer beim Hin- und Herwandern ohne Änderungen bleiben. Wir müssen aber annehmen, daß eine Störungswelle im Gitter allmählich erlischt und ihre Energie überträgt.

Es sei l der mittlere Abstand, über den die Energie von der primären Welle transportiert wird; l ist die „freie Weglänge", von der man annehmen muß, daß sie eine temperaturabhängige Größe ist.

1 BORN, M., u. E. BRODY: Z. Physik 21, 327 (1922).
2 ACKERMANN, W.: Ann. Phys., Lpz. 46, 197 (1915).

Der Wärmestrom in einem Stabe vom Einheitsquerschnitt ist:

$$W = -\lambda \frac{\partial T}{\partial x}\,, \qquad (1)$$

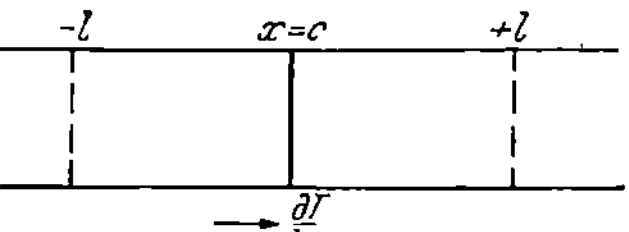

Abb. 142. Zur Wärmeleitfähigkeit.

wo λ das spezifische Leitvermögen bedeutet. Der Gradient des Wärmeinhalts ist:

$$\frac{\partial Q}{\partial x} = \varrho\, c_p \frac{\partial T}{\partial x}\,. \qquad (2)$$

(ϱ = spezifische Masse; c_p = spez. Wärme je Gramm).

Die in $x = 0$ von links ankommenden Störungen gehen im Mittel vom Punkte $x = -l$ aus; die von rechts kommenden Störungen vom Punkte $x = +l$. Der Unterschied an Wärmeinhalt zwischen den Punkten $x = -l$ und $x = +l$ (Abb. 142) ist $Q_{-l} - Q_{+l} = -\frac{\partial Q}{\partial x} \cdot 2l$. Die eine Hälfte von Q_{-l} bewege sich nach rechts, die andere nach links, und zwar beide mit Schallgeschwindigkeit. Es fließt dann zu der Stelle $x = 0$ von links nach rechts der Wärmestrom $\frac{1}{2} Q_{-l} \cdot c$. Von rechts nach links strömt $\frac{1}{2} Q_{+l} \cdot c$. Die Differenz ist

$$W = \frac{1}{2}(Q_{-l} - Q_{+l})\, c = -\frac{\partial Q}{\partial x} \cdot l \cdot c\,. \qquad (3)$$

Aus (1), (2) und (3) folgt:

$$\lambda = \varrho\, c_p\, l c\,.$$

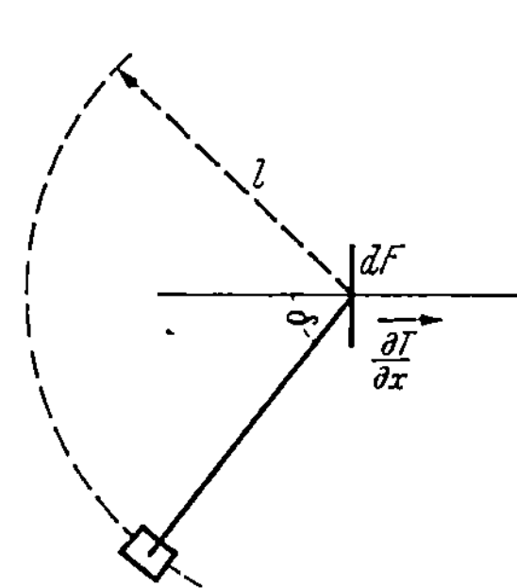

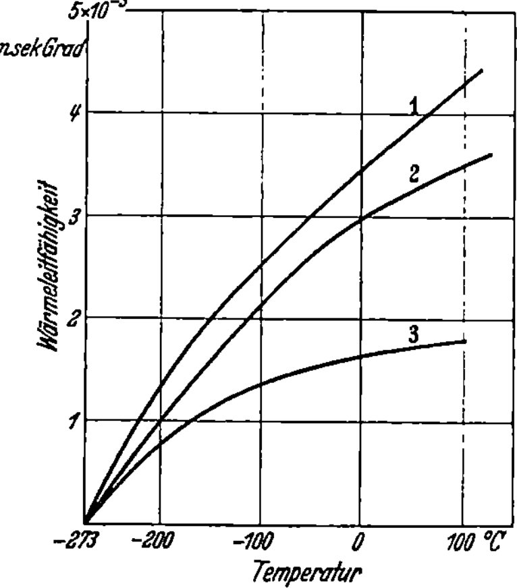

Abb. 143. Zur Wärmeleitfähigkeit.

Abb. 144. Wärmeleitfähigkeit von Gläsern, abhängig von der Temperatur. (Nach Espe - Knoll: Hochvakuumtechnik.) 1. Quarzglas, 2. Borosilikatglas, 3. schweres Bleisilikatglas.

Die obenstehende Rechnung ist zu stark vereinfacht, weil die Störung sich in Wirklichkeit nach allen Richtungen ausbreitet, so daß λ um einen Faktor kleiner ist, als hier berechnet. Ein Volumenelement, das zwar in dem Abstande l von der betrachteten Fläche dF liegt, aber um einen Winkel δ gegen die Richtung des Temperaturgradienten gedreht ist (Abb. 143), liefert einen $\cos^2 \delta$ proportionalen Beitrag (die Temperaturdifferenz enthält einen Faktor $\cos \delta$ und der Öffnungswinkel den anderen).

Im Mittel ist $\cos^2 \delta = \tfrac{1}{3}$, so daß nach Mittelung über alle Richtungen:

$$\lambda = \tfrac{1}{3}\,\varrho\,c_p\,l\,c$$

wird. Dies ist eine Formel, die über die Temperaturabhängigkeit von λ noch nichts aussagt, solange wir über l nichts wissen. Theoretisch ist

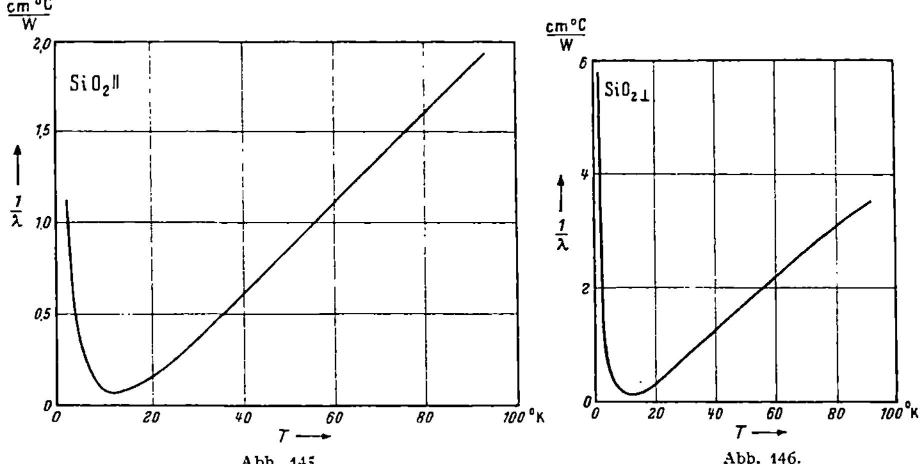

Abb. 145.   Abb. 146.

Abb. 145. Der Wärmewiderstand von Quarz in Abhängigkeit von der Temperatur. Parallel zur optischen Achse. Abb. 146. Senkrecht dazu.

dieses Problem sehr verwickelt[1]. BRIDGMAN[2] setzt l gleich der Gitterbreite d, wodurch sich bei Einführung von $3\,R$ für die Atomwärme ergibt $(\varrho = \mathrm{Mol}/Nd^3,\ c_p = 3\,Nk/\mathrm{Mol}$, also $\varrho\,c_p = 3\,k/d^3)$:

$$\lambda = \frac{k\,c}{d^2}\,,$$

und das ist in der Tat die richtige Größenordnung.

Man nimmt oft an, daß die Streuungskonstante $1/l$ sich zusammensetzt aus einem Gliede, das von der kinetischen Energie abhängt, also temperaturabhängig ist, und aus einem Gliede, das von den Unregelmäßigkeiten des Gitters herrührt und temperaturunabhängig ist (MATTHIESSENsches Gesetz). Daraus werden schon einige experimentelle Befunde verständlich. So soll bei amorphen Stoffen (Abb. 144) das letzte Glied derart stark überwiegen, daß λ proportional c_p wird und sich also bei $T = \Theta$ einem konstanten Werte nähert. Bei einem Kristall dagegen überwiegt das Energieglied in $1/l$; in erster Annäherung und allerdings bei höherer Temperatur wird $\lambda \sim T$. Der Wärmewiderstand von Kristallen sinkt anfänglich mit abnehmender Temperatur wegen des Wachsens von l;

[1] PEIERLS, R.: Ann. Phys., Lpz. 3, 1055 (1929). — BLACKMAN, M.: Phil. Mag. 19, 989 (1935).
[2] BRIDGMAN, P. W.: Physics of high pressure, S. 319.

bei weiterer Temperaturerniedrigung wächst der Widerstand aber wieder wegen des schnellen Hinstrebens von c_p nach Null (Abb. 145 u. 146).

Für sehr tiefe Temperaturen (unterhalb 10° K) scheint l so groß zu werden, daß man zu einem mit den Abmessungen der Materialprobe vergleichbaren oder zu einem größeren Werte gelangt. Der Wärmewider-

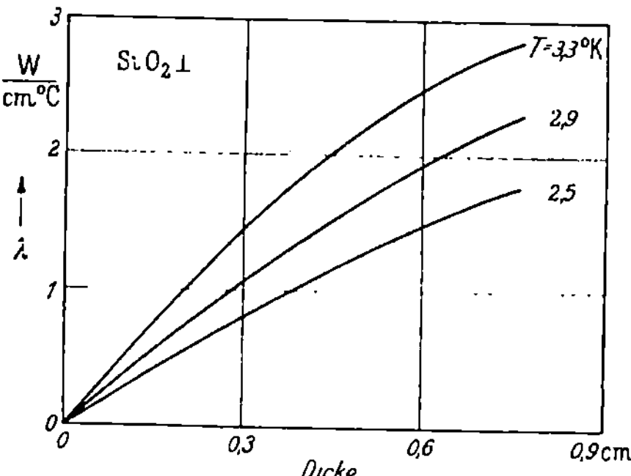

Abb. 147. Die Wärmeleitfähigkeit von Quarz bei niedrigen Temperaturen als Funktion der Probeabmessungen. [Nach DE HAAS u. BIERMASS: Physica, Haag 5 (1938.)]

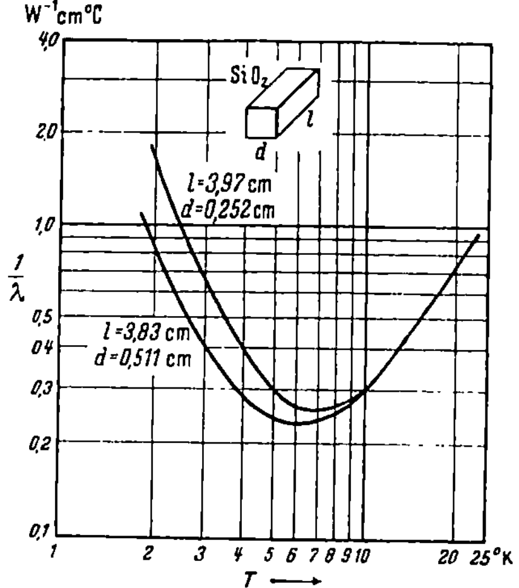

Abb. 148. Abhängigkeit der Wärmeleitfähigkeit von den Abmessungen der Probe.
(Nach BIERMASS: Diss. Leiden 1938.)

stand wird dann von den Dimensionen des Probekörpers bestimmt, und es ist nicht mehr möglich, einen Wert λ als Materialkonstante anzugeben[1] (Abb. 147 u. 148).

8. Wärmeleitung poröser Materialien.

Der Wärmewiderstand poröser Stoffe, wie sie als Wärmeisolationsmittel in der Wärmetechnik benutzt werden, ist nur in geringem Maße von der Natur des Materials bedingt, in höherem Grade von dem Zahlenwerte der Porosität (Abb. 149) oder, was grob damit zusammenhängt, von der Dichte (Abb. 150 u. 151).

Der Wärme stehen für den Übergang von Faser zu Faser (bzw. von Korn zu Korn, Schuppe zu Schuppe) zwei Wege zur Verfügung. Sie kann entweder über die Materialbrücken oder mittels der eingeschlossenen Luft fortgepflanzt werden. Die Materialbrücken bieten wegen des Auftretens langer Umwegstrecken und wegen des Übergangswiderstandes zwischen den einzelnen Stoffteilen einen erheblich großen Widerstand. Trotz der recht geringen spezifischen Leitfähigkeit der Luft (0,023 kcal/m · h · °C, gegenüber 0,2 bis 0,5 für Holz und 2 bis 5 für Stein) trägt daher die eingeschlossene Luftmasse oft überwiegend zu der Beförderung der Wärme bei.

<hr>

[1] CASIMIR, H. B. G.: Physica, Haag **5**, 495 (1938). — BIERMASZ, TH.: Diss. Leiden 1938.

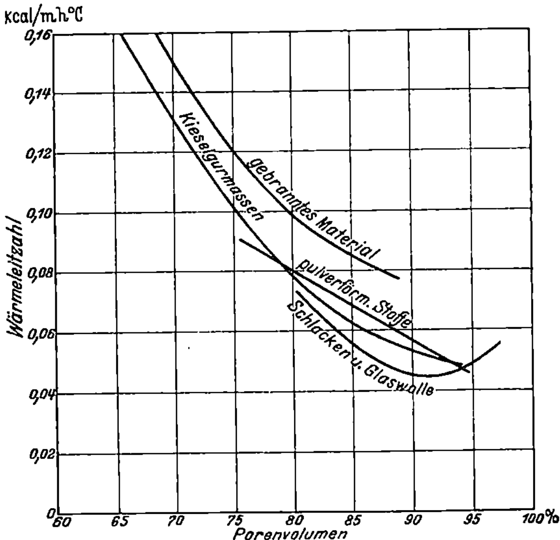

Abb. 149. Abhängigkeit der Wärmeleitzahl verschiedener Isolierstoffe vom Porenvolumen. (Nach I. S. Cammerer: Der Wärme- und Kälteschutz in der Industrie, S. 84.)

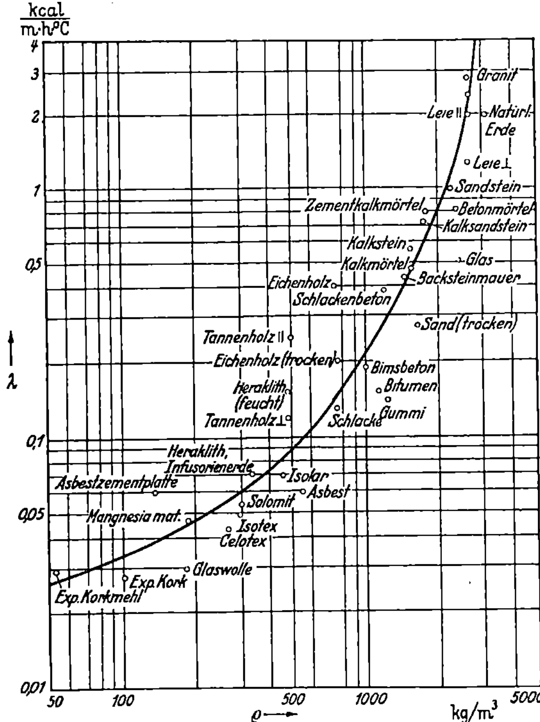

Abb. 150. Zusammenhang zwischen Wärmeleitzahl und Dichte für verschiedene Stoffe. (Nach Cammerer.)

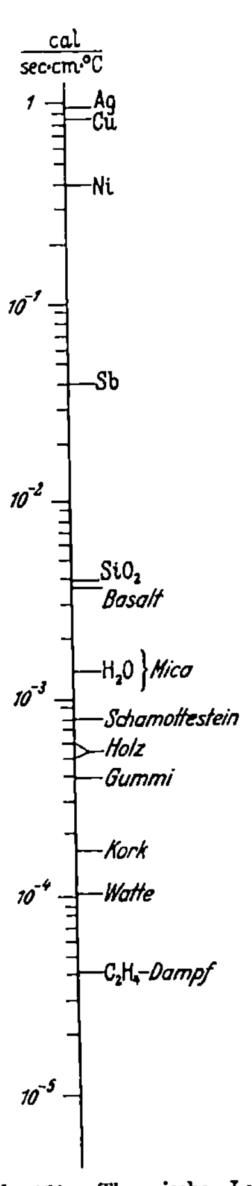

Abb. 151. Thermische Leitfähigkeitsskala.

Die kinetische Gastheorie fordert, daß die Leitfähigkeit eines Gases proportional $\sqrt{T}$ anwächst. Außer reiner Leitung tritt aber in den Poren auch Strahlung auf. Die scheinbare Leitfähigkeit infolge dieser Strahlung ist proportional T^3. (Die Strahlungsdichte ist proportional T^4, also ist die Differenz proportional $T^3 \Delta T$.) Je weiter die Poren sind, um so verhältnismäßig bedeutender ist der Strahlungsbeitrag. Da amorphes Brückenmaterial ebenfalls einen positiven Betrag $d\lambda/dT$ bewirkt (vgl. Abb. 144), muß man erwarten, daß im allgemeinen die Leitfähigkeit poröser Isoliermaterialien bei höherer Temperatur zunimmt. Und zwar ist mit einem stärkeren Temperatureinfluß zu rechnen, wenn es sich um weitere Poren handelt. So ist für Terrakotta mit der Dichte $600 \, \text{kg/m}^3$: $\lambda \sim \sqrt{T}$; für Terrakotta mit der Dichte $300 \, \text{kg/m}^2$ hat man $\lambda \sim T$; für noch stärker geöffnete Materialien erwarten wir $\lambda \sim T^n$ mit $n > 1$. Schein-

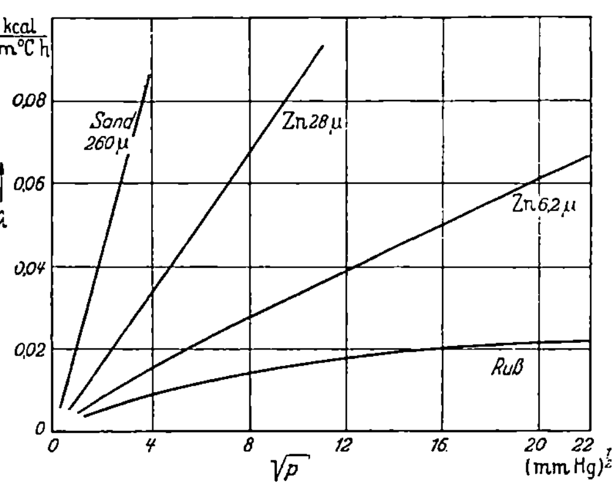

Abb. 152. Abhängigkeit der Wärmeleitzahl körniger Stoffe vom Druck.

bare Abweichungen, wobei also λ für niedrige Temperaturen zunimmt, rühren daher, daß die Luftfeuchtigkeit Kapillarkondensation und Faserquellung verursacht, wodurch der Porenvolumenteil herabgesetzt wird und die Leitfähigkeit zunimmt.

Der Leitungsbeitrag der Luft tritt gegenüber dem der Brücken zurück bei zusammenhängenden Stoffen, die mit Höhlen versehen sind, und bei gepreßten körnigen Stoffen. Letztere zeigen daher auch einen deutlichen Druckeffekt (Abb. 152), während die kinetische Gastheorie eine druckunabhängige Leitfähigkeit fordert und auch die Strahlung druckunabhängig ist. Der Widerstand eines Kontaktkreises (vgl. Abb. 106 S. 88) zweier Körner ist nach Holm[1] gleich $1/2a\lambda$, wo a den Halbmesser des Kontaktkreises bedeutet. Weiter lehrt die Festigkeitslehre, daß dieses a proportional $\sqrt[3]{p}$ ist ($p = $ Druck), so daß bei rein elastischem Zusammendrücken der Wärmefluß proportional $\sqrt[3]{p}$ sein sollte. Dies trifft in der Tat auch ungefähr zu[2]. Hätten wir in Abb. 152 als Abszisse nicht $\sqrt{p}$, sondern $\sqrt[3]{p}$ genommen, so wären die Kurven in noch höherem Maße gerade Linien geworden.

---

[1] Holm, R.: Wiss. Veröff. Siemens-Werke 7, 2, 7 (1929); 10. 1 (1931).
[2] Ribaud, M.: Chaleur et Industrie. Januar 1937.

VII. Strukturbedingte Eigenschaften.

1. Was ist „Struktur"?

Zwei Muster eines dem Namen nach gleichen Stoffes, sagen wir Kupfer, sind nie einander ganz gleich. Für manche Eigenschaften sind diese winzigen Unterschiede unwichtig, für viele andere Materialeigenschaften aber haben eben diese geringen Unterschiede entscheidende Bedeutung. Ein Beispiel für die erste Gruppe von Eigenschaften ist die spezifische Wärme, ein Beispiel für die zweite die Zugfestigkeit.

Nach dem Vorgange von SMEKAL unterscheidet man daher zwischen „strukturempfindlichen" und „strukturunempfindlichen" Eigenschaften eines Körpers.

Die hierbei eingeführte „Struktur" bestimmt eine unbestimmte Zahl Parameter. Die wichtigsten sind:

a) die chemischen Verunreinigungen und ihr Dispersitätsgrad;
b) die inneren mechanischen Spannungen und ihr Dispersitätsgrad;
c) die Größe und Orientierung der Kristalle;
d) die Mosaikstruktur der Einzelkristalle (s. unten).

Die „Struktur" dürfte für einheitliche kristallinische Stoffe zu definieren sein als die Gesamtheit aller baulichen Einzelheiten, die der Stoff mehr oder weniger mit dem idealen Einzelkristall vollkommener chemischer Reinheit gemeinsam hat.

Wenn wir es mit amorphen Materialien zu tun haben, fallen c) und d) als strukturbestimmende Faktoren aus, werden aber von anderen Parametern ersetzt, welche die Zahl und die Anordnung der Bindungen und Bindungslücken des dreidimensionalen Materialgerüstes bestimmen.

Die Grenze zwischen strukturempfindlichen und strukturunempfindlichen Eigenschaften läßt sich nicht scharf angeben, und wenn man nur die Anforderungen an die Genauigkeit genügend steigert, wird jede Eigenschaft strukturempfindlich. Der Unterschied ist also nur qualitativ. So ändert sich der „strukturunempfindliche" Elastizitätsmodul von Kupfer um 14%, wenn man hartgezogenes Drahtmaterial durch Glühen entfestigt. Die Zugfestigkeit aber sinkt bei derselben Behandlung auf den halben Anfangswert, die Streckgrenze 0,2% (das ist die Zugspannung, bei der die bleibende Dehnung 0,2% beträgt) sinkt im Verhältnis 7 zu 1. Hier handelt es sich also um recht strukturempfindliche Eigenschaften.

Solange man sich nicht Mühe gibt, die Struktur der gemessenen Materialien genauer zu bestimmen, haben alle zahlenmäßigen Angaben für strukturbedingte Eigenschaften geringeren Wert. Oft auch war es unmöglich, und das ist es teilweise noch jetzt, die typischen Strukturkennzeichen des gemessenen Musters anzugeben. Man hat natürlich diesen Mangel empfunden und ist den Bedürfnissen entgegengekommen, indem man das Material näher präzisierte wie: „Schwedisches Gußeisen";

„Spaltflächen senkrecht zur Drahtrichtung"; „vergütet"; „99% rein"; „Handelsmetall"; „geglüht in Wasserstoff"; „Kohlenstoffspuren anwesend"; „elektrolytisches Kupfer"; „gehämmert"; „stammt von Heraeus" oder noch vieles dergleichen.

Weil die Struktur so oft nicht bestimmt oder bestimmbar war, unterliegen alle Zahlenangaben über strukturempfindliche Eigenschaften einer großen Streuung, die um so kleiner wird, je besser man das Material strukturell genau zu definieren vermag. Es liegt hier noch ein ungeheuer weites Feld für Untersuchungen brach, das jetzt in schneller Entwicklung begriffen ist. Die Teilnahme an diesen Fragen ist deshalb so groß, weil gerade einige der technisch am meisten wichtigen Eigenschaften zu den strukturbedingten gehören.

2. Stahl und Eisen.

Was das Gebiet des Stahls und des Eisens betrifft, so hat hier die Einsicht in die Bedeutung der Struktur schon lange zu ihrem tiefgehenden Studium geführt. Kein Ingenieur ist mehr damit zufrieden, daß man ihm bloß „Stahl" oder „Gußeisen" empfiehlt; er will weit mehr wissen. Fortwährend werden in den Fabriklaboratorien metallographische Schliffe hergestellt, die in vielen Einzelheiten die Art und Menge der Verunreinigungen, ihren Dispersitätsgrad, das Gefüge, die Form der Kristallite usw. offenbaren. Ein geübter Fachmann kann aus allen diesen Einzelheiten die ganze mechanische und thermische Vorbehandlung der Probe ablesen und umgekehrt das mechanische und chemische Verhalten des Materials voraussagen. Wenn man sich einmal das ungeheuer umfangreiche Schrifttum über die Eisenforschung vor Augen hält, erkennt man mit einem Blick, wieviel bei der großen Ausdehnung des Strukturstudiums für alle anderen Werkstoffe noch zu leisten ist.

Von den Fragen, die den Eisenmetallographen besonders angehen, seien hier folgende erwähnt:

1. Ist das Eisen kristallisiert in dem bei Zimmertemperatur stabilen raumzentrierten Würfel (α-Eisen) oder in dem bei Zimmertemperatur metastabilen flächenzentrierten Würfel (γ-Eisen oder Austenit)?

2. Wieviel Kohlenstoff ist vorhanden und in welcher Form? Ist das Eisen übersättigt, und hat zutreffendenfalls der vorhandene überschüssige Kohlenstoff atomdisperse Verteilung oder die Form freier Kohlenstoff- oder Karbidkörner (Zementit Fe_3C)?

3. Wieviel Silizium, Phosphor und Stickstoff findet man, und in welcher Form?

4. Auf welche Weise kommen anderweitige Beimischungen, wie Co, Ni, Mn, Mo, W usw. im Eisen vor?

5. Gibt es innere Risse und Spalte?

Die Abb. 153a bis d dienen zur Illustration einiger der erwähnten Punkte.

Nicht nur für die Metallographen spielt die Struktur des Eisens
eine Rolle. Wir begegnen der Struktur wieder bei der Besprechung der
magnetischen Eigenschaften (S. 143) und bei der Behandlung der Schwingungsdämpfung (S. 190). An dieser Stelle sei schließlich noch ein anderer

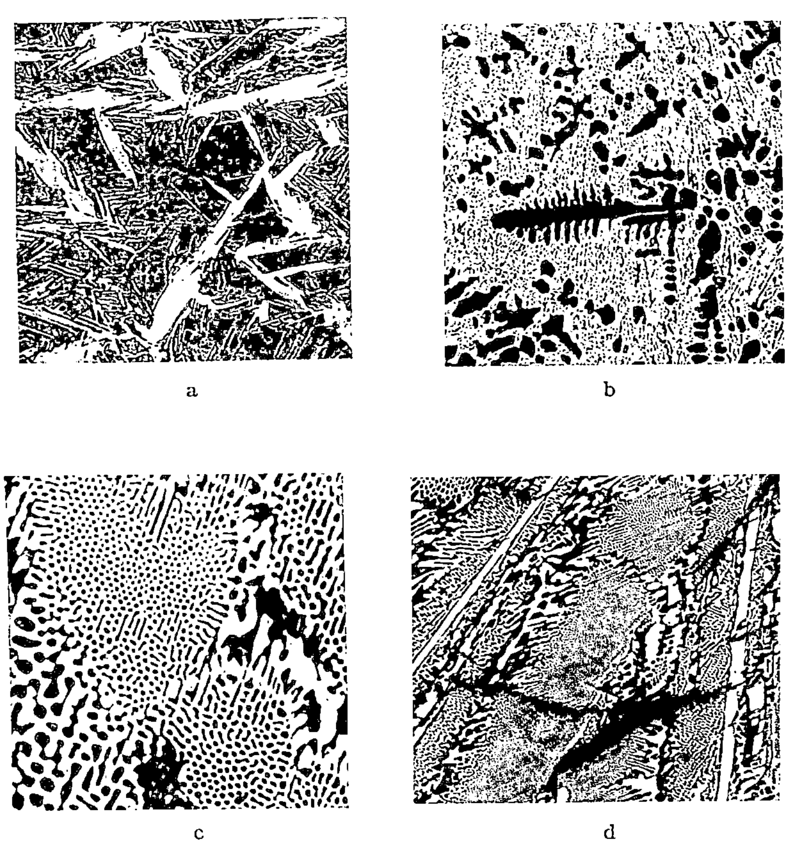

a   b

c   d

Abb. 153. a) Nadeln von raumzentriertem Eisen (Martensit, hell) in einer Masse von flächenzentriertem
Eisen (Austenit, dunkel). (Nach SAUERWALD: Metallkunde.) b) Flächenzentriertes Eisen, Austenit (dunkel),
in einer Grundmasse von Austenit und Zementit (Fe$_3$C). c) Gemisch von Austenit und Zementit (hell).
d) Große Zementitkristalle (hell) in einer Grundmasse von Austenit und Zementit. (b, c, d: Nach SIEBEL:
Handb. der Werkstoffprüfung II.)

Struktureffekt genannt, nämlich das Auftreten des *pyrophoren* (brenn-
baren) Eisens. Diese Erscheinung ist[1] durch das Auftreten von starken
Gitterstörungen bedingt, die während der Reduktion von Fe$_3$O$_4$ entstehen, wenn diese allerdings bei so niedrigen Temperaturen vorgenom-
men wird, daß die inneren Spannungen sich nicht ausgleichen können.

---

[1] FRICKE, R., O. LEHMANN u. W. WOLFF: Z. phys. Chem. Abt. B. **37**, 60 (1937);
39, 476 (1938).

3. Röntgenaufnahmen.

Neben den metallographischen Schliffen sind die Röntgenaufnahmen nach DEBYE-SCHERRER ein mächtiges Hilfsmittel zur Analyse der Struktur.

Bekanntlich[1] hängt der Ablenkungswinkel Θ bei Durchleuchten einer Probe mit dem Gitterebenenabstand d zusammen durch die BRAGGsche Gleichung (Abb. 154):

$$2\,d\,\sin\frac{\Theta}{2} = n\lambda. \quad (n = 1, 2, \ldots)$$

Die verschieden orientierten Kristallite streuen die spektral aufgelöste Röntgenstrahlung homogen über ein System von Kreisen, die Debye-Scherrer-

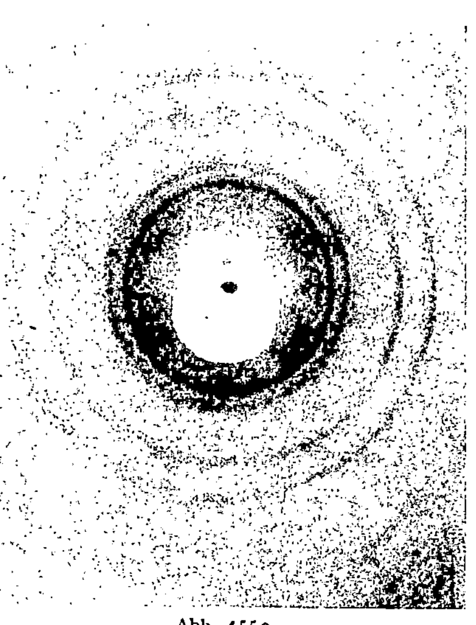

Abb. 155 a.

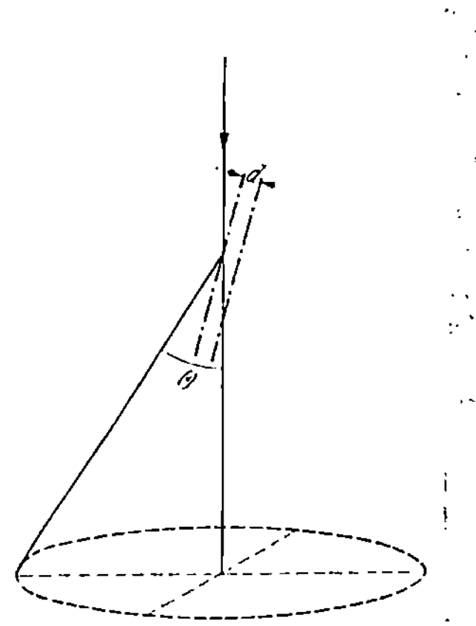

Abb. 154. Debye-Scherrer-Ringe.

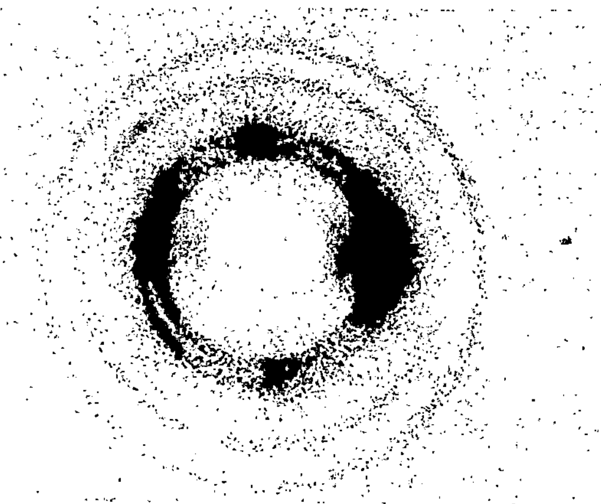

Abb. 155 b.

Abb. 155. Ungleichmäßige Intensitätsverteilung über den Ring weist auf gröbere Struktur. a) feinkörniges Al-Pulver; b) grobkörniges Al-Pulver. (Nach GLOCKER.)

Ringe (Abb. 155). Die Schärfe dieser Ringe wird von der Größe der Kristallite und ihrer geometrischen Reinheit bedingt. Deformationen infolge innerer Verspannungen zeigen sich durch eine Verbreiterung des Ringes an.

---

[1] GLOCKER, R.: Materialprüfung mit Röntgenstrahlen. Berlin 1927.

Ausscheidungen mit einem abweichenden Kristalltypus erzeugen neue Debye-Scherrer-Ringe mit Intensitäten, die von dem Gehalt an Ausscheidungsprodukten abhängen.

Löst der Ring sich in einige über den Ring verteilte Flecke auf, so ist das eine Andeutung für die Entstehung weniger, aber größerer

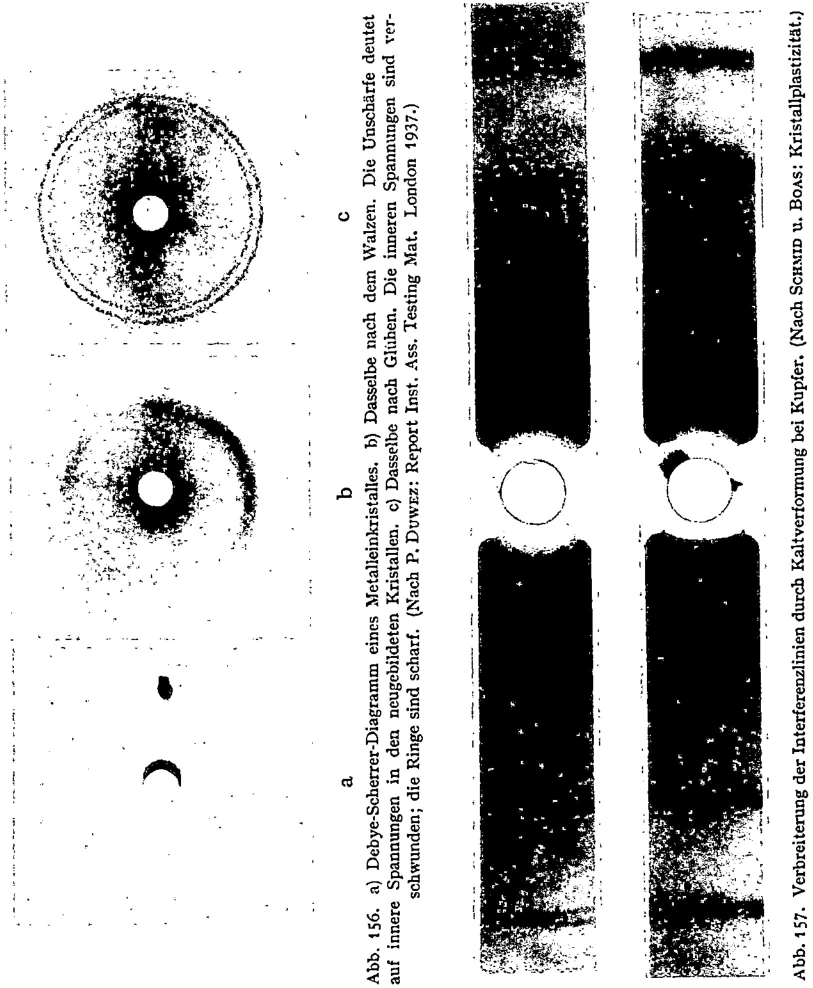

Abb. 156. a) Debye-Scherrer-Diagramm eines Metalleinkristalles. b) Dasselbe nach dem Walzen. Die Unschärfe deutet auf innere Spannungen in den neugebildeten Kristallen. c) Dasselbe nach Glühen. Die inneren Spannungen sind verschwunden; die Ringe sind scharf. (Nach P. Duwez: Report Inst. Ass. Testing Mat. London 1937.)

Abb. 157. Verbreiterung der Interferenzlinien durch Kaltverformung bei Kupfer. (Nach Schmid u. Boas: Kristallplastizität.)

Kristalle; bei der Formung eines Einzelkristalls endlich zieht der Ring sich bis auf einen einzigen Punkt zusammen.

Die Abb. 156 bis 158 verdeutlichen das oben Gesagte an einigen Beispielen.

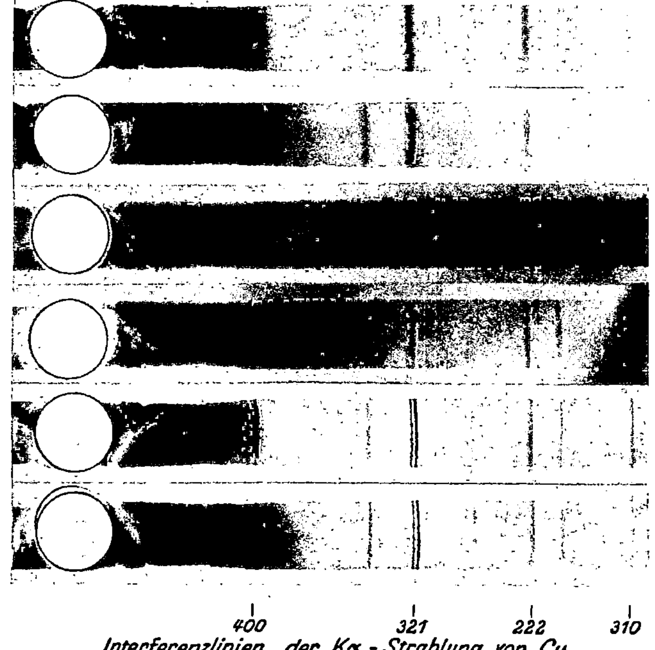

Abb. 158. Wolframdraht bei 20° verformt und auf verschiedene Temperaturen angelassen.
(Nach v. Göler u. Sachs.)

4. Idealkristall und Realkristall.

Der erste, der erkannt hat, daß ein natürlicher Einzelkristall nicht in idealer Weise aufgebaut ist, war sicherlich DARWIN[1] (1913); er machte diese Entdeckung nach einer Analyse der Intensitätsverteilung in der zerstreuten Röntgenstrahlung. Dabei kam er zu der Folgerung, daß der Kristall aus Blöcken mit einer linearen Abmessung von ungefähr 1 Mikron aufgebaut sein müsse; diese Blöcke liegen beinahe, aber nicht vollkommen zueinander parallel. Die Richtungsschwankungen betragen ungefähr 10 Bogenminuten. Es gibt also innere Grenzflächen, wo die Gitter der beiden Blöcke nicht aneinander passen und wo Verlagerungen und Verflechtungen, die sog. „Dislokationen", auftreten müssen.

Die Versuche, die F. ZWICKY seit 1929[2] unternommen hat, um die Aufspaltung des Kristalls in Mosaike als das thermodynamische Gleichgewicht mit Hilfe der Oberflächenenergie zu deuten, können heutzutage wohl als gescheitert betrachtet werden. Man vermutet die Ursache des Zustandekommens der Mosaikstruktur in dem Kristallisationsvorgang. Die Untersuchungen VOLMERS[3] und seiner Schule haben uns gelehrt,

---

[1] Phil. Mag. **26**, 210 (1913).
[2] Helv. phys. Acta **3**, 269 (1930) — Proc. nat. Acad. Sci., Amst. **15**, 816 (1929).
[3] VOLMER, M.: Z. phys. Chem. **102**, 267 (1922).

daß das Wachsen eines Kristalls insofern diskontinuierlich vor sich geht, als es einiger Zeit bedarf, bis die Bildung einer neuen Molekülschicht beginnt; wenn aber der Keim einmal vorhanden ist, füllt sich schnell die ganze Schicht. Bei genügender Übersättigung der gelösten Substanz bilden sich aber auf einer Kristallebene mehrere Keime gleichzeitig, und wenn diese auswachsen, können leicht Störungen in der Aneinanderpassung auftreten, ja, es können auch Lücken übrigbleiben.

Abb. 159. Störung des regelmäßigen Gitters durch einen einzigen abweichenden Baustein.

Die Ausbildung dieser Lücken und Verflechtungen wird stark gefördert von etwaigen Verunreinigungen, die auch einen Platz auf der Kristalloberfläche suchen, sei es dauernd oder vorübergehend. Sie deformieren den wachsenden Kristall örtlich, wodurch ideales Anpassen nicht mehr möglich ist (Abb. 159).

Die Verzögerung der Keimbildung verteilt sich nach statistischen Gesetzen, und die Anlage der einzelnen Gitterebenen dauert verschieden lange. Die einzelnen Gitterebenen haben daher verschiedene Aussichten, Verunreinigungen aufzunehmen, und in unregelmäßigen Abständen folgen Ebenen einander, die eine

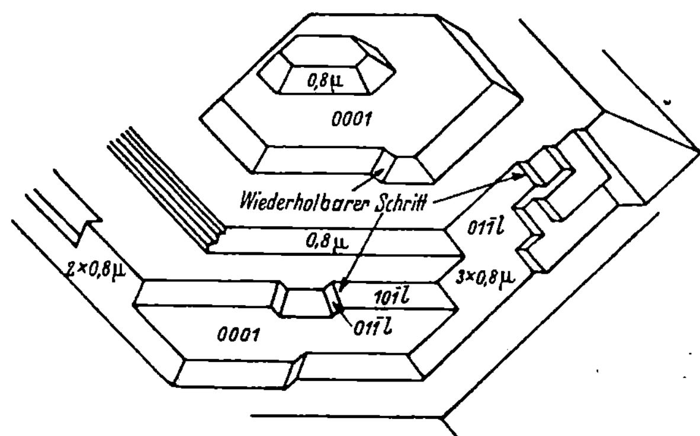

Abb. 160. Schichtenweises Wachstum des Zinks. [Nach STRAUMANIS: Z. phys. Chem. B 13 (1931).]

relativ große Zahl Verunreinigungsatome besitzen. Dieser schichtenweise Aufbau der Kristalle ist wohl am schönsten von STRAUMANIS[1] an Zn-Kristallen festgestellt worden (Abb. 160 u. 161).

Gelegentlich ist die Unterteilung des Kristalls regelmäßig. Kalzit, $CaCO_3$, kann z. B. einen lamellaren Aufbau zeigen, wobei die einzelnen

---

[1] Z. phys. Chem. Abt. B **13**, 316 (1931).

Lamellen sämtlich ungefähr 0,2 μ stark sind. Dieses Regelmaß dürfte wohl mit der geologischen Entstehungsweise des Kristalls zusammenhängen (z. B. Abwechslung der Jahreszeiten). Beim Opal geben solche Ebenensysteme Anlaß zu gerichteter und gefärbter Reflexion[1] (Interferenzerscheinung).

Eine andere Entstehungsweise der Mosaike ist die, daß nach vorhergegangener Deformation Kristallerholung stattfindet. Beim Freiwerden von Spannungen im Kristall verlagern sich die Atome, um sich wieder in ein normales Gitter einzureihen. Es ist aber wenig wahrscheinlich, daß am Punkte des Zusammentreffens zweier solcher Gleichschaltungsprozesse die beiden Orientierungen genau die gleichen sind, so daß hier Diskontinuitätsflächen auftreten müssen. Deformation und nachfolgendes Vergüten ist ein erprobtes Mittel zur Herstellung von „Lockerstellen" (Benennung nach SMEKAL).

Kleinkristallinisches Material, wie es bei chemischer Ausfällung oder infolge metallurgischer Prozesse entsteht, hat immer das Bestreben, in den thermodynamisch stabileren Zustand des Einzelkristalls überzugehen. Man kennt Andeutungen dafür, daß bei diesem Zusammenwachsen der Kristallite zunächst wohl größere, aber nicht bessere Kristalle entstehen.

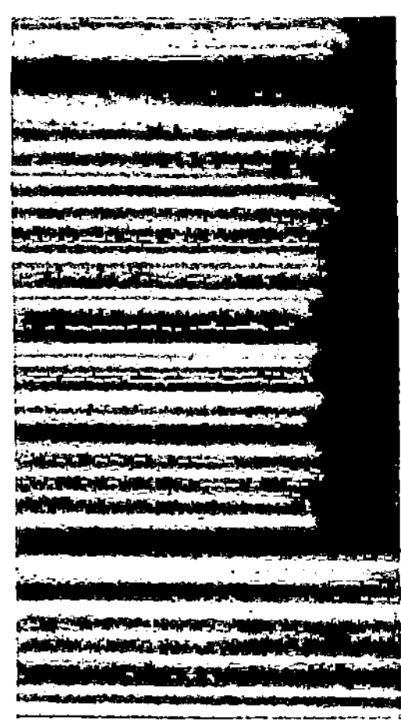

Abb. 161. Schichtenweiser Aufbau des Zinks (800×). (Nach STRAUMANIS.)

Obwohl durch lange fortgesetzte Erwärmung schließlich Kristalle mit nur wenig Fehlerstellen entstehen können, findet man Zwischenstufen mit einer hinsichtlich der Fehlerstellen eigenen Struktur.

Nach diesen Erörterungen ist z. B. zu verstehen, warum man das Selen einer ganz bestimmten Wärmebehandlung unterziehen muß, um es in die lichtempfindliche Struktur zu bringen. Amorphes Selen, das durch schnelle Kühlung der Schmelze entstanden ist, geht durch geeignete Wärmebehandlung in die kristallinische, lichtempfindliche, graue Struktur über. Überhitzung schadet aber. Es scheint also, daß gerade die Unregelmäßigkeiten, die der Mosaikkristall gegenüber dem Idealkristall zeigt, Bedingungen sind für das Auftreten gewisser Erscheinungen wie die Lichtempfindlichkeit des elektrischen Widerstandes beim Selen.

5. Diffusionserscheinungen.

Die Diffusionsgeschwindigkeit ist eine typisch strukturbedingte Eigenschaft. Die Packung der Einkristalle ist meistens so gut, daß nur das kleine Wasserstoffion (Proton) genügend Platz finden kann, um sich

---

[1] BAIER, E.: Z. Kristallogr. **81**, 183 (1932).

bequem einen Weg durch den Kristall zu bahnen. In andern Fällen ist dieser Weg für Fremdatome so gut wie gesperrt (Abb. 162), und es muß Diffusion um die Kristallite herum erfolgen oder an den inneren Grenzflächen entlang, die der Mosaikstruktur entsprechen. Je nach Anwesenheit dieser Diffusionswege fällt die Diffusionskonstante höher oder niedriger aus.

CLAUSING[1] verglich die Diffusion von Thorium durch monokristallinisches mit der durch feinkristallinisches Wolfram bei 2800° K, und er fand in beiden Fällen sehr verschiedene Diffusionsgeschwindigkeiten. Im feinkörnigen Wolfram ging die Diffusion 30- bis 50mal so schnell vor sich wie im monokristallinischen Material.

Für die Diffusionskonstante von Kohlenstoff in Wolfram wurden Zahlenwerte gefunden[2], die zwischen 1 und 30 variieren, je nach der Struktur des Wolframs. Merkwürdigerweise wurde hier die größte Diffusionsgeschwindigkeit beim monokristallinischen Material gefunden. Es war dies aber ein Einkristall, der durch Rekristallisation aus porösem Material entstanden war und zu geringe Dichte hatte, also viele Höhlen und Kanäle enthalten haben muß. Massives monokristallinisches Wolfram ergab die kleinsten Werte für die Diffusion.

SMEKAL[3] hat die CLAUSINGschen Beobachtungen in folgender Weise ausgenützt. Die Diffusion genügt der bekannten Differentialgleichung

$$\frac{\partial c}{\partial t} = D \frac{\partial^2 c}{\partial x^2}.$$

Die Temperaturabhängigkeit der Diffusionskonstante D ist experimentell gegeben durch: $D = A\, e^{-B/T}$.

In Anlehnung an die Deutung der ähnlichen Dampfdruckformeln ist RB (R = Gaskonstante) als eine Art molarer Abtrennungsarbeit anzusehen. Es ergibt sich, daß wohl A, nicht aber B strukturempfindlich ist. SMEKAL fand z. B. für die Diffusion von Thorium durch Wolfram bei verschiedenen Kristallgrößen:

Kornradius = 3000 μ: $A = 3{,}5 \cdot 10^2$ cm²/sec; $B = 47{,}200°$ K,

,,   =   5 μ: $A = 9{,}1 \cdot 10^4$ cm²/sec; $B = 46{,}810°$ K.

Weil A durch die Anzahl der möglichen Bewegungsrichtungen bestimmt wird, ist die Korngrößenabhängigkeit verständlich. B wird von der Abtrennungsenergie eines einzelnen Wanderatoms bedingt und ändert sich kaum mit der Struktur.

Es ist zu bemerken, daß neben dieser strukturbedingten Diffusion auch eine strukturunabhängige Diffusion bestehen muß[4], denn schließlich müssen die Fremdatome ins Kristallgitter des Grundmaterials auf-

[1] Physica, Haag 7, 193 (1927).
[2] ZWIKKER, C.: Physica, Haag 7, 189 (1927).
[3] Z. techn. Physik 8, 561 (1927).
[4] SEITH, W.: Diffusion in Metallen. Berlin 1939.

genommen werden, wobei sie nach einem langen Weg über innere Oberflächen zum Schluß noch eine kleine Strecke durch dichtes Material zurückzulegen haben. Diese strukturunabhängige Diffusion geht im allgemeinen sehr viel schwieriger vor sich als die andere. Ihre Geschwindigkeit wird in großen Zügen von der Größe der diffundierenden Atome oder Ionen bestimmt in bezug auf die zwischenräumlichen Verhältnisse im Gitter. Nur in den Fällen, wo die kleinen Atome H, C und N diffundieren, hat man ziemlich große strukturunabhängige

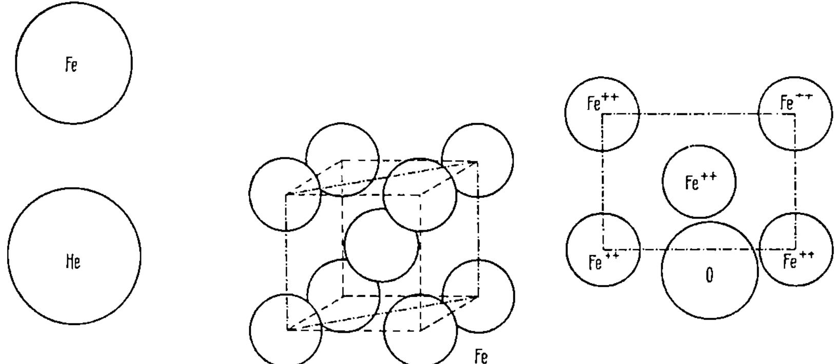

Abb. 162. Zum Diffusionsproblem. Die Größe der Atome und des Eisenions sowie der Gitterabstand im Eisenkristall sind in dem richtigen Verhältnis angegeben.

Diffusionsgeschwindigkeiten messen können[1], insbesondere im Eisen. Die Wasserstoffdurchlässigkeit von Metallen ist dabei proportional der Quadratwurzel des Wasserstoffdruckes. Das läßt sich verstehen, wenn man bedenkt, daß die diffundierenden Teilchen Wasserstoff-*atome* sind, nicht Moleküle. An der Metalloberfläche tritt nämlich die Reaktion $H_2 \rightleftarrows 2\,H$ auf. Im Gleichgewicht ist nach den Gesetzen der Reaktionsgeschwindigkeit:

$$\frac{p_H^2}{p_{H_2}} = \text{Konst.}$$

(p_H = partieller Dampfdruck des atomaren Wasserstoffs, p_{H_2} = partieller Dampfdruck des molekularen Wasserstoffs). Die Konzentration der H-Teilchen ist also proportional der Quadratwurzel des Dampfdruckes p_{H_2}, und die diffundierende Menge wird dieselbe Druckabhängigkeit zeigen, wenn wir annehmen, daß die kleinen Atome erheblich besser diffundieren als die großen Moleküle H_2.

Die Diffusion von Fremdatomen in Blei nimmt mit steigendem Atomhalbmesser des wandernden Elements ab, z. B. in der Reihe Au, Hg, Bi, Tl, Pb. Bemerkenswert ist, daß die entsprechenden *Ionen* in beinahe derselben Reihenfolge abnehmenden Radius besitzen. Dies ist ein Hinweis dafür, daß der *Atom*halbmesser die Diffusionsgeschwindigkeit bestimmt.

[1] MEHL, R. F.: J. Applied Physics 8, 174 (1937).

6. Ionenleitung.

Die Ionenleitung fester Salze ist in zweierlei Hinsicht strukturbedingt. Erstens ist die Beweglichkeit der Ionen an die Anwesenheit von Kanälen gebunden, also von Gitterporen und zwischenkristallinischen Hohlräumen; zweitens ist überhaupt die Anwesenheit der beweglichen Ionen, meistens Fremdionen, Struktursache; ihre Zahl ist sehr veränderlich (Abb. 163 bis 166).

Durch fortgesetzten Stromdurchgang gelang es JOFFÉ[1] die Fremdionen weitgehend elektrolytisch zu entfernen, wodurch die Leitfähigkeit

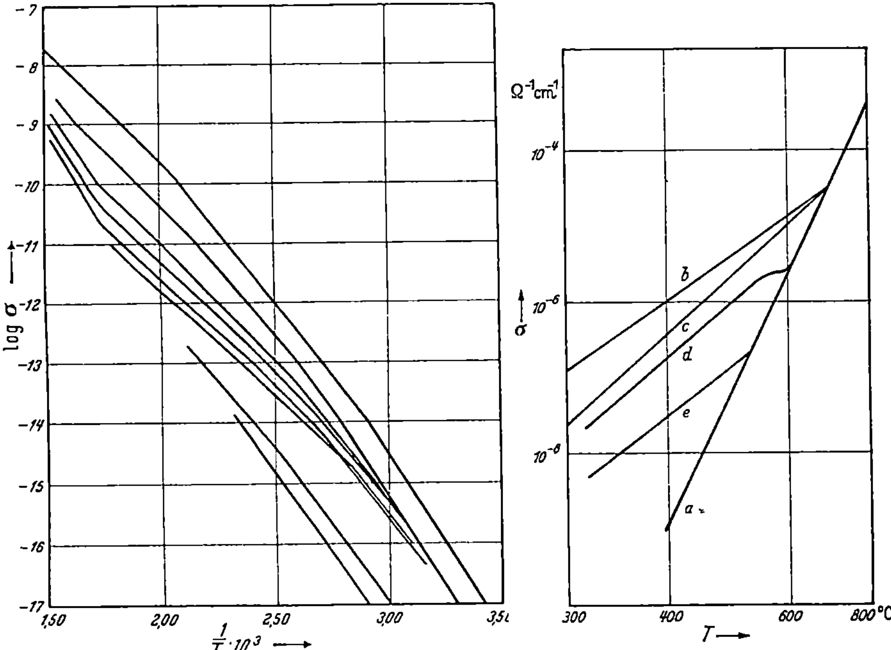

Abb. 163. Leitvermögen σ von Steinsalz nach aufeinanderfolgender, je 10 stündiger Wärmebehandlung bei 160° C (unterste Kurve); 200°, 300°, 400°, 500°, 600°, 700° und 780° C (oberste Kurve). (Nach M. KASSEL: Handb. der Physik von H. GEIGER u. K. SCHEEL XXIV/2.)

Abb. 164. Ionenleitung des KCl-Kristalls. a Ungestörte Leitfähigkeitskurve; b, c, d, e Leitfähigkeitskurven bei Verunreinigungen und Baufehlern. [Nach W. LEHFELDT: Z. Physik 85 (1933).]

allmählich abnahm. Zum Beispiel nahm die Leitfähigkeit eines Quarzkristalles bei 200° C während des Stromdurchganges von $77 \cdot 10^{-8}$ (Ohm $\cdot$ cm)$^{-1}$ auf $1,3 \cdot 10^{-8}$ (Ohm $\cdot$ cm)$^{-1}$ ab; für einen bei 17° C gemessenen Alaunkristall von $10,8 \cdot 10^{-12}$ auf $0,22 \cdot 10^{-12}$ (Ohm $\cdot$ cm)$^{-1}$. Durch wiederholtes Umkristallisieren konnte die Leitfähigkeit des Alauns noch einmal um den Faktor hundert verringert werden, allerdings jedesmal nach Reinigung durch Elektrolyse. In dieser Weise kann ein ziem-

---

[1] JOFFÉ, A.: Physics of crystals. 1928.

lich konstanter Endwert erreicht werden, der nicht mehr strukturempfindlich zu sein scheint.

JOFFÉ stellte auch absichtlich verunreinigte Kristalle her, die er nachher mittels der elektrolytischen Methode reinigte. Merkwürdig war, daß der Endwert des Leitvermögens schon erreicht wurde, wenn erst noch ein kleiner Teil der Verunreinigung beseitigt war (z. B. 10^{-11} g von den insgesamt hinzugefügten 10^{-3} g). Hieraus geht hervor, daß nur ein geringer Teil der Fremdionen als Leitionen tätig ist.

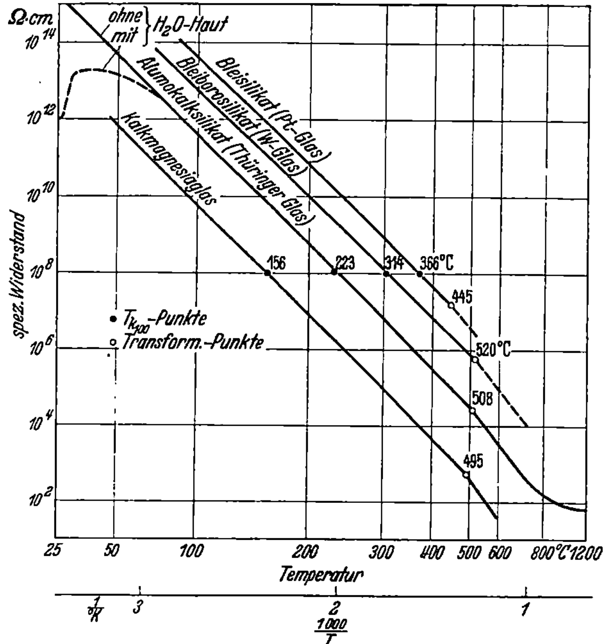

Abb. 165. Spezifischer elektrischer Widerstand von Gläsern. (Nach ESPE-KNOLL: Hochvakuumtechnik.)

Wie SMEKAL[1] bemerkt hat, läßt sich die Leitfähigkeit der Ionenhalbleiter folgendermaßen als Temperaturfunktion wiedergeben:

$$\frac{1}{\varrho} = A_1\,e^{-B_1/T} + A_2\,e^{-B_2/T}\,,$$

mit $A_1 < A_2$; $B_1 < B_2$. Die Leitfähigkeit ist die Summe zweier Prozesse, von denen der erste bei tiefer Temperatur überwiegt, der zweite bei hoher Temperatur. Der letztere ist strukturunempfindlich und soll daher der Wanderung der Ionen durch den Kristall zugeschrieben werden. Der Tieftemperatureffekt ist aber strukturbedingt; A kann sich um mehrere Größenordnungen ändern (Abb. 164).

---

[1] Z. techn. Physik **8**, 561 (1927).

Die bei höheren Temperaturen einsetzende strukturunabhängige Ionenleitung kann auf zwei verschiedenen Wegen vor sich gehen, durch Platzwechsel der Ionen oder, was üblicher ist, indem das Ion durch das vollständige Gitter einen Weg sucht. In Anbetracht der Größe der Ionen braucht es nicht wunderzunehmen, wenn man findet, daß 99% der Leitfähigkeit auf Rechnung der positiven Ionen kommt.

7. Elektronische Halbleiter.

Fremdatome bilden immer Fehlerstellen (oder Lockerstellen) des Real-

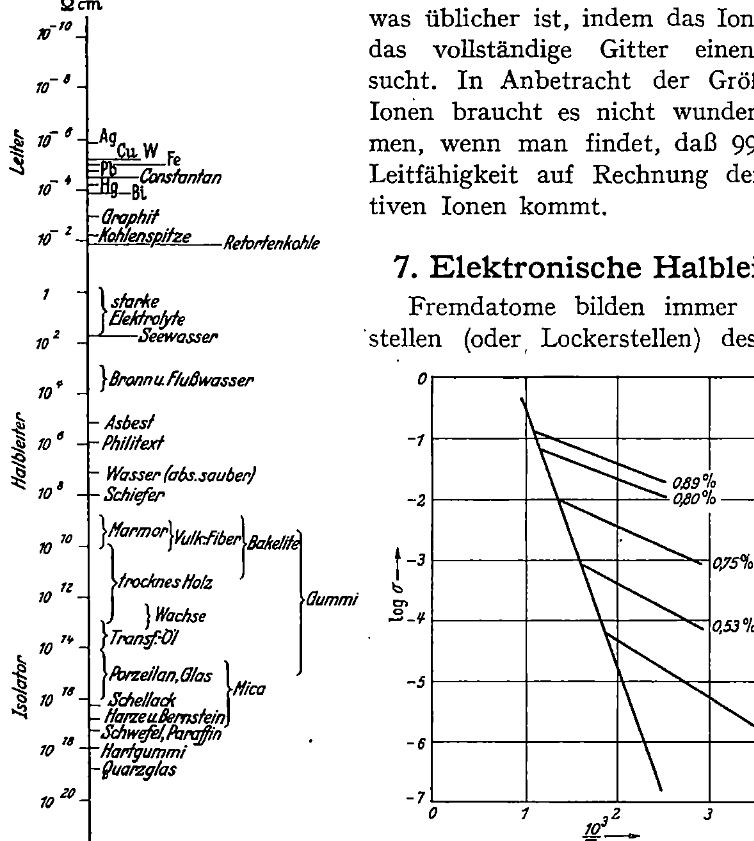

Abb. 166. Skala des spezifischen Widerstandes für verschiedene Stoffe bei Zimmertemperatur.

Abb. 167. Elektronenleitung von Cu_2O in Abhängigkeit von überschüssig vorhandenem Sauerstoff.

kristalls und besitzen Eigenschaften, die von denen der normalen Gitterbausteine abweichen. Unter gewissen Umständen befinden sich diese Fremdatome in einem Zustande, worin sie leichter ionisierbar sind als die Atome der Grundmasse. Die bei dieser Ionisierung frei werdenden Elektronen sind die Ursache einer Elektronenleitung, die wegen der Abwesenheit von Materietransport von der Ionenleitung leicht zu unterscheiden ist. Die Ionisierung erfolgt manchmal unter Einfluß der normalen thermischen Erregung. Es ergibt sich dann eine Elektronenleitfähigkeit mit der Temperaturabhängigkeit:

$$\frac{1}{\varrho} = A\, e^{-B/T}.$$

wobei wieder die Größe A weitgehend strukturbedingt ist und in erster Linie von der Zahl der Fremdatome abhängt.

In einigen Fällen werden die Fehlerstellen von Atomen gebildet, die zu derselben Gattung wie ein Teil der Gitterbausteine gehören, z. B. können in Cu_2O die Fremdatome von O gebildet werden, das im Überschuß vorhanden ist. Dieser Halbleiter hat daher ein elektrisches Leitvermögen, das weitgehend von der Abweichung von der stöchiometrischen Zusammensetzung abhängig ist. CuJ, CuBr und CuCl sind Halbleiter infolge eines Überschusses an Halogenen; Cu_2S leitet besser, je größer der Schwefelüberschuß ist. Im leitfähigen Ag_2S dagegen ist Ag im Überschuß vorhanden; die Leitfähigkeit wird verringert durch Hinzufügung von S. Ähnliches zeigt PbS. Ein Überschuß von 5% O in NiO

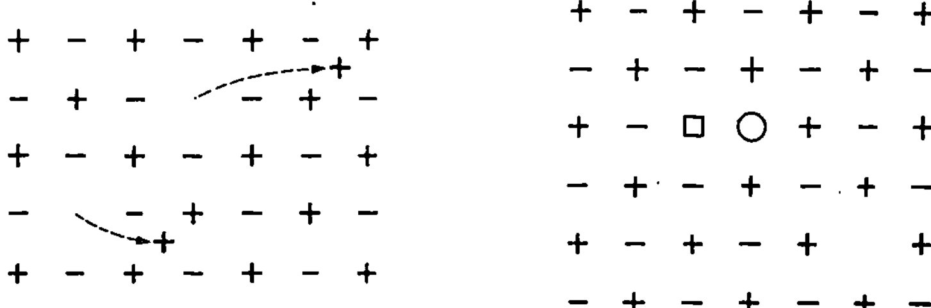

Abb. 168. Entstehung von Fehlerstellen durch Eintritt von Ionen in Zwischengitterstellen.

Abb. 169. Entstehung von Fehlerstellen durch gegenseitige Neutralisation zweier Ionen.

erhöht die Leitfähigkeit um den Faktor 10^5. Die Leitfähigkeit von Cu_2O ändert sich von 10^{-2} bis $10^{-6}\,Ohm^{-1}cm^{-1}$, je nach dem Sauerstoffgehalt oder dem Sauerstoffmangel (Abb. 167). Man sollte die gut leitenden Substanzen durch Formeln wie $Cu_{1,99}O$ statt Cu_2O kennzeichnen; $Ni_{0,99}O$ statt NiO.

Wie man aus Abb. 164 u. 167 ersieht, gibt es auch noch eine von der Fehlzusammensetzung unabhängige Elektronenleitfähigkeit. In der Tat bestehen noch Möglichkeiten für Fehlerstellen, ohne daß Fremdatome dafür verantwortlich sind. Es können einige positive Ionen an zwischenräumliche Plätze (Zwischengitterplätze) gekommen sein[1], wobei die Anzahl dieser an Fehlerstellen haftenden Ionen thermodynamisch geregelt ist, also proportional einer Funktion $e^{-B/T}$. Dieser durch Abb. 168 erläuterte Fall tritt z. B. bei den Silberhalogeniden auf.

Ein anderer, ebenfalls von der thermischen Energie hervorgerufener Fehler besteht darin, daß zwei Gitterbausteine einander neutralisieren (Abb. 169). Beim thermodynamischen Gleichgewicht ist die Zahl dieser neutralen Paare ebenfalls wieder proportional $e^{-B/T}$. Der neutrale Zustand der beiden Bausteine kann im Gitter von Ion an Ion weiter-

---

[1] FRENKELsche Fehlordnung: J. FRENKEL: Z. Physik **36**, 652 (1926). Siehe wegen Fehlordnungen im allgemeinen auch: W. SCHOTTKY: Z. phys. Chem. Abt. B **29**, 335 (1935), u. J. A. HEDWALL u. G. COHN: Kolloid-Z. **88**, 224 (1939).

gegeben werden in zueinander entgegengesetzten Richtungen, wodurch die Entstehung eines Leitvermögens veranlaßt wird, bei dem scheinbar Elektronen strömen.

8. Lumineszenz.

Die bekannten Trägermaterialien der Fluoreszenz und der Phosphoreszenz zeigen in vollkommen reinem Zustande kaum einige Aktivität. Sie müssen erst „aktiviert" werden[1].

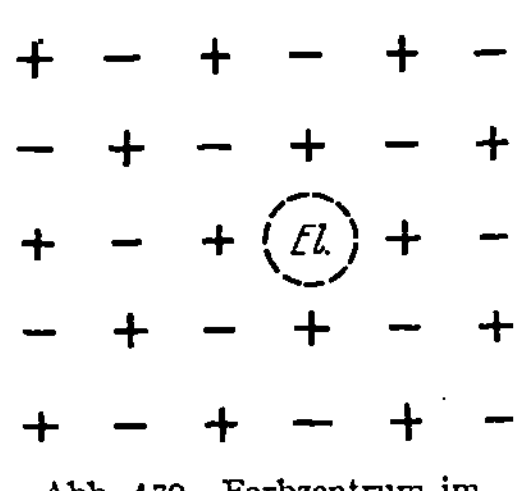

Abb. 170. Farbzentrum im Alkalihalogenidkristall.

Bei den Kristallen der Alkalihalogenide besteht diese Aktivierung in der Herstellung eines Überschusses an Alkali. Durch Erhitzen auf erhöhte Temperatur des KCl treten neutrale Atompaare auf, von denen die Cl-Atome durch Verdampfung aus dem Kristall austreten, wodurch also K im Überschuß zurückbleibt. Das Elektron des K-Atoms ist nach modernen Ansichten nicht genötigt, bei diesem Atom zu verbleiben, sondern es ist vielmehr den sechs um den leeren Cl-Platz gelegenen K-Ionen gemeinsam zugeordnet. Eine solche Stelle nennt man ein Farbzentrum; der Kristall wird nämlich durch diesen Aktivierungsprozeß gefärbt (Abb. 170).

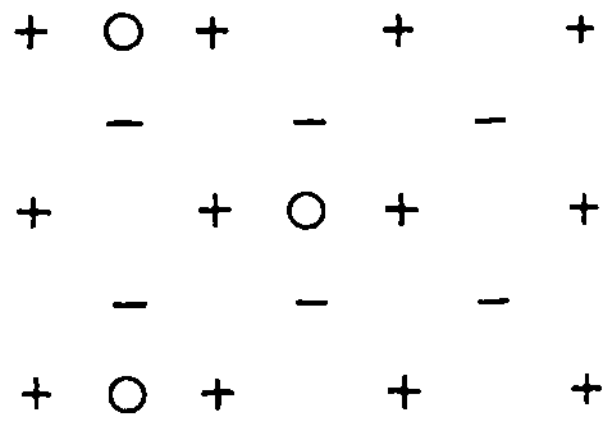

Die Färbung wird auch durch Hineindiffusion von Kalium oder durch Röntgenbestrahlung erhalten. Bei dem letzteren Prozeß wird wahrscheinlich das gelöste Elektron auf eine größere Entfernung vom Cl gebracht, so daß Zurückgabe des Valenzelektrons vom K an Cl nicht mehr möglich ist.

Abb. 171. Überschußatome, die an Zwischengitterstellen Platz finden.

Erst in diesem aktivierten Zustand ist der Kristall fluoreszierend, d. h. absorbierte Lichtenergie wird in der Form langwelligeren Lichts wieder ausgestrahlt.

Die fluoreszierende Wirkung wird unmittelbar viel stärker, wenn man nicht K, sondern schwerere Atome hineindiffundieren läßt, wie Th, Bi, Ag, Pb; $^1/_{100}$% genügt.

Auch ZnS muß erst aktiviert werden, was ebenfalls durch Erhitzen geschieht. In diesem Falle verliert der Kristall einigen Schwefel durch Verdampfung; der Überschuß an Zn, der ungefähr $1^0/_{00}$ erreichen kann, wird zwischenräumlich geborgen (Abb. 171). Der so aktivierte Kristall ist gefärbt und fluoreszierend. Der letzte Effekt ist aber sehr viel stärker, wenn man anstatt der Zn-Atome schwerere hinzufügt: Ag, Cu,

---

[1] Pohl, R. W.: Physik Z. **39**, 36 (1938). — Riehl, N.: Lumineszenz. Berlin: Springer 1941.

Au, Mn. Schon eine Verunreinigung von $1 : 10^7$ mit Ag liefert eine schöne Fluoreszenz. Ähnlich wie ZnS verhält sich ZnO.

Willemit (Zn_2SiO_4) ist in reinem Zustande kaum fluoreszierend und wird es erst nach Verunreinigung, insbesondere mit Mn (1%); bei vielen anderen Phosphoren (Wolframate des Mg, Ca, Zn, Cd; weiter CdO, CdS, BaS) ist noch nicht genügend untersucht, inwieweit die Fluoreszenz mit Verunreinigungen oder mit Fehlerstellen des Kristalls zusammenhängt.

Nicht immer, aber doch sehr oft, treffen Fluoreszenz und lichtelektrische Leitung zusammen; atomtheoretisch ausgedrückt: die Fremdatome können vom Licht ionisiert werden. Notwendig ist dies aber nicht, die Erscheinung kann auf eine Anregung beschränkt bleiben[1].

Der photochemische Prozeß im AgBr der photographischen Platte besteht wahrscheinlich in der Überführung eines Ag-Ions des Kristalls in den neutralen Zustand unter dem Einflusse des Lichtes; dieses Ag-Atom tritt nachher als Keim auf für die beim Entwickeln der Platte erfolgende Reduktion des übrigen Kristalls. Die photographische Platte liefert wohl ein markantes Beispiel für die großen Eigenschaftsänderungen (nämlich entwickelbar oder nicht), die winzige Strukturänderungen hervorrufen können.

Die bei ungefähr 170° C auftretende Thermolumineszenz vieler Mineralien (z. B. Fluorit) wird einem genügenden Gehalt an radioaktivem Material zugeschrieben, dessen Strahlung Teile der Grundmasse in metastabilen angeregten Zustand gebracht hat. Bei Erwärmung springt der Stoff unter Lichtaussendung in ein niedrigeres Energieniveau zurück.

Chemolumineszenz natürlicher Mineralien sowie künstlicher Chemikalien wird der Oxydation organischer Beimischungen oder von Schwefel und Phosphor zugeschrieben.

Lumineszenz unter Einwirkung von Kathodenstrahlen zeigen vorzugsweise die thermoleuchtenden Mineralien. Bestimmte aktivierende isomorphe Zusätze sind dabei sehr wirkungsvoll[2].

9. Elektrische Isolierstoffe.

Der empirische Wert der elektrischen Durchschlagsfestigkeit sowohl von flüssigen wie von festen Isolierstoffen wird weitgehend von den Beimischungen beherrscht (Abb. 172); zudem ist die Festigkeit der reinen Stoffe theoretisch 10- bis 1000mal so groß wie die höchsten empirischen Meßwerte. Die theoretischen Feldstärken, die nötig sind, um das Ionengitter zu spalten, hat ROGOWSKI[3] mittels der Theorie der Gitterkräfte

---

[1] GUDDEN, B.: Die lichtelektrischen Erscheinungen. 1928. — BOER, J. H. DE: Elektronenemission und Absorptionserscheinungen. — GISOLF, J. H.: Physica, Haag **6**, 918 (1939).

[2] STEINMETZ, H., u. M. ALT: Z. Kristallogr. **92**, 363 (1935).

[3] Arch. Elektrotechn. **18**, 123 (1927).

berechnet, wobei er zu Durchschlagsfeldstärken von der Ordnung 10^8 V/cm kommt.

Der kleinere empirische Wert bei Zimmertemperatur wird durch Ionisation verursacht, die durch die Anwesenheit einer geringen Zahl freier Elektronen eingeleitet wird. Jedes beschleunigte Elektron kann ein Atom ionisieren; das alte und das neue Elektron ionisieren dann zwei weitere Atome, der Strom wächst lawinenhaft an[1]. Bei sehr kleiner Schichtdicke der Probe kann die Lawine sich nicht entwickeln, und die Durchschlagsfestigkeit nähert sich dem Werte 10^8 V/cm. Dieser Wert wird bei einer Schichtdicke von ungefähr 10^{-5} cm tatsächlich erreicht (Abb. 173).

Der Einfluß von inneren Spalten und Lücken besteht darin, daß die in ihnen befindlichen Elektronen wegen des längeren freien Weges leichter zu hohen Energiewerten gebracht werden

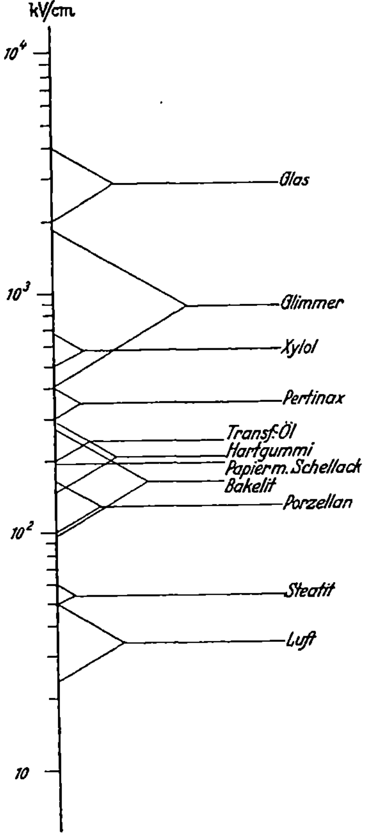

Abb. 172. Skala der Durchschlagsfestigkeit für verschiedene Isolierstoffe.

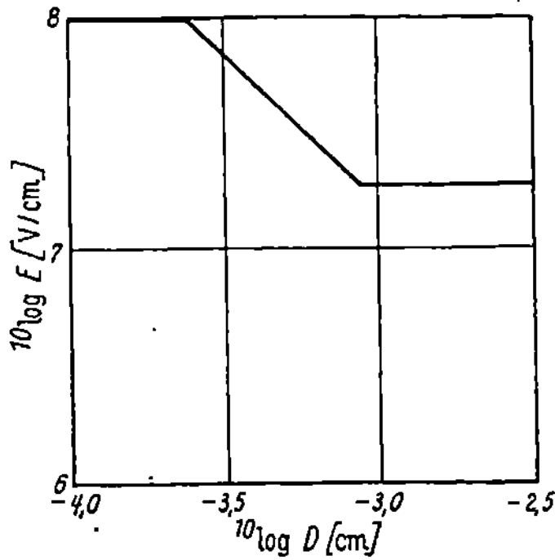

Abb. 173. Durchschlagsfestigkeit als Funktion der Schichtdicke des Prüfstoffes. (Nach JOFFÉ: Physics of Crystals.)

können, wodurch der Durchschlag gefördert wird. Auch besteht die Möglichkeit, daß sich in den inneren Lücken Dendriten aus metallischem Material formen als Folge etwaiger elektrolytischer Leitung; diese Metallbrücken schließen das Material teilweise kurz. Neben der ROGOWSKIschen Lawinentheorie sind noch andere Ansichten entwickelt worden, die sich mehr auf die Bewegung der Ionen als auf die Bewegung der Elektronen stützen[2].

---

[1] ROGOWSKI, W.: Arch. Elektrotechn. **23**, 569 (1930). Die Ladung der einzelnen Lawinen wurde gemessen von F. E. HAWORTH u. R. M. BOZORTH [Physics **5**, 15 (1934)].   [2] BÖNING, P.: Elektrische Isolierstoffe. 1938.

Besondere technische Bedeutung hat der Einfluß der Feuchtigkeit auf die Eigenschaften der elektrischen Isolierstoffe. Wenn wir die Gewichtsprozentzahl an Wasser gleich x setzen, ist der Widerstand R von Baumwollegespinst in Abhängigkeit von der Feuchtigkeit so zu schreiben:

$$\log R = -12,6 \log x + \text{const},$$

d. h. wenn die Prozentzahl x von 20 auf 2 zurückläuft, wächst der Widerstand in dem Verhältnis 1 zu $10^{12,6}$. Samtgespinst ist noch empfindlicher; hierfür beträgt der Exponent 16.

Doch ist die Leitfähigkeit noch nicht so groß wie der Betrag, den man unter der Annahme berechnet, daß alles Wasser sich auf dünne Kapillaren verteilt hätte. Dies dürfte wohl teilweise dem Umstande zu verdanken sein, daß ein Teil des Wassers molekular dispers gebunden wird, und zwar nach den üblichen Ansichten bei Baumwolle an die Zellulosemizellen, bei Samt an die Peptidemoleküle. Dieser festgebundene Teil des Wassers besorgt die Quellung des Materials. Das übrige Wasser soll

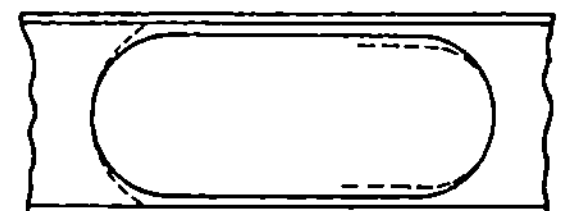

Abb. 174. Zum Mechanismus der Elektrizitätsleitung in Kapillaren nach EVERSHED. Gestrichelt: Form der Luftblase nach Anlegen eines elektrischen Feldes. (Nach SCHERING: Die Isolierstoffe der Elektrotechnik.)

nach den Ansichten EVERSHEDS[1] kapillar festgehalten werden, wobei sich in den Kapillaren außerdem noch Luftblasen befinden (Abb. 174). Zwischen einer Luftblase und der Kapillarwand befindet sich nur eine dünne Wasserschicht, deren Dicke durch die Oberflächenspannungen bestimmt wird und die im wesentlichen dafür sorgt, daß der Widerstand immerhin hoch bleibt. Beim Anlegen eines elektrischen Feldes ändern sich die Oberflächenspannungen (elektrokapillare Effekte), die Wasserhaut wird dicker, der Widerstand ist wesentlich spannungsabhängig (Abb. 175). Da außerdem die elektrokapillare Dickenänderung dem elektrischen Felde beträchtlich nacheilt, findet man bedeutende Nachwir-

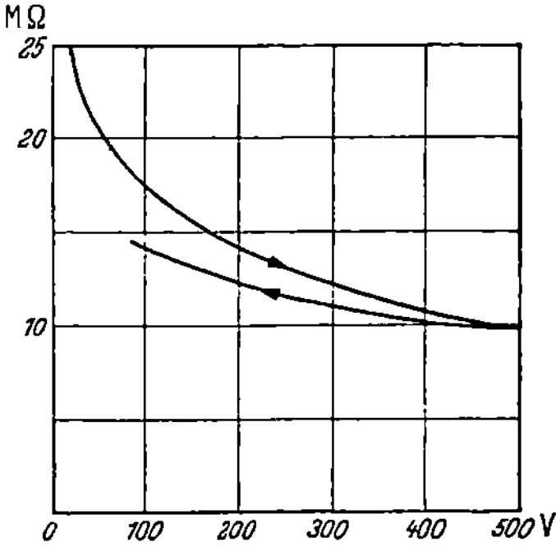

Abb. 175. Spannungsabhängigkeit des Widerstandes faseriger Isolierstoffe. (Nach SCHERING.)

kungseffekte und im Falle der Wechselspannung bedeutende dielektrische Verluste.

Die meisten nichtfaserigen Isolierstoffe zeigen Widerstandsänderungen infolge veränderlicher Feuchtigkeit, die wesentlich kleiner sind als die der Faserstoffe, und zwar ändert sich der Faktor, der den Widerstand kennzeichnet, von 10 bis 1000. Schellack ist merkwürdig konstant,

---

[1] J. Inst. electr. Engrs. **52**, 51 (1913).

Zelluloide, Schiefer, Marmor und Bakelit sind in dieser Reihenfolge in
steigendem Maße weniger konstant. Noch stärker macht sich das Wasser
in der Oberflächenleitfähigkeit bemerkbar. Keinen Einfluß zeigen was-
serabstoßende Stoffe wie Zeresin (Wachs), Paraffin, Schellack usw.;
diese Stoffe sind im allgemeinen dadurch charakterisiert, daß sie keine
dipoltragenden Gruppen im Molekül besitzen.

Das Einhalten engbegrenzter Temperatur- und Feuchtigkeitsverhält-
nisse wird in der elektrischen Industrie um so stärker nötig, je mehr
sich die Forderungen, die an die elektrotechnischen Apparate gestellt
werden, steigern. Man kommt mit einem sehr trockenen Fabrikklima
nicht aus, weil zu trockene Faserstoffe wegen ihrer Sprödigkeit schlechter
zu bearbeiten sind. Außerdem muß damit gerechnet werden, daß die
Apparate nachher unter anderen Feuchtigkeitsbedingungen in Betrieb
gesetzt werden müssen, wobei die Isoliermaterialien wegen des veränder-
ten Wassergehaltes nicht zu sehr schrumpfen oder sich dehnen dürfen.

Schließlich ist noch zu bemerken, daß das Wasser nicht die einzige
Sorge der elektrischen Industrie ist. Die meisten Stoffe enthalten Binde-
und Füllmittel, die sich beim Altern teilweise zersetzen; diese Zersetzung
wird bei dem bei höherer Temperatur stattfindenden Trockenprozeß
beschleunigt und hinterläßt Abbauprodukte, welche die elektrischen
Eigenschaften in sehr verwickelter Weise beeinflussen.

10. Elektrische Eigenschaften der Metalle.

Der spezifische Widerstand der Metalle wird durch kleine Mengen
Verunreinigungen bedeutend vergrößert, insbesondere durch solche Elemente, die sich in das Kristallgefüge
des reinen Metalls nicht einordnen
lassen (Abb. 176 bis 178). Nach dem
MATTHIESSENschen Gesetz ist diese
Widerstandszunahme unabhängig
von der Temperatur (Abb. 179).
Der Temperaturkoeffizient α des

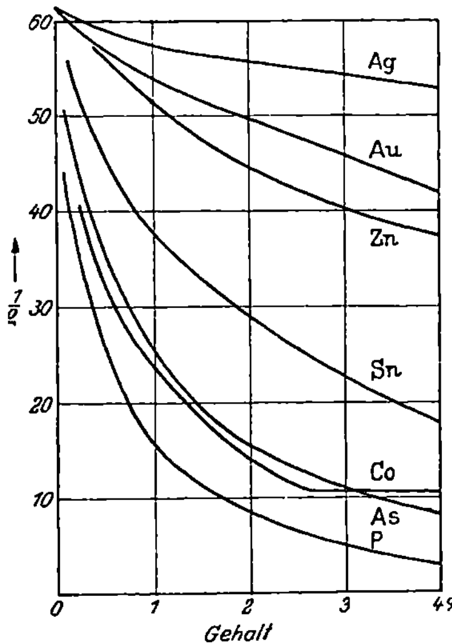

Abb. 176. Leitfähigkeit von Kupfer mit verschiedenen Beimengungen.

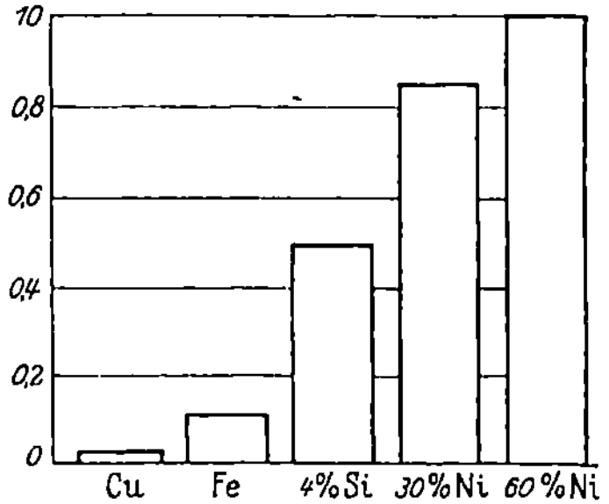

Abb. 177. Der Widerstand von Si- und Ni-Stahl
im Vergleich mit demjenigen des reinen Cu und Fe.

Widerstandes, der definiert wird durch:

$$R_t = R_0 \, (1 + \alpha t),$$

ist in gleichem Maße von den Verunreinigungen abhängig wie der Widerstand R_0 selbst. Das Produkt

$$\alpha R_0 = \frac{R_{100} - R_0}{100}$$

ist ja nach MATTHIESSEN konstant Da α aber leichter gemessen werden kann (man braucht ja nur relative Widerstandsmessungen vorzunehmen), ist der Wert von α ein praktischer Maßstab für die Reinheit der Metalle

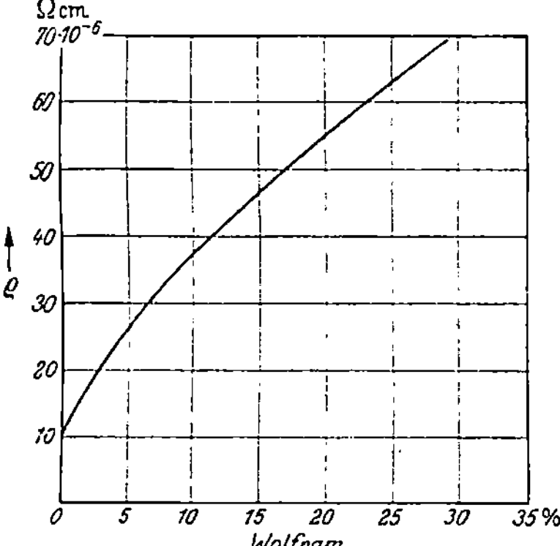

Abb. 178. Spezifischer Widerstand von Thorium mit Wolframzuschlägen.

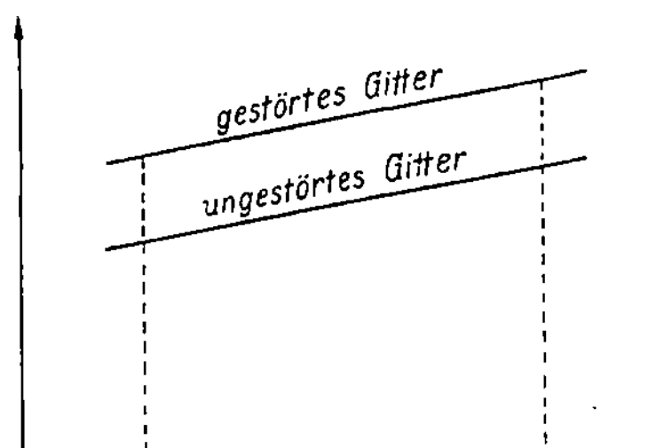

Abb. 179. Das MATTHIESSENsche Gesetz.

geworden. Die folgende Tabelle gibt die Werte von α für die reinsten bis jetzt hergestellten Metalle an; es sind die Höchswerte; für verunreinigtes Metall ist α stets niedriger.

α verschiedener Metalle. (Nach v. ARKEL: Reine Metalle.)

Metall	$\alpha \cdot 10^5$	Metall	$\alpha \cdot 10^5$	Metall	$\alpha \cdot 10^5$	Metall	$\alpha \cdot 10^5$
Li	490	Ti	425	Re	311	Au	392
Na	546	Zr	440	Fe	560	Zn	410
K	∞ 542	Hf	440	Co	∞ 658	Cd	420
Rb	∞ 530	Va	348	Ni	∞ 690	In	490
Cs	503	Nb	∞ 395	Pt	392	Th	517
Be	667	Ta	364	Pd	368	Sn	∞ 460
Mg	∞ 430	Mo	473	Rh	436	Pb	400
Ca	417	Wo	482	Os	420	As	∞ 479
Sr	383	U	210	Cu	433	Sb	510
Al	430	Mn (γ)	530	Ag	391	Bi	∞ 400

Ähnlichen Einfluß wie Verunreinigungen hat die Anwesenheit innerer Spannungen infolge Kaltbearbeitung[1]. Hartgezogener Wolframdraht

---

[1] GEISS, W., u. J. A. M. v. LIEMPT: Z. Physik **41**, 867 (1927).

z. B. hat einen Temperaturkoeffizienten, der weniger als die Hälfte des für das rekristallisierte Material geltenden Temperaturkoeffizienten beträgt (Abb. 180). Spannungseffekt und Verunreinigungseffekt sind dadurch zu trennen, daß der erstere durch thermische Erholung zum Verschwinden gebracht wird.

Die für die thermometrischen Fixpunkte benutzten Metalle (Gold, Platin) sollen den richtigen Wert von α besitzen. Ist α zu niedrig, so braucht das noch nicht einen zu niedrigen Schmelzpunkt anzukündigen, denn der zu kleine α-Wert kann vollkommen den inneren Spannungen zuzuschreiben sein.

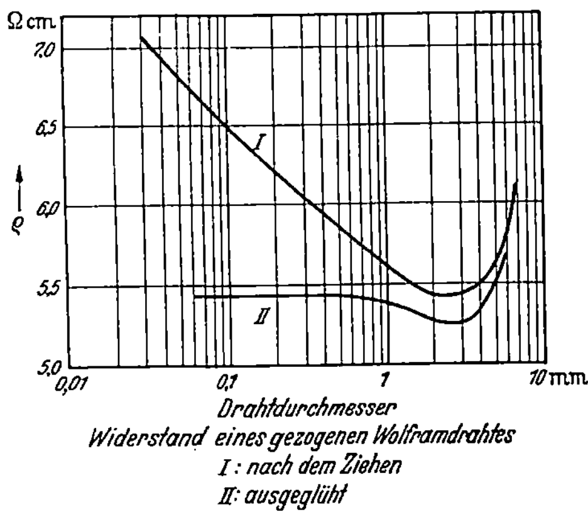
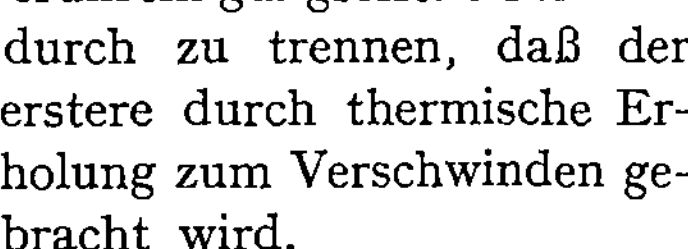

Abb. 180. Widerstand von gezogenem Wolframdraht. *I* Nach dem Ziehen; *II* ausgeglüht.

Strukturbedingt sind auch die thermoelektrischen Eigenschaften (Abb. 181 u. 182). Siehe auch Kap. X. Zwei Eisenproben zeigen im allgemeinen in bezug aufeinander eine bedeutende thermoelektrische Kraft, sogar dann, wenn es sich um zwei Stücke einer und derselben Drahtrolle handelt. Ein gespannter Draht zeigt eine Thermokraft

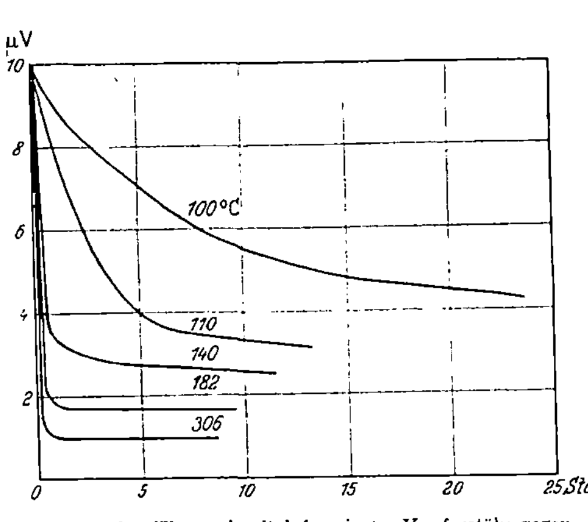

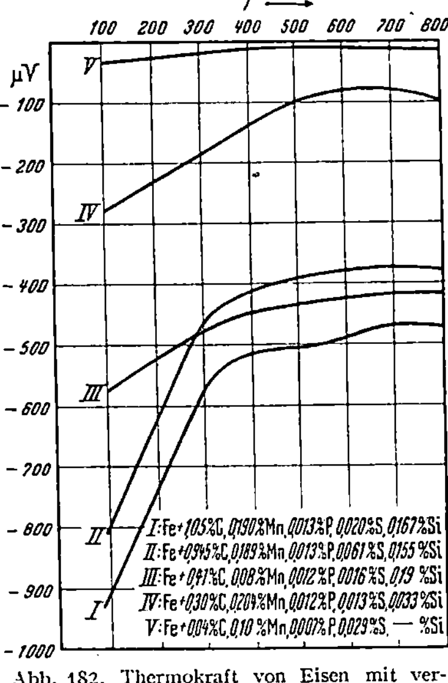

Abb. 181. Thermokraft deformierter Kupferstäbe gegenüber rekristallisiertem Kupfer nach Ausglühen. [Nach BRANDSMA: Z. Physik 48 (1928).]

Abb. 182. Thermokraft von Eisen mit verschiedenen Zuschlägen als Funktion der Temperatur; gemessen gegenüber Blei.

gegenüber einem ungespannten Draht gleicher Beschaffenheit. Umgekehrt findet man beim Stromübergang von einer Probe zu einer zweiten desselben Metalls im allgemeinen eine Peltier-Wärmetönung, und dies bei örtlich verschiedener Struktur sogar in einem zusammenhängenden Stück des Stoffes.

Noch größere Schwankungen in der Thermokraft findet man zwischen einem Metall und einem Halbleiter. Dies wird unmittelbar klar, wenn wir bedenken, daß nach S. 128 die elektrischen Eigenschaften des Halbleiters von den etwa anwesenden Fremdstoffen abhängen, die nach Art und Menge so verschieden sein können, daß es kaum möglich ist, einen Wert für die Thermokraft Metall-Halbleiter anzugeben.

11. Zugfestigkeit und Zähigkeit.

Man hat die Zerreißfestigkeit von Kristallen des NaCl-Typus theoretisch zu 20000 kg/cm² bei einer Höchstdehnung von 14% berechnet[1]. In Wirklichkeit hat man aber Werte zwischen 10 und 60 kg/cm² gemessen. Zuerst hat GRIFFITH[2] eine strukturtheoretische Erklärung für die kleinen empirischen Werte der Zerreißfestigkeit gegeben, indem er darauf aufmerksam machte, daß kleine Querrisse zu ungewöhnlich hohen örtlichen Spannungen am Ende des Risses Anlaß geben, wo-

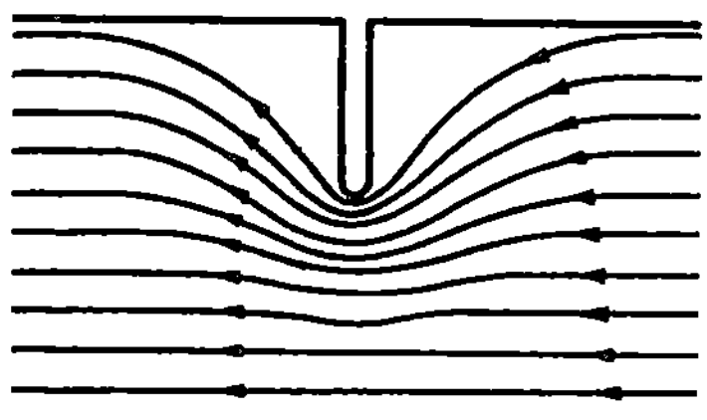

Abb. 183. Zur GRIFFITHschen Rißtheorie.

durch ein Weiterreißen des Körpers sehr leicht möglich ist. Innere Risse von einem Zehntelmikrometer und kürzer würden die Zerreißfestigkeit bis zum empirischen Wert herabsetzen (Abb. 183).

JOFFÉ[3] hat dünne Kristallblättchen hergestellt und gemessen, daß die Zugfestigkeit für Dicken von 1 Mikron und weniger zunimmt, was ebenfalls dazu führt, für die Risse Abmessungen von 0,01 bis 0,1 Mikron anzunehmen.

Die Zerreißfestigkeit von Glas ist durch die Annahme von Rissen zu deuten, die 500 Å lang sind und 0,5 μ Abstand voneinander haben. GRIFFITH hat Glasfasern hergestellt, die stärker sind als Stahl, indem er die Glasschmelze unter Strecken abkühlen ließ, wodurch die Bildung der inneren Risse verhindert wurde. Dieser Effekt muß auch wirksam sein bei der Kühlung von Metalldrahteinschmelzungen in Glas, wobei rechnerisch Zugspannungen auftreten, die unter normalen Umständen von Glas nicht ausgehalten werden könnten.

Beim Streckprozeß treten im Material Schubspannungen auf, die am stärksten sind in Ebenen, die zur Zugrichtung um 45° geneigt sind, und

---

[1] ZWICKY, F.: Physik. Z. **24**, 131 (1923). — SMEKAL, A.: Ergebn. exakt. Naturw. **15**, 110 (1936).

[2] GRIFFITH, A. A.: Trans. roy. Soc. Lond. **221**, 163 (1920).

[3] JOFFÉ, A.: The physics of crystals (1928).

es tritt in diesen Richtungen ein Gleiten auf. Dieser Prozeß wird einerseits durch die Eigenschaft leichter Verschiebbarkeit der sog. Disloka-

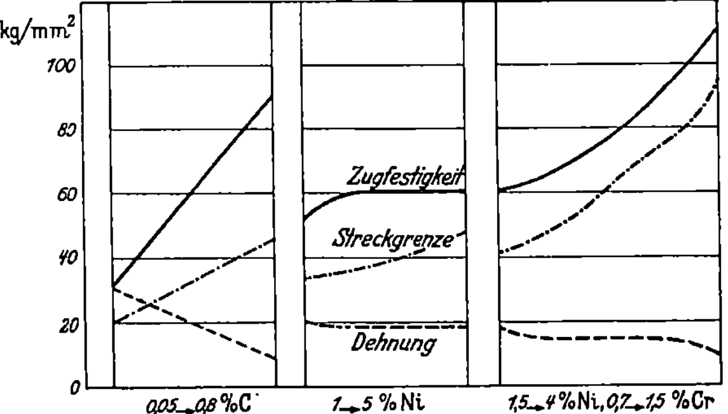

Abb. 184. Zugfestigkeit, Streckgrenze und Dehnung von Eisen mit geringen Zusatzmengen.

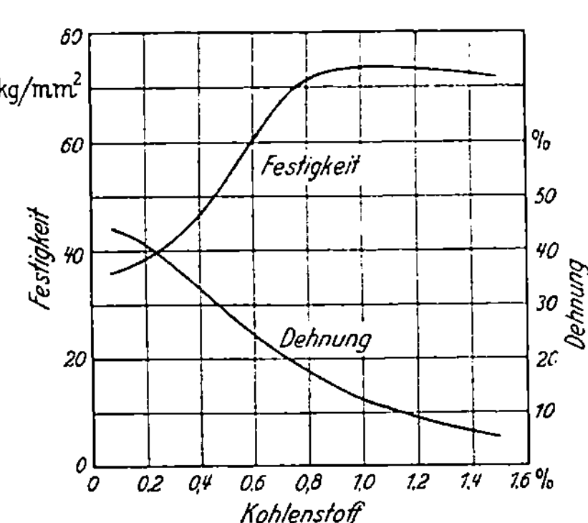

Abb. 185. Festigkeit und Bruchdehnung von Stählen. (Nach Schäfer.)

tionen erleichtert[1]. Anderseits setzen Fremdatome, Kristallgrenze, Einschließungen von Fremdstoffen usw. die Gleitfähigkeit der Metallkristalle herab. Die Fließgrenze ist hierdurch strukturbedingt (Abb. 184 u. 185). Bei fortgesetzter Deformation wird offenbar die Zahl der beweglichen Dislokationen verringert, denn es tritt Verfestigung ein; durch thermische Erholung sinkt der Wert der Fließgrenze wieder ab. Die Verfestigung sowie die thermische Erholung sind sowohl bei Metallen wie auch bei den heteropolaren Salzen festgestellt worden.

Die Härte, wie sie nach der Methode von BRINELL (Kugeleindruck) bestimmt wird, ist ein Maß für die kritische Schubspannung (Abb. 186) und in Anlehnung an das oben Gesagte bezüglich der Fließgrenze also auch strukturbedingt.

Stoffe, die eine bedeutende Verformung erleiden, bevor sie brechen, nennt man „zähe". Im allgemeinen sind die Me-

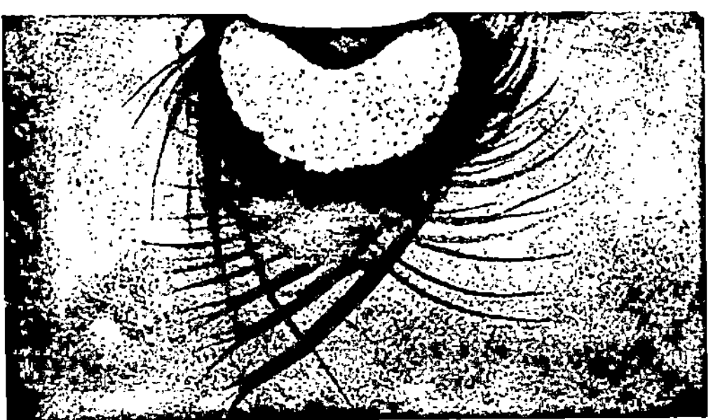

Abb. 186. Die Kugeldruckhärte wird von der kritischen Schubspannung bedingt. (Nach Moser: Kesselbaustoffe.)

---

[1] Siehe S. 183.

talle viel zäher als die heteropolaren Kristalle. Dies hängt wohl damit zusammen, daß bei den Metallen ein Gleiten um einen einzigen Gitterplatz wieder zu einer Gleichgewichtslage führt, während bei den Salzen wegen des abwechselnden Auftretens positiver und negativer Ionen immer ein Doppelsprung gefordert wird. Die Bruchdehnung erreicht bei Salzen höchstens 1 % der Länge, bei metallischen Proben aber kann sie bis zu 50 % steigen.

Diese Zähigkeit hängt mit den gewerblichen Verarbeitungsmöglichkeiten eng zusammen. Von vielen Metallen waren lange Zeit kalt bearbeitbare Proben unbekannt; erst nachdem die metallurgischen Fort-

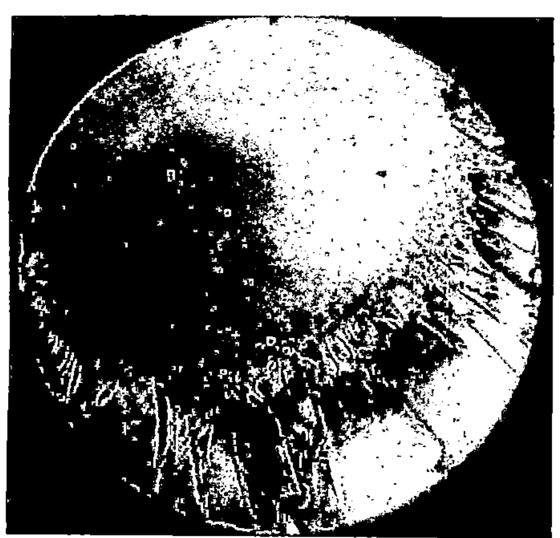 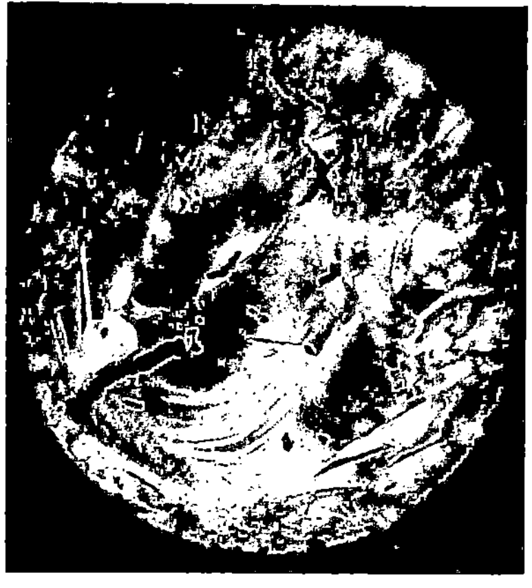

a   b

Abb. 187 a u. b. Bruch eines Glasstäbchens bei langsamer (a) und schneller (b) Zunahme der Belastung. (Nach APELT.)

schritte genügend reine Proben herzustellen gestatteten, erhielt man das streckbare Material. (Beispiele: Wolfram, Titan, Zirkon usw.) Kennzeichnend für den Einfluß der Beimischungen auf die Zähigkeit ist die so viel kleinere Bruchdehnung des Gußeisens (3 % C, 5 % Dehnung) gegenüber der des Flußeisens (0,1 % C, 50 % Dehnung) (Abb. 185).

Es ist nicht möglich, die Stoffe scharf in zähe und spröde einzuteilen. Die Dinge liegen vielmehr so, daß oberhalb der Erholungstemperatur jedes Material zähe wird. Der Begriff „Erholungstemperatur" ist weiterhin noch sehr unbestimmt. Bei jeder Temperatur findet Erholung statt, nur geht es bei den höheren Temperaturen schneller. Ob ein spröder oder ein zäher Bruch entsteht, ist daher auch noch von der Geschwindigkeit des Gleitens und der Verfestigung abhängig (Abb. 187). Das bei Zimmertemperatur so spröde Glas zeigt nach lange andauernder Belastung wohl deutlich den Gleitmechanismus. Umgekehrt kann man mit einem Ruck sehr leicht einen Bleifaden ohne merkliches Abgleiten zerreißen.

Nicht nur die für das Gleiten benötigte kritische Schubspannung ist von dem Verformungsgrad abhängig, sondern auch die für den spröden Bruch verantwortliche Kohäsionskraft ändert sich. Die Gleitverformung hat die Neigung, innere Risse auszufüllen, wodurch die Kohäsion verbessert wird. Die mit der Verformung verbundene Aufteilung der Kristalle in kleinere Fragmente führt dagegen zu einer Herabsetzung der Trennkräfte. Nach KUNTZE[1] gilt für Flußstahl die Abb. 188. Sobald die Trennfestigkeit den Wert der Gleitfestigkeit erreicht, tritt ein Gewaltbruch ein.

Ob ein spröder oder zäher Bruch erfolgt, hängt weiter noch von dem Belastungszustand ab. In den Fällen allseitigen Streckens oder allseitigen Druckes treten gar keine Schubspannungen auf, und hier muß jedes Material spröde Brüche zeigen, sei es auch noch so zäh.

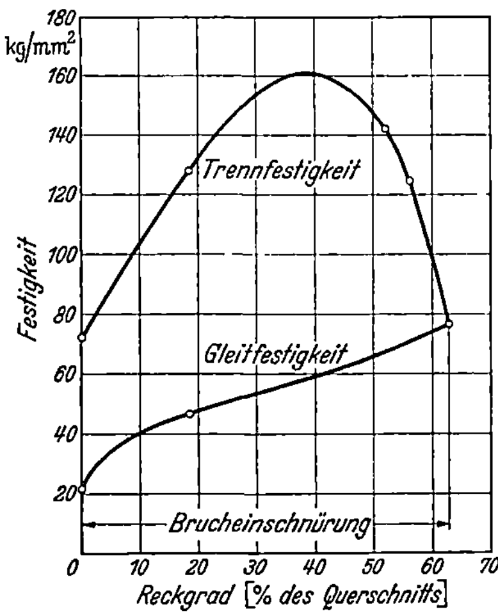

Abb. 188. Abhängigkeit der Trennfestigkeit und Gleitfestigkeit vom Streckgrad beim Zugversuch mit Flußstahl. (Aus E. SIEBEL: Handb. Werkstoffprüfung II.)

12. Materialermüdung.

Ein bemerkenswerter Zustand der Materie, im besonderen der Metalle, ist der Zustand der Ermüdung, in den die Materie durch wiederholte Anwendung (z. B. eine Million mal) einer Spannung gelangt. Die wichtigsten Kennzeichen dieses Zustandes sind stark erniedrigte Bruchspannung (Abb. 189), sprödes Verhalten beim Bruch und stark vergrößerte innere mechanische Dämpfung.

Man hat röntgenographisch verfolgen können, daß während des Ermüdungsprozesses ein Abbau der Metallkristalle stattfindet, bis Fragmente der Größenordnung 10^{-5} bis

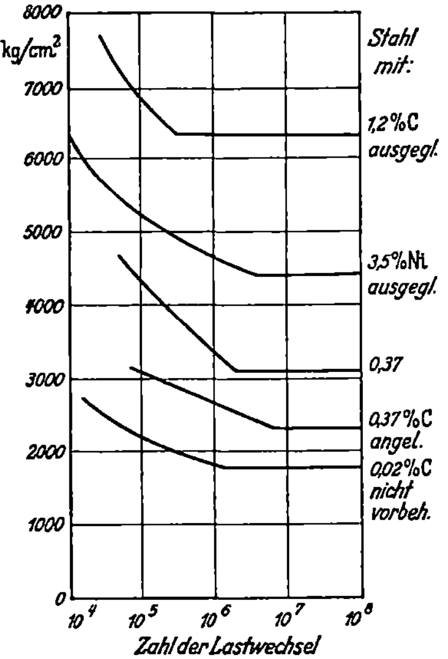

Abb. 189. Bruchspannung in Abhängigkeit von der Zahl der Wechselbelastungen (nach SWAIN) für verschiedene Stähle.

---

[1] KUNTZE, W.: Z. Metallkde. 22, 14 (1930) — Derselbe in E. SIEBEL: Handb. der Werkstoffprüfung 2, 712 (1939).

10^{-4} cm entstanden sind[1]. Nachher werden diese Kristalle gemäß der Verwaschenheit der Röntgenlinien stark gestört; die Gleitfestigkeit nimmt dadurch stark zu, während die Trennfestigkeit infolge der Kristallzerrüttung herabgesetzt ist. Das Material wird also spröde. Im kaltbearbeiteten, feinkristallinischen Material tritt zwar kein weiterer Abbau der Kristalle auf, wohl aber eine weitergehende Störung mit entsprechender Kohäsionserniedrigung und Gleitverfestigung. Die strukturellen Änderungen sind denen sehr ähnlich, die bei dem statischen Zerreißversuch auftreten. Nur erfolgen sie bei Dauerwechselbeanspruchung schon bei Belastung weit unterhalb der statischen Bruchgrenze. Auch bei der Wechselbeanspruchung ist eine Verzögerung des Störprozesses infolge von Verfestigung festzustellen. Diese Verfestigung geht aber nicht so weit, daß der Prozeß völlig zur Ruhe kommt, wie es beim statischen Streckversuch der Fall ist. Es scheint, daß die fortdauernde Wechselbelastung eine ähnliche Wirkung hat wie eine Temperaturerhöhung und die Verfestigung ausgleicht. Zwar tritt bei genügend niedriger Belastung keine Ermüdung auf; in diesen Fällen hat man röntgenographisch auch keine Strukturänderungen beobachten können.

13. Ferromagnetische Eigenschaften.

Von den magnetischen Eigenschaften sind die Sättigungsmagnetisation und der Curiepunkt nicht strukturbedingt. Zwar ändern sie sich bei Hinzufügung fremder Elemente; der Betrag der Änderung ist aber nicht unerwartet groß. Dagegen lassen sich diejenigen Eigenschaften, welche die Form der Hysteresisschleife bestimmen, weitgehend von der jeweiligen Struktur beeinflussen. Meistens wählt man als kennzeichnende Eigenschaften die maximale relative Permeabilität μ_r oder μ_{max}, die Anfangspermeabilität μ_a, die Remanenz B_r und die Koerzitivkraft H_c (Abb. 190). Für reines Eisen hat man die relative Permeabilität $\mu_r = 340000$ gemessen. Ein Zusatz von 0,004% Kohlenstoff setzt μ_r bis auf 90000 herab; bei 0,01% Kohlenstoff ist nur noch $\mu_r = 25000$ übriggeblieben (Abb. 191, vgl. für Handelsmetall Abb. 192).

Für den Gebrauch als elektromagnetisches Kernmaterial soll die Permeabilität des Eisens groß sein, die Koerzitivkraft und die Remanenz dagegen niedrig. Anderseits sollen für permanente Magnete die Koerzitivkraft und die Remanenz groß sein. In dieser Hinsicht ist wichtig, daß innere Spannungen eine große Koerzitivkraft und eine kleine Permeabilität erzielen. Je nach den Bedürfnissen muß man also möglichst spannungsfreies oder möglichst verspanntes Material herstellen. Die Erfolge,

---

[1] SMITH, H. A.: Physics 5, 412 (1934). — GOUGH, H. J., u. W. A. WOOD: Proc. roy. Soc., Lond. A 154, 510 (1936); 165, 358 (1938). — WOOD, W. A., u. P. L. THORPE: Proc. roy. Soc., Lond. A 174, 310 (1940). — WEVER, F., u. H. MÖLLER: Naturwiss. 25, 449 (1937).

die in den letzten Jahren nach beiden Seiten errungen worden sind, hat
man durch sinngemäße Kombination von thermischer Behandlung,

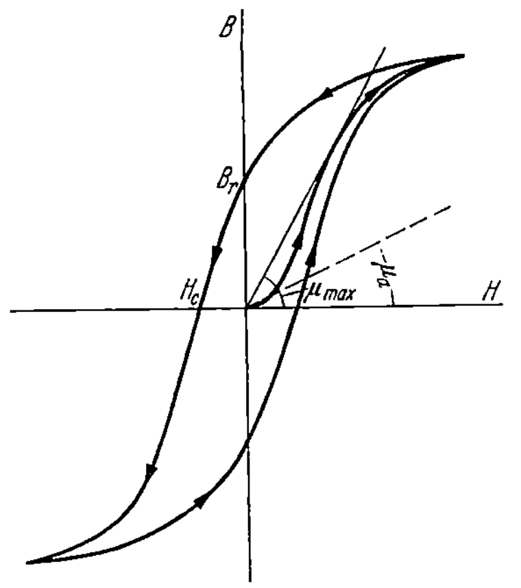

Abb. 190. Die Hysteresiskurve.
μ_{max} = maximale Permeabilität, μ_a = Anfangspermeabilität, B_r = Remanenz, H_c = Koerzitivkraft.

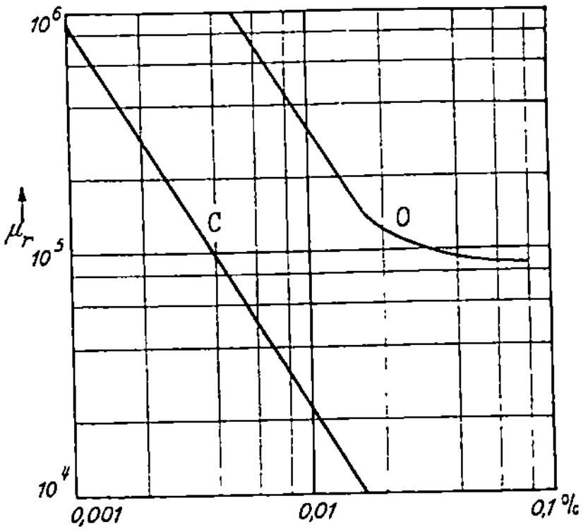

Abb. 191. Die maximale Permeabilität von Eisen
in Abhängigkeit vom C- und O-Gehalt. (Nach
CLEAVES and THOMPSON: The metal iron.)

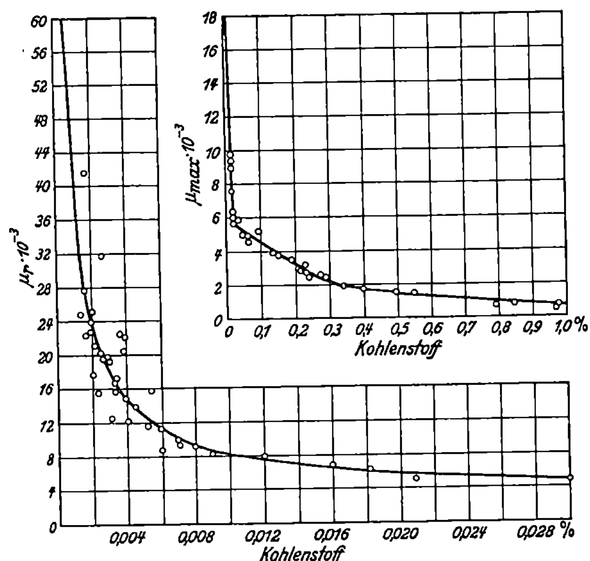

Abb. 192. Die Permeabilität von kohlenstoffhaltigem Eisen. [Nach YENSEN: Trans. Amer. Inst. electr.
Engrs. 43 (1924).]

mechanischer Beanspruchung und Zusatz von Fremdelementen erreicht
(Abb. 193 bis 195). Der Einfluß der drei hier genannten Faktoren
ergibt sich klar aus den allgemeinen metallographischen Erkenntnissen[1]

---

[1] Siehe Kapitel VIII.

über den Zusammenhang der inneren Spannungen und der Härte mit der Temperaturbehandlung, der Kaltbearbeitung und der Ausscheidung von Fremdstoffen.

Betrachten wir z. B. die Invarlegierung 45 Fe, 45 Ni, 10 Cu, die flächenzentriert kristallisiert. Bei diesem Stoffe findet beim Anlassen

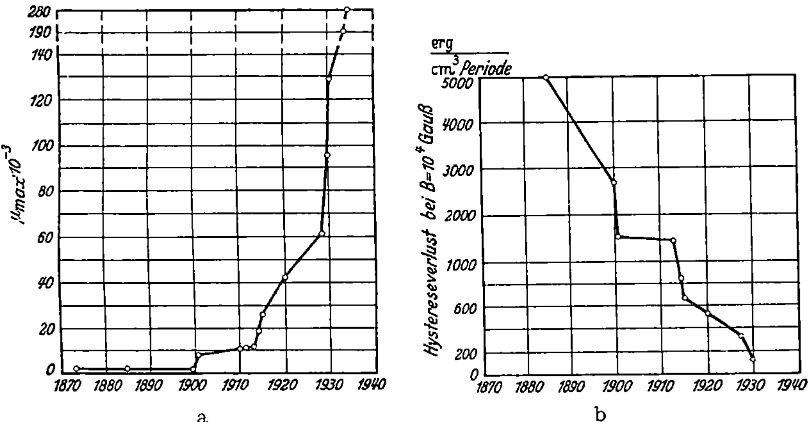

Abb. 193a u. b. Fortschritte in der Herstellung von Eisen mit großer Permeabilität und kleinen Verlusten. [Nach YENSEN: Physic. Rev. **39** (1932).]

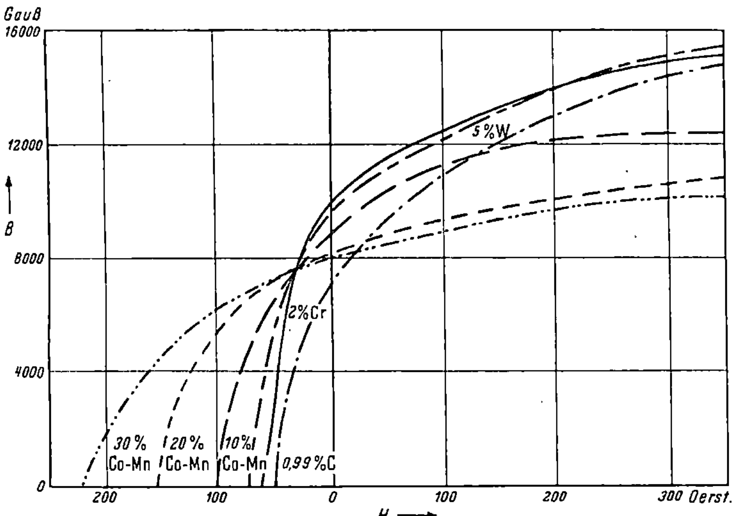

Abb. 194. Die *HB*-Kurve für Eisen mit verschiedenen Zusätzen.

Ausscheidung von freiem Kupfer statt, wodurch Härtung des Materials eintritt und folglich große Koerzitivkraft sowie kleine Permeabilität. Bei genügend lange anhaltendem Glühen verschwinden die Spannungen wieder, während das Material rekristallisiert. Man kann daher, wenn man dasselbe Ausgangsmaterial zugrunde legt, zu ganz verschiedenen magnetischen Eigenschaften kommen. Für den genannten Stoff wird angegeben[1]:

a) Warmgewalzt und abgeschreckt: $\mu_r = 1200$; $H_c = 0{,}4$ Oerst.

b) Nachheriges Anlassen (Härtung durch Ausscheiden von Cu): $\mu_r = 300$; $H_c = 1{,}4$ Oerst.

c) Kaltgewalzt: $\mu_r = 60$; $H_c = 7$ Oerst.

d) Kurze Zeit angelassen (Spannungen weggenommen): $\mu_r = 200$; $H_c = 6$ Oerst.

e) Längere Zeit geglüht (Ausscheidungshärtung): $\mu_r = 100$; $H_c = 12$ Oerst.

f) Noch längeres Glühen (Rekristallisation): $\mu_r = 2000$; $H_c = 0{,}5$ Oerst.

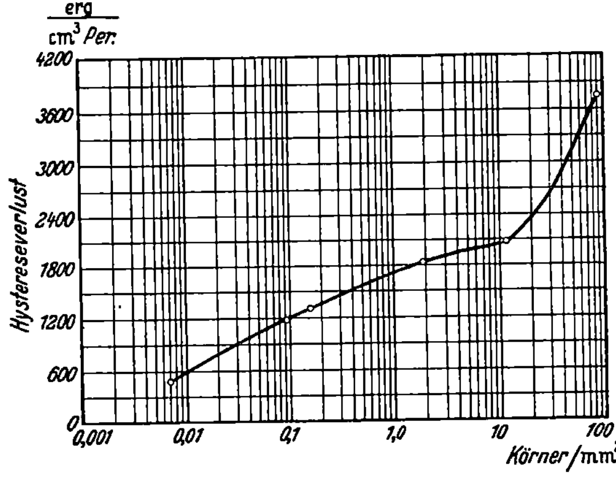

Abb. 195. Hysteresisverluste als Funktion der Korngröße. [Nach K. HONDA u. S. KAYA: Sci. Rep. Sendai 15 (1926).]

Der Grund für den Unterschied der Werte von μ_r in a) und f) dürfte darin zu finden sein, daß bei f) die Kristallite in günstiger Richtung geordnet sind, bei a) dagegen regellos liegen.

Materialien mit besonders großer Koerzitivkraft ($H_c = 300$ Oerst) sind die Mishima-Stähle (z. B. 62 Fe, 26 Ni, 12 Al) und die FeCoMo-Legierungen (z. B. 68 Fe, 15 Co, 17 Mo), die durch Ausscheidungshärtung bei ganz bestimmten Temperaturen entstehen.

Völlig spannungsfreies magnetisches Material ist fast nicht zu erhalten. Dies hängt mit dem Effekt der Magnetostriktion zusammen, nach dem Nickel sich beim Magnetisieren verkürzt, Eisen sich anfänglich verlängert (Abb. 196). Das ferromagnetische Material ist nach WEISS aus Elementargebieten aufgebaut, deren jedes ungefähr 10^{15} Atome enthält, die immer völlig magnetisiert sind. Im unmagnetisierten Stoffe

---

1 BUMM, H., u. H. G. MÜLLER: Wiss. Veröff. Siemens 17, 14 (1938).

sind diese Gebiete willkürlich gelagert: das Material sei spannungsfrei. Bei Magnetisierung klappen die Weißbezirke in eine andere Magnetisierungslage um; dabei wünschen sie ihre Dimensionen zu ändern, und zwar jedes für sich in anderem Ausmaße, je nach der Orientierung in bezug auf das magnetische Feld; das Material wird innerlich gespannt, was einen Beitrag zur Koerzitivkraft liefert. Permalloy ($FeNi_3$) ist eine Legierung, die fast keine Magnetostriktion zeigt und daher samt

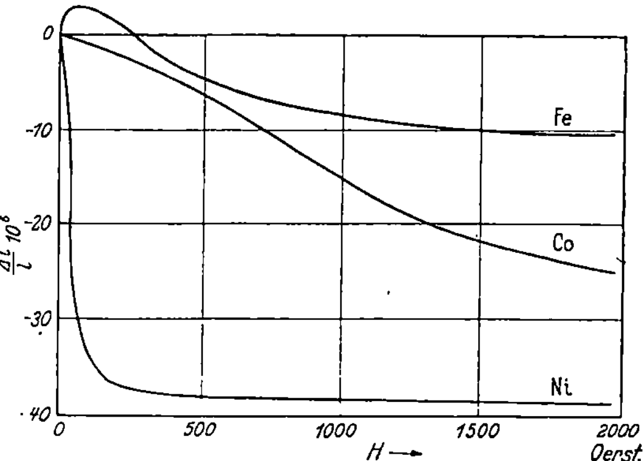

Abb. 196. Die Magnetostriktion quasiisotroper Stoffe.

ihren Kupferlegierungen zu den höchstpermeabeln Stoffen gehört.

14. Die Permeabilität.

Das Studium der ferromagnetischen Erscheinungen ist für die Kenntnis der Struktur darum so wichtig gewesen, weil man auf diesem Weg Einsicht in die Größenordnung der inneren Spannungen gewonnen hat.

Sei λ die magnetostriktive spezifische Verlängerung des longitudinal magnetisierten gesättigten Materials in bezug auf das unmagnetisierte jungfräuliche Material und E der Elastizitätsmodul des Stoffes, dann haben die inneren elastischen Spannungen die Größenordnung λE, und die Energiedichte dieser Verspannungen hat die Größenordnung $\frac{1}{2}\lambda^2 E$. Vorzeichen und Richtung dieser inneren Spannungen wechseln, sie sind für jeden Weißbezirk verschieden. Die Periodizität oder die Wellenlänge, die man diesen Änderungen zuschreiben will, wird also von den Abmessungen der Weißbezirke bestimmt und hat die Größenordnung 1 bis 10 μ.

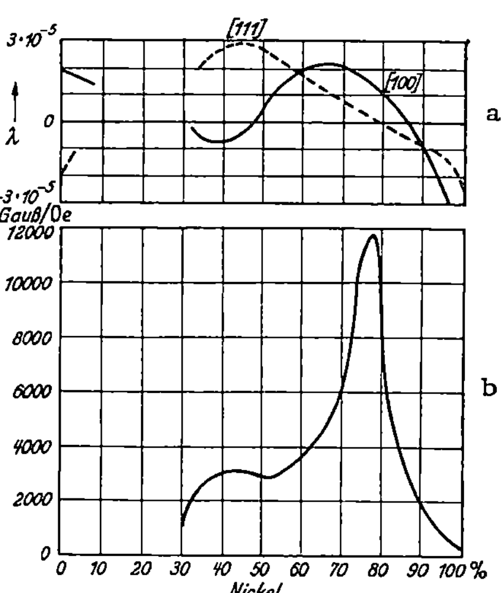

Abb. 197. Beziehung zwischen Magnetostriktion (a) und Permeabilität (b) bei Fe-Ni-Legierungen. [Nach KERSTEN: ETZ **60** (1939).]

Da λ und E an makroskopischen Proben leicht zu messen sind, ist die Größenordnung der inneren Spannungen bei übrigens spannungsfreien, magnetisierten Stäben bekannt. Durch Übergang auf Material mit anderen λ und E kann man die Spannung willkürlich ändern und dann die Permeabilität μ und die Koerzitivkraft als Funktion der Spannung studieren.

So zeigt Abb. 197a den Verlauf der spezifischen magnetostriktiven Verlängerung bei der magnetischen Sättigung von Eisen-Nickel-Legierungen; Abb. 197b zeigt den Verlauf der Anfangspermeabilität μ_a *. Die Korrelation im Verlauf der beiden Kurven ist auffallend; die magnetostriktiven Spannungen müssen überwiegenden Einfluß haben. Zu bemerken ist, daß (für die Zusammensetzung 50 Fe, 50 Ni) eine Abnahme der Werte von μ auf 3000 von einer

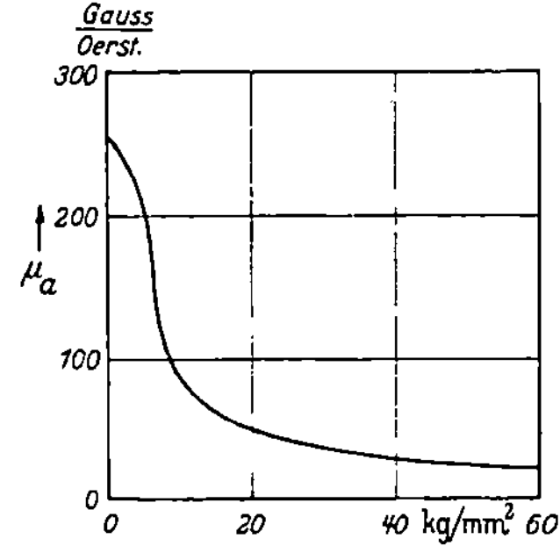

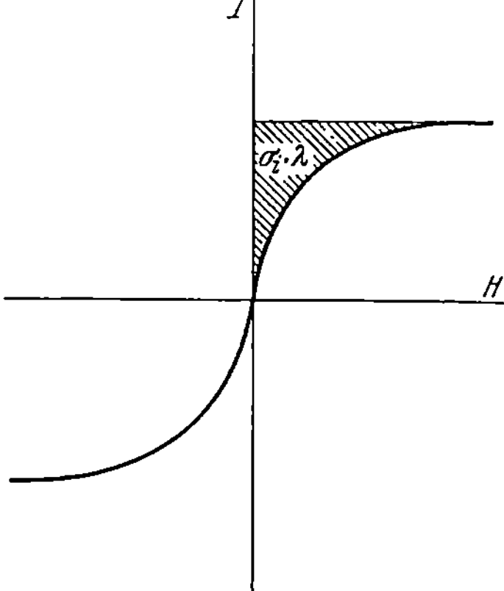

Abb. 198. Anfangspermeabilität von Nickel bei verschiedenen mechanischen Spannungen.

Abb. 199. Zur Abschätzung der Permeabilität.

Eigenspannung $\lambda E \approx 10^7$ erg/cm³ $(\lambda \approx 10^{-5}; E \approx 10^{12}$ erg/cm³$)$ oder 0,1 kg/mm² bewirkt wird, der spezifische Energieinhalt beträgt für diese Legierung $\tfrac{1}{2}\lambda^2 E \approx 50$ erg/cm³ $= 0,5 \cdot 10^{-5}$ Joule/cm³.

Die hier berechnete innere Spannung ist klein in bezug auf praktisch vorkommende äußere mechanische Spannungen (0,1 kg/mm² gegenüber etwa 10 kg/mm²). Abb. 198 zeigt den Verlauf der μ_a für Nickel bei größeren, außen angelegten Spannungen. Sie lehrt, daß im unbelasteten Zustand im Nickel Restspannungen der Größenordnung 1 kg/mm² übrigbleiben. Dieser Betrag überschreitet den oben für die Magnetostriktionsspannungen berechneten nicht erheblich und steht mit dem größeren λ für reines Nickel im Einklang.

Es ist weiterhin ein merkwürdiger experimenteller Befund[1], daß die umkehrbare Magnetisierungsenergie, die in Abb. 199 schraffierte Fläche, im Falle äußerer Belastung mit der Spannung σ ungefähr den Betrag $\tfrac{1}{2}\sigma\lambda$ annimmt; d. h. man findet die angewandte elektrische Energie in der Form mechanischer potentieller Energie wieder. Umgekehrt läßt sich daher bei Abwesenheit äußerer mechanischer Spannungen diese

---

* Für die Definition von μ_a vgl. man Abb. 190, S. 144.
[1] Kersten, M.: Z. Physik **71**, 553 (1931).

Magnetisierungsenergie zur Berechnung der inneren Spannungen σ_i benutzen, falls λ bekannt ist.

Da die Magnetisationsenergie der Größenordnung nach gleich $\frac{1}{2} B_s^2/\mu$ * ist, wo B_s die Sättigungsinduktion bedeutet, entsteht durch Gleichsetzen dieses Betrages mit $\frac{1}{2} E\lambda^2$ für μ die Gleichung[1]:

$$\mu \approx \frac{1}{E}\left(\frac{B_s}{\lambda}\right)^2$$

bzw. im Falle nichtmagnetostriktiver innerer Spannungen, durch Gleichsetzen von $\frac{1}{2} B_s^2/\mu$ mit $\frac{1}{2}\sigma_i\lambda$:

$$\mu \approx \frac{B_s^2}{\sigma_i\lambda}.$$

15. Die Koerzitivkraft.

Die Koerzitivkraft ist die magnetische Erregung, die für das Umklappen der WEISSschen Bezirke benötigt wird.

Seit den Versuchen von SIXTUS und TONKS[2] weiß man, daß der Mechanismus der Umklappung nicht darin besteht, daß die sämtlichen atomaren Magnete zu gleicher Zeit umklappen, sondern der Umklappprozeß beginnt bei einem bestimmten Keim und pflanzt sich dann fort (Abb. 200). SIXTUS und TONKS arbeiteten mit gestreckten Drähten und maßen die für die Fortpflanzung benötigte Minimumfeldstärke. Zwischen dem bereits umgeklappten und dem noch nicht umgeklappten Teile des Materials befindet sich eine

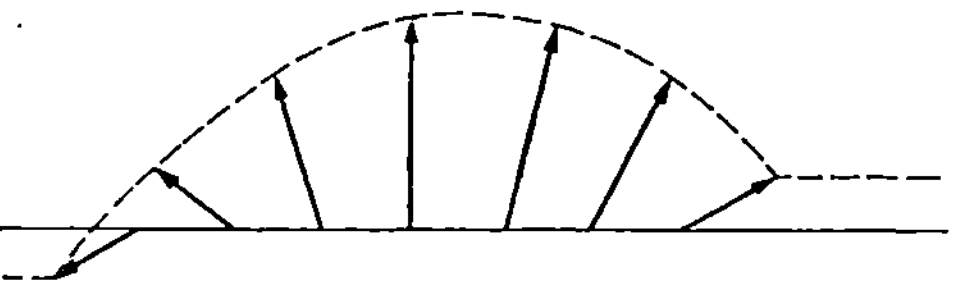

Abb. 200. Richtungsänderung der Magnetonen innerhalb der BLOCHschen Wand.

Übergangszone, die sog. „BLOCHsche Wand" (Abb. 200), wo eine örtlich kontinuierlich verteilte Richtungsänderung auftritt. Die mitten in der Wand liegenden Teilchen sind so geordnet, daß sie wegen der Magnetostriktion örtliche Dehnungen hervorrufen (Abb. 201) und eine örtliche Energiedichte $\approx E\lambda^2$ bewirken. Bestehen schon von vornherein andere innere Spannungen vom Werte σ_i (Abb. 202), so muß gegen diese Spannungen eine Energie $\approx\sigma_i\lambda$ je Volumeneinheit aufgebracht

---

* Bei Benutzung praktischer Einheiten: H in A/m, B in Vsec/m², $\mu = \mu_r \cdot \mu_0$, wo μ_r die relative Permeabilität des Stoffes und μ_0 die absolute Permeabilität des Vakuums ($\mu_0 = 4\pi \cdot 10^{-7}$ Vsec/Amp m). Im praktischen Einheitensystem werden E und σ ausgedrückt in Joule/m³. Bei Benutzung von cgs-Einheiten (B in Gauss; H in Oersted) ist die Energie $\frac{1}{8\pi} B_s^2/\mu$. In diesem Fall ist $\mu_0 = 1$ Gauss/Oerst, also μ numerisch gleich μ_r. E und σ müssen ausgedrückt werden in erg/cm³.

[1] BECKER, R.: Physik. Z. **33**, 905 (1932).
[2] Physic. Rev. **37**, 930 (1931).

werden. Die vorhandene magnetische Energiedichte $H \cdot I_{\text{sätt}}$ muß mindestens imstande sein, diese Energie zu liefern, wodurch als Mindestmaß der die Umklappung besorgenden Feldstärke gefunden wird[1]

$$H_c \approx \frac{\sigma_i \lambda}{I_s}$$

oder unter Vernachlässigung des kleinen Unterschiedes zwischen B und I:

$$H_c \approx \frac{\sigma_i \lambda}{B_{\text{sätt}}} \cdot$$

Der Dispersitätsgrad der inneren Spannungen σ_i spielt aber auch noch eine Rolle. Ist nämlich das Gebiet der σ_i klein gegenüber der Wand-

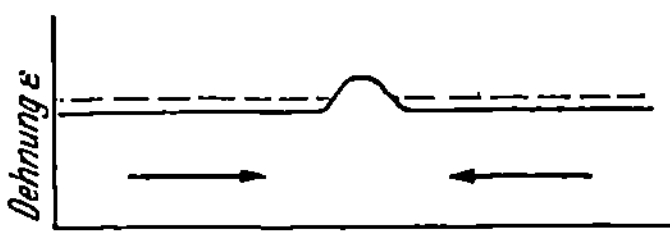

Abb. 201. Deformation des Gitters in der Blochschen Wand. Gestrichelte Linie: undeformierter Zustand.

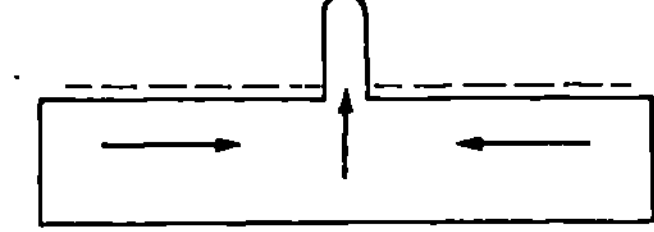

Abb. 202. Zufällige örtliche Deformation des Gitters.

dicke, so kann H_c wesentlich kleiner bleiben. Die Wechselwirkung der atomaren Magnete ist imstande, den wenigen ungünstig liegenden Teilchen über den schweren Punkt hinwegzuhelfen. Auch in dem Falle, wo die Wellenlänge der σ_i groß ist gegenüber der Wanddicke, kann H_c wesentlich kleiner sein, weil dann die momentane Stelle der Wand in bezug auf die mechanischen Spannungen energetisch gleichgültig ist. Am ungünstigsten liegt der Fall, wenn das

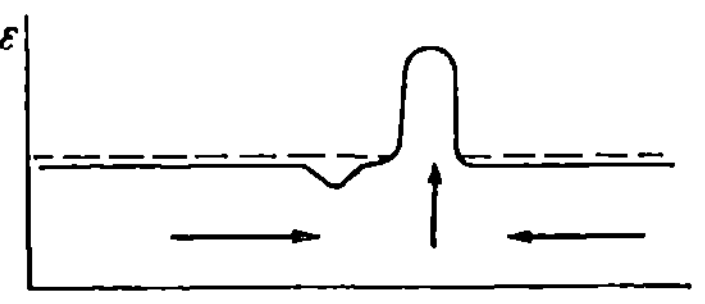

Abb. 203. Annäherung einer Blochschen Wand an eine Gitterstörung.

σ_i-Gebiet eine Dicke hat, die von derselben Größenordnung wie die Wanddicke ist (Abb. 203).

Die experimentell gefundenen Werte der H_c sind stark gestreut, was sich mit dem oben Gesagten wegen des verschieden zu erwartenden Dispersitätsgrades unmittelbar deuten läßt. Die Höchstwerte aber, die danach bei einem bestimmten Dispersitätsgrad auftreten sollen, stimmen mit der oben abgeleiteten Formel überein.

Die Koerzitivkräfte guter Dauermagnete, welche die Größenordnung 100 bis 1000 Oerst haben, genügen der Formel, wenn man für σ_i die technische Zerreißfestigkeit einführt[2].

Für die Wanddicke liegen theoretische Schätzungen vor[3]; man kommt zu Werten von 0,01 μ bis 1 μ, je nachdem die makroskopischen

[1] Becker, R., u. W. Döring: Ferromagnetismus, S. 213.

[2] Kersten, M.: ETZ 60, 498, 532 (1939).

[3] Bloch, F.: Z. Physik 74, 326 (1932). — Kondorsky, E.: Physik. Z. Sowjet. 11, 597 (1937).

Spannungen größer oder kleiner sind. Der hierzu gehörige kritische Dispersitätsgrad der inneren Spannungen ist also ziemlich grob. Bei atomdisperser Verspannung ist H_c noch klein. Durch thermische Behandlung kann man die für die innere Verspannung verantwortlichen Verunreinigungen sich zu kolloidalen Teilchen sammeln lassen, wobei H_c stark ansteigt. Bei zu langer Behandlung werden erstens die Teilchen zu groß, und zweitens haben die Verspannungen Gelegenheit. sich zu erholen, wodurch H_c wieder rasch verkleinert wird (Abb. 204 u. 205).

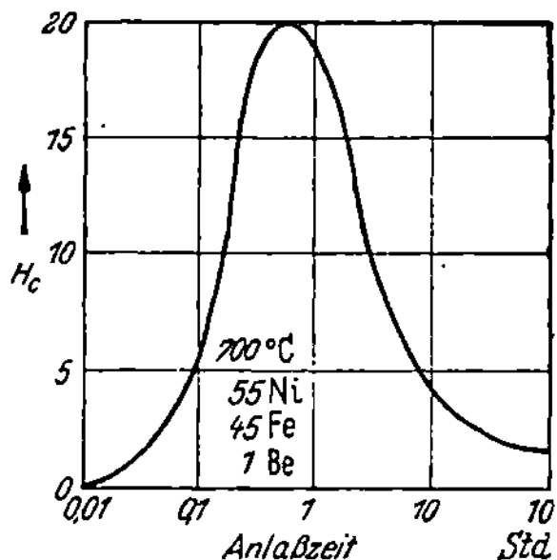

Abb. 204. Koerzitivkraft von Nickeleisen in Abhängigkeit von der Anlaßzeit. Anlaßtemperatur 700° C. (Nach M. KERSTEN.)

Als Kernmaterial für Transformatoren verlangt man Material mit möglichst kleinem H_c. Dafür sollen mechanische innere Spannungen weitgehend vermieden werden. Es bleibt für σ_i dann nur die magnetostriktive Spannung $E\lambda$ übrig. Permalloy (Ni_3Fe), das praktisch keine Magnetostriktion zeigt, ist folglich eines der in dieser Hinsicht am meisten versprechenden Materialien (H_c sinkt ab bis zu 0,04 Oerst).

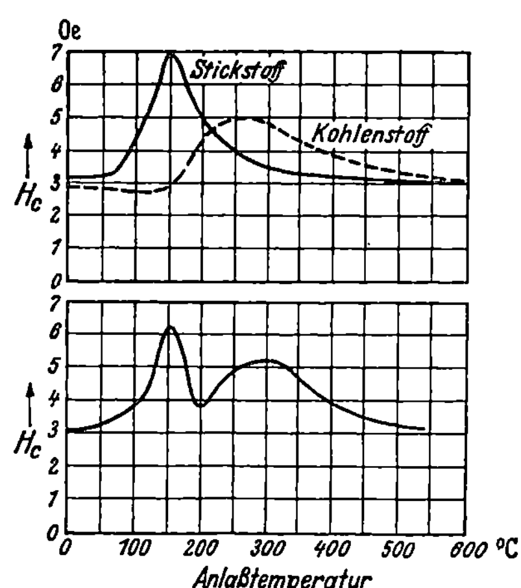

Abb. 205. Koerzitivkraft von Eisen mit Stickstoff- und Kohlenstoffgehalt nach Vergütung bei verschiedenen Temperaturen.
[Nach KÖSTER: Arch. Eisenhüttenw. 4 (1930).]

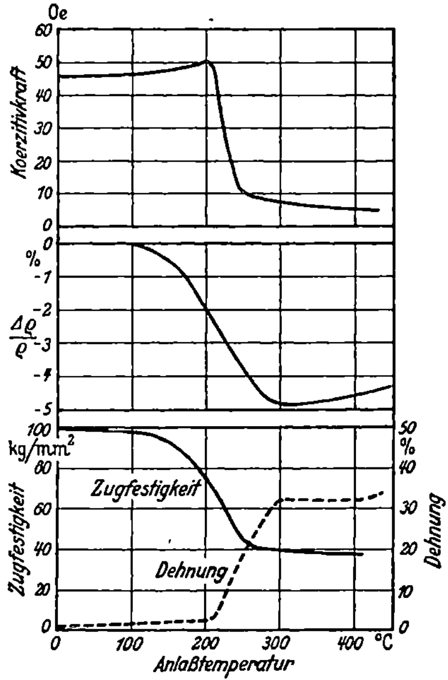

Abb. 206. Koerzitivkraft, Widerstand, Dehnung und Zugfestigkeit von reinstem Nickel als Funktion der Anlaßtemperatur.
[Nach MÜLLER: Z. Metallkde. 31 (1939).]

Die Abb. 206 zeigt den Verlauf der Koerzitivkraft, der Bruchdehnung, des spezifischen Widerstandes und der Zugfestigkeit von reinstem Nickel[1] als Funktion der Anlaßtemperatur. Die beiden letztgenannten

---

[1] MÜLLER, H. G.: Z. Metallkde. **31**, 164 (1939).

Eigenschaften ändern sich früher als die beiden ersten. Beim Glühen kaltverformter Metalle werden wahrscheinlich zuerst die kurzwelligen inneren Spannungen ausgelöscht, beginnend mit den atomdispersen. Erst bei höherer Temperatur werden auch die langwelligen beseitigt. Die Erklärung der früheren Reaktion auf Widerstand und Zugfestigkeit wäre also die, daß diese Eigenschaften von den kurzwelligen bis zu den atomdispersen Störungen bedingt werden, während Koerzitivkraft und Dehnung von langwelligen Störungen abhängen.

Andere Untersuchungen[1] haben gelehrt, daß die Schärfe der Debye-Scherrer-Ringe in den Röntgendiagrammen und die Permeabilität gleichzeitig mit dem elektrischen Widerstande reagieren, also auf feindisperse Verspannungen.

16. Remanenz und Entmagnetisierungsfaktor.

Abschließend sei der Remanenz B_r noch ein kurzes Wort gewidmet. Diese ist bei weitem nicht so strukturempfindlich wie die Permeabilität und die Koerzitivkraft, und zwar kann man die einfache Faustregel aufstellen, daß $B_r = \frac{1}{2}B_{\text{sätt}}$ ist. Die Erklärung ist folgende:

Betrachten wir die WEISSschen Bezirke 1 und 2 (Abb. 207), die im jungfräulichen Material ungefähr entgegengesetzt magnetisiert sein mögen (Abb. 207a). Bei der Magnetisierung werden sie gleichgerichtet (Abb. 207b). Bei Aufhebung des äußeren Feldes springt 1 in die Ausgangslage zurück; 2 springt aber in dieselbe Stellung wie 1 (Abb. 207c); die Probe ist nicht mehr unmagnetisch. Mittelung über alle möglichen Richtungen ergibt als groben mittleren Wert des Kosinus den Wert $\frac{1}{2}$, und daher wird $I_r = \frac{1}{2} I_{\text{sätt}}$; wegen des kleinen Unterschiedes zwischen B und I ist dann auch $B_r = \frac{1}{2} B_{\text{sätt}}$.

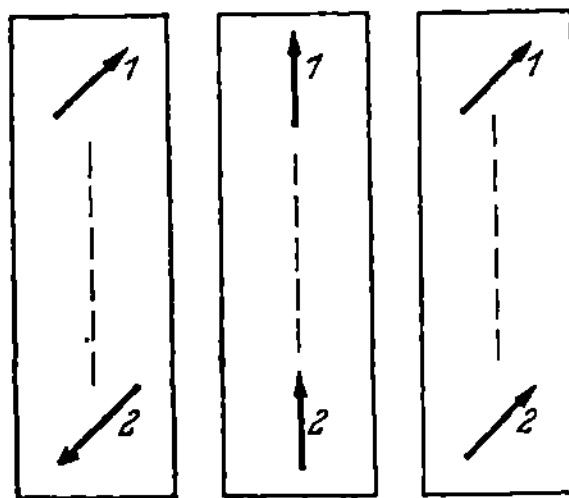

Abb. 207. Zur Remanenz.

Abweichungen sind natürlich zu erwarten, wenn wegen Anisotropie des Materials die Magnetisierungsrichtungen der WEISSschen Bezirke nicht willkürlich verteilt liegen.

SNOEK[2] hat das Studium der magnetischen Größen durch eingehende Messungen erweitert, die den Entmagnetisierungsfaktor betreffen. Bekanntlich ist in einer ringförmigen homogen magnetisierten Materialprobe die magnetische Erregung H gleich Null. Wird aber ein Luftspalt hergestellt, so bewirkt dieser ein entmagnetisierendes Feld, das der Magnetisation I entgegengesetzt gerichtet ist und die Induktion B

---

[1] BUMM, H.: Z. Elektrochem. 45, 671 (1939).
[2] Probleme der technischen Magnetisierungskurve. Berlin: Julius Springer 1938.

verkleinert nach der Formel: $B = I + \mu_0 H$ *. Das Verhältnis $\mu_0 H/I$ nennt man den Entmagnetisierungsfaktor. Tritt ein Luftspalt der Dicke d in einem magnetischen Kreise der Länge l auf, so ist der Entmagnetisierungsfaktor d/l **; bei stabförmigen Magneten ist der Entmagneti-

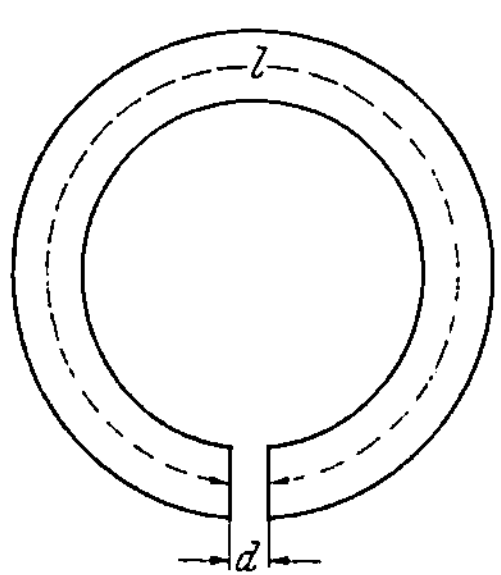

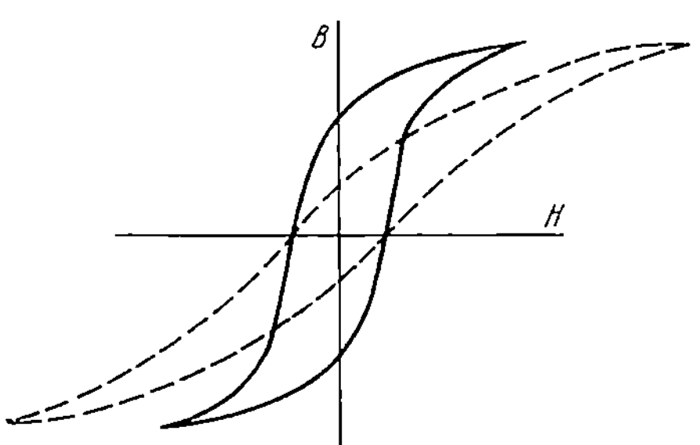

Abb. 208. Zum Entmagnetisierungsfaktor.   Abb. 209. Der Einfluß der Scherung auf die Remanenz.

sierungsfaktor vom Verhältnis: Durchmesser zu Stablänge abhängig und kann alle Werte bis zu Eins annehmen (Abb. 208).

Der Einfluß der Luftspalte auf die Hysteresiskurve besteht in einer Scherung der ganzen Kurve nach der Seite der größeren H-Werte, und

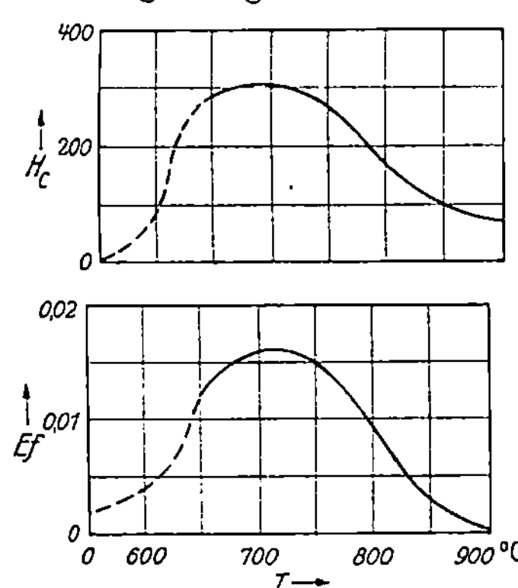

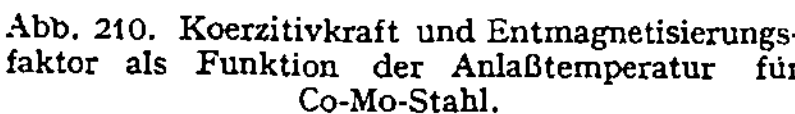

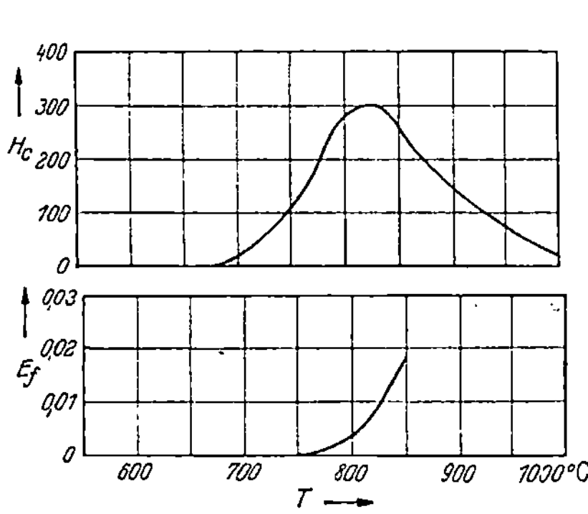

Abb. 210. Koerzitivkraft und Entmagnetisierungs- Abb. 211. Koerzitivkraft und Entmagnetisierungsfaktor als Funktion der Anlaßtemperatur für faktor als Funktion der Anlaßtemperatur für
Co-Mo-Stahl. Al-Ni-Stahl. (Nach Snoek.)

bei Abwesenheit einer äußeren Erregung ist die Remanenz niedriger als im spaltlosen ungescherten Zustand (Abb. 209).

Enthält das Material nichtferromagnetische Einschlüsse, so spielen diese die gleiche Rolle wie ein Luftspalt; es tritt auch ohne makrosko-

---

* Wenn B und I in Volt sec/m² $(= 10^4$ Gauss$)$ und H in Amp/m $(= 4\pi$ · 10^{-3} Oerst$)$ ausgedrückt werden, ist μ_0 die absolute Permeabilität des Vakuums, gleich $4\pi \cdot 10^{-7}$ Volt sec/Amp m $(= 1$ Gauss/Oerst$)$.

** Folgt aus der Maxwellschen Gleichung $\oint H dl = 0$, die sich in unserem Fall auswirkt wie $\dfrac{B}{\mu_0} d + Hl = 0$. Mit $B \approx I$ folgt dann $\mu_0 \dfrac{H}{I} = \dfrac{d}{l}$.

pische Luftspalte ein Entmagnetisierungsfaktor auf, der allerdings immer auf kleine Werte beschränkt bleibt. SNOEK fand, daß bei der Aushärtung der Co-Mo-Stähle in der Tat ein Entmagnetisierungsfaktor in dem Augenblick auftritt, wo die Koerzitivkraft hohe Werte annimmt. Die grobdispersen Spannungen, die für die erhöhte Koerzitivkraft verantwortlich sind, rühren also von ebenfalls grobdispersen unmagnetischen Ausscheidungen her (Abb. 210).

Anders dagegen verhielten sich die Mishima-Stähle (Al-Ni-Stähle), bei denen der Entmagnetisierungsfaktor wesentlich später auftritt. SNOEK erklärt dies so, daß die Verspannungen, die für die H_c-Erhöhung nötig sind, durch Platzwechsel der Al- und Ni-Atome verursacht werden, wobei zunächst zwar Konzentrationsschwankungen dieser Bestandteile auftreten, aber noch keine unmagnetische Phase ausscheidet. Dies findet erst später statt, wenn die inneren Verspannungen schon teilweise erholt sind (Abb. 211).

VIII. Umwandlungen.

1. Heteromorphe Umwandlungen.

Beim absoluten Nullpunkt, wo die Differenz zwischen der inneren Energie U und der freien Energie F verschwindet, ist der Kristalltypus mit der kleinsten Gitterenergie der am meisten stabile. Wie wir S. 23 sahen, ist dies nicht notwendig der Kristalltypus mit der dichtesten Packung; in Fällen, wo die Mulde der MIEschen Potentialkurve gewissermaßen flach ist, können gelegentlich weniger dichte Packungen die tiefere Energie haben.

Bei höheren Temperaturen wird die Stabilität nicht mehr von dem Minimum der Größe U verbürgt; wir müssen vielmehr die freie Energie F betrachten[1]. Beide hängen gemäß der Formel: $F = U - TS$ zusammen, wo S die Entropie bedeutet.

Die Differenz der Energien eines Grammatoms für zwei allotrope Modifikationen sei $\Delta U = U_1 - U_2$; die Differenz der Entropien $\Delta S = S_1 - S_2$ und die der freien Energien $\Delta F = F_1 - F_2$; dann ist:

$$\Delta F = \Delta U - T\Delta S.$$

ΔF ist eine Funktion der Temperatur und hat bei tiefen Temperaturen immer das positive Vorzeichen, wenn wir annehmen, daß die zweite Phase bei diesen Temperaturen die stabile ist. Der Umwandlungspunkt liegt bei der Temperatur, für die ΔF Null ist.

---

[1] Die Thermodynamik lehrt, daß bei festgehaltenen T und v die freie Energie einem Minimum zustrebt, bei festgehaltenen T und p tut dies das thermodynamische Potential. Weil die Volumenänderungen bei Umwandlungen in der festen Phase vernachlässigbar klein sind, arbeiten wir einfachheitshalber immer mit dem Minimum der freien Energie, selbst dann, wenn konstantes T und p vorgeschrieben sind.

Die Umwandlungswärme ΔQ ist praktisch immer gleich ΔU, weil bei diesen Prozessen die Volumenänderungen so klein sind, daß keine äußere Arbeit in Rechnung zu stellen ist. Schließlich ist nach der Thermodynamik: $S = -\partial F/\partial T$, also die Wärmetönung:

$$Q = \Delta U = \Delta F - T\frac{\partial(\Delta F)}{\partial T}.$$

Abb. 212 stellt die Sprünge in der freien Energie dar und die Umwandlungswärme für Schwefel als Funktion der Temperatur. Der vertikale Abstand der beiden Kurven ist $T\Delta S$. Der Umwandlungspunkt liegt bei $368{,}5°$ K. Unterhalb dieser Temperatur ist rhombischer Schwefel stabil; oberhalb davon ist monokliner Schwefel stabil. Man findet hier, ebenso

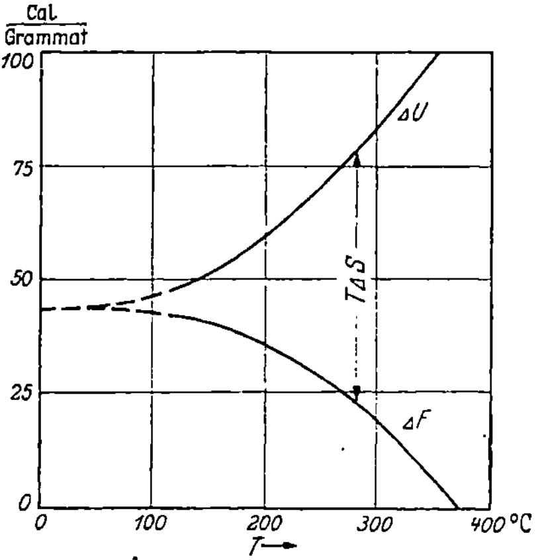

Abb. 212. Umwandlung monokliner rhombischer Schwefel.

wie in den meisten anderen Fällen, daß die Struktur mit weniger Symmetrie bei den höheren Temperaturen die stabilere ist.

Weil die thermischen Energien bei abnehmender Temperatur nach Null hin streben wie T^4, fängt die ΔU-Kurve mit einer horizontalen Tangente an wie eine biquadratische Parabel. Weiter muß ΔS $\left(S = S_0 + \int\frac{C_v}{T}\,dT\right)$ nach einem endlichen Werte ΔS_0 konvergieren; das Produkt $T\Delta S$ wird daher Null für $T \to 0$; die beiden Kurven für ΔU und ΔF schneiden sich also auf der y-Achse. Erfolgt der Übergang beim absoluten Nullpunkt ohne Entropieänderung, so müssen die beiden Kurven eine gemeinschaftliche horizontale Tangente besitzen, weil $\partial(\Delta F)/\partial T = -\Delta S$ dann auch auf Null zustrebt. Die Annahme $\Delta S_0 = 0$ ist bekanntlich der Inhalt des NERNSTschen Wärmesatzes[1], der im Laufe der Zeit vielmals der Kritik unterworfen worden ist. Der Endwert von ΔS scheint indessen auf Grund der Meßergebnisse in vielen Fällen in der Tat Null zu sein. Es gibt aber bestimmt Fälle, wo ΔS_0 endlich ist und man den Wert sogar berechnen kann, nämlich bei den homomorphen Übergängen (S. 161).

Der ΔF-Ast der Schaubilder von der Art der Abb. 212 hat immer die Tendenz, sich der horizontalen Achse zu nähern, d. h. ΔS ist positiv. Wir können das auf Grund der früher gewonnenen Erkenntnisse auch plausibel machen. Die charakteristische Debyetemperatur enthält als Faktor $\sqrt{K}$. Nun ist $K \backsim \frac{mn}{9V}\,|U_0|$ (S. 76). Man erwartet also für die

---

[1] SIMON, F.: Ergebn. exakt. Naturw. 9, 221 (1930).

stabilere zweite Phase (größerer absoluter Wert der U_0) größere elastische Moduln[1] und höhere Debyetemperatur: $\Theta_2 > \Theta_1$. Dies bedeutet, daß

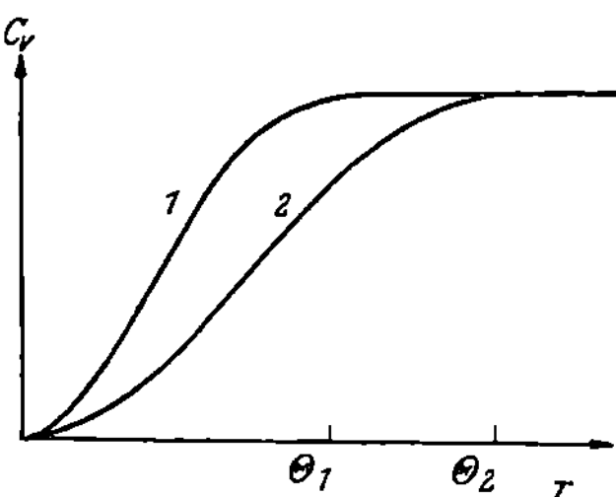

die spezifische Wärme der ersten Phase im Gebiete der tiefen Temperaturen größer ist als die der zweiten Phase, woraus wieder folgt, daß $S_1 > S_2$, also $\Delta S = S_1 - S_2$ positiv ist (Abb. 213).

Abb. 213. Beziehung zwischen den spezifischen Wärmen der bei niedrigen Temperaturen stabilen (2) und nicht-stabilen (1) Phase.

Dieselbe Ursache bewirkt, daß die Kurve für $\Delta U = \Delta U_0 + \int (C_1 - C_2)\, dT$ erwartungsgemäß steigt.

Wie werden die für die Konstruktion der Abb. 212 notwendigen Zahlen experimentell bestimmt? Die Wärmetönung kann nicht immer kalorimetrisch gemessen[2], wohl aber berechnet werden aus der Druckabhängigkeit der Umwandlungstemperatur, die nach CLAPEYRON mit Q zusammenhängt nach:

$$T \frac{dp}{dT} = \frac{Q}{\Delta V},$$

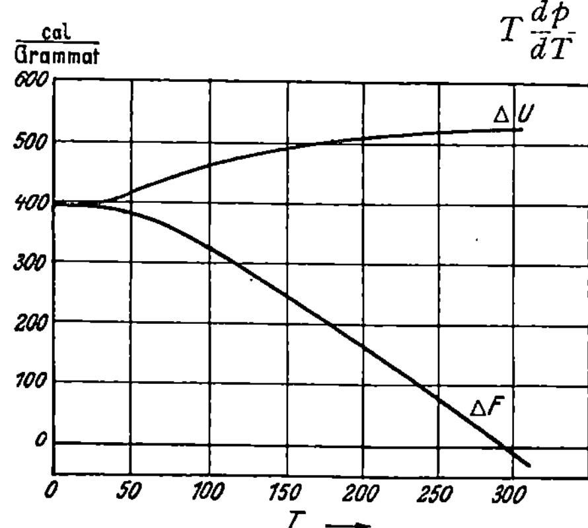

Abb. 214. Umwandlung: weißes — graues Zinn.

worin ΔV die Differenz der Volumina eines Grammatoms vor und nach der Umwandlung darstellt.

Oft auch ist es möglich, Q auf indirektem Wege zu erhalten, z. B. als Differenz zweier Lösungswärmen oder als Differenz zweier Verbrennungswärmen bzw. auf dem Umweg über andere chemische Reaktionen. Weiter müssen die Atomwärmen C_1 bzw. C_2 der beiden Modifikationen für alle Temperaturen bekannt sein.

Anfangend bei den gemessenen Werten von Q, kann man dann Q für alle Temperaturen bis zum absoluten Nullpunkt bestimmen mittels der Beziehung:

$$\frac{dQ}{dT} = C_1 - C_2$$

und vom absoluten Nullpunkt aus die F-Kurve mit Hilfe von:

$$\frac{d(\Delta F)}{dT} = \Delta S = \int_0^T \frac{C_1 - C_2}{T}\, dT\, (+\, \Delta S_0).$$

Ist es möglich, die Umwandlungstemperatur selbst zu bestimmen (was wegen Verzögerungserscheinungen gar nicht immer zu leisten ist),

---

[1] Beispiel. Weißer Phosphor: $K = 5 \cdot 10^4$ at. Roter P.: $K = 10,7 \cdot 10^4$ at. Die rote Modifikation ist bei niedriger Temperatur die stabile.

[2] Vgl. U. DEHLINGER: Chem. Physik der Metalle, S. 3. 1939.

so besitzen wir eine gute Kontrolle für das oben ausgeführte graphische Verfahren. Es muß nämlich ΔF bei der Umwandlungstemperatur zu dem Werte Null gelangen.

Die Abb. 214 u. 215 zeigen noch einige Diagramme von Wärmetönungen. Abb. 214 bezieht sich auf die Umwandlung von grauem Zinn (kubisch, bei niedriger Temperatur stabil) in weißes Zinn (tetragonal). Man bemerkt wieder, daß die am meisten symmetrische Modifikation bei niedrigen Temperaturen auftritt.

Abb. 215 zeigt den interessanten Fall der Umwandlung von Diamant (kubisch) in Graphit (hexagonal). ΔF wird nirgends Null; also gibt es bei atmosphärischem Druck keine Umwandlungstemperatur. Diamant ist bei allen Temperaturen metastabil, er gelangt in die stabile Phase nur bei hohen Drucken (von der Ordnung 50000 at). In diesem Fall hat

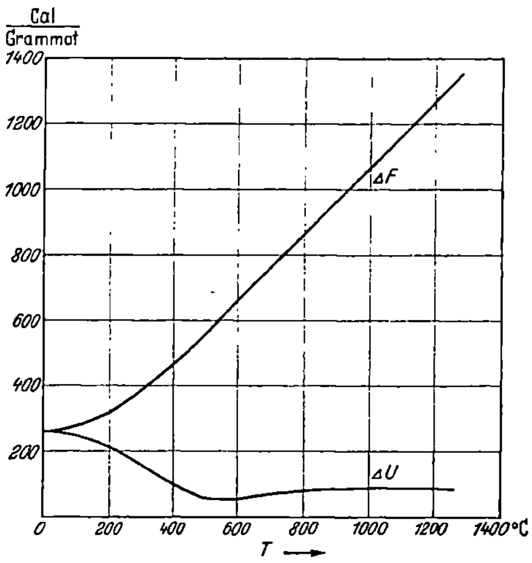

Abb. 215. Umwandlung: Diamant — Graphit.

die zweite Phase (Graphit) die niedrigeren Werte für K und Θ, abweichend von den vorher behandelten Fällen. Hierdurch erklärt sich die abweichende Neigung der ΔF- und der ΔU-Kurve.

2. Verzögerung bei der Umwandlung.

Der Umwandlungspunkt zweier Modifikationen ist oft schwer zu finden wegen der Verzögerungserscheinungen, die beim Passieren der Grenze nach beiden Seiten hin auftreten können. Das genauste Verfahren zur Bestimmung des Umwandlungspunktes dürfte die VAN 'T HOFFsche dilatometrische Methode sein. Man beobachtet hierbei die zeitlichen Volumenänderungen, die mit der langsamen Umwandlung verknüpft sind. Beiderseits des Umwandlungspunktes müssen die Volumenänderungen verschiedene Vorzeichen besitzen, und man kann den Punkt mehr oder weniger eng einschließen. Auch andere bei der Umwandlung sich ändernde Eigenschaften können hierzu dienen: die elektromotorische Kraft beim Eintauchen in einen Elektrolyten, Leitfähigkeit, Löslichkeit usw.

Ein bekanntes Beispiel der Umwandlungsverzögerung ist diejenige, die beim Zinn auftritt. Das graue Zinn (kubisch; Dichte 5,76) ist unterhalb 13,2° C, das weiße Zinn (tetragonal; Dichte 7,28) oberhalb 13,2° C die stabile Modifikation. Würde keine Verzögerung auftreten, so müßte jeder Gegenstand aus Zinn rekristallisieren und in Pulver zerfallen, wenn die Temperatur unterhalb 13,2° C fiele. In der Tat zeigen nun alte Pfennige und Orgelpfeifen Andeutungen dieser Krankheit: die Zinnseuche. Winzige Spuren anderer Metalle (z. B. 0,001 %) haben großen Einfluß auf die Umwandlungsgeschwindigkeit. Wismut ist ein hemmendes, Aluminium ein beschleunigendes Mittel.

In vielen Fällen gelingt es, durch Impfung mit Keimen die Umlagerung auszulösen. In anderen Fällen hat man die Umwandlung mittels Ultraschallwellen beschleunigen können[1].

Die Umwandlung aus dem nie stabilen, immer metastabilen, amorphen, glasartigen Zustand in den mehr geordneten kristallinischen, die sog. „Entglasung", ist ebenfalls mit großer Verzögerung behaftet und fängt bei genügender Unterkühlung praktisch gar nicht an. Der natürliche Bernstein ist Millionen Jahre alt; B_2O_3 konnte man erst in letzter Zeit in kristallisiertem Zustand erhalten[2]. Die Umwandlung aus dem amorphen in den kristallinischen Zustand geht von einer Anzahl Keimen aus, und das Wachsen der Kristalle ist im allgemeinen von einer meßbaren Wärmetönung begleitet. Die Entglasung ist nicht umkehrbar, die kristallisierte Substanz bleibt bis an den Schmelzpunkt kristallinisch. Diejenigen Stoffe, die vor der Kristallisation hochelastisch sind, sind nach der Umwandlung spröde. Die Kristallisation des Kautschuks, die bei niedrigen Temperaturen (unterhalb 11° C) auftritt, hat daher besonderes technisches Interesse.

Die Kristallisierung vieler amorpher Stoffe wird beschleunigt, indem man sie einer Streckung unterzieht, und zwar ist dies der Fall bei Stoffen mit langen Kettenmolekülen. Im gedehnten Zustande werden die Kettenmoleküle parallel gezogen, und die Wahrscheinlichkeit, daß die Atome in ein regelmäßiges Gefüge geraten, wird größer. Bekannte Beispiele dieser beschleunigten Kristallisation der Kettenmoleküle sind Gummi, Zellulose und Selen (Abb. 45, S. 36).

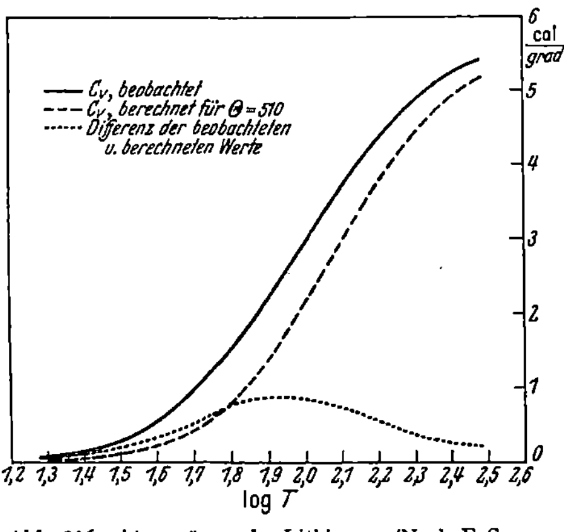

Abb. 216. Atomwärme des Lithiums. (Nach F. Simon: Ergebn. exakt. Naturwiss. IX.)

3. Homomorphe Umwandlungen.

Es gibt mancherlei Umwandlungen, bei denen die äußere Form der Kristalle sich nicht ändert. Diese sog. homomorphen Umwandlungen unter-

---

[1] Hiedemann, E.: Grundlagen und Ergebnisse der Ultraschallforschung. Berlin 1939.   [2] McCulloch, L.: J. Amer. chem. Soc. 59, 2650 (1937).

scheiden sich phasentheoretisch von den heteromorphen dadurch, daß keine scharf bestimmte Übergangstemperatur besteht. Vielmehr vollzieht sich der Umwandlungsprozeß allmählich und umkehrbar innerhalb einer endlichen Temperaturstrecke. Am einfachsten stellt man die Umwandlung mittels der Abweichung der spezifischen Wärme fest, weil ja die Umwandlungswärme sich als anomale spezifische Wärme zeigt (Abb. 216, 217 u. 218). Hierzu mögen zunächst zwei Beispiele folgen:

a) Elektronensprung. Das dreiwertige Samarium-Ion von $Sm_2(SO_4)_3 \cdot 8 H_2O$ besitzt zwei dicht aneinanderliegende Elektronenenergieniveaus[1] für Elektronen der 4f-Gruppe (vgl. S. 3).

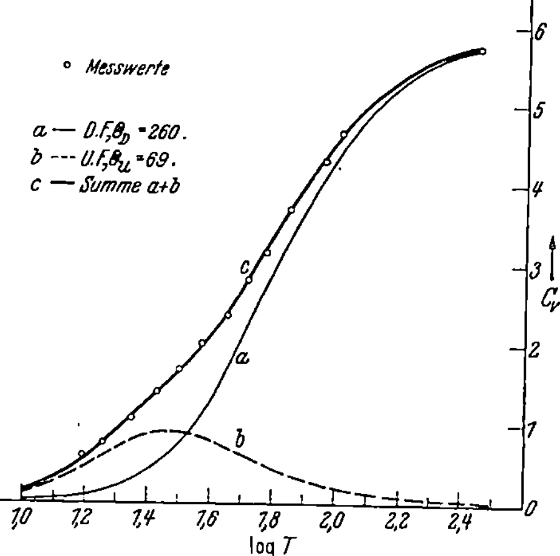

Abb. 217. Atomwärme des grauen Zinns. Gestrichelte Linie: Die SCHOTTKYsche Anomalie.

Die Verteilung der Ionen über die beiden Zustände ist die BOLTZMANNsche: $\frac{n_1}{n_2} = e^{-\frac{\Delta U}{RT}}$, wo ΔU die Energiedifferenz je Grammatom ist. Bei tiefer Temperatur ($RT \ll \Delta U$) befinden sich alle Ionen in der niedrigeren Energiestufe; bei hoher Temperatur ($RT > \Delta U$) sind beide Stufen gleich dicht besetzt.

b) Sprung in den innermolekularen Schwingungs- und Rotationszuständen. Wenn mehrere Oszillations- und Rotationszustände energetisch dicht aneinanderliegen, entsteht auch wieder eine sich mit der Temperatur verschiebende BOLTZMANNsche Verteilung. In der Nähe derjenigen Temperatur, bei der die Verschiebung am schnellsten geht, treten erhöhte spezifische Wärmen auf. Beispiele: Sn, Li (Abb. 216 und 217).

W. SCHOTTKY[2] hat schon sehr früh eine Theorie dieser Umwandlungen gegeben. Er bemerkt, daß die Anomalie der Atomwärme beträgt:

$$\Delta C = \Delta U \cdot \frac{dn_1}{dT}.$$

Berechnet man den Differentialquotienten aus:

$$\frac{n_1}{n_2} = \frac{n_1}{1 - n_1} = e^{-\frac{\Delta U}{RT}},$$

---

[1] AHLBERG, J. E., u. S. FREED: J. Amer. chem. Soc. **57**, 431 (1935).
[2] SCHOTTKY, W.: Physik. Z. **22**, 1 (1921); **23**, 9 (1922).

so findet man leicht: $\Delta C = R \cdot \dfrac{x^2 e^x}{(e^x + 1)^2}$, mit $x = \dfrac{\Delta U}{RT}$. Unabhängig von dem Werte von ΔU geht ΔC durch ein Maximum mit der Höhe

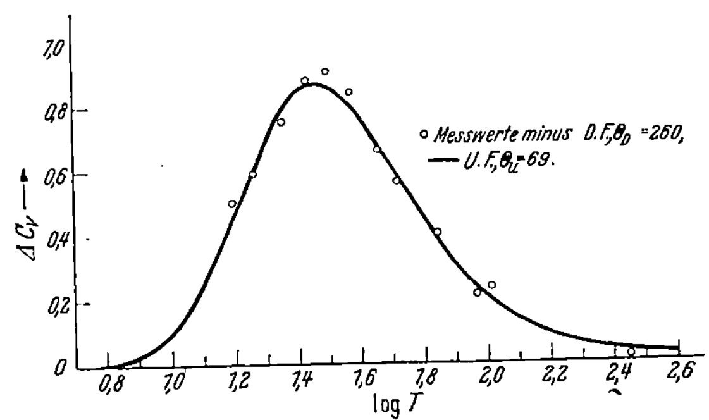

Abb. 218. Schottky-Umlagerung bei grauem Zinn.

$0,44\,R$. Nur die zugehörige Temperatur hängt von ΔU ab, und zwar: $RT_{max} = 0,42 \cdot \Delta U$ (Abb. 218).

4. Λ-Punkte.

Andere homomorphe Umwandlungen sind dadurch charakterisiert, daß die stattfindende Änderung bei den einzelnen Molekülen nicht unabhängig voneinander auftritt, sondern daß die Moleküle derart gekoppelt sind, daß die bei

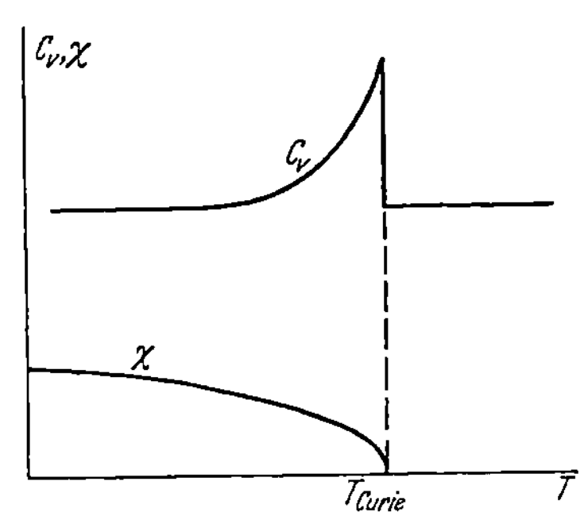

Abb. 219. Zusammenhang zwischen spezifischer Wärme und Suszeptibilität in der Nähe des Curiepunktes.

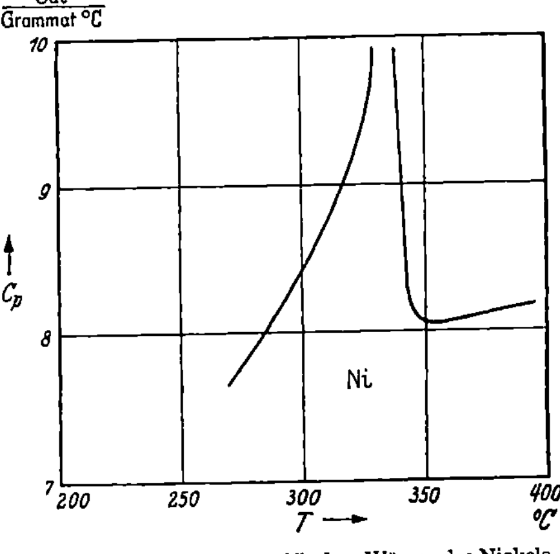

Abb. 220. Verlauf der spezifischen Wärme des Nickels beim Curiepunkt.

einigen erfolgte Umwandlung die Umwandlung der weiteren Moleküle erleichtert. Man spricht von „kooperativen" Prozessen.

a) Curiepunkt. Ein typisches Beispiel dieser Umlagerungen ist der Übergang vom ferromagnetischen Zustand in den paramagnetischen beim Curiepunkt (Fe $768°$ C; Co $1137°$ C; Ni $374°$ C). Bei allmählicher Temperaturerhöhung wächst die thermische Bewegungsenergie, bis endlich die in dem Weißbezirke liegenden Elementarmagnetspins teilweise ihre vollkommene Gleichrichtung verlieren. Hierdurch nimmt das innere magnetische Feld ab, und bei weiterer Temperaturerhöhung wird es um so leichter, die Gleichschaltung noch mehr zu verringern, bis von einer scharf bestimmten Temperatur ab das innere Feld

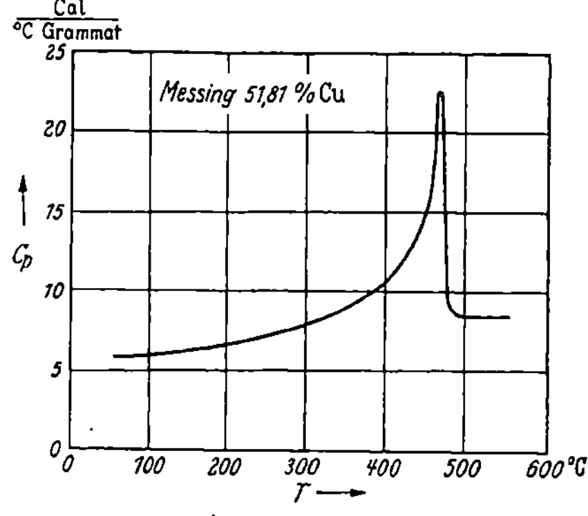

Abb. 221. Überstruktur des Messings.

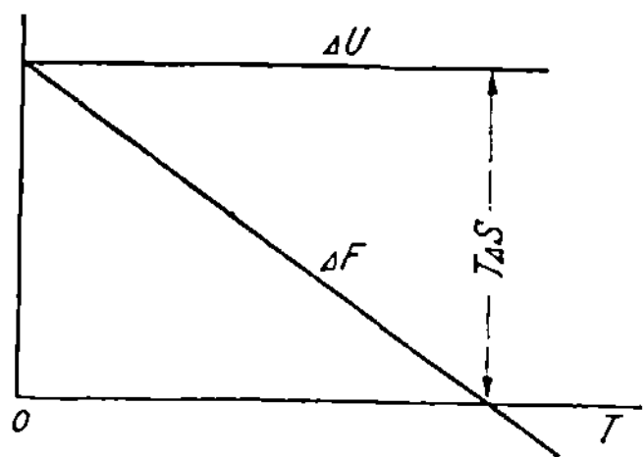

Abb. 222. Endliche Entropiedifferenz.

so schwach geworden ist, daß der Stoff nicht mehr ferromagnetisch ist (Abb. 219).

Die Anomalie in der spezifischen Wärme, die mit der Unordnung der Elementarmagnete zusammenhängt, nimmt bei steigender Temperatur allmählich zu; sie erreicht ihr Maximum im Curiepunkt, um dann plötzlich zu verschwinden (Abb. 219 u. 220). Die Thermodynamik lehrt:

$$\Delta C = \text{Const}\ \frac{d}{dT}\left(\frac{\chi^2}{2}\right). \qquad (\chi = \text{Suszeptibilität})$$

Oberhalb des Curiepunktes ist die spezifische Wärme wieder normal. Die C_v-Kurve hat die Gestalt des großen Buchstabens $\varLambda$ (Lambda) im griechischen Alphabet. Man nennt diese Art Übergänge daher oft: $\varLambda$-Punkte.

b) **Überstruktur.** Eine $\varLambda$-Umwandlung zeigt Messing der Zusammensetzung CuZn bei 440° C (Abb. 221). Weit unterhalb dieser Temperatur befindet sich Cu im Mittelpunkt eines jeden · Würfels, dessen acht Eckpunkte von Zn eingenommen werden und umgekehrt. Die regelmäßige Anordnung von zwei oder mehr Sorten Bausteinen im Gitter nennt man eine

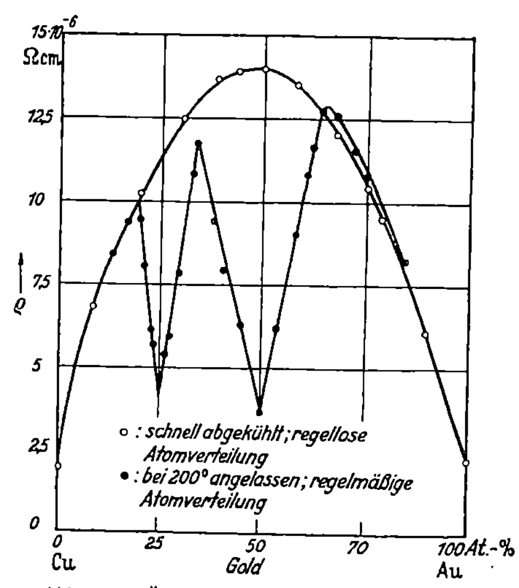

Abb. 223. Überstruktur im System AuCu. [Nach Borelius, Johannson u. Linde: Ann. Physik 78 (1925).]

„Überstruktur". Oberhalb der genannten Temperatur aber sind die Cu- und die Zn-Atome willkürlich über das innenzentrierte kubische

Gitter verteilt. · Bei dieser Umwandlung ändert sich die Entropie S, nämlich je Grammatom mit $R \ln 2 = 1{,}38$ cal/°C[1] (Abb. 222).

Auch diese Umwandlung ist ein kooperativer Prozeß. Wenn bei zunehmender Temperatur einige Atome die Überstruktur durch Platzwechsel gestört haben, wird es für die übrigen immer schwerer, die größere Ordnung zu behalten.

Ein zweites Beispiel ist Cu_3Au[2]. Oberhalb $380°$ K sind die Cu- und Au-Atome wahllos über einen flächenzentrierten Würfel verteilt. Unter-

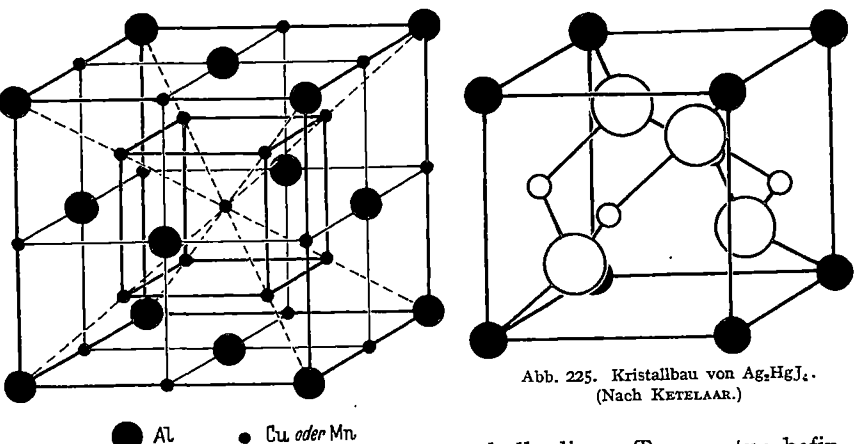

Abb. 224. Kristallbau der HEUSLERschen Legierung AlMnCu₂. [Nach v. AUWERS: Wiss. Veröff. Siemens-Werk 17 (1938).] Die Cu-Ionen befinden sich an den Eckpunkten des inneren Kubus.

Abb. 225. Kristallbau von Ag₂HgJ₄. (Nach KETELAAR.)

halb dieser Temperatur befinden sich die Cu-Atome in den Mittelpunkten der Flächen, die Au-Atome in den Würfelecken. Die Entropiedifferenz ist $R/4\,(4 \ln 4 - 3 \ln 3) = 1{,}12$ cal/°C. Stärker ist der Effekt bei der Verbindung CuAu, wo das kubische Gitter leicht tetragonal wird (Abb. 223). Möglich ist, daß in diesem Fall auch noch ein endlicher Sprung in U übriggeblieben ist, so daß eigentlich eine heteromorphe Umwandlung vorliegt; der Unterschied ist experimentell oft schwer zu fassen[3].

Auch beim flächenzentrierten Permalloy Ni_3Fe ist Überstruktur bekannt. Die Heußlerlegierungen bilden ein Beispiel einer multiplen Überstruktur (vgl. Abb. 224).

c) Transformationspunkt amorpher Massen. Nach BERGER[4] zeigt Glas bei $500°$ eine λ-Umwandlung, wobei das Skelett des Kalzium-

---

[1] Bei völliger Unordnung ist die Zahl der Vertauschungsmöglichkeiten 2^N mal so groß wie bei dem völlig geordneten Zustand, also $\Delta S = k \ln 2^N = R \ln 2$, wobei N die LOSCHMIDTsche Zahl ist. Man vergleiche hierzu F. C. NIX u. W. SHOCKLEY: Rev. mod. Physics **10**, 1 (1938).

[2] SYKES, C., u. F. W. JONES: J. Inst. Met. **59**, 257 (1936).

[3] DEHLINGER, U.: Chem. Physik der Metalle und Legierungen, S. 37. 1937.

[4] BERGER, E.: Z. techn. Physik **15**, 443 (1934). — ERK, S.: Forsch. **6**, 33 (1935).

silikats zerbrochen wird. Oberhalb dieser Temperatur ist das Glas plastisch, unterhalb spröde; α und C sind für den plastischen Zustand größer.

Die Kooperation der Einzelprozesse besteht darin, daß es für die übrigbleibenden Bindungen schwerer wird, in ihrem Zustande zu bleiben, wenn schon ein kleiner Teil der Bindungen, die eben durch Ringschließung eine große Stabilität bewirkten, zerbrochen wird. Der Prozeß fängt bei steigender Temperatur plötzlich an; das Zeichen *A* steht umgekehrt wie bei den Überstrukturumwandlungen.

Auch Harze (Polystyren bei 60°C) und Gele zeigen ähnliche Umwandlungen. Die bei Abkühlung unterhalb der Transformationstemperatur stattfindende Wiederherstellung der Bindungen (Polymerisation) ist stark verzö-

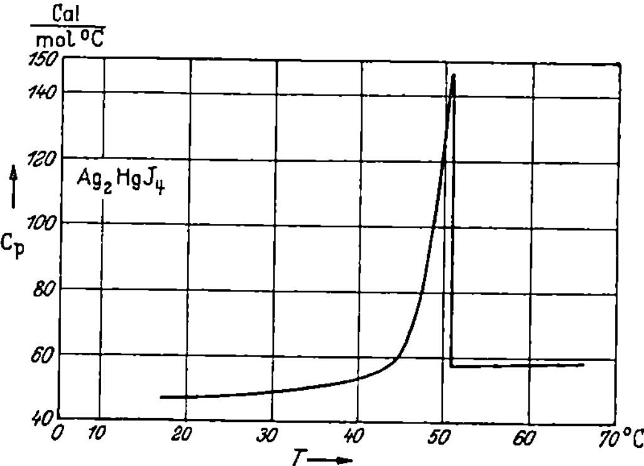

Abb. 226. Umwandlung von Ag_2HgJ_4.

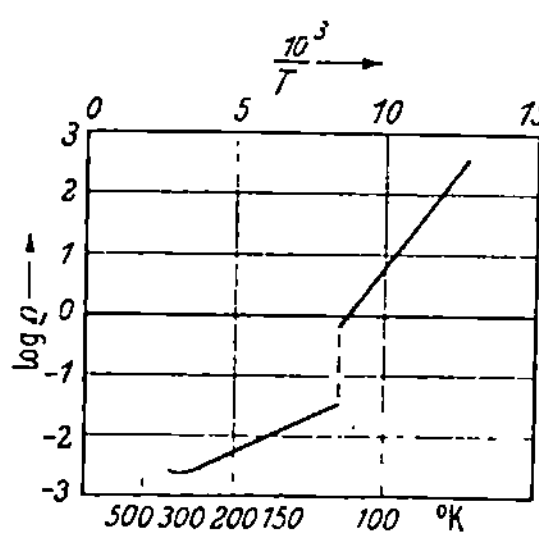

Abb. 227. Sprung in der elektrischen Leitfähigkeit von Fe_3O_4. (Nach VERWEY.)

gert, wodurch noch längere Zeit hindurch Volumenkontraktion auftritt (thermische Nachwirkung).

d) Lückenüberstruktur. Der Kristall von Ag_2HgJ_4 ist derart gebaut, daß die Hg-Ionen sich in den Eckpunkten des Würfels befinden, die Ag-Ionen in den Mittelpunkten der stehenden Würfelflächen. Zwei Flächenmittelpunkte sind unbesetzt (Abb. 225). Bei Temperaturen über 50,7°C jedoch sind die vier Hg-Ionen statistisch über die sechs Stellen verteilt. Das Hg-Gitter „schmilzt", der Kristall wird leitend wegen der Beweglichkeit der Hg^{+}-Ionen[1] (Abb. 226).

e) Innere Ionisierung. Magnetit, Fe_3O_4, zeigt bei 117°K einen merkwürdigen Übergang, der außer von dem anomalen Verlauf der spezifischen Wärme auch von einem Sprung in der elektrischen Leitfähigkeit[2] und gewissen magnetischen Anomalien[3] angezeigt wird (Abb. 227). VERWEY fand, daß der Effekt stark von etwaigem Sauerstoffüberschuß abhängt, also strukturbedingt ist. Nach den angestellten Untersuchungen liegt es nahe, die Umwandlung den Leitungselektronen zuzuschreiben.

[1] KETELAAR, J. A. A.: Z. phys. Chem. Abt. B **26**, 327 (1934); **30**, 53 (1935).
[2] VERWEY, E. J. W.: Nature **144**, 327 (1939).
[3] WEISS, P., u. R. FORRER: Ann. Phys., Paris **12**, 330 (1929).

Oberhalb der kritischen Temperatur werden die Elektronen leichter frei, offenbar durch eine Umordnung im Gitter. Wäre dies nämlich nicht der Fall, so wäre der Prozeß nicht ein Λ-Prozeß, sondern eine SCHOTTKYsche Umlagerung.

f) Andere Umwandlungen.

Es gibt noch weitere homo-

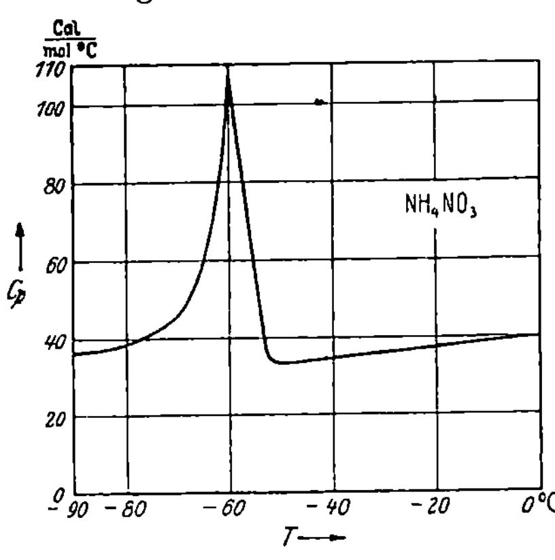

Abb. 228. Λ-Punkt von NH_4NO_3.

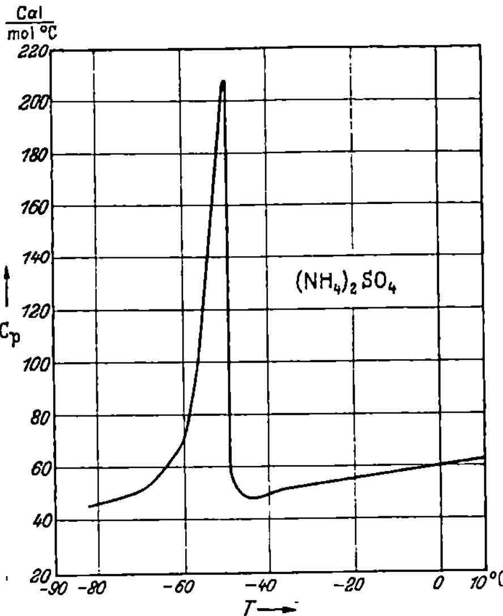

Abb. 229. Λ-Punkt von $(NH_4)_2SO_4$.

morphe Umwandlungen mit einer Λ-förmigen C-Kurve, die Elektronensprüngen oder inneratomaren Umlagerungen zuzuschreiben sind, ebenso wie die SCHOTTKYschen Umlagerungen; zweifelsohne haben sie aber im

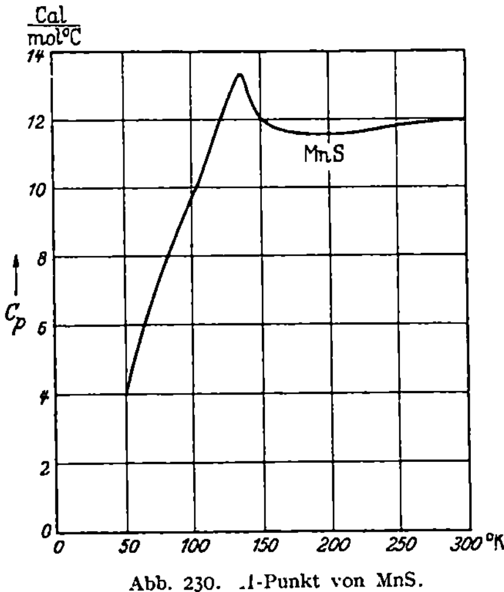

Abb. 230. Λ-Punkt von MnS.

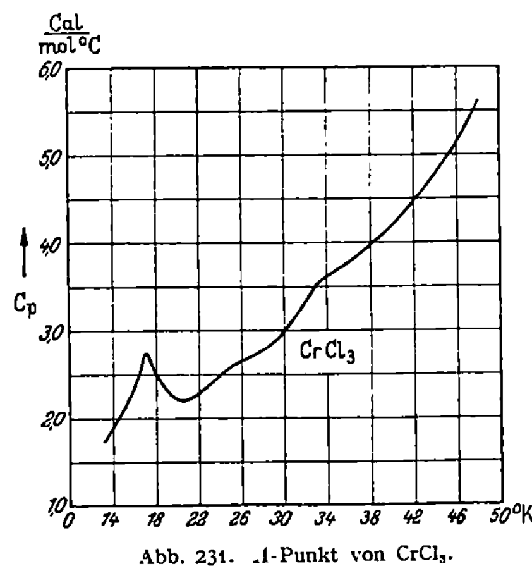

Abb. 231. Λ-Punkt von $CrCl_3$.

Gegensatz zu den letzteren eine kooperative Natur. Beispiele sind die meisten Ammoniumsalze (Abb. 228 u. 229) FeO, MnO, HBr, MnS (Abb. 230), $CrCl_3$ (Abb. 231) usw.

In allen Fällen homomorpher Umwandlungen tritt neben einer Umwandlungswärme Q eine Dilatation ΔV auf; sie wird von den in Abb. 232 schraffierten Flächen angegeben:

$$Q = \int \Delta C \cdot dT; \qquad \Delta V = 3V \int \Delta \alpha \cdot dT.$$

Das gleichartige Verhalten von C_v und α hängt mit der MAXWELL-schen Formel der Thermodynamik zusammen:

$$\left(\frac{\partial V}{\partial S}\right)_p = \left(\frac{\partial T}{\partial p}\right)_S.$$

Die linke Seite ist gleich $V \cdot T \cdot \frac{3\alpha}{C_p}$, das rechte bezieht sich auf die von einem adiabatisch angewandten Druck hervorgerufene Temperaturerhöhung. Weil nicht zu erwarten ist, daß letztere bei der homomorphen Umwandlung eine Diskontinuität zeigen sollte, muß sich auch $3\,\alpha/C_p$, oder wegen der kleinen Differenz zwischen C_p und C_v ebenso $3\,\alpha/C_v$, stetig mit der Temperatur ändern.

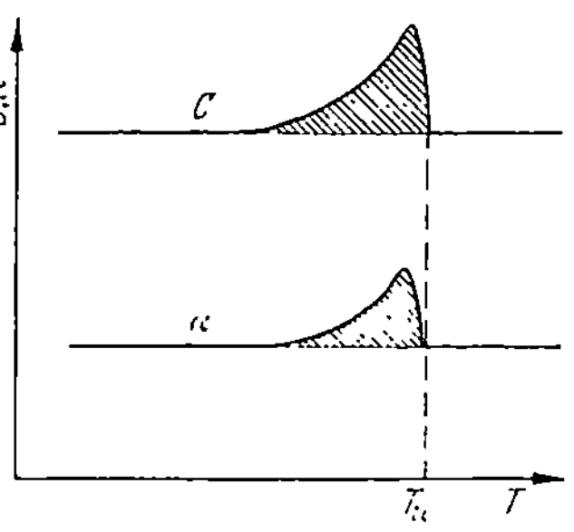

Abb. 232. Gleichartiger Verlauf von C und α bei homomorphen Umwandlungen.

Im Einklang mit dem algebraisch (absolut gemessen, größeren) kleineren Energieinhalt des geordneten Zustandes gegenüber dem abgeschreckten (eingefrorenen) ungeordneten steht auch die größere Härte des ersteren.

Der Einfluß der Umordnung auf den spezifischen elektrischen Widerstand ist erwartungsgemäß ein vergrößernder. Der Widerstandsunterschied gehorcht dem MATTHIESSEN-schen Gesetz (S. 137), d. h. er ist unabhängig von der Temperatur, allerdings sofern die Ordnung sich nicht ändert.

5. Supraleiter.

Ein interessanter Fall homomorpher Umwandlung ist diejenige von normalem in supraleitendes Metall. Hierbei tritt keine Wärmetönung auf, kaum eine abnorme spezifische Wärme. Der Prozeß kann als ein Übergang „höherer Ordnung" gedeutet werden, wobei die ΔF-Kurve die T-Achse nicht normal, sondern berührend schneidet (Wendepunkt mit horizontaler Tangente; drei zusammenfallende Schnittpunkte). Die ΔU-Kurve muß, wegen $\Delta U = \Delta F - T\frac{\partial(\Delta F)}{\partial T}$ und $\frac{\partial \Delta F}{\partial T} = 0$, ebenfalls die T-Achse berühren; es gibt im Übergangspunkt also keine Wärmetönung. Die ΔC_v-Kurve $\left(\Delta C_v = \frac{\partial(\Delta U)}{\partial T}\right)$ sollte beim Übergangspunkt auch durch Null gehen.

Wir haben aber die magnetische Energie vernachlässigt. Die Übergangstemperatur ist eine Funktion des angelegten Magnetfeldes H. Die

Form der Grenzkurve ist gegeben durch die CLAPEYRONsche Gleichung:

$$T \cdot \frac{dH}{dT} = \frac{Q}{V \cdot \Delta I},$$

wo Q die Übergangswärme, ΔI die Differenz der Magnetisierungen im supraleitenden und im normalen Zustande bedeuten (Abb. 234).

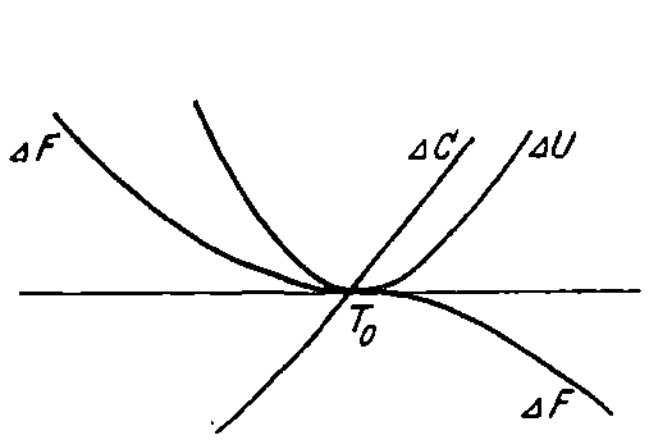

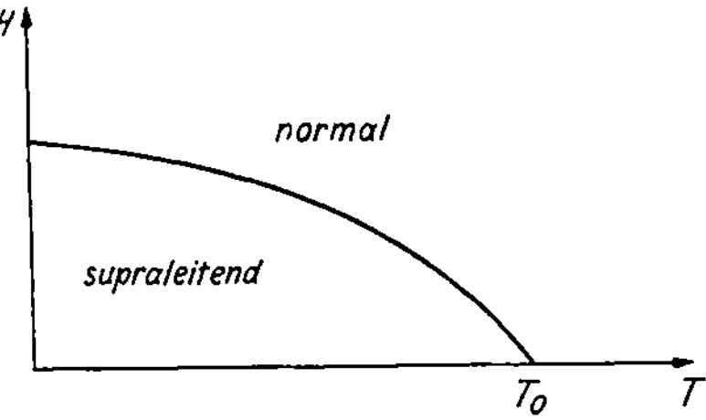

Abb. 233. Umwandlung höherer Ordnung.   Abb. 234. Kritische magnetische Erregung für den supraleitenden Zustand.

Bezüglich dieser Magnetisierung nehmen wir an, daß sie im normalen Zustande Null ist, also $B = \mu_0 H$, wo μ_0 die absolute Permeabilität des Vakuums darstellt. Im supraleitenden Zustande nehmen die Metalle eine solche Magnetisierung an, daß die Induktion B gleich Null wird, also $0 = B = I + \mu_0 H \therefore I = -\mu_0 H$.

Die Differenz, ΔI, wird Null für $H \to 0$, also für $T \to T_0$. Da $\left(\frac{dH}{dT}\right)_{T_0}$ endlich ist, muß auch die Übergangswärme Q nach Null streben, und die rechte Seite der CLAPEYRONschen Gleichung wird unbestimmt, gleich 0/0. Die Anwendung der DE L'HOPITALschen Regel ergibt dann:

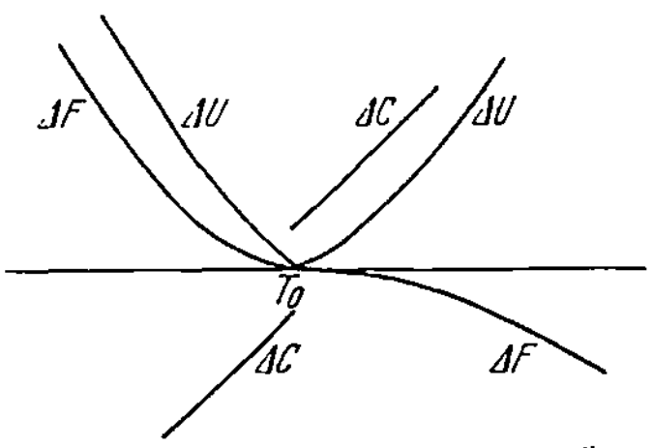

Abb. 235. ΔU, ΔF und ΔC bei dem Übergang Leiter—Supraleiter; schematisch.

$$T\left(\frac{dH}{dT}\right)_{T_0} = \frac{C_{\text{supra}} - C_{\text{norm}}}{V \cdot \frac{d}{dT}(I_{\text{supra}} - I_{\text{norm}})},$$

und mit

$$\frac{dI_{\text{supra}}}{dT} = -\mu_0 \frac{dH}{dT}; \qquad \frac{dI_{\text{norm}}}{dT} = 0$$

wird

$$C_{\text{supra}} - C_{\text{norm}} = VT\mu_0\left(\frac{dH}{dT}\right)^2_{T_0} *.$$

Die an der Abb. 233 anzubringende Korrektur ist die folgende. Die Kurve ΔF hat links von T_0 eine andere Krümmung als rechts; $d\Delta F/dT$ besitzt in $T = T_0$ einen Knick; die ΔU-Kurve steigt von T_0 nach beiden Seiten mit einem endlichen Tangens und besitzt ebenfalls einen Knick; die ΔC-Kurve hat in T_0 eine Diskontinuität (Abb. 235).

6. Allotrope Umklappvorgänge.

Gewissermaßen zwischen den heteromorphen und homomorphen Übergängen stehen die allotropen Umklappvorgänge. Das technisch

---

* RUTGERS, A. J., u. P. EHRENFEST: Proc. kon. Acad., Amst. **86**, 153 (1933).
— LAER, P. H. VAN: Nederl. Tijdschr. Nat. **6**, 118, 137 (1939).

wichtigste Beispiel ist der Übergang von kohlenstoffhaltigem γ-Eisen (oder Austenit; flächenzentriert kubisch; stabil bei hohen Temperaturen) in α-Eisen (raumzentriert; stabil bei tiefen Temperaturen) (Abb. 236).

Bei langsamer Abkühlung scheidet sich längs der Gleichgewichtskurve PQ kohlenstofffreies Eisen (Ferrit) ab, der übrigbleibende Austenit folgt der Grenzkurve bis zum eutektischen Punkt Q, wo sich das Eutektikum ohne weitere Zerlegung als ein Gemisch von reinem Eisen (Ferrit) mit Eisenkarbid Fe_3C (Zementit) abkühlen läßt. Die eutektische Zusammensetzung heißt Perlit.

Bei schneller Kühlung (sog. Abschrecken) wird die Grenzkurve PQ vom Austenit überschritten. Erst bei tieferer Temperatur geht ein Teil des Eisens aus Flächenzentrierung in

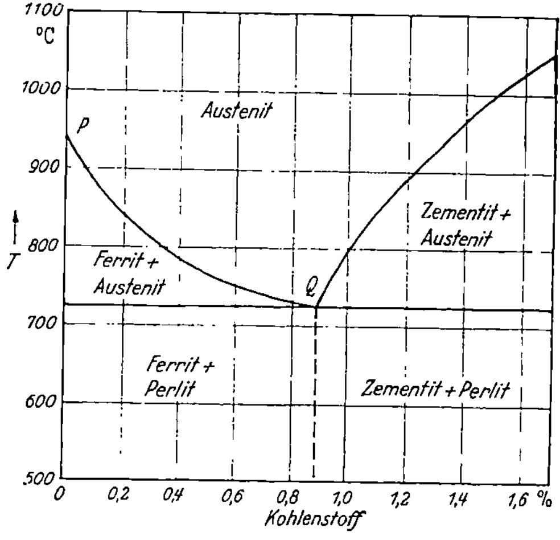

Abb. 236. Vereinfachtes Zustandsdiagramm des kohlenstoffhaltigen Eisens.

Raumzentrierung über; bei weiterer Abkühlung folgt das übrige Metall allmählich dieser Verwandlung. Der Kohlenstoff bleibt dabei in Übersättigung atomdispers anwesend. Diesen metastabilen Zustand nennt man Martensit. Wegen der Kohlenstoffstörung ist er sehr hart. Das Merkwürdige der Martensitbildung ist aber, daß die neuen Kristalle nicht wie bei normalen allotropen Umwandlungen unabhängig von den alten orientiert sind. Es sind vielmehr dieselben Kristalle, die nunmehr durch Gleiten bestimmter Gleitebenen aus flächenzentrierten Würfeln umgeformt sind in raumzentrierte. Der Kristall klappt als Ganzes in die neue Gestalt um. Der Verlauf der Wärmetönung und der Dilatation zeigt einen Λ-Verlauf. Beim Erreichen der Martensittemperatur fängt der Umklappprozeß schroff an; es gibt aber schwerer umzuklappende Teile, die allmählich nachfolgen.

Legierung mit Ni (Edelstähle) setzt die Martensittemperatur bis weit unter Zimmertemperatur herab; die Edelstähle bleiben daher im austenitischen Zustand.

Auch Umklappen von kubisch dichtester in hexagonal dichteste Packung ist bekannt (z. B. Kobalt), ebenso wie die von kubisch-raumzentriert in hexagonal (z. B. Zr).

7. Erholung.

Die Erholung (oder Vergütung) des Materials ist die Zustandsänderung, bei der die etwaigen inneren Verspannungen langsam wieder nachlassen, während die einzelnen Kristalle ihre Form beibehalten. Diese inneren Verspannungen sind die Folge von Kaltbearbeitung oder von Ausscheidung unlöslicher Fremdstoffe. Im allgemeinen wächst die Erholungsgeschwindigkeit bei steigender Temperatur schnell an.

Man kann den Erholungsgrad experimentell an Hand der Härte, die auf verschiedene Weisen gemessen werden kann (BRINELL, MOHS u. a.) ziemlich leicht verfolgen, weil die Erholung immer mit Entfestigung verknüpft ist.

Ein anderes Kriterium für den Grad der Erholung ist der spezifische Widerstand, der für verspanntes Material bedeutend höhere Werte annimmt und während der Vergütung auf den normalen Wert zurückgeht. Weiter ändern sich noch andere strukturempfindliche Eigenschaften, wie die thermoelektrische, das Potential gegenüber einer Normallösung usw.

Die bei der Erholung vor sich gehende Erscheinung besteht offenbar in einer Neuordnung der Atome oder Ionen derart, daß das gestörte Gitter sich wieder mehr dem ungestörten Gleichgewichtszustande nähert. Bei dieser Umordnung wird es oft vorkommen, daß nicht alle Lücken ausgefüllt werden können und nicht überall ideale Anpassung der Gitterflächen besteht, so daß der Kristall einen stärkeren Mosaikcharakter erhält.

In vielen Fällen findet während der Erholung des Materials eine Ansammlung feindispers anwesender Fremdstoffe zu größeren Partikeln statt, wie z. B. der Graphit im Stahl. Anderseits werden von dem Abkühlungsprozeß zurückgebliebene Unhomogenitäten beseitigt.

In anderen Fällen entwickelt sich während der Erholung Gas, das vorher im Material gelöst oder okkludiert war. Auch die Entfernung dieser Fremdatome hilft mit dazu, das Material spannungsfreier werden zu lassen.

Die Erholung ist im allgemeinen von einer Wärmetönung begleitet, sowie von einer leichten Formänderung des Körpers. Wenn die letzte Erscheinung auch bei Zimmertemperatur merklich auftritt, spricht man von elastischer Nachwirkung oder Kriechen. Eine spiralisierte Stahlfeder kann mehr als eine Windung zurückfedern[1]; Emaille springt gelegentlich von dem metallenen Untergrund infolge elastischer Nachwirkung des letzteren ab. In den Kapazitätswerten von Präzisionskondensatoren und in den Abmessungen der im Austauschbau benutzten Maßlehren können sich diese Erscheinungen unerwünscht geltend machen (vgl. S. 179 u. f.).

---

[1] SCHLÖTZER: Z. Instrumentenkde. **57**, 371 (1937).

8. Rekristallisation [1].

Bei genügend hoher Temperatur („Rekristallisationstemperatur") findet die Entstörung des Materials unter Bildung ganz neuer Kristalle statt, die übrigens denselben Typus haben wie die verdrängten. In vielen Fällen hat man das Wachsen der neuen Kristalle aus einem Keime verfolgen können. Der Kristallkeim wird wahrscheinlich an einer Stelle sehr großer innerer Verspannung gebildet (Abb. 237) und wächst nachher auf Kosten der verspannten Umgebung zu einem unverspannten Kristall, bis seine Grenze an die eines zweiten neugebildeten Kristalls stößt. Bisweilen ist der Rekristallisationsprozeß hiermit beendet; in

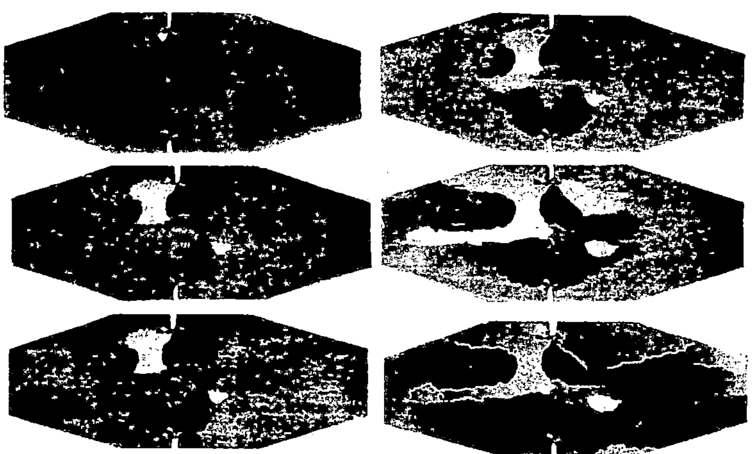

Abb. 237. Rekristallisation von Al, ausgehend von den Einschneidungen. (Nach VAN ARKEL.)

anderen Fällen werden nachher die kleinen Neukristalle von den größeren aufgezehrt (Sammelkristallisation). In wieder anderen Fällen tritt nach der ersten Rekristallisation eine zweite auf, mit von der ersten Rekristallisation vollkommen unabhängigen Kristallorientierungen. Die bei der sekundären Rekristallisation aufgezehrte potentielle Energie wird dem Gebiete der Kristallgrenzen entlehnt, die ja nach den neuesten Ansichten Stellen größter Verspannung sind.

Die Rekristallisationstemperatur ist nicht scharf bestimmbar; es gibt vielmehr eine Temperaturstrecke von einigen hundert Grad, in der man das Kristallwachstum beobachten kann, und zwar wächst in dieser Strecke die Geschwindigkeit der Rekristallisation von Null bei der unteren Grenze auf sehr hohe Werte bei höheren Temperaturen an. Die Rekristallisationstemperatur ist weiterhin noch bedeutend abhängig von

---

[1] Für eine vollständige Behandlung dieses Themas vgl. man W. G. BURGERS: *Rekristallisation, verformter Zustand und Erholung* in G. MASING: *Handbuch der Metallphysik.* Leipzig 1941.

dem Grade der inneren Verspannungen und läßt sich weitgehend durch Hinzufügen bestimmter Beimengungen sehr geringer Konzentration beeinflussen.

Bei höherer Temperatur wächst sowohl die Neigung zur Keimbildung, wie die Ausbreitungsgeschwindigkeit der Neukristalle, und zwar wächst letztere in weitaus den meisten Fällen schneller, so daß Rekristallisation bei höherer Temperatur größere Kristallite hervorbringt. Größere Verspannung des unrekristallisierten Materials hat den Einfluß, daß die Keimzahl viel größer ist und daher die Abmessungen der Neukristalle klein bleiben (Abb. 238).

Durch Anwendung genügend kleiner Deformation gelingt es, sehr große Metallkristalle durch Rekristallisation herzustellen, bis zu Abmessungen von 10 und mehr Zentimetern.

Das allmähliche Wachsen der größeren Neukristalle auf Kosten der kleineren tritt insbesondere dann auf, wenn bedeutende Korngrößenkontraste bestehen. Auch das Vorhandensein eines Temperaturgradienten wirkt stark vergrößernd auf die Kristalle, indem die im Gebiete höherer Temperatur entstandenen Keime auswachsen in das Gebiet niedriger Temperatur, das

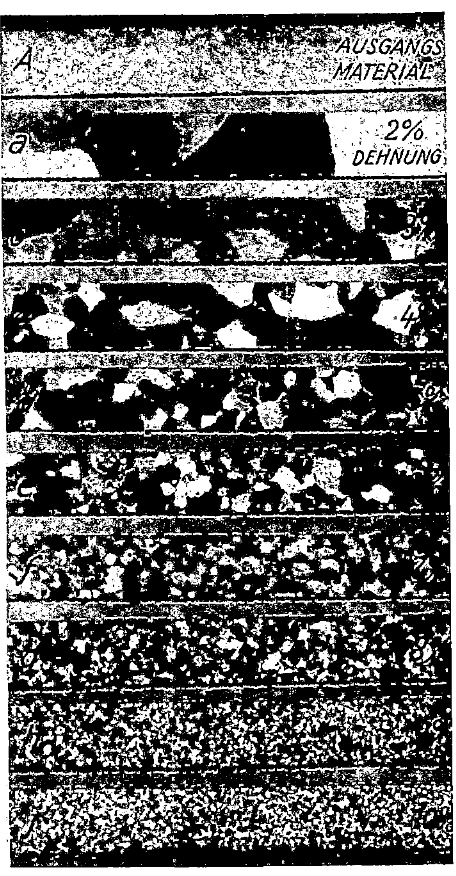

Abb. 238. Abhängigkeit der Korngröße von der vorangehenden Deformation. (Nach VAN ARKEL.)

noch keimfrei ist, bzw. noch wenig entwickelte Kriställchen enthält. Dieses übertriebene Kristallwachstum beobachtet man z. B. an Sintermetallklumpen, die von der Seite her abkühlen.

Beimengungen können die Rekristallisation bedeutend hemmen. Es entstehen zunächst viele kleine Kristallite, deren Zusammenwachsen von den Verunreinigungen des Materials behindert wird. Auf die Dauer findet gegebenenfalls doch ein Wachstumsprozeß statt, wobei das Verdampfen der Verunreinigungen natürlich eine bedeutende Rolle spielt. Der ganze Sachverhalt ist in den einzelnen Fällen daher ziemlich verwickelt[1].

Die Glühfadenherstellung aus Wolfram liefert Beispiele für die Möglichkeit der bewußten Kontrolle der Kristallgröße (Abb. 239 u. 240). Es ist nämlich wichtig, daß die während der Rekristallisation stattfindende Bewegung der Atome unter dem Einfluß der Schwere eine Deformation des Fadens hervorbringt, ein Durchsacken, das die Qualität der Lampe herabsetzt. Um dem vorzubeugen, hat man durch Vermeidung bzw. Hinzufügung von bestimmten Verunreinigungen sowohl versucht, gut rekristallisierendes Material zu schaffen, damit auf einmal große Kristalle entstehen, als auch schlecht kristallisierendes, damit das Weiterwachsen der kleinen Neukristalle während des Glühens ausbleibt (ThO_2-Beimischung). Das Durchführen eines hartgezogenen rekristallisierbaren Drahtes durch ein Gebiet sehr hoher Temperatur ermöglicht es uns, lange Wolframeinkristalle herzustellen (Pintschdraht), wobei der schroffe Temperaturfall ausgenutzt wird.

Die Rekristallisationstemperatur wird oft, und teilweise mit Recht, der Äquikohäsionstemperatur (S. 32) gleichgesetzt. Die letztere ist die Temperatur, bei der die Erholung so schnell vor sich geht, daß die Korngrenzen plastisch nachgeben und der Bruch interkristallin ist. Diese Temperatur ist ebensowenig scharf definiert wie die Rekristallisationstemperatur. Bei schneller Spannungszunahme kann die Erholung nicht stattfinden, und das

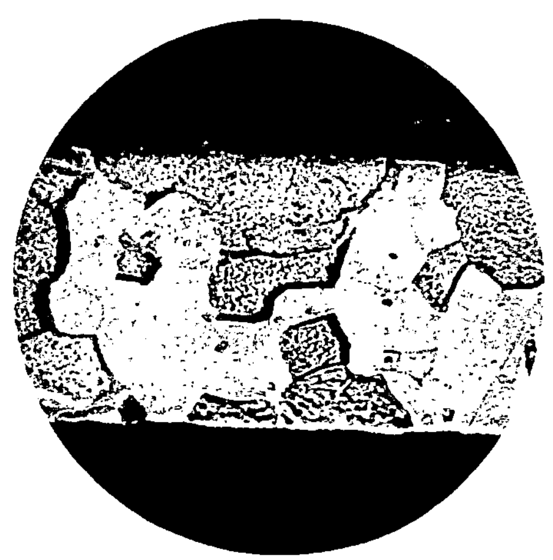

Abb. 239. Kristallausbildung in Drähten aus reinem Wolfram nach 700stündigem Hocherhitzen. Nach E. LAX u. M. PIRANI (750×).

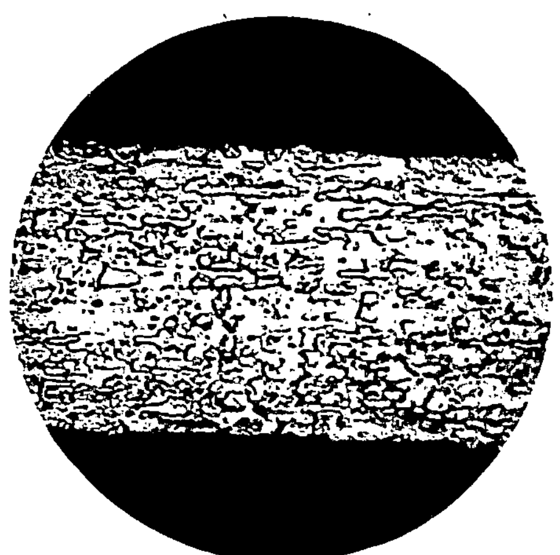

Abb. 240. Kristallausbildung in Drähten aus Wolfram mit 1% Thoriumoxydzusatz, nach 700stündigem Hocherhitzen (750×). Nach E. LAX u. M. PIRANI in GEHLHOFF: Lehrb. der Techn. Physik 3, 323 (1929).

---

[1] C. J. SMITHELLS Tungsten 1936.

Material bricht doch in den Körnern; die Äquikohäsionstemperatur liegt für schnelle Belastungen also höher als für allmählich angewandte Belastungen. Rekristallisation und zwischenkörniges Brechen kann man bei ungefähr den gleichen Temperaturen erwarten, weil ja für beide eine Bewegung der Atome der verspannten Korngrenzen als Ursache angenommen werden muß.

9. Ausscheidung.

Die Erscheinungen der Ausscheidung übersättigter Gemische bei niedriger Temperatur und die Lösung der ausgeschiedenen Stoffe bei höherer Temperatur sind ebenfalls stark mit Verzögerung verbunden. Die Geschwindigkeit dieser Prozesse im festen Zustande ist unmittel-

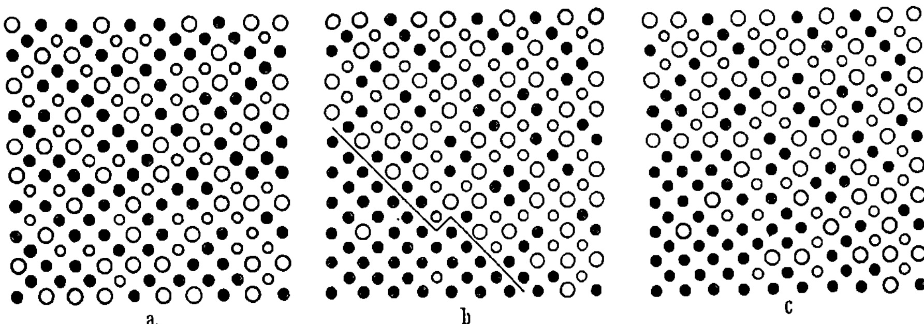

Abb. 241. Fe₂NiAl nach verschiedener Behandlung. a) Nach Abschrecken, Fe-Atome willkürlich verteilt. b) Langsam gekühlt, Bildung von Eisenkristallen. c) Zwischenzustand: Koagulation. Der Zustand c) ist derjenige, der auftritt in AlNi-Stahl mit hoher Koerzitivkraft. (Nach A. J. BRADLEY u. A. TAYLOR: Magnetism. Physics in Industry. 1937.) ● Fe, ○ Ni, ◯ Al.

bar an die Diffusionsgeschwindigkeiten gebunden[1], die Ausscheidung wird aber überdies noch wegen des Ausbleibens von Keimen der neuen Phasen gehemmt.

Die Ausscheidung ist von einer Zunahme der Härte und der Zugfestigkeit des Materials begleitet, was mit den auftretenden inneren Verspannungen zusammenhängt. Daher rührt der Name „Aushärtung".

Je nach dem Auftreten oder Ausbleiben der Keime unterscheidet man „Warmaushärtung" von „Kaltaushärtung", so genannt nach dem Beispiele des Duraluminiums (Al mit 4% Cu), wo nur bei Erwärmung auf 100° C und darüber Kristalle des ausgeschiedenen Al₂Cu auftreten[2]. Für andere Fälle sind die Temperaturverhältnisse so, daß die Namen Warm- und Kaltaushärtung eigentlich keinen Sinn haben, um so weniger, als die beiden Prozesse oft nicht mehr voneinander zu scheiden sind.

Was ist Kaltaushärtung, wenn keine neue Phase auftritt? Man stellt sich vor, daß die auszuscheidenden Fremdatome die Neigung haben,

[1] DEHLINGER, U.: Chem. Physik der Metalle und Legierungen, S. 98. 1939.
[2] AUER u. GERLACH: Naturwiss. 27, 299 (1939).

sich anzusammeln (koagulieren), ein Prozeß, der der wirklichen Ausscheidung vorangehen muß. Bei der Kaltaushärtung kommt es aber nicht so weit, daß Grenzflächen zwischen dem auszuscheidenden Stoff und der Grundmasse gebildet werden; es bleibt bei einer Trübung. Das Röntgenbild ändert sich bei der Kaltaushärtung nicht, wohl aber bei der Warmaushärtung (Abb. 241).

Zu langes Anhalten der Härtungstemperatur macht die Härtung wegen der dabei auftretenden Erholung wieder rückgängig. Nachheriges Abkühlen auf Zimmertemperatur bringt das Material doch wieder in einen verspannten Zustand, weil die thermischen Ausdehnungskoeffizienten der Ausscheidung und der Grundmasse verschieden sind. Nur in Ausnahmefällen, wie bei den Ausscheidungslegierungen von Permalloy mit Kupfer, die gleiche Ausdehnungskoeffizienten besitzen, entsteht spannungsloses Endmaterial.

In vielen Fällen ist weit mehr die Trübung die Ursache der Verfestigung als die Ausscheidung. Das Tempern des Kohlenstoff behaltenden Eisens (Martensit) hat zur Folge, daß der atomar verteilte Kohlenstoff sich in Form von Graphit ausscheidet·(nämlich dann, wenn Si anwesend ist), oder in Form von Zementit Fe_3C. Diese Ausscheidung ist anfänglich von einer Verfestigung (Trübung) begleitet, nachher aber tritt Entfestigung auf (Ausscheidung). Man ist gezwungen, diese Erwärmung auszuführen, weil sonst die Ausscheidung bei Zimmertemperatur allmählich stattfinden würde, bei der sich „thermische Nachwirkung" einstellt.

Meßgrößen, die zur Registrierung des Verlaufs der Ausscheidung dienen können, sind außer der Härte noch die magnetischen Größen, vor allem die Koerzitivkraft (vgl. S. 149) und der spezifische elektrische Widerstand.

Eine bequeme experimentelle Methode für die Verfolgung der Aushärtungsvorgänge ist die dilatometrische (VAN 'T HOFF, CHEVENARD). Die Kaltaushärtung des Duraluminiums ist mit einer relativen Kontraktion des Materials von der Größenordnung 10^{-4} verbunden, die nachfolgende Warmaushärtung zeigt eine Dilatation derselben Größenordnung.

Das dilatometrische Verhalten des Stahls ist ziemlich verwickelt. Die Martensitbildung ist von einer Dehnung, die Kohlenstofftrübung von einer Schrumpfung begleitet. Es haben aber auch die Erholung, die Homogenisierung, die Verfestigung infolge Dilatationsunterschieden bei Temperaturänderung, die Entkohlung, die Entgasung, sowie die Ausscheidung von Graphit und von Zementit, jede ihren eigenen Dehnungseffekt, so daß die Kurve, welche die Stablänge als Funktion der Erhitzungszeit darstellt, vielerlei Einzelheiten aufzeigt.

IX. Nachwirkung und Dämpfung.
1. Schwingungsdämpfung.

Eine freie akustische Schwingung des festen Körpers klingt allmählich aus, sie ist gedämpft. Die Dämpfung kann mehreren Ursachen zuzuschreiben sein. Eine in Nuten gefaßte Fensterscheibe wird hauptsächlich in den Nuten gedämpft, wo die Schwingungsenergie in Wärme
verwandelt wird. Diese Dämpfung rührt bisweilen von der Reibung
zwischen zwei Oberflächen her, die übereinander gleiten, oder öfter von
der inneren Reibung der Kittsubstanz.

Zweitens wird eine schwingende Fensterscheibe durch die Luftreaktion
gedämpft. Die Energie wird in Form von akustischen Wellen aus-
gesandt. Die Membran eines Lautsprechers wird ebenfalls zu einem
großen Teile von der akustischen Rückwirkung der Luft gedämpft,
andernteils von elektromagnetischen Wirkungen.

Auf eine Stimmgabel sind keine der hier besprochenen Dämpfungs-
mechanismen anzuwenden, obwohl natürlich die Luftdämpfung eine geringe Rolle spielt. Bei der Stimmgabel hat man den Hauptbeitrag zur
Dämpfung in dem Material der Gabel selbst zu suchen, also in einer
inneren Dämpfung, die wir im nächsten Paragraphen näher betrachten
werden. Eine solche innere Dämpfung hat im allgemeinen bei der
Schwingung von Körperteilen Bedeutung, die nur mit einer kleinen
Oberfläche der Luft ausgesetzt sind und daher nicht infolge akustischer
Strahlung gedämpft werden. Auch bei der Schwingung von Maschinen-
teilen hängt die Amplitude der Resonanzschwingungen in starkem Maße
von der Eigendämpfung des Materials ab.

Zwecks erschütterungsfreier Aufstellung von Maschinen und Instru-
menten benutzt man federnde Unterlagen, deren Haupterfordernis ist,
daß sie elastisch sein sollen. Daneben zeigen aber die hierzu benutzten
Stoffe im allgemeinen auch eine beträchtliche innere Reibung. Bei
massivem Material, wie Gummi, ist diese innere Reibung auch wieder
ein Vorgang, der wesentlich im Inneren der Materie stattfindet; bei
porösen Materialien tritt ebenfalls Luftreibung auf, die von der Viskosität
der Luftmasse herstammt; diese Luft tritt bei den Schwingungen in
die Poren ein und wieder heraus.

Die Schallverschluckung von Wandbekleidungsstoffen ist schließlich
auch ein Effekt, dem im Kreise der hier angeführten Erscheinungen ein
Platz gebührt. Verschlucken des Schalls kann in zwei wesentlich verschiedenen Arten vor sich gehen. Es kann die kinetische Energie der
Luftschwingungen in den Poren des Materials infolge der Viskositäts-
wirkung in Wärme verwandelt werden, oder aber es kann die Wand
unter dem Einflusse der einfallenden Schallenergie in Schwingung geraten, wodurch in zweiter Linie durch innere Dämpfung oder Rand-
dämpfung die Energie in Wärme verwandelt wird.

2. Relaxationszeit, Resonanzschwingungen.

Zur Kennzeichnung der Dämpfung benutzt man allgemein den sog. Verlustwinkel δ, welcher die Phasendifferenz zwischen der treibenden Kraft und der daraus entstehenden Deformation darstellt, beide als sinusförmig von der Zeit abhängend angenommen. Im Falle von Torsionsschwingungen ist δ die Phasendifferenz zwischen der Schubspannung τ und dem Gleitwinkel γ; bei longitudinalen Schwingungen ist δ die Phasendifferenz zwischen der Normalspannung σ und der Streckung ε. Wir berechnen den Energieverlust im letzten Fall.

Die Wärmeentwicklung je Volumeneinheit und je Schwingungsperiode ist gleich dem Inhalt der geschlossenen ε-σ-Kurve (Abb. 242), nämlich $\int \sigma \, d\varepsilon$. Mit Hilfe von $\sigma = \sigma_{max} \cos \omega t$; $\varepsilon = \frac{\sigma_{max}}{E} \cos(\omega t - \delta)$ und durch Integration nach ωt von 0 bis 2π findet man für den Inhalt der Hysteresisschleife:

$$\frac{\sigma_{max}^2}{E} \int_0^{2\pi} \cos \omega t \sin(\omega t - \delta) \, d\omega t = \frac{\sigma_{max}^2}{2E} \cdot 2\pi \sin \delta \,.$$

Die vorhandene Schwingungsenergie je Volumeneinheit beträgt: $u = \sigma_{max}^2/2E$. Daher ist die Abnahme von u innerhalb einer Periode, wenn wir weiterhin wegen der Kleinheit von δ den Sinus dem Winkel gleichsetzen:

$$\Delta u = u \cdot 2\pi\delta.$$

Die Amplitude der Schwingung nimmt je Zyklus prozentual halb so wenig ab wie die Energie:

$$\frac{\Delta A}{A} = \frac{1}{2} \frac{du}{u} = \pi\delta \,,$$

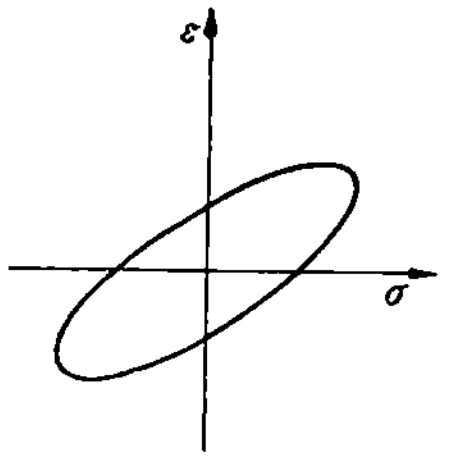

Abb. 242. Mechanische Hysterese.

d. h. das *logarithmische Dekrement* der Schwingung ist $\pi\delta$.

Hieraus folgt für die Relaxationszeit τ, d. i. die Zeit, in der die Amplitude bis zum $1/e$-ten Teile des urprünglichen Wertes abnimmt:

$$\frac{\tau}{T} = \frac{1}{\pi\delta},$$

wo T die Schwingungsperiode bedeutet.

Ähnlich berechnet man für den Relaxationsabstand, das ist der Abstand l, in dem die Amplitude einer fortschreitenden Welle bis zum $1/e$-ten Teil des ursprünglichen Wertes abklingt:

$$\frac{l}{\lambda} = \frac{1}{\pi\delta} \cdot$$

Weil δ frequenzunabhängig ist (s. unten), sind τ und l der Frequenz umgekehrt proportional; die hohen Töne klingen schneller aus und werden schlechter fortgepflanzt.

Für Biegungsschwingungen müssen wir noch bemerken, daß die Verhältnisse etwas komplizierter sind. Infolgedessen ist die zeitliche Abklingung doppelt so groß wie die räumliche, und τ bzw. l betragen bei Biegung[1]:

$$\frac{\tau}{T} = \frac{1}{\pi\delta} \quad \text{bzw.} \quad \frac{l}{\lambda} = \frac{2}{\pi\delta}.$$

Wegen der kleinen Fortpflanzungsgeschwindigkeit der Biegungswellen ist der Relaxationsabstand bedeutend geringer als für longitudinale oder transversale Wellen.

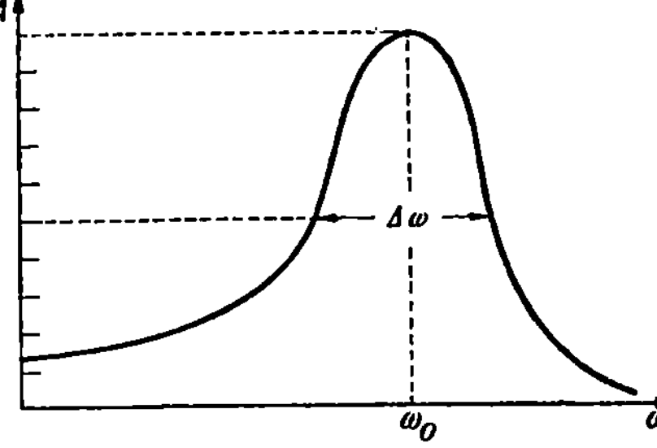

Abb. 243. Halbwertsbreite der Resonanzkurve.

In Ermangelung äußerer Dämpfungen bestimmt die innere Dämpfung die Schwingungsamplitude bei Resonanz elastischer Konstruktionen. Im Falle der Resonanz heben Masse- und Steifheitskräfte sich gegenseitig auf, und die Störungskraft muß vollständig von der Dämpfung aufgenommen werden. Formal ist tg δ, also annäherungsweise δ, das Verhältnis der Widerstandskraft zur elastischen Kraft[2]. Bei Aufhebung der letzteren durch die Massenkraft im Falle der Resonanz steigt daher die Amplitude bis zum $1/\delta$-fachen des statischen Wertes. Dies ist für Metalle ein sehr bedeutender Faktor (s. Tabelle auf S. 183); er ist so groß, daß es nicht möglich ist, Konstruktionen aus hartem Stahl so stark zu bauen, daß Resonanz niemals eine Schädigung hervorbringen könnte. Man müßte Sicherheitsfaktoren von 2800% benutzen und dann noch unter der Voraussetzung, daß die periodische Störungskraft nie größer würde als 1% der zulässigen statischen Belastung.

Weiter spielt das δ noch eine Rolle für die sog. „Halbwertsbreite" der Resonanzkurve (Abb. 243), die um so größer ist, je größer der Verlustwinkel δ wird, und zwar ist:

$$\delta = 0{,}577 \cdot \frac{\Delta\omega}{\omega_0}.$$

Diese Halbwertsbreite der Resonanzkurve wird gelegentlich zur Bestimmung von δ benutzt[3].

3. Der firmoviskose Körper.

Zur Erklärung der inneren Dämpfung eines kompakten Materials kann man formell zwei einfache Ansätze machen, die sich durch die

---

[1] CREMER, L.: Vierpoldarstellung und Resonanzkurven bei schwingenden Stäben. Berlin 1934.

[2] Man denke an das elektrische Analogon. In den Lehrbüchern der Elektrizität wird dieser Zusammenhang von Vektordiagrammen veranschaulicht.

[3] FÖRSTER, F.: Z. Metallkde. 29, 109 (1937).

Stichwörter Viskosität bzw. Hysterese andeuten lassen. Der erste Ansatz geht davon aus, daß der Stoff einen von Null verschiedenen Viskositäts-koeffizienten η besitzt; demzufolge geht in den Zusammenhang zwischen den wirkenden Spannungen und den daherrühren-den Deformationen auch noch die Geschwindig-keit der Deformation ein, und es wird:

$$\tau = G \cdot \gamma + \eta_G \frac{d\gamma}{dt}\;{}^{*}.$$

Ähnlich:

$$\sigma = E \cdot \varepsilon + \eta_E \frac{d\varepsilon}{dt}\;{}^{*}.$$

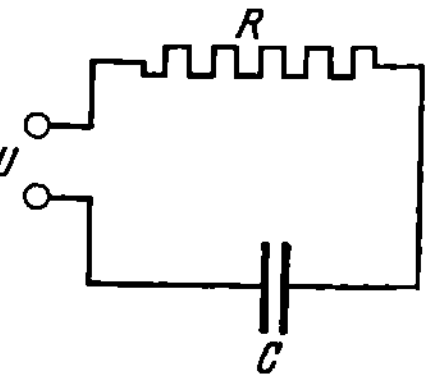

Abb. 244. Elektrisches Ana-logon des firmoviskosen Körpers.

Nach LARMOR nennt man ein Material, das diesen Gleichungen genügt, „firmoviskos". Die Gleichungen haben dieselbe Form wie die Beziehung, die den Zu-sammenhang zwischen der Kondensatorladung Q und der aufgedrückten Spannung U eines elektrischen RC-Kreises angibt, nämlich:

$$U = \frac{Q}{C} + R \frac{dQ}{dt}.$$

Diese Analogie erleichtert das theoretische Studium des firmoviskosen Körpers, da wir die Behandlung des elektrischen Kreises als allgemein bekannt voraussetzen dürfen (Abb. 244).

Bei Änderung der Spannung fließt ein exponentiell mit der Zeit abnehmender Strom; ähnlich gelangt im elastischen Problem die Länge des Prüflings mit exponentiell abnehmender Geschwindigkeit in die neue Gleichgewichtslage. Dies entspricht durchaus dem Verhalten der Werkstoffe beim sog. Kriechen und bei der elastischen Nachwirkung, allerdings bei nicht zu hohen spezifischen Belastungen.

Bekanntlich findet man bei Wechselstrombeanspruchung $(U = U_0 \cos \omega t)$ eine Phasendifferenz δ zwischen U und Q, den sog. Verlust-winkel, angegeben durch:

$$\operatorname{tg}\delta = \omega R C.$$

Auf das elastische Problem des firmoviskosen Körpers übertragen, liefert diese Beziehung einen Verlustwinkel, der bestimmt wird durch:

$$\operatorname{tg}\delta = \frac{\omega\,\eta_G}{G} \quad \text{bzw.} \quad \operatorname{tg}\delta = \frac{\omega\,\eta_E}{E}.$$

Das Ergebnis, daß der Verlustwinkel δ der Kreisfrequenz ω propor-tional sein soll, läßt sich experimentell verifizieren, und dann zeigt sich, daß viele Stoffe sich wesentlich anders verhalten[1]. Für Metalle, Bau-

---

* Das η_G ist definiert in derselben Weise, wie die Viskosität von Flüssigkeiten definiert ist. Der Zusammenhang von η_E mit η_G ist nach STOKES:

$$\eta_E = \tfrac{4}{3}\,\eta_G.$$

[1] Holz: KRÜGER, F., u. E. ROHLOFF: Z. Physik **110**, 58 (1939). — POPP, P.: Z. techn. Physik **15**, 391 (1934). — Metalle: KIMBALL u. LOVELL: Physic. Rev. **30**,

materialien und Gummi findet man, daß $\operatorname{tg}\delta$ von der gewählten Frequenz unabhängig ist. Es ist nicht ganz ausgeschlossen, daß für genügend hohe Frequenzen der Viskositätsanteil von $\operatorname{tg}\delta$ (der ja mit ω wächst) den konstanten Teil überholt; für alle Frequenzen, von den sehr niedrigen an bis zu den normalen akustischen, hat man indessen experimentell keinen eindeutigen Frequenzgang des Verlustwinkels auffinden können. Die bei den Messungen übrigbleibenden Schwankungen von $\operatorname{tg}\delta$ sind oft noch Porositäts- oder Randeffekten zuzuschreiben.

Man hat gelegentlich versucht, das Bild des firmoviskosen Körpers zu retten, indem man die Konstante η als umgekehrt proportional zu ω annahm. Damit läßt man aber die Anfangsgleichungen dieses Paragraphen und so zugleich die einfache Hypothese des firmoviskosen Körpers fallen.

4. Der elastoviskose Körper.

Neben dem Begriff des firmoviskosen Körpers hat LARMOR auch den Begriff des elastoviskosen Körpers eingeführt, indem er annahm, daß die augenblicklich arbeitenden Kräfte sowohl eine elastische Deformation als auch eine viskose liefern könnten (Abb. 245); das drücken die Formeln aus:

$$\frac{d\varepsilon}{dt} = \frac{1}{E}\frac{d\sigma}{dt} + \frac{\sigma}{\eta_E} \quad \text{bzw.} \quad \frac{d\gamma}{dt} = \frac{1}{G}\frac{d\tau}{dt} + \frac{\tau}{\eta_G}$$

oder

$$\varepsilon = \frac{\sigma}{E} + \frac{1}{\eta_E}\int \sigma\, dt \quad \text{bzw.} \quad \gamma = \frac{\tau}{G} + \frac{1}{\eta_G}\int \tau\, dt.$$

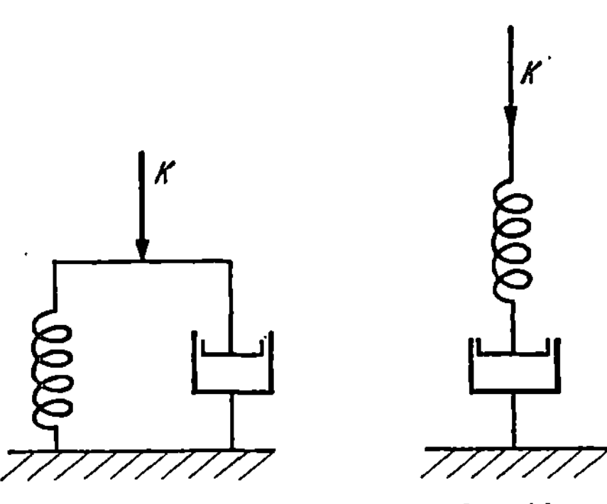

Abb. 245. Schematische Darstellung des elastoviskosen (links) und des firmoviskosen (rechts) Körpers.

Man beachte den Unterschied zwischen dieser Annahme und der des firmoviskosen Körpers. Bei dem letzteren gaben ε und $d\varepsilon/dt$ beide zu einer Teilspannung Anlaß, während beim elastoviskosen Körper eine Spannung sowohl eine Größe ε wie eine Größe $d\varepsilon/dt$ zum Vorschein bringt. Der elastoviskose Körper kommt nie in einen Gleichgewichtszustand, er bleibt bei Belastung immer im Fließen und gleicht der Butter, dem Asphalt oder anderen hochviskosen Stoffen. Von den Metallen zeigen Zinn und Blei schon bei geringen Belastungen

948 (1927). — GEIGER: Wärme- u. Kältetechn. **41**, 12 (1939). — WEGEL u. WALTHER: Physics **6**, 141 (1935). — Baumaterialien: MEYER, E.: Z. VDI **78**, 957 (1934). — Gummi: KOSTEN, C. W., u. C. ZWIKKER: Physica, Haag **4**, 221 (1937). — THOMPSON, J. H. C.: Phil. trans. roy. Soc., Lond. **231** A, 339 (1933). — Dämmstoffe: MEYER, E., u. L. KEIDEL: Z. techn. Physik **18**, 299 (1937).

dieses Verhalten, Stahl erst bei höheren Belastungen oder höheren Temperaturen[1].

Der Verlustwinkel im elastoviskosen Fall ist $\operatorname{tg}\delta = E/\omega\eta$ bzw. $G/\omega\eta$, nimmt also mit wachsendem ω ab. Eine Kombination von firmoviskosen und elastoviskosen Eigenschaften kann einen Wert von $\operatorname{tg}\delta$ geben, der in einem genügend kleinen ω-Bereich ziemlich konstant ist, nicht aber in einem großen ω-Bereich, wie es die Beobachtungen gezeigt haben.

5. Physikalische Natur der nachwirkenden Materialien.

Schon MAXWELL (1868) hat ein Bild zur Deutung des nachwirkenden Körpers geschaffen, und zwar führt er das Verhalten auf die Inhomogenität des Körpers zurück. Es sollen weiche, elastoviskose Teile anwesend sein neben harten, vollkommen elastischen oder wenigstens firmoviskosen.

Beim Ansetzen der Kraft fangen weiche und harte Teile gemeinsam die Kraft auf; nachher geben aber die weichen Teile nach, und schließlich müssen die harten Teile der ganzen äußeren Kraft standhalten (Abb. 246).

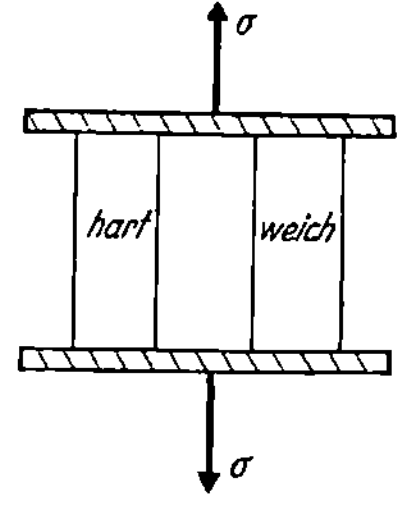

Abb. 246.
Zum MAXWELLschen
Doppelmedium.

Beim Wegnehmen der äußeren Kraft bildet sich der Körper zunächst elastisch zurück; man findet dann aber eine Druckspannung in den weichen, eine Zugspannung in den harten Teilen. Durch Nachgeben des weichen Teiles gleichen diese Spannungen sich allmählich aus, wobei der Körper sich noch etwas weiter zurückbildet.

Man kann schematisch die harten Teile durch eine Feder darstellen, die weichen durch eine Feder in Reihe mit einer Ölbremse (vgl. Abb. 245). Der materielle Körper ist im allgemeinen ein verwickeltes System aus beiden Teilchenarten und sollte schematisch durch mehrere Federn und Bremsen in kombinierter Reihen-Parallelschaltung dargestellt werden. Wegen des elektrischen Analogons und näherer Einzelheiten s. S. 186 und die folgenden.

Die Kriecherscheinungen und die elastische Nachwirkung werden von MAXWELLS Inhomogenitätshypothesen ziemlich gut erklärt. Es bleibt nur die Frage nach der Natur der weichen und harten zusammensetzenden Teile übrig. Natürlich ist es sehr wohl möglich, daß fremdstoffliche Inhomogenitäten die Ursache sind; z. B. können in Gummi und Beton[2] die harten Füllstoffe eine solche Rolle spielen. Aber auch im homogenen Material beobachtet man Kriecherscheinungen und Erholung. Die verschiedenartigen Raumteile können in diesem Falle Kristallite sein, die mehr oder weniger günstig orientiert liegen in bezug

---

[1] HANSON, D.: Trans. Amer. Inst. min. metallurg. Engrs. **133**, 15 (1939).
[2] BUSCH, K. Th.: Diss. Berlin 1937.

auf die äußeren Kräfte und infolgedessen mehr oder weniger plastisch deformiert werden. In dieser Hinsicht ist wichtig, daß man in der Tat hat feststellen können, daß Einkristalle keine elastische Nachwirkung zeigen[1].

Merkwürdig ist die Anomalie der Überlagerungsfähigkeit beim Kriechen (Abb. 247). Belastet man einen Körper erst auf Zug, dann auf Druck, so heben die beiden Nachwirkungen einander nicht auf. Oft zeigt sich zuerst ein Rückgang der letzten Deformation und nachher nochmals eine Erholung der ältesten Deformation. Schon BOLTZMANN[2] hat versucht, dieses „Gedächtnis des Materials" mittels Nachwirkungsfunktionen formal wiederzugeben. Physikalisch muß das sonderbare Verhalten dadurch erklärt werden, daß die plastische Deformation an Teilchen stattfindet, die für die beiden Richtungen verschieden sind[3].

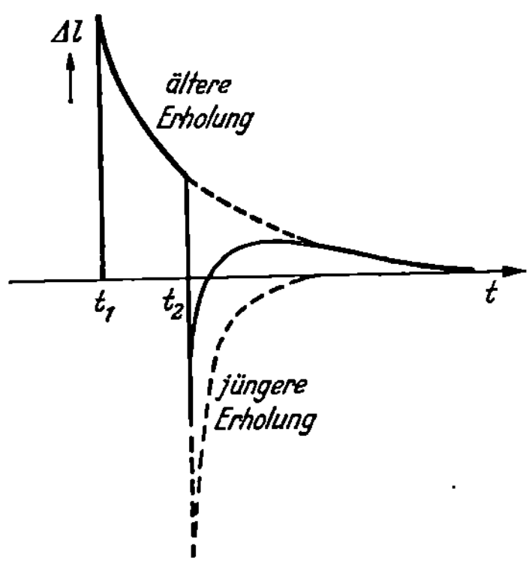

Abb. 247. Die elastischen Nachwirkungen lassen sich einander nicht überlagern.

Übrigens hat sich gezeigt, daß eine vorangegangene Deformation die Nachwirkung einer zweiten unabhängigen Deformation herabsetzt. Erfolgen aber beide Deformationen (z. B. Biegung und Torsion) zu gleicher Zeit, so findet man eben eine außerordentlich große Nachwirkung.

Ein interessanter Beitrag zum Studium der mechanischen Nachwirkung wurde von W. S. GORSKI[4] gegeben, der bemerkt, daß die Löslichkeit etwaiger beigemischter Fremdmoleküle eine Funktion des Spannungszustandes sein kann. Bei unhomogener Belastung der Probe ist die Verteilung der gelösten Substanz nicht mehr im Gleichgewicht; durch Diffusion stellt sich das Gleichgewicht wieder langsam ein, wobei eine geringe Formänderung und folglich eine elastische Nachwirkung stattfindet. Eine ähnliche Überlegung läßt sich im Falle homogener Belastung eines unhomogenen Materials geben, wobei die Inhomogenitäten chemischer oder physikalischer Art sein dürfen.

Es mag zunächst so scheinen, als ob die Diffusion viel zu langsam vorgeht, um Effekte hervorzurufen, wie sie hier gemeint sind. Wenn

[1] JOFFÉ, A.: Physics of crystals, S. 31. Die beim monokristallinen Quarz auftretende elastische Nachwirkung schreibt JOFFÉ elektrischen Nachwirkungen zu. Elektrische Aufladungen sind wegen piezoelektrischer Effekte und Elektrostriktion mit mechanischen Beanspruchungen verknüpft.

[2] BOLTZMANN, L.: Ann. Phys. u. Chem. 7, 624 (1876).

[3] Wegen des magnetischen Analogons siehe: MITKEVITCH, A.: J. Phys. Radium 7, 133 (1936). — RICHTER, G.: Probleme der technischen Magnetisierungskurve, S. 98. Berlin: Julius Springer 1938.

[4] GORSKI, W. S.: Physik. Z. Sowjet. 8, 457, 562 (1935).

der Spannungszustand bzw. die stoffliche Inhomogenität nur genügend feindispers ist, sind die zurückzulegenden Diffusionswege aber sehr kurz, und man muß der GORSKIschen Hypothese sicher großen Wert beilegen. Im besonderen ist die BLOCHsche Wand zwischen zwei WEISSschen Bezirken ferromagnetischer Stoffe ein verspanntes Gebiet von so kleinen Abmessungen (Dicke ∞ 30 Atomabstände), daß mit den bekannten Werten der Diffusionsgeschwindigkeit elastische Relaxationszeiten berechnet werden, die eine Minute oder gar eine Sekunde nicht übersteigen.

Von SNOEK[1] sind Nachwirkungserscheinungen experimentell studiert worden, die er auf den Gorskieffekt zurückführt. Kohlenstoff (0,008%) und Stickstoff (0,007%) enthaltendes Eisen zeigt in einem bestimmten Temperaturbereich außerordentlich hohe elastische und damit verbundene magnetische Nachwirkung. Die Beschränkung der Erscheinung auf ein kleines Temperaturintervall erklärt sich dadurch, daß bei zu niedriger Temperatur die Diffusion zu langsam, bei zu hoher Temperatur zu schnell vor sich geht, um in der verflossenen Zeit den gesuchten Effekt erwarten zu können.

Ein dem GORSKIschen Beitrage nahe verwandter weiterer Beitrag zum Verständnis der Dämpfungserscheinungen wurde von ZENER[2] gegeben, der die Aufmerksamkeit auf die Möglichkeit eines Wärmetransportes in dem inhomogenen Material lenkt. Bei der Verspannung werden die ungleichen Teile des Materials ungleich erwärmt bzw. abgekühlt; die Temperatur wird sich ausgleichen, was mit einer Formänderungsnachwirkung sowie mit Steigen der Entropie und einem Verlust an mechanischer (freier) Energie verknüpft ist.

6. Selektive Schwingungsdämpfung.

Sowohl der Gorskieffekt wie der Zenereffekt sind der Schwingungsdämpfung gegenüber selektiv, d. h. der Effekt ist für eine bestimmte Frequenz maximal. Bei genügend niedrigen Frequenzen besteht keine Phasendifferenz zwischen Spannung und Deformation, weil wir es immer mit quasi-Gleichgewichtszuständen zu tun haben; bei sehr hohen Frequenzen kann die Stoff- bzw. die Wärmediffusion nicht auftreten. Es gibt ein mittleres Frequenzgebiet, wo in der Tat ein Effekt auftritt. Das Maximum liegt ungefähr da, wo ω gleich $1/\tau$ ist; hier bedeutet τ die Relaxationszeit des Stoff- bzw. Wärmediffusionsvorganges. Diese Größe ω hängt also stark vom Dispersitätsgrad der Inhomogenitäten ab und liegt für den Gorskieffekt bei weit niedrigeren Frequenzen als für den Zenereffekt.

Da die Diffusion erheblich temperaturabhängig ist, wird man eine starke Verschiebung der Frequenz der maximalen Dämpfung mit der Temperatur beim Gorskieffekt erwarten können.

---

[1] SNOEK, J. L.: Physica, Haag **5**, 663 (1938); **6**, 161 (1939).
[2] Physic. Rev. **52**, 230 (1937); **53**, 90, 100, 582, 686 (1938).

Die beiden genannten Effekte sind bei homogener Belastung im allgemeinen ziemlich klein, können aber in Fällen ungleichmäßiger Belastung, wodurch Stellen sehr verschiedener Verspannung nah aneinanderkommen, weit wichtiger werden. Ein einfaches Beispiel findet man in der Biegung eines dünnen Streifens; hier haben die Stellen der Streckung und des Druckes eine kleine Entfernung. Es sind in diesen Fällen Verlustwinkel bis zu 0,05 gemessen[1] worden für ein Material, das bei homogener Belastung keinen größeren Verlustwinkel als 0,001 besitzt.

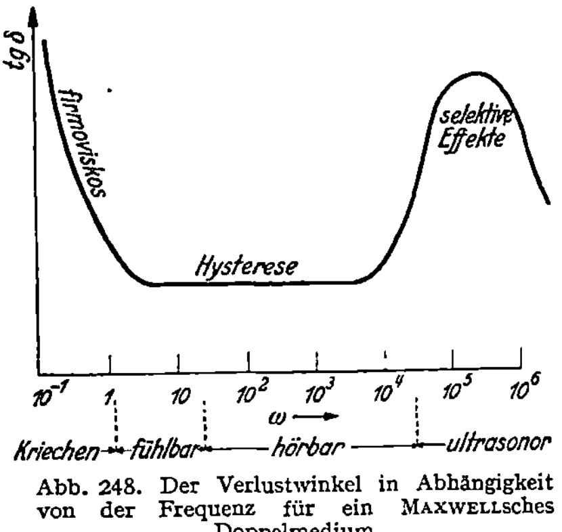

Abb. 248. Der Verlustwinkel in Abhängigkeit von der Frequenz für ein MAXWELLsches Doppelmedium.

Auch die MAXWELLsche Theorie der plastischen Inhomogenitäten liefert einen selektiven Beitrag zum Werte δ (vgl. Abb. 255 des elektrischen Analogons). Im hörbaren Gebiet jedoch erscheinen alle diese selektiven Effekte meistens klein gegenüber einem frequenzunabhängigen Effekt, den wir der mechanischen Hysterese (s. unten) zuschreiben. Das empirische Verhalten der Stoffe ist in großen Zügen durch Abb. 248 dargestellt.

7. Mechanische Hysterese.

Ein anderer Ansatz zur Erklärung der inneren Dämpfung führt auf die Annahme einer mechanischen Hysterese, wobei die Deformation um einen gewissen (frequenzunabhängigen) Phasenwinkel der zugehörigen Spannung nacheilt. Bei Wechselbelastung beschreibt der Arbeitspunkt im τ-γ-Diagramm (bzw. im σ-ε-Diagramm) eine Ellipse, die um so mehr offen ist, je größer die Phasendifferenz δ wird. Diese Hypothese führt uns unmittelbar zu einer Erklärung des beobachteten Tatsachenmaterials, woraus namentlich die Frequenzunabhängigkeit von δ hervorgeht.

Ein charakteristischer Zug der Hysteresishypothese ist der, daß der Körper nach dem Fortfall der Kräfte in verschiedenen Zuständen zurückbleiben kann, je nach der Art der Kraftabnahme, und zwar werden alle diese Zustände stabil oder wenigstens metastabil sein. Ein Kristallgitter kann in der Tat in verschiedenen Zuständen zurückbleiben, weil man in einer Gleitebene die beiden Gitterhälften gegeneinander über Längen verschieben kann, die Vielfache des Gitterabstandes sind. Dieses Bild ohne weitere Angaben führt jedoch zu der Differentialgleichung des elastoviskosen Körpers.

---

1 BENNEWITZ, K., u. H. RÖTGER: Physik. Z. 37, 578 (1936) — Z. techn. Physik 19, 521 (1938).

Um für den Sachverhalt der Hysterese eine atomare Erklärung aufstellen zu können, haben PRANDTL[1] und OROWAN[2] die TAYLORschen Dislokationen eingeführt (Abb. 249). Nach diesem Bilde denkt man sich zwei Oberflächenstücke einander gegenüber, wobei die eine Oberfläche einen Gitterbaustein mehr enthält als die andere. Jeder Baustein des zweiten Gitters findet im ersten einen Nachbar; nur ein Baustein besitzt deren zwei. Diese Stelle der Berührungsfläche nennt TAYLOR die „Dislokation"[3]. Unter dem Einflusse von Schubspannungen wandert die Dislokation, ohne viel Widerstand zu finden, hin und her. Die Bewegung ist örtlich beschränkt durch das Auftreten von Störungen im Gitter, durch die sich die Dislokation festläuft. Es gibt daher zwei stabile Anordnungen der Gitterbausteine, alle Zwischenzustände sind mehr oder weniger labil. Auch bei den kleinsten Belastungen findet man schon mechanische Hysterese, was sich durch die Anwesenheit von Dislokationen mit verschiedenen

Abb. 249. Eine TAYLORsche Dislokation.

Vorspannungen bis zu Null hin erklärt, und zwar mit solcher Verteilung der Gleitwege und Vorspannungen, daß die Gesamtdeformation ebenso wie die Geschwindigkeit des Nachgebens ungefähr proportional der angelegten Spannung ist.

Das Auftreten von Dislokationen braucht nicht auf die Metalle beschränkt zu sein; auch in der Zellulosemizelle und bei den Stoffen mit langen Molekülen sind ähnliche Prozesse denkbar.

8. Quantitatives über den Verlustwinkel.

Hier folgt eine Tabelle von mittleren Versuchswerten für Materialien von sehr verschiedenem Charakter[4] (Abb. 250):

	Verlustwinkel in Grad	Verlustwinkel in Radianten	τ/T	l/λ	Resonanzverstärkung	Sicherheitsfaktor bei 1% Störung
Quarz	0,01°	1/5000	1600	—	5000	—
Stahl	0,02°	1/2700	900	900	2700	28
Backsteinmauer . .	0,2°	1/320	100	100	320	4,2
Beton	0,4°	1/150	50	50	150	2,5
Holz	1,2°	1/50	16	16	50	1,5
Kork	4°	1/15	5	—	15	—
Gummi	6°	1/10	3	3	10	—

[1] PRANDTL, L.: Z. angew. Math. Mech. **8**, 85 (1928) — Handb. Phys.-techn. Mech. IV, 1, 540 (1931).

[2] OROWAN, E.: Z. Physik **89**, 605 (1934).

[3] Es gibt neben den hier genannten Dislokationen vom „Kantentypus" auch solche vom „Schraubentypus". Siehe: OROWAN, E.: Z. Physik **89**, 634 (1934). — BURGERS, J. M.: Proc. kon. Acad., Amst. **42**, 293, 315, 379 (1939).

[4] Für das Schrifttum s. Fußnote auf S. 177.

Die Relaxationszeit τ bzw. der Relaxationsabstand l bezieht sich auf longitudinale und transversale Wellen; für Biegewellen ist die Zahl für l/λ mit 2 zu multiplizieren.

Die Beobachtungen an Metallen zeigen einen großen Einfluß des Bearbeitungszustandes, der Reinheit und der Kristallgröße; der Verlustwinkel ist strukturbedingt (Abb. 250). Die Grenzen sind z. B.:

Zn	0,001°	bis	0,51°
Glas	0,0075°	,,	0,37°
Al	0,0008°	,,	0,23°
Messing	0,022°	,,	0,16°
Kupfer	0,018°	,,	0,19°
Stahl	0,0042°	,,	0,14°
Phosphorbronze . .	0,0065°	,,	0,058°

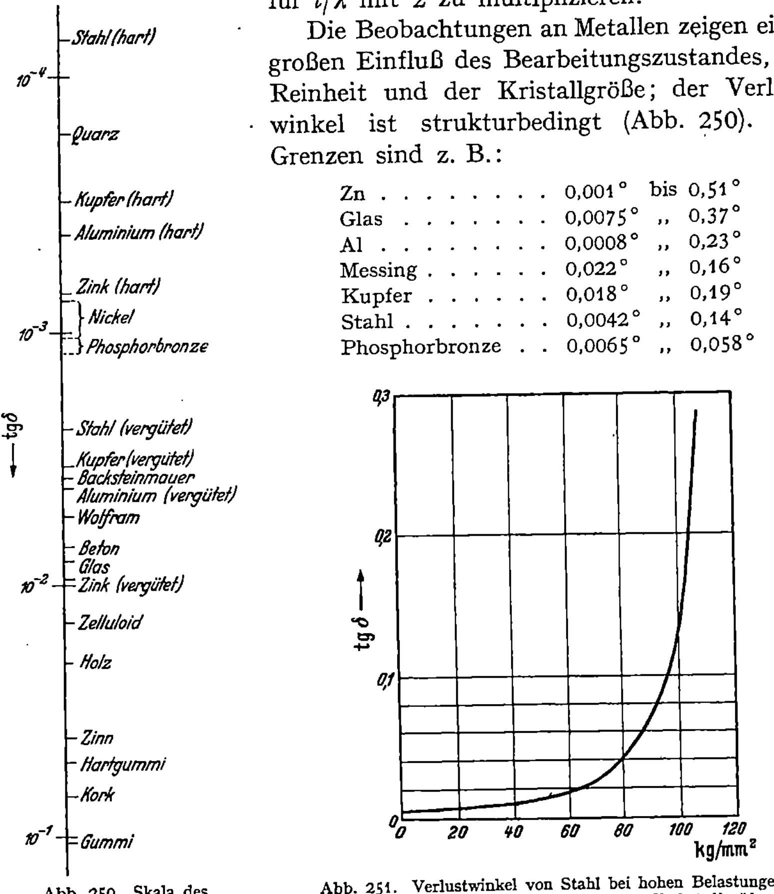

Abb. 250. Skala des Verlustwinkels.

Abb. 251. Verlustwinkel von Stahl bei hohen Belastungen. (Nach Späth: Physik der mechanischen Werkstoffprüfung.)

Die Strukturempfindlichkeit wird verständlich, wenn man an die PRANDTLsche Hypothese denkt, die an die leichte Bewegung der TAYLORschen Dislokationen anknüpft. Wird infolge Kaltbearbeitung oder durch Fremdatome die Bewegungsmöglichkeit der Dislokationen gehemmt, so wird auch die Hysteresisschleife schmaler; anderseits bewirkt dieselbe Kaltbearbeitung neue Dislokationen.

Nach FÖRSTER und KÖSTER[1] nimmt die Dämpfung mit der Korngröße des Materials erheblich zu. Sie wird ebenfalls durch Wärme-, Streckungs- oder Härtespannungen erhöht. Während der Aushärtung von Legierungen verhalten sich Härte und Dämpfung das eine Mal gleich-

---

1 Z. Metallkde. **29**, 116 (1937).

laufend, das andere Mal entgegengesetzt laufend[1]. Risse, Hohlstellen und interkristalline Korrosion üben sämtlich einen stark erhöhenden Einfluß auf die Dämpfung aus.

Die Messung des Verlustwinkels hat man als ein Werkstoffprüfverfahren eingeführt, das die Probe nicht zerstört und außerdem ziemlich leicht auszuführen ist[2].

Es sei abschließend erwähnt, daß für große Belastungen der Verlustwinkel nicht mehr amplitudenunabhängig bleibt, sondern anwächst (Abb. 251). Auch diese Belastungsabhängigkeit ist wieder stark strukturempfindlich.

9. Dielektrische Verluste.

Die festen Materialien zeigen, wenn sie als elektrische Isoliermasse benutzt werden, einen elektrischen Verlustwinkel, den wir ebenfalls δ nennen wollen. Man denke sich einen elektrischen Kondensator; dann ist bei Benutzung eines idealen Dielektrikums die elektrische Spannung U in Phase mit der Ladung Q. Eine Wechselspannung ist nicht imstande, das ideale Dielektrikum zu erwärmen.

In einem wirklichen Dielektrikum aber tritt wohl eine Wärmetönung auf; die Ladung Q bleibt um einen gewissen Phasenwinkel δ hinter der Spannung zurück (Abb. 252), und die Wärmeentwicklung in einer Periode ist:

$$\Delta u = \frac{Q_{max}^2}{2C} 2\pi \sin\delta \quad (C = \text{Kapazität des Kondensators});$$

ebenso wie auf S. 175 für die mechanischen Verluste ausgeführt ist, entsteht ein logarithmisches Dekrement $\pi\delta$.

Einige Werte des dielektrischen Verlustwinkels stellt die folgende Tabelle zusammen (für die Frequenz $3 \cdot 10^6$ Hz)[3].

Material	Charakter	$\delta \cdot 10^4$ (Radianten)
Tempa	Keramisch	0,8
Quarz	Naturprodukt	1,0
Glimmer	Naturprodukt	1,7
Quarzglas	Keramisch	1,8
Calit	Keramisch	3,7
Trolitul	Polystyren	3,7
Condensa	Keramisch	4,1
Mycalex	Glimmer in Bindemittel	18
Schwefelfreier Kautschuk .	Naturprodukt	20
Porzellan	Keramisch	49
Hartgummi	Hartvulkanisierter Kautschuk	61
Bakelit	Kunstharze	200
Pertinax	Zellulose-Preßstoff	350

[1] Siehe z. B. WEGEL u. WALTHER: l. c.

[2] SPÄTH, W.: Z. techn. Physik **15**, 477 (1934). — FÖRSTER, F.: Z. Metallkde. **29**, 109 (1937). — POPP, P.: Z. techn. Physik **15**, 391 (1934).

[3] Siehe auch H. HANDREK: Z. techn. Physik **15**, 491 (1934).

Die Zahlen haben dieselbe Größenordnung wie beim mechanischen Verlustwinkel (angegeben auf S. 183) (Abb. 253).

Die Meßwerte des dielektrischen Verlustwinkels sind stark frequenzabhängig; es liegt in diesem Fall also weniger Veranlassung vor, die Ursache in einer Hysterese zu suchen. Elektrische Hysteresiserscheinungen sind dann auch kaum bekannt, was damit gleichbedeutend ist, daß es keine permanenten Elektrets gibt. Eine Ausnahme macht Seignette- oder Rochellesalz (Na-K-Tartrat: $NaKC_4H_4O_6 \cdot 4\,H_2O$), das sehr merkwürdige Eigenschaften zeigt[1]. Es verhält sich in dem Temperaturgebiete zwischen $-10°\,C$

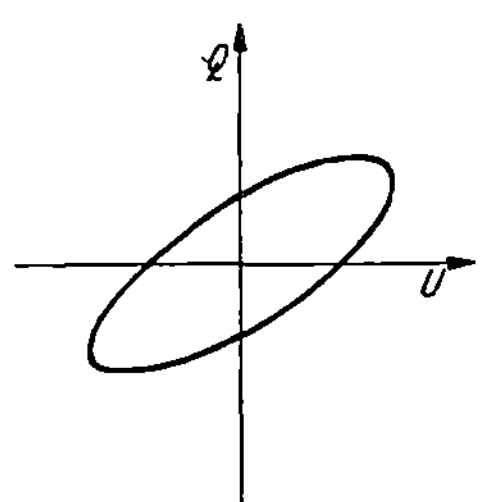

Abb. 252. Zum elektrischen Verlustwinkel.

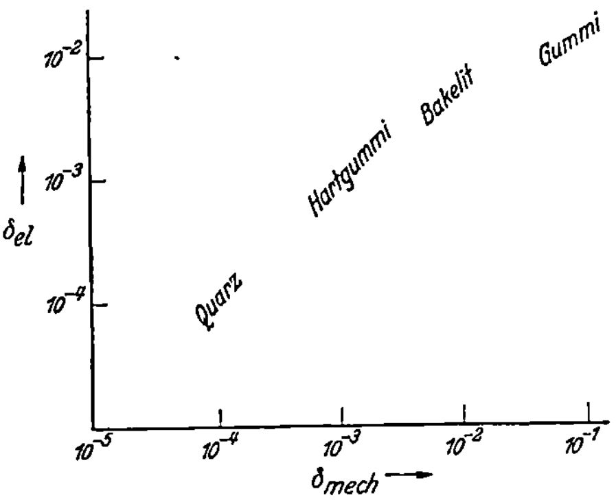

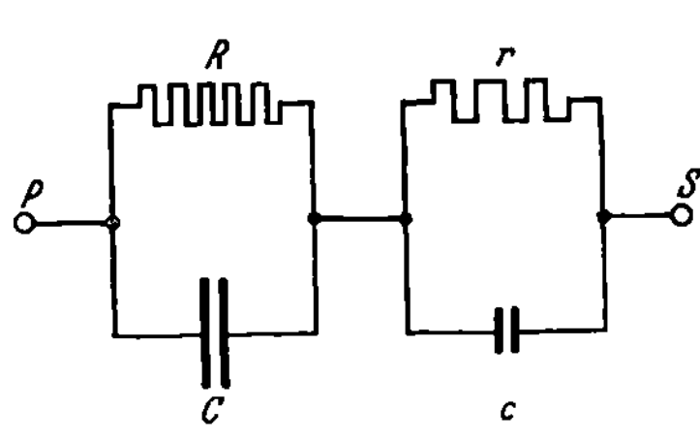

Abb. 253. Vergleichung der elektrischen und mechanischen Verlustwinkel für einige Stoffe.

und $+20°\,C$ in weitem Ausmaß elektrisch, ebenso wie Eisen und Nickel sich magnetisch verhalten; die relative Dielektrizitätskonstante erreicht den Wert 60000; es treten Sättigungs- und Hysteresiserscheinungen auf (Ferro-Elektrizität).

Zur Erklärung der normalen dielektrischen Verluste, abgesehen von dem trivialen Effekt der JOULEschen Wärme, sind zwei Theorien entwickelt worden: die Inhomogenitätstheorie von MAXWELL (1874) und die Dipoltheorie von DEBYE (1912).

10. Die Inhomogenitätstheorie.

Die Inhomogenitätstheorie der dielektrischen Verluste von MAXWELL entspricht weitgehend seiner Theorie der elastischen Verluste. Er nimmt im Innern der Materie Bezirke an, die verschiedenes Leitvermögen und verschiedene Dielektrizitätskonstante besitzen. Abb. 254 zeigt ein in der Darstellung übertriebenes Schema eines solchen Körpers. In Wirklichkeit sind alle Widerstände und Kapazitäten in verwickelter Weise sowohl parallel wie in Reihe geschaltet, und weder ein-

Abb. 254. Schema des elektrischen Doppelmediums.

---

[1] STAUB, H.: Naturwiss. **23**, 728 (1935).

fache Reihenschaltung einer Kapazität mit einem Widerstande, noch ihre Parallelschaltung, ist ein zuverlässiges Vorbild.

Das in Abb. 254 gezeichnete Modell hat aber wesentlich dieselben Eigenschaften wie ein wirkliches Dielektrikum. Die Spannung wird beim Einschalten zwischen P und S im ersten Augenblick über die beiden Kreise im Verhältnis $1/C$ und $1/c$ verteilt. Darauf folgt ein Strom, der die Ladung der Kapazitäten ändert, wodurch die Spannungsverteilung anders wird. Man nimmt ein Nacheilen des Ladestromes wahr. Umgekehrt müssen nach dem Ausschalten der äußeren Spannung die Kapazitäten sich entladen, was wieder zu einer dielektrischen Nachwirkung Anlaß gibt[1].

Für genügend niedrige Frequenzen ist bei der effektiven Spannung U die Wärmetönung: $\dfrac{U^2}{R+r}$. Bei höheren Frequenzen meidet der Strom den großen Widerstand R und wählt den Weg über C, die Wärmetönung ist nun ungefähr: $\dfrac{U^2}{r}\left(\dfrac{C}{C+c}\right)$; das ist ein bedeutend größerer Betrag

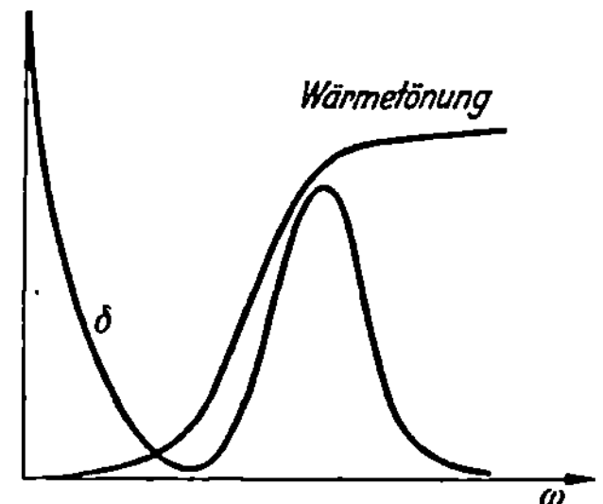

Abb. 255. Wärmetönung und Verlustwinkel des Doppelmediums als Funktion der Frequenz.

als die Wärmetönung bei niedriger Frequenz. Der Übergang liegt ungefähr da, wo die Impedanz des großen Kondensators C kleiner ist als der Widerstand R, die Impedanz der kleinen Kapazität c aber noch nicht dem Widerstand r gleich ist, also ungefähr bei: $\omega(c + C) = 1/r + 1/R$.

Der Verlustwinkel hängt mit der Wärmetönung Q so zusammen, daß $Q = U \cdot I \cdot \sin\delta \approx UI\delta$ ist. Bei konstantem U ist I frequenzabhängig und folglich auch δ. Das Ergebnis deutet Abb. 255.

Beispiel: Zwei Schichten gleicher Dicke, die eine aus Papier (spezifisches Leitvermögen $\sigma_1 = 10^{-11}\,\Omega^{-1}\,\mathrm{cm}^{-1}$; relative Dielektrizitätskonstante $\varepsilon_1 = 2$) und die andere aus Glimmer ($\sigma_2 = 10^{-15}\,\Omega^{-1}\,\mathrm{cm}^{-1}$; $\varepsilon_2 = 8$). Verhältnis der Niederfrequenzverluste zu den Hochfrequenzverlusten ungefähr gleich $r/R = 1$ auf 10000. Übergangsfrequenz: $\omega = \dfrac{\sigma_1 + \sigma_2}{\varepsilon_0(\varepsilon_1 + \varepsilon_2)}$ mit $\varepsilon_0 = 8{,}84 \cdot 10^{-14}$ Amp sec/Volt cm (absolute Dielektrizitätskonstante des Vakuums); es ergibt sich $\omega = 11\,\mathrm{sec}^{-1}$. Nimmt man anstatt Glimmer destilliertes Wasser ($\sigma = 10^{-4}\,\Omega^{-1}\,\mathrm{cm}^{-1}$; $\varepsilon = 80$), so berechnet sich für die Übergangsfrequenz: $\omega = 1{,}4 \cdot 10^7\,\mathrm{sec}^{-1}$.

---

[1] Eine dünne, unsichtbare Wasserhaut, die an der Oberfläche metallischer Leiter haftet, verursacht bedeutende dielektrische Verluste; nach A. v. ALLIN [Nat. Bur. St. Res. Paper **22**, 673 (1939)] entsteht für Ag- und Cu-Oberflächen ein Verlustwinkel von der Größenordnung 10^{-6}. Die immer anwesende Oxydschicht auf Al bewirkt einen Verlustwinkel von der Größenordnung 10^{-5} und die Oxydschicht auf anodisch oxydiertem Al sogar einen solchen von 10^{-4}.

Wegen des zu erwartenden unregelmäßigen Aufbaus des Körpers aus Teilen mit verschiedenen elektrischen Eigenschaften sind bei der zahlenmäßigen Durchführung der Theorie Wahrscheinlichkeitsüberlegungen sehr am Platze[1], wobei die ganze Erscheinung als eine Überlagerung von Einzelereignissen betrachtet wird; hierdurch tritt eine gewisse Unschärfe in der Übergangsfrequenz auf und eine Abflachung des Buckels in der δ-Kurve[2].

11. Die DEBYEsche Dipoltheorie.

Zwecks Anwendung der DEBYEschen Theorie soll im Dielektrikum die Anwesenheit permanenter elektrischer Dipole vorausgesetzt sein. In Gasen und Flüssigkeiten sind die Molekeln selbst drehbar, und wenn sie ein elektrisches Dipolmonent besitzen, werden sie das Bestreben haben, sich unter dem Einfluß eines elektrischen Wechselfeldes hin und her zu drehen; die Amplitude der Schwingung wird dabei in der Hauptsache von den Reibungskräften bestimmt, denen die Molekeln bei dieser Drehung begegnen. Die dem Trägheitsmoment der Molekeln proportionalen Massenkräfte beginnen, eine Rolle zu spielen, wenn die Frequenz von der Ordnung 10^{13} Hz wird, d. h. im infraroten Gebiet.

Auch im festen Körper kann man sich drehbare Dipole vorstellen. Zwar wird sich nicht die ganze Molekel drehen können, es bleibt aber die Möglichkeit, daß Teile der Molekel sich um eine Valenzbindung frei drehen können. Bei sehr langen Molekeln, wie im Kautschuk oder in der Zellulose, ist es auch möglich, daß eine dipolhaltige Gruppe ihre Beweglichkeit dem elastischen Nachgeben der langen Molekeln entlehnt.

Über die Reibungskräfte ist im Falle des festen Körpers wenig auszusagen. Doch ist unter der allgemeinen Voraussetzung, daß das Reibungsmoment der Winkelgeschwindigkeit proportional ist, die Frequenzabhängigkeit des Verlustwinkels in derselben Weise zu berechnen, wie DEBYE es für Flüssigkeiten ausführt[3]. Man findet:

$$\delta = \text{Const.} \; \frac{\omega/\omega_0}{1 + \left(\dfrac{\omega}{\omega_0}\right)^2},$$

also wieder eine Buckelfunktion (Abb. 256). Das Maximum liegt bei ω_0. Die Formel stimmt mit der überein, die man auf Grund des einfachen Modells der Abb. 254 herleiten kann, allerdings abgesehen von dem Unendlichwerden von $\text{tg}\,\delta$ für $\omega = 0$ im früheren Falle.

---

[1] WAGNER, K. W.: Ann. Phys., Lpz. **40**, 817 (1913). — YAGER: Physics **7**, 434 (1933).

[2] R. W. SILLARS [J. Inst. electr. Engrs. **80**, 378 (1938)] bespricht den Einfluß verschiedener Formen der Einschlüsse, u. a. den Einfluß von Haarrissen, die mit Wasser gefüllt sind.

[3] DEBYE, P.: Polare Molekeln. 1929.

Daß es auch nach der Debyeschen Theorie ein Maximum geben muß, ist auch ohne völlige Durchführung der Rechnung verständlich. Für kleine Werte von ω ist ja δ gering, weil die Dipole genügend Zeit haben, sich auszurichten; bei hohem ω dagegen wird die Reibungskraft so stark, daß die Amplitude der Drehschwingung überhaupt klein bleibt und der Dipolanteil der dielektrischen Polarisation gegenüber dem optischen (Deformations-) Anteil zurücktritt.

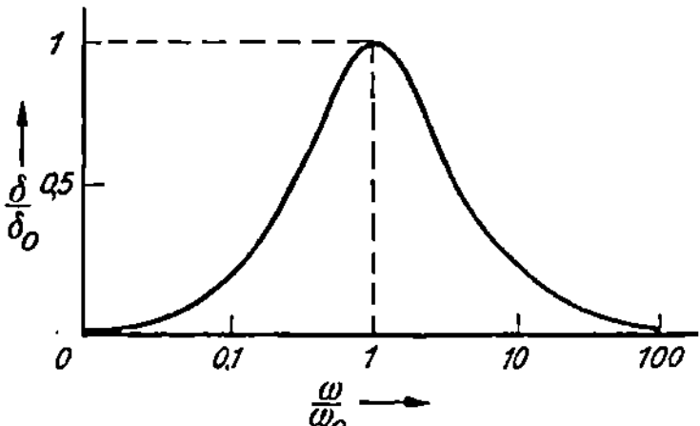
Abb. 256. Verlustwinkel als Funktion der Frequenz für ein Dipolmedium.

In der Tat gibt die obenstehende Formel den Frequenzverlauf von δ für viele Isolatoren richtig wieder. Man kann aber nicht sagen, ob der Dipoleffekt oder der Inhomogenitätseffekt zugrunde liegt, weil beide Mechanismen zu genau derselben Formel führen. Auch über die Lage des Maximums in der Dipoltheorie ist wenig vorherzusagen. Um dieses Maximum in der Dipoltheorie berechnen zu können, würde man den Mechanismus der inneren Reibung genauer kennen müssen; für die Berechnung mittels der Inhomogenitätstheorie müßten die elektrischen Eigenschaften der Inhomogenität bekannt sein. Weder das eine noch das andere steht im allgemeinen zur Verfügung. Es ist auch gar nicht sicher, daß der Maxwelleffekt bei kleinerem ω liegen soll als der Debyeeffekt.

Selbst der Temperaturverlauf des kritischen Wertes von ω ist bei beiden Mechanismen derselbe. Im Falle der Inhomogenität rückt ω_0 nach

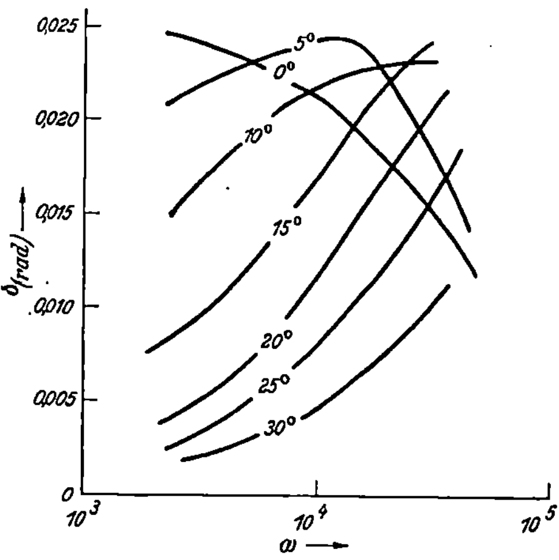
Abb. 257. Verschiebung des maximalen Verlustwinkels bei Änderung der Temperatur für Wachs.
(Nach Gemant: Elektrophysik der Isolierstoffe.)

höheren Werten bei steigender Temperatur, weil die Leitfähigkeit der zusammensetzenden Bestandteile wächst. Im Falle der schwingenden Dipole trifft das auch zu, weil zu erwarten ist, daß die Reibungskräfte (quasiviskos) bei höheren Temperaturen kleiner werden und erst bei rascheren Bewegungen (höheres ω) auftreten (Abb. 257).

Im Falle des Kautschuks[1] ist gefunden worden, daß der Einfluß von Füllstoffen bei 100 bis 1000 Hz sein Maximum hat; der Schwefel,

---

[1] Zwikker, C.: Proceedings rubber technology conference, S. 912. 1938.

der die Kautschukmolekeln aneinanderbindet und zweifellos ein elektrisches Dipolmonent besitzt, bringt einen Buckel in der δ-Kurve bei 10^6 bis 10^7 Hz zum Vorschein.

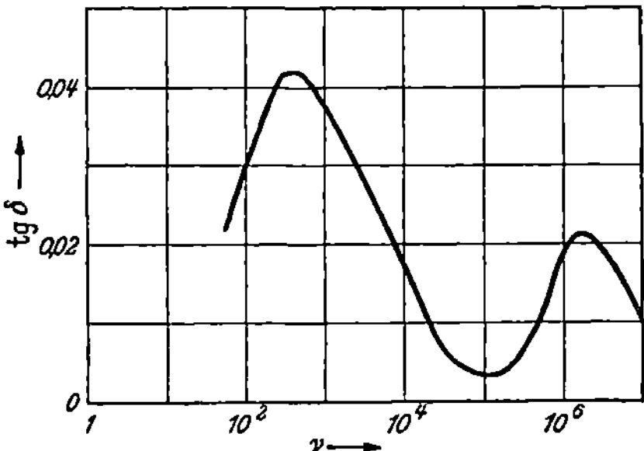

Abb. 258. Verlustwinkel von Handelsgummi bei Zimmertemperatur.

Werden Füllstoffe mit kleiner Leitfähigkeit $(\sigma < 10^{-6}\,\Omega^{-1}\,\mathrm{cm}^{-1})$ benutzt, so kann man den Maxwelleffekt im akustischen und Ultraschallgebiet erwarten, den Debyeeffekt nach den an Kautschuk gewonnenen Erfahrungen im Radiogebiet (Abb. 258).

Es darf nicht überraschen, daß der mechanische und der dielektrische Verlustwinkel teilweise parallel verlaufen (Abb. 253). Für beide spielen ja die Materialinhomogenitäten und die scheinbare Viskosität eine Rolle.

12. Magnetische Nachwirkung.

Neben mechanischer und elektrischer kennen wir als dritte noch die magnetische Energiedissipation, die bekanntlich viel deutlicher, als es die mechanischen Verluste zeigen, zum weitaus größten Teil einer Hysterese zuzuschreiben ist. Gelegentlich (z. B. bei gehärtetem Stahl) kann der Verlustwinkel δ recht große Werte (z. B. $\delta = 30°$) annehmen. Die magnetische Hysterese rührt von der Richtungspermanenz der WEISSschen Elementargebiete her (Gebiete mit der ungefähren Abmessung 10^{-5} cm, die vollständig und permanent magnetisch sind)[1].

Das Studium der reinen magnetischen Hysterese wird durch das Auftreten von Nebenerscheinungen erschwert, deren wichtigste das Auftreten von Wirbelstromverlusten im magnetischen Material zufolge der ständigen Änderung der Magnetisierung ist. An zweiter Stelle sind die sog. Kupferverluste zu berücksichtigen; sie sind nichts anderes als JOULEsche Wärme, die in den Windungen der Spule entwickelt wird. Der resultierende Verlustwinkel, wie er an einer Spule gemessen wird, ist demnach im allgemeinen frequenzabhängig, und zwar nimmt er unter dem Einfluß des Wirbelstromeffektes mit wachsender Frequenz zu.

Außer der altbekannten Hysterese zeigen die ferromagnetischen Stoffe auch langsame magnetische Nachwirkung[2], die in ihrer Erscheinungsweise dem elastischen „Kriechen" sehr ähnlich ist und darauf

---

[1] Vgl. die Abschnitte über die Koerzitivkraft S. 149ff.

[2] JORDAN, H.: Elektr. Nachr.-Techn. 1, 7 (1924). — GOLDSCHMIDT. R.: Z. techn. Physik 13, 534 (1932); 15, 95 (1934).—BECKER, R., u. R. LANDSHOFF: Physik i. regelm. Ber. 3, 91 (1935). — SNOEK, J. L.: Physica, Haag 5, 663 (1938). — PREISACK, F.: Z. Physik 94, 277 (1935). — BECKER, R.: Probleme der technischen Magnetisierungskurve, S. 93.

auch zurückgeführt werden kann. Die Ummagnetisierung der WEISS-schen Elementargebiete ist mit dem Auftreten von inneren Material-spannungen infolge der Magnetostriktion verknüpft. Das Material hat in der Richtung der Magnetisierung eine andere (meist kleinere) Gitterkonstante. Nach jeder Änderung des Magnetisierungszustandes sind also mechanische Spannungen entstanden, die durch mechanische Erholung langsam abnehmen können.

Die SNOEKschen Versuche fanden ihre völlige Erklärung darin, daß die elastische Nachwirkung auf die Rechnung des Gorskieffektes gesetzt (vgl. S. 180), also auf Diffusion der Verunreinigungen in bzw. aus den BLOCHschen Wänden zurückgeführt wurde. Absolut reines Eisen zeigte die hier genannte Nachwirkung nicht.

Wie SNOEK[1] gezeigt hat, wird diese elastische Erholung nicht immer von einer Zunahme der Anfangspermeabilität begleitet. Er entmagnetisierte spannungsfreies Material. Hierbei entstehen BLOCHsche Wände. Der Spannungszustand kann jetzt so beschaffen sein, daß innerhalb der BLOCHschen Wände Druckspannung herrscht und in den WEISSschen Bezirken Streckspannung (Abb. 202). Es ist energetisch völlig gleichgültig, wo sich die Wand befindet, d. h. die Wand ist sehr leicht beweglich: die Anfangspermeabilität ist sehr hoch. Nach einiger Zeit gleichen sich die Spannungen aus. Wenn jetzt die Wand verschoben wird, entstehen zwei Stellen erhöhter Spannung; an der Stelle, wo die Wand vorher war, bleibt eine Streckspannung übrig. Der Energiezustand wird bei der Verschiebung wesentlich größer, d. h. die Verschiebung ist schwieriger geworden: die Permeabilität hat abgenommen.

Frequenzabhängige magnetische Nachwirkungen sind festgestellt worden[2], die vom Magnetisierungs- und Sättigungszustand sowie von der Reinheit und dem Verarbeitungszustand des Materials abhängig sind[3]. Der molekulare Mechanismus aller dieser Erscheinungen ist noch nicht völlig klar.

13. Mechanische Dämpfung ferromagnetischer Stoffe.

Die mechanische Dämpfung ferromagnetischer Stoffe kann unter Umständen bedeutend stärker sein als bei unmagnetischen Metallen. Bei der mechanischen Schwingung wird das Material abwechselnd gestreckt und gedrückt. Mit diesen mechanischen Spannungen ist eine Änderung der Magnetisierung verknüpft (inverse Magnetostriktion). Diese Magnetisierungsänderungen haben wieder Induktionserscheinungen

---

[1] SNOEK, J. L.: Physica, Haag 6, 161 (1939).

[2] RICHTER, G.: Ann. Physik 29, 605 (1937). — JORDAN, H.: Ann. Physik 21, 405 (1934).

[3] SCHULZE, H.: Wiss. Veröff. Siemens-Werk 17, 55, 151, 180 (1938).

zur Folge, und zwar Wirbelströme, die eine Energie zerstreuen[1]; ihre Größenordnung stimmt mit einem Verlustwinkel bis zu 0,1 Radiant überein. Diese Dämpfung ist stark abhängig von der Magnetisierungsintensität; sie ist bei völlig unmagnetisiertem Material gering, groß aber bei einem Stoff, der etwa bis zu halber Sättigung magnetisiert ist. Bei völlig gesättigtem Material dagegen ist der Effekt wieder gering, weil Spannungen auf die Magnetisierung keinen Einfluß mehr haben, wenn das Material einmal gesättigt ist. Die mechanische Dämpfung ist für gesättigtes Material sogar kleiner als für unmagnetisiertes. Permalloy (Ni_3Fe), das praktisch keine Magnetostriktion zeigt, besitzt entsprechend kleine mechanische Dämpfung, selbst im teilweise magnetisierten Zustand.

Der Frequenzverlauf aller, also auch dieser Wirbelstromverluste ist von den Abmessungen des Materialmusters abhängig. Bei genügend niedrigen Frequenzen ist der Verlustwinkel der Frequenz proportional; bei höheren Frequenzen dagegen besteht wegen des Auftretens von Flußverdrängung (Hauteffekt) umgekehrte Proportionalität mit $\sqrt{\omega}$. Die Lage des Maximums bedingt die Form der Probe. Für ein Nickelrohr z. B. gilt eine bedeutend höhere Dämpfung als für einen massiven Nickelstab.

X. Elektronische Eigenschaften[2].

1. Leiter, Halbleiter und Isolatoren.

Die Betrachtung des Verhaltens der Elektronen, insbesondere der Valenzelektronen, liefert eine recht anschauliche Möglichkeit zur Deutung der Festkörper als Leiter, Halbleiter oder Isolatoren.

Es sei in Abb. 259a das Energieschema eines Elektrons im freien Atom dargestellt. Die trichterförmig auslaufenden Kurven stellen skizzenhaft den Potentialverlauf in der Nähe des Atomkerns dar. Die unteren Energiestufen sind sämtlich vollbesetzt (K-, L- usw. Schalen); die mit s, p angedeuteten Stufen enthalten die Valenzelektronen. Für ein einwertiges Metall befindet sich nur ein Valenzelektron auf der s-Stufe; beim zweiwertigen Metall befinden sich die beiden Valenzelektronen auf der s-Stufe, die jetzt ausgefüllt ist; das dritte Valenzelektron der dreiwertigen Metalle muß sich einen Platz auf der p-Stufe suchen usw. Für die Besetzungszahlen der verschiedenen Stufen siehe Tab. 2 auf S. 3.

---

[1] BECKER, R., u. M. KORNETZKI: Z. Physik **88**, 434 (1934). — KERSTEN, M.: Z. techn. Physik **15**, 463 (1934). — SIEGEL, S., u. S. L. QUIMBY: Phys. Rev. **49**, 663 (1936). — KORNETZKI, M.: Wiss. Veröff. Siemens-Werk **17**, 410 (1938).

[2] Ausführliche Darstellung: H. FRÖHLICH: Elektronentheorie der Metalle. Berlin: Springer 1936.

Beim Zusammenrücken der Atome, wodurch der feste Körper entsteht, werden die Ränder der Potentialtrichter herabgezogen, wie in
Abb. 259b angedeutet ist. Selbst die an der Oberfläche befindlichen

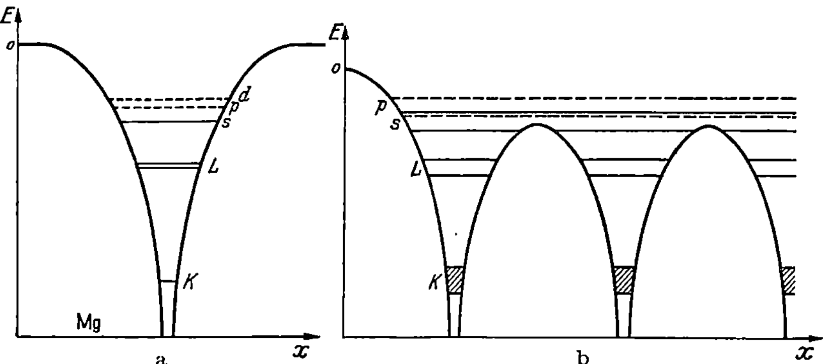

Abb. 259. Energiestufen des Elektrons im freien Atom (a) und im Kristall (b).

Atome haben nach der Außenseite niedrigere Potentialwände als die
freien Atome. Die Austrittsenergie für die Emission der Elektronen
aus dem festen Körper ist kleiner als die Ionisationsenergie des freien
Atoms (Abb. 260); die
Potentialschwelle, die
zu überwinden ist, um
von einem Atom zum
benachbarten zu kom-
men, ist um einen noch
größeren Betrag verrin-
gert als die Austritts-
energie; bisweilen ist für
diesen Übergang gar
keine Energie mehr auf-
zuwenden.

Eine weitere cha-
rakteristische Erschei-
nung bei dem Zusam-
menrücken der Atome
ist die, daß die Energie-
stufen sich von scharfen
Linien zu Bändern end-

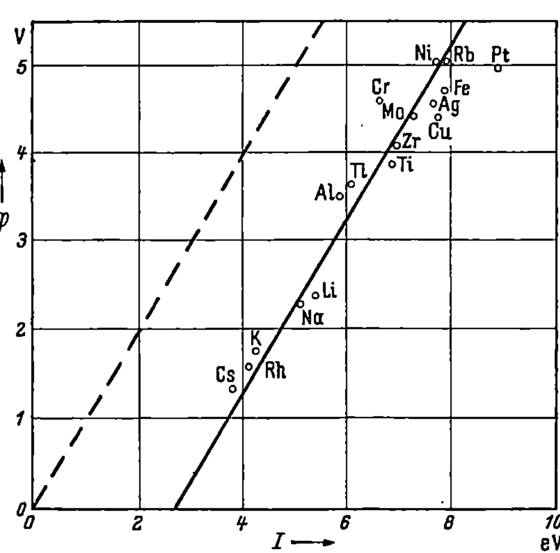

Abb. 260. Zusammenhang zwischen Austrittspotential φ (in
Volt) und Ionisierungsenergie I (in Elektronenvolt) für verschiedene Metalle.

licher Breite verbreitern. In jedem Band ist nach dem Pauliverbot
Platz für eine bestimmte Zahl Elektronen, und zwar ist diese Zahl
gleich dem Produkte der Zahl der Atome und der Zahl der beim freien
Atom auf der betreffenden Stufe zugelassenen Elektronen.

Es können nun verschiedene Fälle eintreten. Bestimmend für den Elektronencharakter des Stoffes ist:

a) ob das Band s ausgefüllt ist;

b) ob die Bänder s und p sich teilweise überdecken;

c) ob das Band s über den Potentialgipfel hinausgeht.

a) Die Ausfüllung des s-Bandes bestimmt die Möglichkeit für Auftreten eines elektrischen Leitvermögens von seiten der Elektronen, die in diesem Bande verweilen. Ist das Band nämlich vollständig gefüllt, so müssen immer wegen der Quantelung der Bewegungen zwei Elektronen entgegengesetzte Richtung einschlagen, so daß nie ein resultierender Elektrizitätstransport auftreten. kann. Leitung kann allein von einem nur teilweise gefüllten Band herstammen.

b) Überdecken sich die Bänder, so können die Elektronen stetig von einem Band in das andere übergehen, z. B. unter Einfluß der thermischen Erregung. Auch bei gefülltem s-Band ist dann wegen der freien Plätze im p-Band wieder Leitung möglich.

Überdecken die Bänder sich nicht, so ist wichtig, den dann auftretenden Energieabstand mit der thermischen Energie je Freiheitsgrad $\frac{1}{2}kT$ zu vergleichen. Wenn der genannte Abstand groß im Vergleich zu kT ist, so ist ein Übergang eines Elektrons wenig wahrscheinlich; hat dieser Abstand die Größenordnung kT, dann sind Sprünge nach oben unter thermischer Beeinflussung zu erwarten. Das s-Band an sich mag keine Leitung hervorrufen (also ausgefüllt sein), dann wird der Stoff zu einem Isolator, falls das Energieintervall zwischen s- und p-Band groß gegen kT ist; zu einem Halbleiter dagegen wird er, wenn das Intervall dieselbe Größenordnung hat.

Numerisch hat kT für $k = 0{,}86 \cdot 10^{-4}$ Elektronenvolt/°C und $T = 300°$ K den Wert: $kT = 0{,}026$ Elektronenvolt. Das Energieintervall zwischen besetztem und dem erstfolgenden unbesetzten Band ist für einige Stoffe in Elektronenvolt[1]:

Stoff:	C (Diam.)	B	P (weiß)	S	P (schwarz)
ΔE:	7	2	1,2	0,7	0,2

Stoff:	CdS	Cu_2O	CuO	ZnO	WO_3	UO_2	Cu_2O (unrein)	ZnO (unrein)
ΔE:	0,7	0,6	0,5	0,4	0,3	0,25	0,2	0,02

Die Grenze zwischen Isolatoren und Halbleitern ist nicht scharf anzugeben, liegt aber ungefähr da, wo ΔE 0,5 Elektronenvolt beträgt.

c) Ragt das Band über die Potentialscheitel hinaus, so ist die Beförderung der Elektronen von einem Atom zu den anderen sehr leicht. Wenn der Scheitel über dem Energieband liegt, so ist nach der Quantentheorie ein Übergang von einem Atom zum nächsten noch nicht ganz untersagt (Tunneleffekt). Die Wahrscheinlichkeit für einen solchen

---

[1] SEITZ, F., u. R. P. JOHNSON: J. Appl. Physics **8**, 191 (1937).

Übergang nimmt mit wachsender Dicke und Höhe des Potentialberges stark ab.

Nach diesen Auseinandersetzungen ist es unschwer, für willkürliche Kombination der Kriterien a), b) und c) den zugehörigen elektrischen Charakter des Stoffes vorauszusagen.

2. Fermi-Diracsche Statistik.

Über die Besetzungsdichten der Energiestufen lassen sich folgende Überlegungen anstellen (Abb. 261). Es sei $\varrho(E)$ der Bruchteil der innerhalb des Energieintervalls zwischen E und $(E + dE)$ wirklich besetzten Plätze. Die Zahl der Übergänge von Elektronen aus der Energiestufe A nach der Energiestufe B ist proportional $\varrho(A)$ und proportional $(1 - \varrho(B))$. Die Zahl dieser Übergänge ist also:

$$n_{A \to B} = \text{Konst.} \; \varrho(A)\,(1 - \varrho(B)). \tag{1}$$

Ebenso ist die Zahl der Übergänge $B \to A$ gleich:

$$n_{B \to A} = \text{Konst.} \; \varrho(B)\,(1 - \varrho(A)). \tag{2}$$

In der Gleichgewichtslage ist $n_{A \to B} = n_{B \to A}$, woraus folgt:

$$K \cdot \frac{\varrho(A)}{1 - \varrho(A)} = \frac{\varrho(B)}{1 - \varrho(B)}. \tag{3}$$

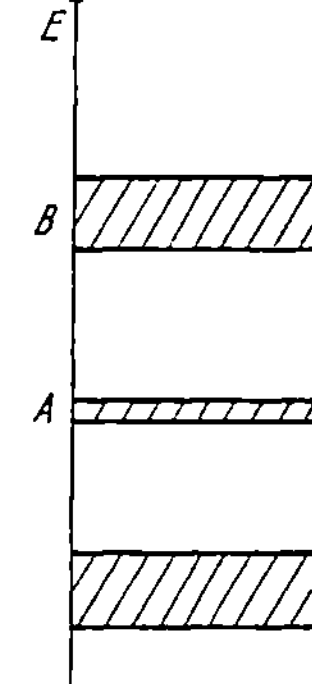

Abb. 261. Zur Fermi-Diracschen Statistik.

Die Konstante K ist nur noch eine Funktion der Temperatur. Die kinetische Gastheorie lehrt über die Temperaturabhängigkeit der Konstante (Analogie: Chemische Konst.):

$$\frac{d \ln K}{dT} = \frac{\Delta E}{kT^2} = \frac{E(B) - E(A)}{kT^2}$$

oder integriert:

$$\ln K = \frac{E(A)}{kT} - \frac{E(B)}{kT}. \tag{4}$$

Bei genügend hoher Temperatur muß $\varrho(A) = \varrho(B)$ werden; daher ist die Integrationskonstante in (4) gleich Null. (4) in (3) eingesetzt, ergibt:

$$\frac{E(A)}{kT} + \ln \frac{\varrho(A)}{1 - \varrho(A)} = \frac{E(B)}{kT} + \ln \frac{\varrho(B)}{1 - \varrho(B)} = \text{Invariante.}$$

Die hier auftretende Invariante ist unabhängig von E, kann aber noch eine Funktion von T sein; wir setzen sie gleich μ/kT; die physikalische Bedeutung von μ wird alsbald erläutert. Die Dichte ϱ genügt dann der Gleichung:

$$\ln \frac{\varrho}{1 - \varrho} = -\frac{E - \mu}{kT}$$

oder

$$\varrho = \frac{1}{e^{\frac{E-\mu}{kT}} + 1}. \tag{5}$$

Diese Belegungsfunktion ist bekannt als die FERMI-DIRACsche Statistik. Die Funktion ist in Abb. 262 dargestellt. μ hat die geometrische Bedeutung, daß für $E = \mu$ ein Wendepunkt auftritt; ϱ ist bei dieser Energiestufe auf den Wert $\frac{1}{2}$ zurückgegangen. Für $E - \mu \gg kT$ ist $\varrho \approx 0$, und für $E - \mu \ll kT$ ist $\varrho \approx 1$; ϱ sinkt innerhalb eines Energieintervalls der Größenordnung kT von dem Werte 1 auf den Wert Null.

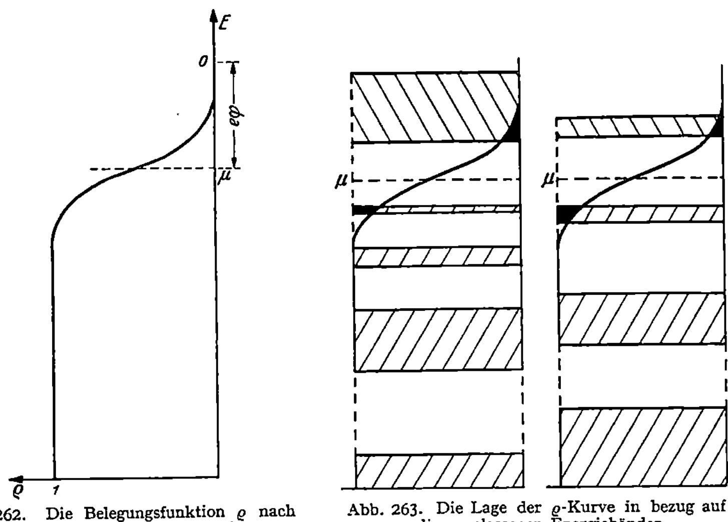

Abb. 262. Die Belegungsfunktion ϱ nach der FERMI-DIRACschen Statistik.

Abb. 263. Die Lage der ϱ-Kurve in bezug auf die zugelassenen Energiebänder.

Die Kurve hat in bezug auf den Punkt $(\varrho = \frac{1}{2}, E = \mu)$ Symmetrie. Für tiefe Temperaturen geht der Abfall immer schroffer vor sich, um bei $T \to 0$ zu einer Diskontinuität zu entarten.

Abb. 263 gibt zwei Beispiele der Verteilung der Elektronen über die Bänder. Die bei $E < \mu$ fehlenden Elektronen befinden sich in einem Band oberhalb μ. Die geschwärzten Flächen müssen daher die gleiche Zahl Elektronen enthalten.

E und μ sind bis auf eine additive Konstante bestimmt. Setzen wir aber E gleich Null, wenn das Elektron sich in großer Entfernung außerhalb des festen Körpers befindet, so ist μ gleich der Eintrittsenergie für ein Elektron. Die Austrittsenergie wird meist als das Produkt der Ladung eines Elektrons e und einer elektrischen Spannung geschrieben; letzteres ist das „RICHARDSONsche" φ. Der Zusammenhang ist offenbar:

$$e\varphi = -\mu.$$

3. Halbleiter[1].

Man unterscheidet störungsfreie Halbleiter und Lockerstellen-Halbleiter (vgl. S. 130). Bei den letzteren treten außer den verwaschenen

[1] GUDDEN, B.: Ergebn. exakt. Naturw. 13, 223 (1934). — WILSON, A. H.: The electrical properties of semi-conductors and isulators. 1934.

Energiestufen des ungestörten Gitters noch zusätzliche Energiestufen auf wegen der Anwesenheit von Fremdatomen oder durch andere Störungen (Abb. 264). Die auszuführenden Energiesprünge werden dadurch stark verkleinert, und das Leitvermögen nimmt erheblich zu. Diese Zunahme der Leitfähigkeit muß größtenteils zu den strukturbedingten Eigen-

schaften gerechnet werden, während die störungsfreie Halbleitung strukturunemp-findlich ist.

Die Halbleitung kann durch Sprünge (1) aus dem gefüllten Band s nach Fremd-atomen mit der Energie-stufe a verursacht werden. Das herausgesprungene Elek-tron wird wahrscheinlich an

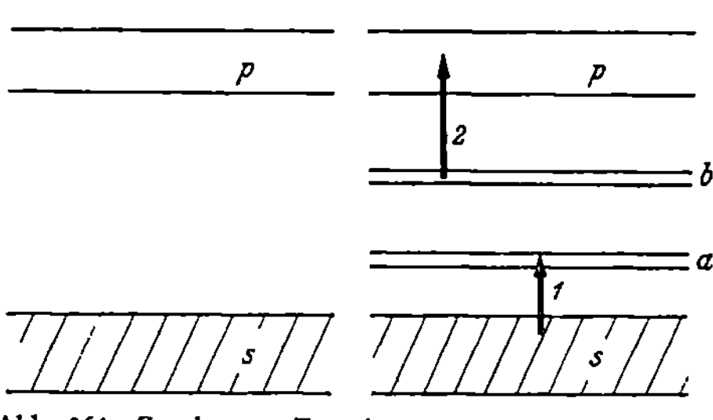

Abb. 264. Zugelassene Energiestufen für einen störungs-freien Halbleiter (links) und einen Verunreinigungshalb-leiter (rechts).

dem Fremdatom fixiert; in dem s-Band ist aber die Möglichkeit eines nicht ausgeglichenen Elektrizitätstransports entstanden, wobei die gebildete Elektronenlücke sich sozusagen wie ein positives Elektron bewegt. Geht dagegen der Sprung (2) von einem Fremdatom in der Stufe b nach dem freien Band p, so nimmt das Elektron, das in die Höhe gesprungen ist, an der Elektrizitätsleitung teil. Die beiden Arten der Leitung unterscheiden sich durch das Vorzeichen des Halleffektes. Bringt man ein stromdurch-flossenes Band in ein magnetisches Feld, so zeigen die seitlichen Ränder des Bandes eine positive bzw. negative elektrische Ladung. Die Ursache sucht man in der Lorentzkraft. Ein negatives Elektron würde unter

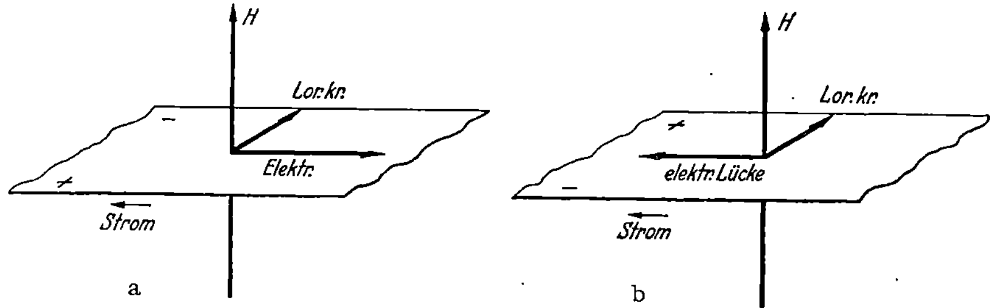

Abb. 265. Negativer Halleffekt (links) und positiver Halleffekt (rechts).

den Bedingungen der Abb. 265 a nach rückwärts gestoßen werden (nega-tiver Halleffekt); eine Elektronenlücke ebenso (positiver Halleffekt) (vgl. Abb. 265 a u. b). Je nach der Ursache der Halbleitung richtet sich das Vorzeichen des Halleffektes. Der Stoff PbSe z. B. kann alle spezi-fischen Leitfähigkeiten zwischen 10 und 2300 Ω^{-1} cm^{-1} aufweisen, und zwar sowohl mit negativer wie mit positiver Hallkonstante; die erste Form hat einen Überschuß an Selen, die zweite einen Mangel daran[1].

---

[1] EISENMANN, L.: Verh. dtsch. physik. Ges. **97** (1939).

Abb. 266a, b u. c zeigen die Besetzungsdichte der Energieniveaus. In a teilt die μ-Linie das Energieintervall in zwei gleiche Teile, bei b und c liegt μ dem schmalen Band etwas dichter an; in guter Annäherung wird auch in diesen Fällen das Intervall halbiert.

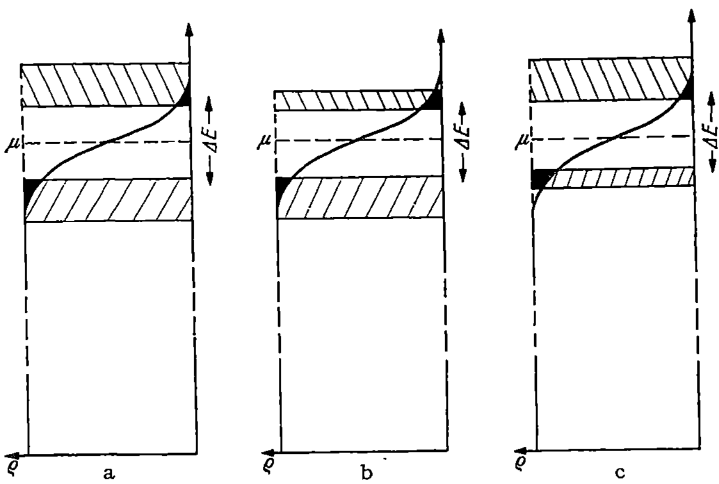

Abb. 266. Das μ-Niveau liegt immer ungefähr in der Mitte des Abstandes zwischen zwei zugelassenen Energiebändern.

Die Zahl der beweglichen Elektronen ist nach FERMI-DIRAC in allen drei Fällen proportional

$$\frac{1}{e^{\frac{\varDelta E}{2kT}} + 1} \approx e^{-\frac{\varDelta E}{2kT}}.$$

Auch die Leitfähigkeit wird dementsprechend den Faktor $e^{-\frac{\varDelta E}{2kT}}$ zeigen. Bemerkenswert ist der Faktor $\frac{1}{2}$, der in dem Exponenten auftritt[1] und der bei der Vergleichung mit der $\varDelta E$-Bestimmung mittels Lichteinstrahlung berücksichtigt werden soll. Photoleitfähigkeit kann ja nur auftreten, wenn die Lichtfrequenz ν der Ungleichung $h\nu > \varDelta E$ genügt.

Außer der genannten exponentiellen Temperaturfunktion enthält die Leitfähigkeit als Faktor noch die Zahl der zur Verfügung stehenden Elektronen. Die schmalen Verunreinigungsstufen enthalten weniger Elektronen als die breiten Energiebänder; die strukturunempfindliche Halbleitung gewinnt daher bei steigender Temperatur mehr und mehr an Bedeutung, um schließlich überwiegend zu werden (s. Abb. 167 auf S. 130).

4. Die freien Elektronen.

Die Elektronen, die eine über den Scheitelwert der zwischenatomaren Potentialberge hinausgehende Energie haben, können sich durch den

---

[1] WILSON, A. H.: Proc. roy. Soc., Lond. A **133**, 458 (1931). — FOWLER, R. H.: Proc. roy. Soc., Lond. A **140**, 505 (1933).

ganzen Körper bewegen, sie sind gewissermaßen frei. Die Quantelung
ihrer Bewegung wird nicht oder kaum von der Eigenart der das Gitter
aufbauenden Atome geregelt, sondern, wie sich herausstellen wird,
größtenteils von der Elektronendichte an sich.

Ein sich mit der Geschwindigkeit v fortbewegendes Elektron ist nach
DE BROGLIE mit einem Wellenvorgang einer Wellenlänge λ verknüpft,
die mit v wie folgt zusammenhängt:

$$\lambda = \frac{h}{mv}. \tag{1}$$

(h = PLANCKsche Konstante; m = Masse des Elektrons).

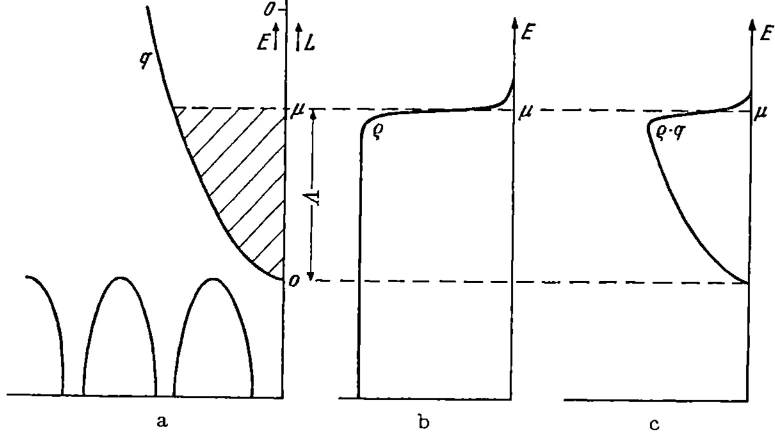

Abb. 267. Belegungsfunktion für die freien Elektronen.

Die im festen Körper möglichen Wellenlängen haben wir bei der
Besprechung des akustischen Spektrums behandelt (S. 95). Für die Zahl
der verschiedenen Wellenlängen zwischen λ und $(\lambda + d\lambda)$ hat sich je
Volumeneinheit ergeben:

$$l\left(\frac{1}{\lambda}\right) d\left(\frac{1}{\lambda}\right) = \frac{4\pi}{\lambda^2} d\frac{1}{\lambda}. \tag{2}$$

Wegen des Pauliverbots können wir für jede mögliche Wellenlänge
nur zwei Elektronen zulassen, und diese Elektronen unterscheiden sich
voneinander durch das Vorzeichen ihres Spins.

Die Zahl der freien Elektronen im Geschwindigkeitsintervall
$dv = \frac{h}{m} d\frac{1}{\lambda}$ ist daher höchstens: $8\pi \frac{m^3}{h^3} v^2 dv$, und die maximale Zahl
der Elektronen im Intervall dL der kinetischen Energie mit $L = \frac{1}{2} mv^2$;
$dL = mv\, dv$ ergibt sich zu:

$$q(L)\, dL = 8\pi \sqrt{2}\, \frac{m^3}{h^3}^2 \sqrt{L}\, dL. \tag{3}$$

In Abb. 267a ist dieser q-Verlauf gezeichnet; die Kurve ist eine
Parabel. Um die wirkliche Anzahl der Elektronen im Intervall dL zu

finden, müssen wir die maximale Zahl q mit dem Besetzungsgrad ϱ (Abb.267b) multiplizieren, und erhalten eine Verteilung, wie in Abb. 267c angegeben.

Wenn wir wissen wollen, wie weit μ oberhalb der Scheitel der Potentialkurve liegt, müssen wir beachten, daß die Gesamtzahl der freien Elektronen je Volumeneinheit, mit n bezeichnet, gleich dem Integral von $q\varrho$ über L ist, also z. B. beim absoluten Nullpunkt, wo $\varrho = 1$ ist, von $L = 0$ bis $L(\mu) = \varLambda$:

$$n = \int_{L=0}^{L=\varLambda} q(L)\,dL = \frac{16}{3}\,\pi\,\sqrt{2}\,\frac{m^{3/2}}{h^3}\,\varLambda^{3/2}$$

oder

$$\varLambda = \frac{h^2}{2m}\left(\frac{3\,n}{8\,\pi}\right)^{2/3}.$$

Man kann $\varLambda$ unter der Voraussetzung, daß n gleich der Zahl der je Volumeneinheit vorhandenen Valenzelektronen ist, numerisch berechnen, und man gelangt dann zu sehr erheblichen Werten, nämlich solchen von der Größenordnung 10 Elektronenvolt.

5. Die Brillouinschen Zonen.

Wir haben zuvor schon erwähnt, daß die Bewegung von freien Elektronen mit einer bestimmten Wellenlänge verknüpft ist und daher das Eigenwellenspektrum des festen Körpers die Verteilung der Elektronengeschwindigkeiten mitbedingt.

Nun ist aber die Bewegung dieser Elektronen nicht ganz störungsfrei; sie bewegen sich in einem periodischen elektrischen Felde, das von den im Metall anwesenden Ionen herrührt. Auf verschiedene Weisen hat man den Einfluß dieses periodischen Feldes berechnet[1] und gefunden, daß Abweichungen von dem einfach parabolischen Verhalten zwischen L und q oder zwischen L und $1/\lambda$ $\left(\text{aus (3) folgt nämlich } q = 8\pi\frac{m}{h^2}\cdot\frac{1}{\lambda}\right)$ auftreten, wie es Abb. 268 zeigt. Es entstehen

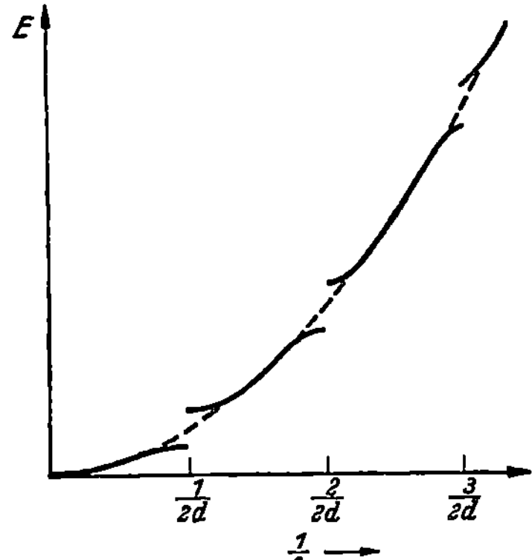

Abb. 268. Diskontinuitäten in der Energie der freien Elektronen.

Diskontinuitäten, wodurch bestimmte Energiebereiche verboten sind. Diese Sprünge finden sich bei den Werten

$$\frac{1}{\lambda} = \frac{k}{2d} \qquad\qquad (k = 1, 2, 3 \ldots)$$

der Abszisse, wenn d der Periodizitätsabstand im Ionengitter ist.

---

[1] Sommerfeld, A., u. H. Bethe in: Geiger-Scheel, Handb. d. Physik XXIV/2, 368 (1933).

Dieses Ergebnis gewinnt an Anschaulichkeit durch die Überlegung, daß eine an den Ionen gestreute Welle stark reflektiert wird, wenn die Gitterflächen sich einander im Abstande $\lambda/2$ folgen. Die zurückgestreuten Wellen haben dann nämlich alle dieselbe Phase und verstärken sich. Es ist dies eben die BRAGGsche Bedingung für die Reflexion von Röntgenwellen; diese Bedingung bleibt auch für irgendwelche anders gearteten Wellen gültig. Die selektive Reflexion äußert sich bei den im Metallkörper sich bewegenden Elektronen in dem Auftreten verbotener Energiegebiete.

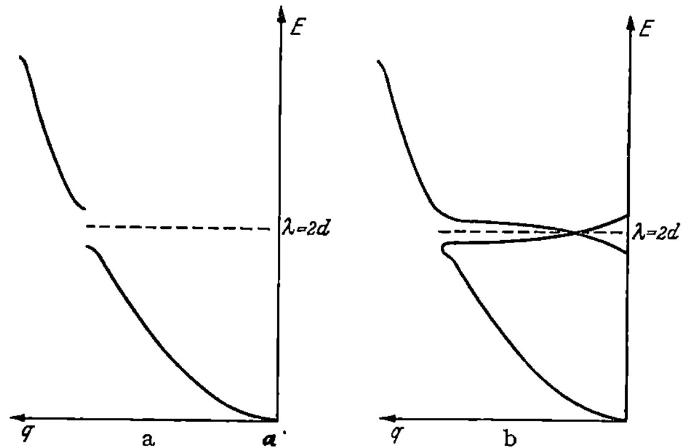

Abb. 269. BRILLOUINsche Zonen für ein eindimensionales (a) und ein dreidimensionales (b) Modell.

In dem dreidimensionalen Gitter treten für die verschiedenen Richtungen verschiedene Gitterabstände d auf. Die von der BRAGGschen Gleichung:

$$\frac{1}{\lambda} = \frac{k}{2d}$$

im $1/\lambda$-Raum bestimmten Ebenen durchkreuzen sich und begrenzen Körper, die man die BRILLOUINschen Zonen nennt[1]. Die innerste BRILLOUINsche Zone ist der auf S. 95 behandelte BRILLOUINsche Körper. Obgleich in einer bestimmten Richtung im $1/\lambda$-Raum Unstetigkeiten im Energieverlauf auftreten, ist es doch durchgehends möglich, längs eines Umweges alle Punkte des $1/\lambda$-Raumes zu erreichen, ohne auf Energiesprünge zu stoßen. Das dreidimensionale Gitter zeigt daher E-Bereiche, die beinahe getrennt sind und sich nur noch wenig überlappen (Abb. 269).

Die Lage der μ-Linie in bezug auf die Grenzen der gesonderten E-Bereiche ist für die elektronischen Eigenschaften der Metalle wichtig, sogar für ihren Aufbau (s. unten).

6. HUME-ROTHERY-Legierungen.

Es ist recht merkwürdig und zuerst von HUME-ROTHERY[2] bemerkt worden, daß die Kristallstruktur von Legierungen, bei denen keine

---

[1] BRILLOUIN, L.: Quantenstatistik. Berlin: Julius Springer 1931.
[2] HUME-ROTHERY, W.: The structure of metals and alloys. London 1936.

ganzen Zahlen als Verhältnis von freien Elektronen zu Bausteinen auftreten, weitgehend von dieser Verhältniszahl bedingt wird, und zwar besteht die Neigung, den BRILLOUINschen Körper so weit zu füllen, daß die ihn innerlich berührende Kugel eben ausgefüllt ist. Dies ist der Fall für folgende Zahlen von Elektronen je Atom:

$$\begin{aligned}
&\text{Kubisch innenzentriert} & \ldots \ldots \ldots & \quad 1{,}5 \\
&\text{Kubisch flächenzentriert} & \ldots \ldots \ldots & \quad 1{,}4 \\
&\text{Hexagonal dichteste Packung} & \ldots \ldots & \quad 1{,}75 \\
&\beta\text{-Mn-Struktur} & \ldots \ldots \ldots \ldots & \quad 1{,}5 \\
&\gamma\text{-Messing-Struktur} & \ldots \ldots \ldots \ldots & \quad 1{,}64
\end{aligned}$$

So wählen die Legierungen, die 1,4 Elektronen je Atom besitzen, vorzugsweise den flächenzentrierten Würfel (kubisch dichteste Packung). Beispiele hierfür sind (unter Angabe des aus der Zusammensetzung berechneten Wertes für Elektron je Atom):

Legierung	Elektron je Atom
Cu_3Zn_2	$z = 1{,}384$
Cu_4Al	$1{,}408$
Ag_3Zn_2	$1{,}40$

und viele andere.

Dagegen wählen Legierungen, bei denen das Verhältnis in der Nachbarschaft von 1,5 liegt, lieber den innenzentrierten Würfel oder die β-Mn-Struktur.

Innenzentriert sind:

	Elektron je Atom
CuZn	$z = 1{,}48$
Cu_5Sn	$1{,}49$
Cu_3Al	$1{,}48$
AuZn	$1{,}48$
AuCd	$1{,}49$
AgCd	$1{,}50$

Die β-Mn-Struktur zeigen: Ag_3Al, Au_3Al, Cu_5Si, $CoZn_3$. Die γ-Messing-Struktur wird gewählt, wenn die Verhältniszahl Elektron je Atom in der Nähe von 1,64 liegt, z. B. Cu_5Zn_8, $Cu_{31}Sn_8$, Ag_5Zn_8, Ag_5Hg_8.

Und schließlich ist die hexagonal dichteste Packung gewählt bei dem Werte 1,75 für: Elektron je Atom, in: $CuZn_3$, $CuCd_3$, Cu_3Sn, Cu_3Si, $AuZn_3$ usw.

7. Weitere elektronische Eigenschaften der Metalle.

Daß die freien Elektronen in der Metallphysik eine recht große Rolle spielen, ergibt sich noch aus mancherlei anderen Tatsachen. So haben wir im IV. Kapitel schon die Ungültigkeit der CAUCHYschen Beziehungen dieser besonderen Bindungsart zugeschrieben.

Es fällt weiter auf, daß die Metallverbindungen wenig oder nichts mit der Valenz der Metallatome zu schaffen haben. So bestehen die Verbindungen Cd_2Na, $NaCd_5$, Hg_2Na_5, $HgNa_3$ usw., die mit den ge-

bräuchlichen Valenzen nicht übereinstimmen (Cd zweiwertig, Na einwertig, Quecksilber ein- oder zweiwertig). Die Stabilität dieser Legierungen und ebenso wie diejenige der HUME-ROTHERY-Legierungen
ist bedingt von der Lage der μ-Linie in bezug auf die Grenzen der
BRILLOUINschen Zonen.

Unmittelbar stellt sich die große Bedeutung des Elektronengases bei
der Betrachtung der Zustandsdiagramme von besonderen Legierungen
heraus. Die Zustandsdiagramme der Bronzen (Cu-Sn-Legierungen) und

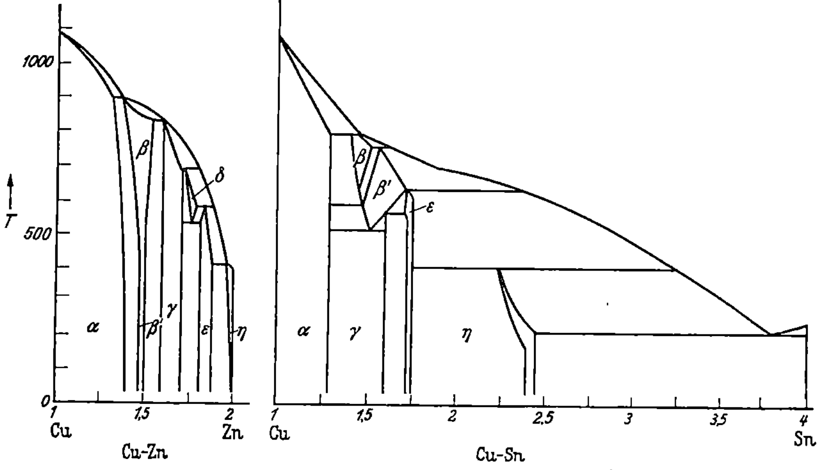

Abb. 270. Zustandsschaubilder der Systeme Kupfer—Zink und Kupfer—Zinn.

der Messingarten (Cu-Zn-Legierungen) sind grundverschieden, solange
man in üblicher Weise die Zusammensetzung mittels Atomprozenten
andeutet. Benutzt man aber als Abszisse die Zahl der freien Elektronen
je Atom, dann zeigen beide Zustandsdiagramme viele Punkte der Übereinstimmung (s. Abb. 270).

In dieser Hinsicht sind miteinander vergleichbar CuZn und Cu_5Sn
[Zahl der freien Elektronen bei CuZn: (1 + 2) auf 2 Atome, bei Cu_5Sn:
(5 + 4) auf 6 Atome, also in beiden Fällen 1,5 Elektronen je Atom].
Weiter sind übereinstimmende Verbindungen: Cu_5Zn_8 und $Cu_{31}Sn_8$
(21/13 Elektronen je Atom), $CuZn_3$ und Cu_3Sn (7/4 Elektronen je Atom).
Mit dem vorhandenen CuSn ($2^1/_2$ Elektronen je Atom) stimmt keine
CuZn-Verbindung überein, weil bei reinem Zn die Zahl 2 Elektronen je
Atom als Maximum erreicht wird.

In dem Buche von HUME-ROTHERY[1] findet man noch mehr Angaben
über den großen Einfluß der Elektronenzahl auf die Eigenschaften der
Verbindungen. So ist die Erniedrigung der Schmelztemperatur von Ag
durch Hinzufügen von Sb, Sn, Zn oder Cd keine eindeutige Funktion der
hinzugefügten Atomprozente, wohl aber der vermehrten Elektronen-

---

[1] l. c.

zahlen. Benutzt man als Abszisse also Atomprozente × Valenz (Sb ist
fünfwertig, Sn vierwertig, In dreiwertig, Cd zweiwertig), so erhält man
sich deckende Kurven für den Schmelzpunkt (Abb. 271).

Die Herabsetzung des magnetischen Moments des Nickels durch
Legierung mit anderen Metallen ist ebenfalls eine Funktion der Anzahl
der zugeführten Leitungselektronen, und zwar ist der Effekt proportional
der Anzahl dieser letzteren. Wie schon gesagt (S. 15), ist der Ferromagnetismus des Nickels dem Umstande zu verdanken, daß das $3d$-Band

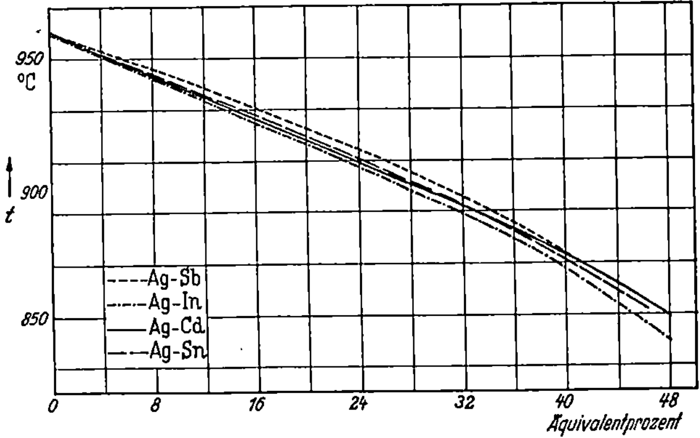

Abb. 271. Schmelzpunktserniedrigung des Ag durch Legierung mit Sb (5wertig), Zinn (4wertig), In
(3wertig) und Cd (2wertig).

nicht ausgefüllt ist. Von den zehn in diesem Band vorhandenen Stellen
sind im freien Atom nur acht besetzt. Im metallischen Zustande
beträgt das Maximalmoment je Atom aber nicht zwei BOHRsche Einheiten, was mit den zwei Lücken übereinstimmen würde, sondern
nur 0,6. Es sind also 1,4 Elektronen aus dem $4s$-Band in das $3d$-Band
zurückgetreten; diese Möglichkeit versteht man unmittelbar durch Betrachtung der Abb. 272. In dem $4s$-Band sind zu gleicher Zeit 1,4 Plätze
frei geworden. Eine Hinzufügung von nur wenigen zusätzlichen Elektronen durch Legierung mit freielektronenreichen Metallen füllt das
$3d$-Band bald völlig aus, so daß der Magnetismus ganz verschwindet.
In der Tat hat Cu (einwertig) den Effekt, daß für jedes Ni-Atom, das
ersetzt wird, ein BOHRsches Magneton verschwindet. Bei 63 % Cu würde
das ganze Moment verschwunden sein. Zn (zweiwertig) hat doppelt so
großen Effekt wie Cu, Al dreimal so großen usw.[1] (s. Abb. 273).

Kobalt und Eisen dagegen schlucken die freien Elektronen auf, weil
bei ihnen das $3d$-Band noch weniger gefüllt ist als beim Nickel. Sie
erhöhen das atomare magnetische Moment des Nickels. Palladium hat

---

[1] PESCHARD, M.: C. R. Acad. Sci., Paris **180**, 1836 (1925). — WEISS, P.,
R. FORRER u. F. BIRCH: C. R. Acad. Sci., Paris **189**, 789 (1929). — MARIAN, V.:
Ann. Phys., Paris **7**, 459 (1937).

beinahe keinen Einfluß, was darauf hinweist, daß dieses Metall ebenso
wie Nickel 0,6 Leitungselektronen hat und dafür auch 0,6 Lücken in
der beim freien Atom ausgefüllten, dann äußersten, Elektronenschale
($4d$-Schale, vgl. Tab. 2 S. 3).

Nickel besitzt einen negativen Halleffekt, d. h. das Vorzeichen ist so,
wie es für negativ geladene Elektrizitätsträger sein würde. Dagegen ist
für Co und Fe der Halleffekt positiv. Offenbar ist die Leitfähigkeit bei
den beiden letzteren mehr den Elektronenlücken im
$3d$-Band zu verdanken als den freien Elektronen
im $4s$-Band, was in Übereinstimmung steht mit den

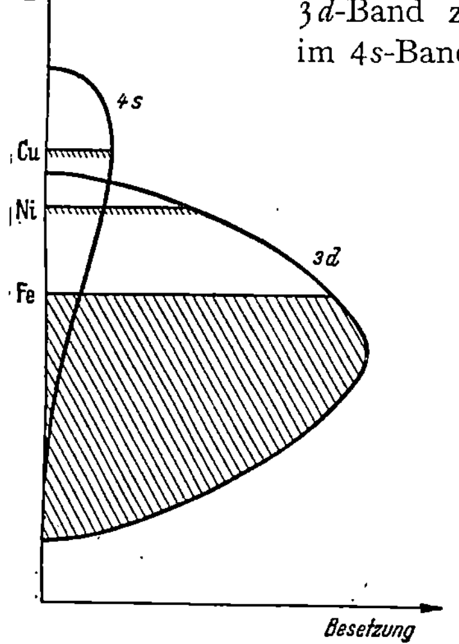

Abb. 272. Füllung der $3d$- und $4s$-Bänder
bei Fe, Ni und Cu.

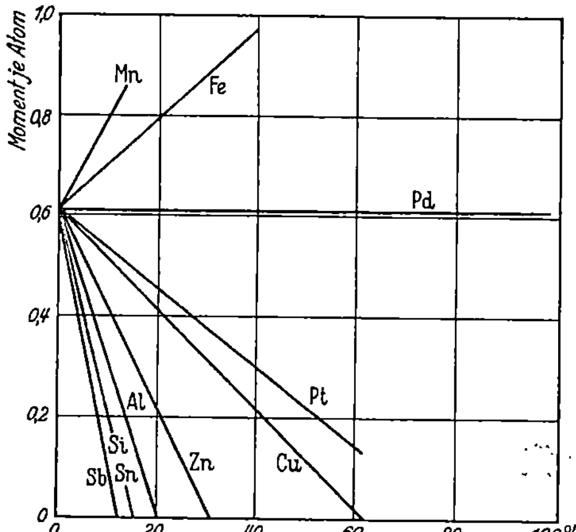

Abb. 273. Erniedrigung des atomaren Moments von Nickel
durch Legierung mit Metallen verschiedener Wertigkeit.

Besetzungszahlen der $3d$- und $4s$-Bänder, so wie sie aus dem magnetischen Maximalmoment folgen:

Zahl der Lücken im $3d$-Band:　　Fe 2,2,　Co 1,7,　Ni 0,6,
Zahl der Elektronen im $4s$-Band: Fe 0,2,　Co 0,7,　Ni 0,6.

Merkwürdig verhält sich das Wismut. Die kleine Leitfähigkeit
($^1/_{50}$ von der des Goldes) wird dem Umstande zugeschrieben, daß eben
eine Brillouinzone gefüllt ist und nur wenige Elektronen im nächsthöheren Band anwesend sind. Nimmt man noch einige dieser Elektronen
fort durch Legierung mit einem Metall von niedrigerer Valenz als der
des Wismuts, so sinkt die Leitfähigkeit schnell. Wenn man z. B. 0,2%
des fünfwertigen Wismuts durch das vierwertige Zinn ersetzt, dann geht
die Leitfähigkeit auf ein Viertel zurück. Dagegen erhöht das an sich
schlecht leitende, aber sechswertige Tellur die Leitfähigkeit des Wismuts.
Der negative Hallkoeffizient des Wismuts bestätigt die Annahme,
daß die Leitfähigkeit einer kleinen Zahl der in dem nächsthöheren Bande
sich befindenden Elektronen zuzuschreiben ist.

8. Das Gesetz von Wiedemann-Franz.

Wodurch wird das elektrische und thermische Leitvermögen der Metalle bestimmt? Dazu ist erstens die Zahl der zur Verfügung stehenden Elektronen und Elektronenlücken wichtig, zweitens die ihnen zuzuschreibende freie Weglänge.

Wir betrachten jetzt den Einfluß der mittleren freien Weglänge, bezeichnet mit l. Es sei ein Temperaturgefälle vorhanden; wir fragen nach der Wärmeleitfähigkeit. Die Elektronen, die an der Stelle $x = -l$ in thermisches Gleichgewicht mit der Umgebung gekommen sind, besitzen mehr Energie als die Elektronen, die an der Stelle $x = +l$ im Gleichgewicht sind. Wenn wir annehmen, daß das Elektron nach dem Wege l seine Überschußenergie an das Gitter abgibt, dann können wir ebenso, wie wir es oben auf S. 114 für die Gitterleitung getan haben, die Formel:

$$\lambda = \tfrac{1}{3} C \, l \, v .$$

angeben, wo jetzt C die Wärmekapazität sämtlicher teilnehmenden Elektronen ist und v eine effektive Elektronengeschwindigkeit darstellt.

Für alle Temperaturen unterhalb etwa $10\,000°$ K verhält sich das Elektronengas wie ein (entartetes) Gas, dessen kinetische Energie (die sehr groß ist) sich auf Grund der Fermi-Dirac-Statistik nur sehr wenig mit der Temperatur ändert. Es ist daher v beinahe temperaturunabhängig; C ist relativ gering und nach den Gesetzen der kinetischen Theorie des entarteten Gases proportional T, nämlich je Volumeneinheit:

$$C = n \, \frac{\pi^2}{2} \, \frac{k^2}{A} \, T .$$

($k =$ Boltzmannsche Konstante, $h =$ Plancksches Wirkungsquantum, $n =$ Zahl der Elektronen in der Volumeneinheit).

Da die Experimente bei höheren Temperaturen für die thermische Leitfähigkeit der Metalle λ-Werte liefern, die praktisch temperaturunabhängig sind, muß l umgekehrt proportional T sein, jedenfalls bei diesen Temperaturen (Abb. 274).

Zu demselben Ergebnis gelangt man durch die Betrachtung des elektrischen Widerstandes:

Der Zeitverlauf zwischen zwei Zusammenstößen eines Elektrons mit dem Gitter sei l/v. In dieser Zeit wird das Elektron in der Richtung des elektrischen Feldes, das die Feldstärke F haben möge, beschleunigt. Am Ende dieser Zeit ist die Geschwindigkeit in der F-Richtung auf den Betrag $\dfrac{eF}{m} \cdot \dfrac{l}{v}$ gestiegen; nach dem Stoß ist diese besondere Geschwindigkeit wieder verlorengegangen. Im Mittel ist die der thermischen Bewegung übergelagerte Geschwindigkeit in der F-Richtung: $u = \dfrac{eF}{2m} \cdot \dfrac{l}{v}$.

Wenn n Elektronen in der Volumeneinheit vorhanden sind, ist die Stromdichte $j = n \cdot e \cdot u$ und der spezifische Widerstand in Ohm:

$$\varrho = \frac{F}{j} = \frac{2mv}{ne^2 l}.$$

Da die experimentellen Werte von ϱ der absoluten Temperatur proportional sind, wird man auch auf diesem Wege dazu geführt, die Größe l als umgekehrt proportional T anzunehmen (Abb. 275).

Nach dem Vorhergehenden ist die thermische Leitfähigkeit λ der Metalle proportional der freien Weglänge l; der elektrische Widerstand ϱ

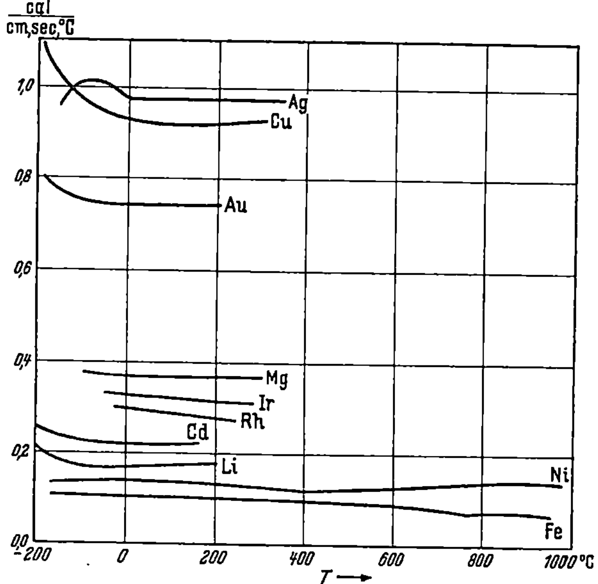

Abb. 274. Die thermische Leitfähigkeit der Metalle ist unabhängig von der Temperatur.

ist umgekehrt proportional l; das Produkt $\lambda\varrho$ ist also unabhängig von l und daher eine Größe, die weit einfacheren Gesetzen unterliegen dürfte. In der Tat gilt unabhängig von der Wahl des Metalls und für einen weiten Temperaturbereich die Regel:

$$\frac{\lambda\varrho}{T} = \text{Konst.} = 2{,}5 \cdot 10^{-8} \frac{\text{Volt}^2}{°\text{C}^2},$$

eine Beziehung, die unter dem Namen des Gesetzes von Wiedemann-Franz bekannt ist.

Die experimentellen Zahlen für $\lambda\varrho/T \cdot 10^8$ sind:

Metall	Cu	Ag	Au	Zn	Cd	Pb	Fe
$T = 291°$ K	2,28	2,36	2,43	2,31	2,42	2,45	2,88
$T = 373°$ K	2,32	2,37	2,45	2,33	2,43	2,51	3,00

Theoretisch leiten wir das Gesetz wie folgt ab. Es war:

$$\frac{\lambda}{T} = \frac{\pi^2}{6}\,\frac{k^2}{A}\,n\,l\,v \quad \text{und} \quad \varrho = \frac{2\,m\,v}{n\,e^2\,l}\;.$$

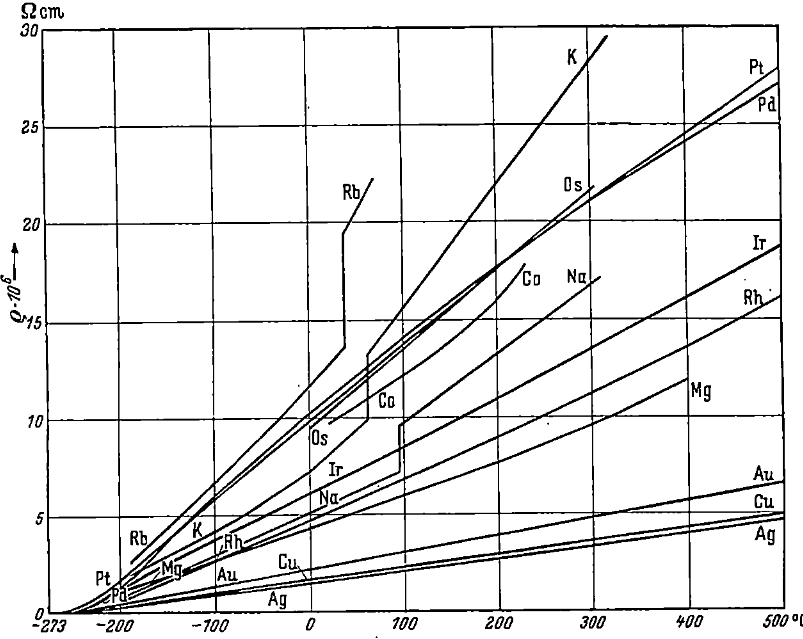

Abb. 275. Der spezifische Widerstand der Metalle ist proportional der absoluten Temperatur. (Nach W. GUERTLER: Metallographie II/2.)

Aus dem Produkte $\lambda\varrho/T$ fallen l und n heraus; weiter tritt die Kombination mv^2 auf, die wieder bis auf einen einfachen Zahlenfaktor gleich A ist. Es bleibt:

$$\frac{\lambda\varrho}{T} = \text{Konst.}\,\frac{k^2}{e^2}\;.$$

9. Wechselwirkung zwischen Elektronen und Gitter.

Die erwähnte Temperaturabhängigkeit der freien Weglänge der Elektronen ist in folgender Weise zu erklären.

Bei dem Zusammenprall zweier Partikeln muß im allgemeinen den beiden Gesetzen der Erhaltung der Energie und des Impulses Genüge geleistet werden. Durch diese beiden Bedingungen ist im allgemeinen der Bewegungszustand nach dem Zusammenprall eindeutig festgelegt.

Man denke sich zur Vereinfachung der Problemlage, daß ein Elektron (Masse m) mit der Geschwindigkeit v an ein stillstehendes Atom (Masse M) stößt (Abb. 276) und nach diesem Vorgange das Elektron die Geschwindigkeit v' in der Richtung φ hat, das Atom die Geschwindigkeit v'' in der Richtung ψ; dann gilt der Energiesatz:

$$m\,v^2 = M\,v''^2 + m\,v'^2 \tag{1}$$

und der Impulssatz: (v', v'' und v liegen in einer Ebene);

$$M v'' \sin \psi = m v' \sin \varphi, \qquad (2)$$

$$M v'' \cos \psi + m v' \cos \varphi = m v. \qquad (3)$$

Zwischen v', v'', φ und ψ bestehen drei Beziehungen, so daß noch ein Freiheitsgrad übrigbleibt, der im analogen makroskopischen Fall festgelegt wird durch die Kenntnis der Stelle an der Oberfläche von M, wo m anstößt.

Nach der Quantentheorie gibt es aber noch zwei neue Bedingungen. Es soll nämlich der neue Bewegungszustand des Elektrons wieder zu den von der Quantelung zugelassenen gehören. Weiter soll die auf das

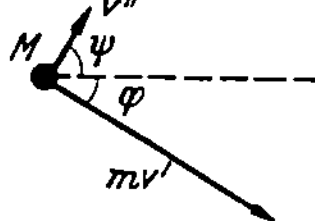

Abb. 276. Zusammenprall eines Elektrons (m) mit einem Gitterbaustein (M).

Atom übertragene Energie ein Vielfaches von $h\nu$ sein, wobei $h\nu$ ein Energiequant für diejenige Eigenschwingung ist, bei der das Atom in der ψ-Richtung schwingt. Diesen insgesamt fünf Bedingungen kann durch geeignete Wahl der vier Unbekannten v', v'', ψ und φ im allgemeinen nicht genügt werden. Das bedeutet, daß eine Streuung der Elektronen am Gitter nicht möglich wäre, die Elektronen bewegen sich so, als ob kein Gitter vorhanden wäre; es gäbe weder einen elektrischen Widerstand noch auch eine Energieübertragung oder einen thermischen Widerstand.

Diese Betrachtung gilt aber nur für ein ideales Gitter von ruhenden Atomen. Sind die Atome nicht in Ruhe, sondern in thermischer Bewegung begriffen, so kann doch den fünf Bedingungen genügt werden.

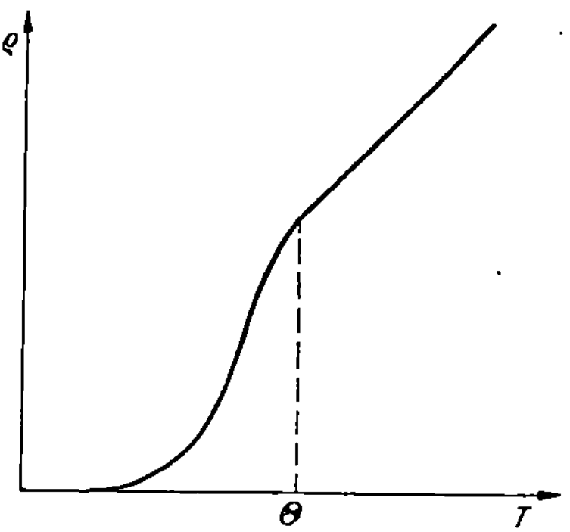

Abb. 277. Theoretischer ϱ-T-Verlauf.

Das Elektron begegnet nämlich Atomen von verschiedenen Geschwindigkeiten und Energien, und es entsteht die Möglichkeit, daß diese für eine Wechselwirkung mit einem sich in der Nähe befindenden Elektron günstig liegen. Die Wahrscheinlichkeit für eine Wechselwirkung wächst mit der thermischen Energie der Atome, und es liegt nahe, sie zunächst der Energie proportional zu setzen und daher die freie Weglänge der Elektronen umgekehrt proportional dieser Energie anzunehmen (Abb. 277).

Es ist klar, daß die Debyetemperatur Θ, die eine so beherrschende Rolle für den Energieinhalt spielt, auch für den Temperaturverlauf des thermischen und elektrischen Widerstandes große Bedeutung hat. Bei sehr tiefen Temperaturen soll die Stoßwahrscheinlichkeit relativ schnell anwachsen (von dem Werte Null beim absoluten Nullpunkt), und zwar anfänglich wie T^4; oberhalb Θ soll die Stoßwahrscheinlichkeit ebenso wie der Wärmeinhalt proportional der absoluten Temperatur sein.

Der Temperaturkoeffizient des elektrischen Widerstandes soll sich in naher Analogie mit der spezifischen Wärme als eine Debyekurve darstellen lassen können (Abb. 128, S. 103).

Bei genügend tiefer Temperatur verläuft λ nach diesen Betrachtungen wie $1/T^3$. Wahrscheinlich wächst die Leitfähigkeit nicht über alle Grenzen, weil die endlichen Abmessungen des Probekörpers schließlich an die Stelle der freien Weglänge treten. Von einer bestimmten Temperaturgrenze ab ist l also konstant zu denken, und λ nimmt weiter proportional mit C, d. h. mit T, ab. Aus demselben Grunde nähert sich der elektrische spezifische Widerstand bei genügender Temperaturerniedrigung einem konstanten Wert. (Siehe auch den nächsten Paragraphen.)

Es möge hier ausdrücklich erwähnt werden, daß die Supraleitfähigkeit, die einige Metalle (Pb, Hg u. a.) bei Abkühlung unter eine für den Stoff charakteristische Sprungtemperatur plötzlich zeigen, durch die obenstehenden Betrachtungen gar nicht erklärt werden kann. Hierzu reicht die heutige Quantentheorie nicht aus.

10. Die Matthiessensche Regel.

Im vorhergehenden Paragraphen führten wir die thermische Bewegung als ein Mittel ein, um größere Freiheit zur Erfüllung der Bedingungen zu erhalten, denen für einen erfolgreichen Zusammenstoß zwischen Elektron und Gitter zu genügen ist. Es ist aber auch möglich, eine von Null verschiedene Wahrscheinlichkeit hierfür zu bekommen, indem wir annehmen, daß das Gitter von dem idealen Aufbau abweicht, daß also „Gitterfehler" vorhanden sind. Diese Fehler können von der Anwesenheit von Fremdatomen (Verunreinigungen) herrühren oder von der Anwesenheit innerer Spannungen, z. B. als Folge von Kaltbearbeitung. In beiden Fällen zeigt das Gitter lokale Störungen; die Gitterbausteine sind verschieden stark gebunden und besitzen als Teilnehmer an einer Eigenschwingung stetig verteilte Geschwindigkeiten, wodurch die Quantenhemmung wieder aufgehoben werden kann.

Neben dem Widerstande thermischer Herkunft tritt also ein Widerstand von seiten der Gitterbaufehlstellen auf. In Anlehnung hieran lehrt das Experiment, daß im allgemeinen der Widerstand der Metalle sich zusammensetzt aus einem temperaturabhängigen Beitrag, der beim absoluten Nullpunkt nach Null hin strebt, und einem temperaturunabhängigen[1], der sich durch weitergehende Reinigung und Vergütung des Materials verringern läßt. Offenbar setzt sich die Stoßwahrscheinlichkeit

---

[1] Vgl. Abb. 179, S. 137.

additiv aus den Beiträgen zusammen, die beiden oben erwähnten Ursachen zugeschrieben werden können; dasselbe gilt für den reziproken Wert der freien Weglänge der Elektronen:

$$\varrho = \varrho_{\text{therm}} + \varrho_{\text{strukt}},$$

$$\frac{1}{l} = \frac{1}{l_{\text{therm}}} + \frac{1}{l_{\text{strukt}}}.$$

Diese Additivität der Widerstände ist als das MATTHIESSENsche Gesetz bekannt.

11. Kontakteffekte.

Die Frage nach dem Potentialsprung an der Grenzfläche zwischen zwei Stoffen wird mittels der Überlegung gelöst, daß der Übergang eines Elektrons mit der Energie E proportional der Besetzungszahl $\varrho_1(E)$ im ersten Stoff und proportional der Zahl der Lücken auf derselben Energiestufe im zweiten ist:

$$n_{1\to 2} = \text{Konst. } \varrho_1(1 - \varrho_2) \cdot q_1 \cdot q_2.$$

Umgekehrt ist die Zahl der von 2 nach 1 gehenden Elektronen:

$$n_{2\to 1} = \text{Konst. } \varrho_2(1 - \varrho_1) \cdot q_1 \cdot q_2.$$

Gleichgewicht erfordert, daß

$$\varrho_1(1 - \varrho_2) = \varrho_2(1 - \varrho_1)$$

ist, oder

$$\varrho_1 = \varrho_2.$$

Für jeden E-Wert muß $\varrho_1 = \varrho_2$ sein, d. h. die beiden ϱ-Kurven liegen gleich hoch, und bei mehr Stoffen geht das μ-Niveau unverändert durch die Grenzebene (Abb. 278).

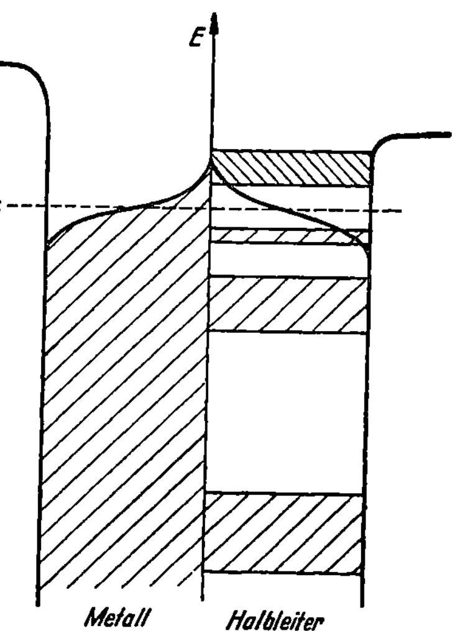

Abb. 278. Kontakt: Leiter—Halbleiter.

Hieraus folgt, daß unmittelbar außerhalb von Stoff *1* das Potential anders ist wie außerhalb des Stoffes *2*, und zwar ist die Differenz:

$$\varphi_1 - \varphi_2.$$

Zwischen A und C (Abb. 279 u. 280) herrscht ein elektrisches Feld mit dieser Spannung. Es ist das der Voltaeffekt:

$$\varphi_{12} = (\varphi_1 - \varphi_2).$$

In dem Luftspalt gehen die elektrischen Kraftlinien vom Material mit dem kleineren φ zum Material mit dem größeren φ.

Man hat wegen dieser Effekte zu korrigieren, wenn man z. B. die Charakteristiken von Elektronenröhren mit Elektroden aus verschiedenen Materialien messen will[1] (Abb. 281).

---

[1] KÖSTERS: Z. Physik **66**, 807 (1930).

·Einige Zahlenwerte sind folgende ($\varphi_{\text{Wolfr}} = 4{,}52$ V):

Voltaeffekt	Wo-Cu:	$+0{,}08$ V,
der reinen	Wo-Ni:	$+0{,}17$ V,
Metalle	Wo-Ta:	$+0{,}38$ V.

Wie man aus Abb. 278 ersieht, kommt es gelegentlich vor, daß elektronenfassende Energiestufen im Metall mit verbotenen Gebieten im

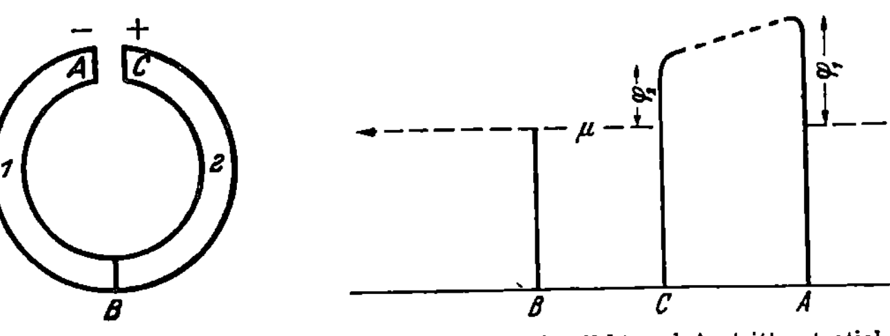

Abb. 279. Voltaeffekt.   Abb. 280. Voltaeffekt und Austrittspotential.

Halbleiter im Gleichgewicht sind. Die metallischen Elektronen werden alle an der Grenzfläche reflektiert. Der Mechanismus dieser Reflexion ist dem der optischen Totalreflexion sehr ähnlich. Die Elektronen kommen zwar durch die Grenzfläche hindurch, ihre Dichte nimmt aber exponentiell ab mit einem Relaxationsabstand von einigen Ångströmeinheiten. Der Halbleiter erhält aber dadurch eine negative Oberflächenladung, das Metall eine positive. Bei Trennung beider Körper behält der Halbleiter bzw. der Isolator die Ladung; es ist dies die sog. Reibungselektrizität.

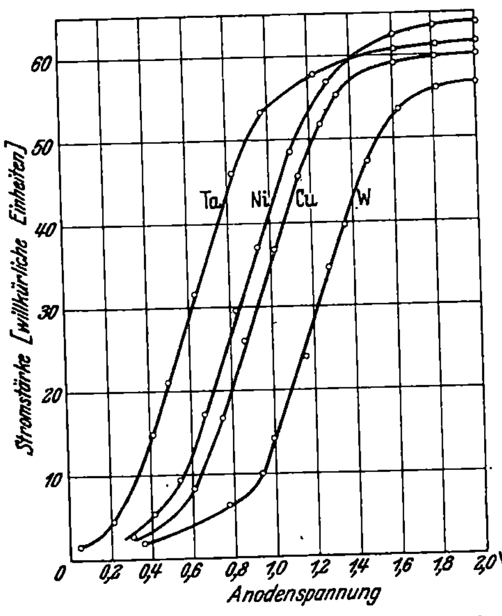

Abb. 281. Emissionskennlinien einer Elektronenröhre bei vier verschiedenen Anoden.
[Nach H. Kösters: Z. Physik 66 (1936).]

Auch beim Kontakt zweier Halbleiter oder Isolatoren tritt Ladung über, und zwar wird die elektronenärmere sich negativ aufladen. Da Elektronenreichtum zu höherer dielektrischer Polarisation Anlaß gibt, also die Dielektrizitätskonstante höher ist, wird verständlich, warum der Stoff mit der größten Dielektrizitätskonstante positiv wird (COHNsche Regel).

12. Peltiereffekt.

Führt man Ladung durch die Kontaktstelle zweier Metalle, so tritt eine Wärmetönung auf, der sog. Peltiereffekt, der mit der Stromrichtung die Zeichen wechselt und der durchgeführten Elektrizitätsmenge proportional ist:

$$dQ = \pi_{12}\, de. \qquad (1)$$

Zwar ändert sich die Energie eines Elektrons beim Durchschreiten der Berührungsstelle nicht, wohl aber die Entropie S_1 bzw. S_2 der Trägermetalle, und es ist:

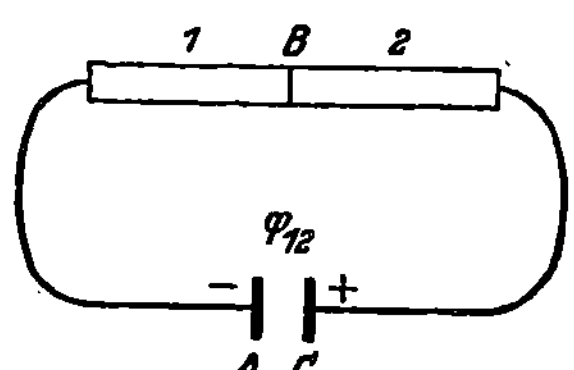

Abb. 282. Zum Peltiereffekt.

$$dQ = T(dS_1 - dS_2) = T\, dS_{12}. \qquad (2)$$

Der in Abb. 282 gezeichnete Kreis besteht aus zwei verschiedenen Metallen, die sich bei B berühren und bei A und C in der Form eines Kondensators enden. Es sei $\varphi_1 > \varphi_2$; dann befindet sich die Platte C auf höherem elektrischen Potential als die Platte A.

Nähern sich die Platten um einen kleinen Betrag, dann wächst die Kapazität des Kondensators, während der Voltaeffekt derselbe bleibt; daher muß die Ladung zunehmen. Es bewegt sich also eine Ladung de von A nach C, was die Energie $\varphi_{12} \cdot de$ kostet. Dies ist die vom System nach außen abgegebene Arbeit. Wo finden wir diese Energie wieder? Sie kommt zur einen Hälfte als Zunahme der Energie des elektrischen Feldes zum Vorschein: $d(\tfrac{1}{2} C V^2) = \tfrac{1}{2} \varphi_{12}\, de$, während die andere Hälfte von *dem* Körper aufgenommen worden ist, der die Kondensatorplatte verschoben hat (Kelvinkraft mal Schiebeweg). Nun ist im allgemeinen:

$$dF = -dA - S_{12}\, dT,$$

also in unserem Fall:

$$dF = -\varphi_{12}\, de - S_{12}\, dT,$$

und folglich:

$$-\frac{\partial^2 F}{\partial e\, \partial T} = \frac{\partial \varphi_{12}}{\partial T} = \frac{\partial S_{12}}{\partial e}. \qquad (3)$$

Die Kombination mit (1) und (2) liefert:

$$\frac{\partial \varphi_{12}}{\partial T} = \frac{\pi_{12}}{T}. \qquad (4)$$

Man geht auf absolute Werte über mittels:

$$\varphi_{12} = \varphi_1 - \varphi_2; \quad \pi_{12} = \pi_1 - \pi_2.$$

Dann lassen sich (3) und (4) in der Form schreiben:

$$\frac{\partial \varphi}{\partial T} = \frac{\partial S}{\partial e}; \qquad (3\,a)$$

$$\frac{\pi}{T} = \frac{\partial \varphi}{\partial T}. \qquad (4\,a)$$

Das Vorzeichen des Peltierkoeffizienten hängt davon ab, ob der μ-Pegel mit sich verändernder Temperatur steigt oder sinkt, weil ja $e\,\varphi = -\mu$ ist.

Ob μ bei steigender Temperatur tiefer oder höher liegt, hängt weiter davon ab, ob die Elektronendichte bei $E = \mu$ als Funktion von E zu- oder abnimmt. Oberhalb des μ-Pegels nimmt der Besetzungsgrad ϱ mit der Temperatur zu, unterhalb des μ-Pegels nimmt ϱ ab. Das Produkt $\varrho \cdot q$ ist die Zahl der Elektronen. Bliebe μ an derselben Stelle, so würde mit zunehmender Temperatur die Zahl der Elektronen zunehmen

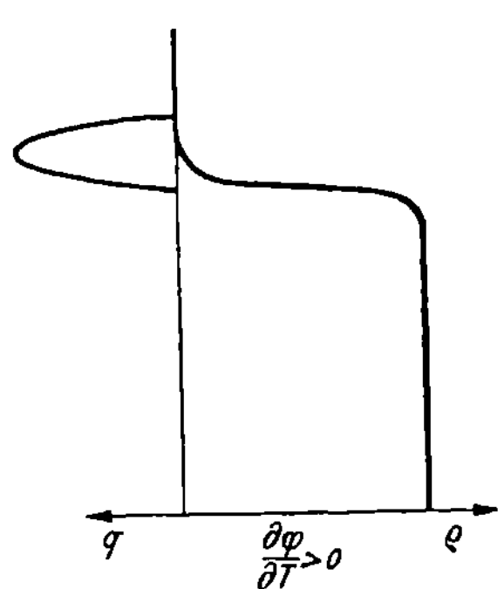

Abb. 283. Positiver Peltiereffekt.

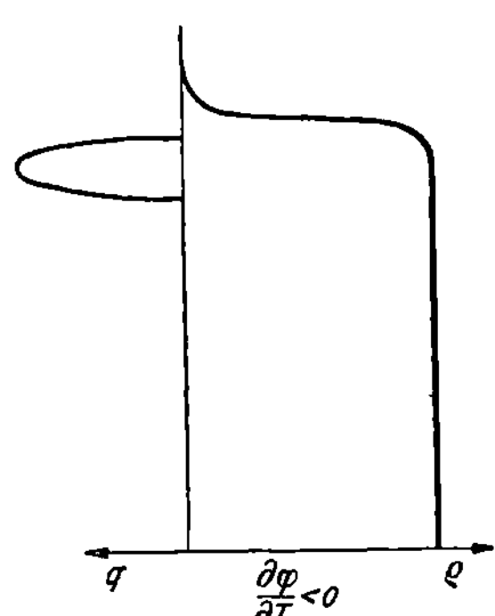

Abb. 284. Negativer Peltiereffekt.

müssen in dem Fall, den Abb. 283 darstellt; in dem durch Abb. 284 wiedergegebenen Falle träte Abnahme ein. Da aber die Elektronenzahl konstant bleibt, muß der μ-Pegel entsprechend gesenkt oder erhöht werden. Je nach der Füllung der Brillouinzone ist $\partial\varphi/\partial T$ positiv (teilweise Füllung) oder negativ (fast gefüllt).

Die Halbleiter und Isolatoren zeigen große Temperaturabhängigkeit des Austrittspotentials; außerdem ist der Effekt offenbar strukturempfindlich, weil zufällige Energiestufen von Elektronen, die an Fremdatomen haften, die Lage der μ-Stufe mitbestimmen. Wegen des thermodynamischen Zusammenhanges erwarten wir auch ein strukturbedingtes Verhalten des Peltiereffekts, und es ist auch deutlich, daß relativ starke Effekte bei Kontakten auftreten, wo ein oder zwei Halbleiter im Spiele sind.

So hat bei gut leitenden Metallpaaren π_{12} die Größenordnung von 1 mV; tritt ein schlecht leitendes Metall auf, so sind Werte um 0,1 V üblich; bei halbleitenden Oxyden und Sulfiden können sogar Werte von mehr als 1 V auftreten.

13. Thomsoneffekt.

Wenn ein elektrischer Strom durch einen Leiter geht von einer Stelle höherer Temperatur (T_2) nach einer Stelle niedrigerer Temperatur (T_1), so wird die Strombahn entlang eine Wärme Q entwickelt, die den Wert hat:

$$Q = \sigma \times \text{Ladung} \times (T_2 - T_1),$$

wo σ der Thomsonkoeffizient ist.

Je Ladungseinheit und je Grad Temperaturdifferenz ist die Wärme also:

$$\sigma = \frac{\partial^2 Q}{\partial T \partial e}$$

oder mit $Q = T dS$:

$$\sigma = T \frac{\partial^2 S}{\partial T \partial e},$$

was mit (3a) liefert:

$$\sigma = T \frac{\partial^2 \varphi}{\partial T^2} \tag{5}$$

oder wegen (4a):

$$\sigma = T \frac{\partial}{\partial T}\left(\frac{\pi}{T}\right).$$

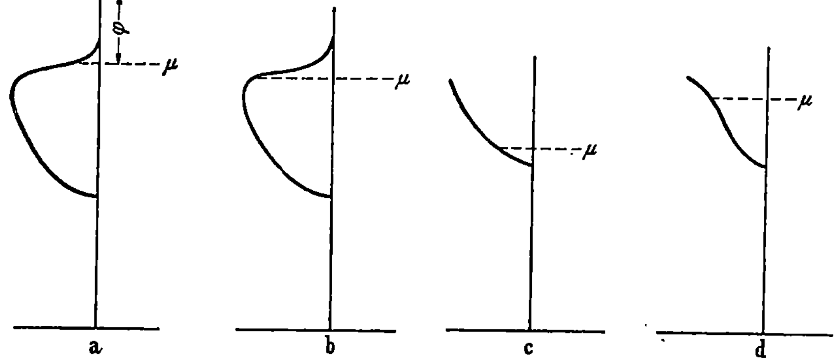

Abb. 285. Verschiedene Zeichenkombinationen des Peltiereffekts und des Thomsoneffekts.
a) Negativer Peltiereffekt, positiver Thomsoneffekt. b) Negativer Peltiereffekt, negativer Thomsoneffekt.
c) Positiver Peltiereffekt, negativer Thomsoneffekt. d) Positiver Peltiereffekt, positiver Thomsoneffekt.

Das Vorzeichen von σ hängt nach (5) von der Krümmung der ϱq-Kurve ab. Für den Fall der Abb. 285a ist:

$$\frac{\partial \varphi}{\partial T} < 0; \qquad \frac{\partial^2 \varphi}{\partial T^2} > 0.$$

Abb. 285b:
$$\frac{\partial \varphi}{\partial T} < 0; \qquad \frac{\partial^2 \varphi}{\partial T^2} < 0.$$

Abb. 285c:
$$\frac{\partial \varphi}{\partial T} > 0; \qquad \frac{\partial^2 \varphi}{\partial T^2} > 0.$$

Abb. 285d:
$$\frac{\partial \varphi}{\partial T} > 0; \qquad \frac{\partial^2 \varphi}{\partial T^2} < 0.$$

Alle Vorzeichenkombinationen des Peltiereffekts (bestimmt durch $\partial \varphi/\partial T$) und des Thomsoneffekts (bestimmt durch $\partial^2 \varphi/\partial T^2$) kommen vor.

Starke Thomsoneffekte erwarten wir wieder bei den schlechten Leitern und den Halbleitern.

14. Thermoelektromotorische Kraft[1].

Bekanntlich besitzt ein aus zwei verschiedenen Metallen bestehender Kreis, wenn die beiden Kontaktstellen verschiedene Temperatur haben, eine elektromotorische Kraft, die wir Φ_{12} nennen wollen. Die gelieferte Energie je durchflossene Einheitsladung ist Φ_{12}. Man erhält diese Energie in der Form von Wärme zurück, und zwar als Peltierwärme:

$$\pi_{12}(T_1)+\pi_{21}(T_2)$$

und als Thomsonwärme:

$$(\sigma_1 - \sigma_2)\,(T_2 - T_1).$$

Für unendlich kleine Temperaturdifferenz: $T_2 - T_1 = dT$ gilt dann:

$$\frac{\partial\,\Phi_{12}}{\partial T} = e_{12} = \frac{\partial\pi_{12}}{\partial T} + (\sigma_1-\sigma_2).\quad (6)$$

Nun ist $\sigma_1 - \sigma_2 = T\dfrac{\partial}{\partial T}\left(\dfrac{\pi_{12}}{T}\right)$

$= -\dfrac{\pi_{12}}{T} + \dfrac{\partial\pi_{12}}{\partial T}$, also die rechte Seite von (6) gleich:

$$\frac{\pi_{12}}{T}\,.$$

Der Übergang zu absoluten Werten anstatt der Differenzwerte liefert:

$$e = \frac{\partial\Phi}{\partial T} = \frac{\pi}{T} = \frac{\partial\varphi}{\partial T}\,.$$

Die empirischen Daten der Abb. 286 u. 287 zeigen erstens den stark strukturbedingten Charakter der thermoelektrischen Kraft, und zweitens, daß viel größere Werte auftreten, sobald eines der beiden Metalle durch einen Halbleiter ersetzt wird[2].

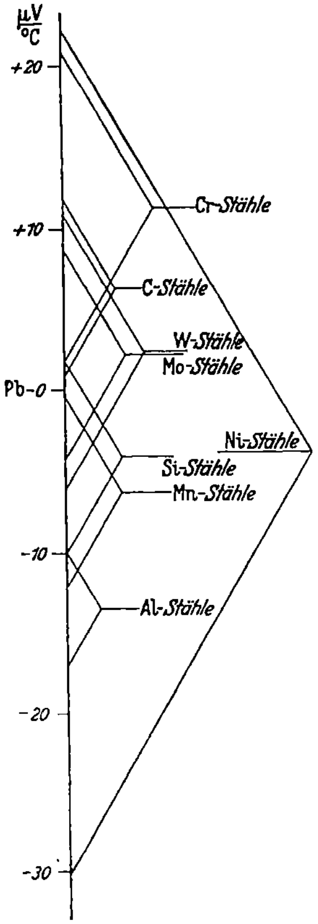

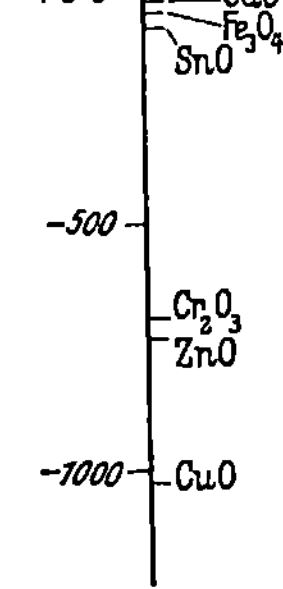

Abb. 286. Skala der Thermokraft verschiedener Metalle gegenüber Blei.

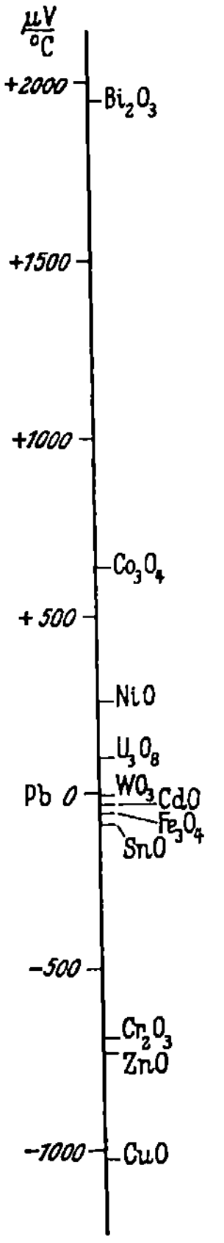

Abb. 287. Skala der Thermokraft verschiedener Halbleiter gegenüber Blei.

Formelzusammenstellung.

Austrittspotential: φ.

Voltaeffekt: $\varphi_{12} = \varphi_1 - \varphi_2$.

---

[1] Siehe auch S. 138.

[2] Wegen der thermoelektromotorischen Kraft von Halbmetallen s. M. REINHOLD u. Mitarbeiter: Z. physik. Chem. Abt. B **38**, 221, 245 (1937); **41**, 397 (1938).

Peltiereffekt: $\pi = T \dfrac{\partial \varphi}{\partial T}$.

Thomsoneffekt: $\sigma = T \dfrac{\partial^2 \varphi}{\partial T^2} = T \dfrac{\partial}{\partial T}\left(\dfrac{\pi}{T}\right)$.

Thermoelektromotorische Kraft je Grad: $e = \dfrac{\pi}{T} = \dfrac{\partial \varphi}{\partial T}$.

15. Elektronenemission.

Aus dem Metall zu entweichen werden diejenigen Elektronen imstande sein, die eine Energie größer als $E = 0$ haben (Abb. 288) und überdies eine genügend große Geschwindigkeitskomponente senkrecht zur Grenzfläche besitzen.

Auf Grund der Geschwindigkeitsstatistik S. 199 berechnet man für den Fall, wo der μ-Pegel nicht an der Grenze einer Brillouinzone liegt, den Sättigungsstrom je Oberflächeneinheit zu:

$$ j = A_0 T^2 e^{-\frac{e\varphi}{kT}} \qquad \text{(Gesetz von RICHARDSON),} $$

wo A_0 eine universelle Konstante ist. Es ist

$$ A_0 = 4\pi e \frac{m}{h^3} k^2 = 120{,}4 \ \text{Amp/cm}^2. $$

Neben dieser „thermischen" Emission besteht die photoelektrische. Das einfallende Lichtquantum kann Elektronen frei machen, wenn $h\nu > e\varphi$ ist. Im allgemeinen hat man zwischen der thermischen und optischen Bestimmung des φ gute Übereinstimmung gefunden. Eine Zusammenstellung der experimentellen Daten zeigt die Abb. 289.

Um die ausgetretenen Elektronen abzubefördern, muß man ein äußeres Feld anlegen, das die Stärke F haben mag, und dies hat zur Folge, daß die Potentialschwelle sinkt, die Austrittsenergie also kleiner wird. Bei stärkeren Feldern steigt daher der Emissionsstrom über den eigentlichen Sättigungswert hinaus (Schottkyeffekt 1913) (Abb. 290).

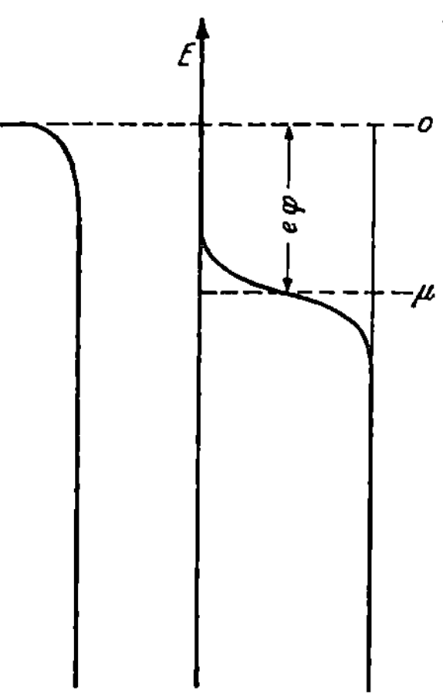
Abb. 288. Zur Elektronenemission.

BECKER[1] benutzte diesen Effekt, um die Form der Potentialwand experimentell zu bestimmen. Ist der Gradient des Potentials ohne äußeres Feld F_i, dann ist:

$$ \varphi_{(0)} = \int_0^\infty F_i \, dx. $$

---

[1] BECKER, J. A.: Physic. Rev. **31**, 431 (1928).

Nach Anlegen des äußeren Feldes F_u ist (Abb. 291):

$$\varphi = \int_0^{x_0} (F_i - F_u)\, dx$$

und

$$d\varphi = -dF_u \cdot x_0,$$

wo x_0 die Stelle ist, für die $F_i = F_u$ wird.

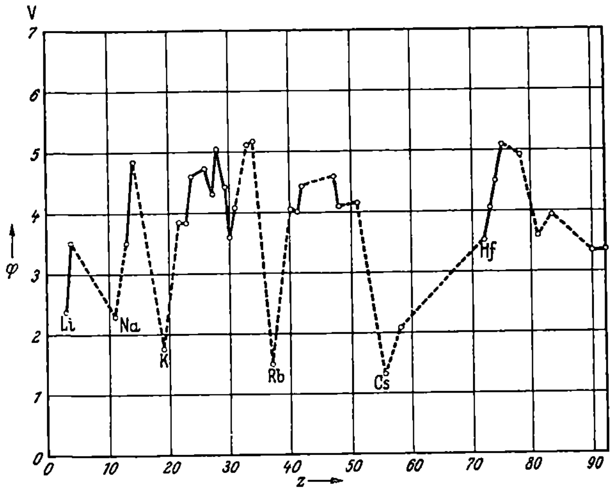

Abb. 289. Das Austrittspotential für die festen Elemente.

BECKER mißt die Stromdichte als Funktion der F_u:

$$\frac{d\log j}{dF_u} = \frac{d\log j}{d\varphi} \cdot \frac{d\varphi}{dF_u} = -\frac{e}{kT} \cdot (-x_0),$$

und er kann aus der $\log j$-F_u-Kurve den zu jedem Werte von F_u gehörigen Wert x_0 berechnen. Da bei $x = x_0$ die Größe F_i gleich der

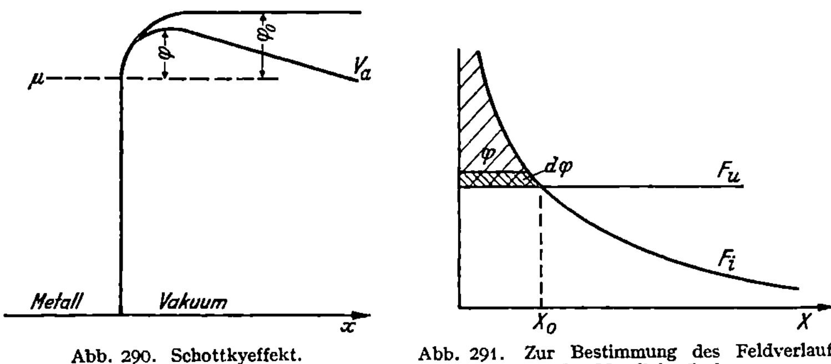

Abb. 290. Schottkyeffekt.   Abb. 291. Zur Bestimmung des Feldverlaufs an der Metalloberfläche.

Größe F_u ist, kennt man dann auch die Form der F_i-x-Kurve, d. h. die Form der Potentialwand.

Bei reinen Metalloberflächen findet man in dieser Weise $F_i = e/4x^2$, übereinstimmend mit der Spiegelbildkraft $K = e^2/4x^2$ nach THOMSON[1], und zwar gilt diese Regelmäßigkeit bis zu Abständen $x = 10^{-7}$ cm und weiter herab. Darunter treten Abweichungen wegen der Felder der einzelnen Ionen auf; für alle Abstände,

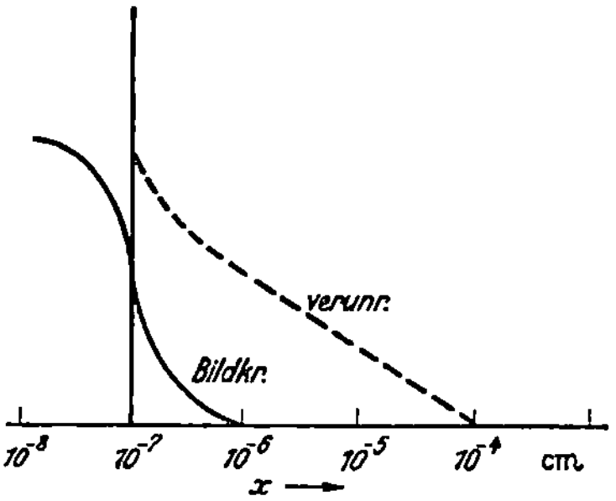

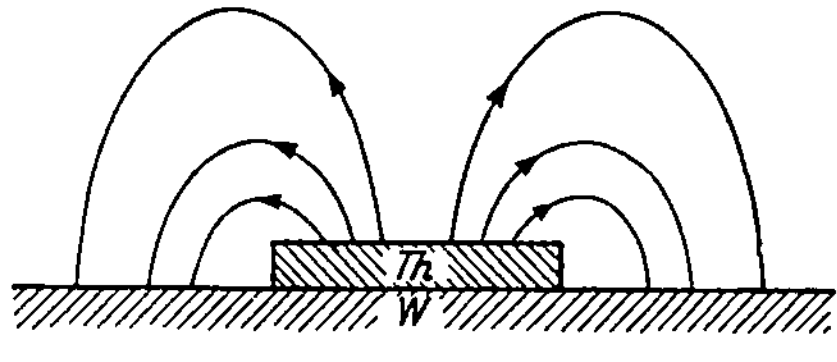

Abb. 292. Feldverlauf bei Inselbildung.

Abb. 293. Voltaeffekt infolge der Inselbildung.

die größer als 10^{-7} cm sind, verhält sich das Metall also wie ein stetig leitendes Medium.

Bei verunreinigten Oberflächen dagegen dehnt sich das Feld F_i bis auf weit größere Abstände der Oberflächen aus (Abb. 292). Dies ist eine Folge des auftretenden Voltaeffektes, der ein elektrisches Feld schafft (Abb. 293). Die Elektronen rühren von Verunreinigungen mit niedrigem φ her; man mißt also das Feld oberhalb dieser Verunreinigungen. Solche Oberflächen zeigen weit größere Abhängigkeit der Größe φ von dem äußeren Felde F_u als die reinen Oberflächen. Dieser „Inseleffekt" zeigt sich in den technischen Elektronenröhren in *der* Form, daß es schwer ist, den eigentlichen Sättigungsstrom zu bestimmen (Abb. 294).

Nach den Untersuchungen BECKERS ist die Form der Potentialwand und F_i-x-Kurve bekannt bis auf Abstände von der Größenordnung 10^{-7} cm hinab. Für den weiteren

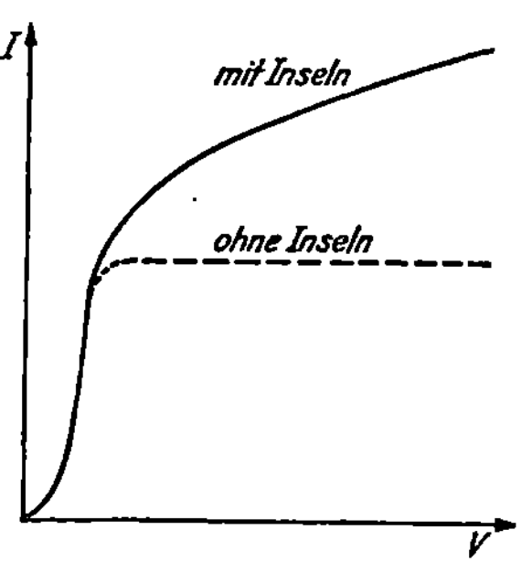

Abb. 294. Diodencharakteristik mit und ohne Inselbildung.

Verlauf von F_i machte LANGMUIR[2] die Hypothese, daß es näherungsweise eine Parabel sei, die ohne Knick in die Kurve für die Spiegelbildkraft übergeht, und zwar beim Punkte $x = a$ (Abb. 295), und an der Oberfläche des Metalls eben wieder nach Null geht. Letzteres, weil wir annehmen, daß im Metalle selbst keine resultierende auf die Elektronen wirkende Kraft übrigbleibt (Hypothese des freien Elektrons).

---

[1] Vorhergesagt von W. SCHOTTKY: Phys. Z. **15**, 872 (1914). Außer der Wirkung der Spiegelbildkraft erwartet man auch noch eine solche, die herrührt von der Abstoßung, verursacht von der Elektronenwolke außerhalb des Metalls. ZWIKKER, C.: Physica **11**, 161 (1931), zeigte theoretisch, daß dieser Beitrag klein ist im Vergleich mit demjenigen, der von der Spiegelbildkraft herrührt.

[2] LANGMUIR, I.: Trans. Amer. electrochem. Soc. **29**, 157 (1916).

Wenn die Parabel:

$$F_i = A x^2 + B x$$

im Punkte $x = a$ denselben Wert und dieselbe Neigung haben soll wie die Kurve für die Spiegelbildkraft:

$$F_i = \frac{e}{4 x^2},$$

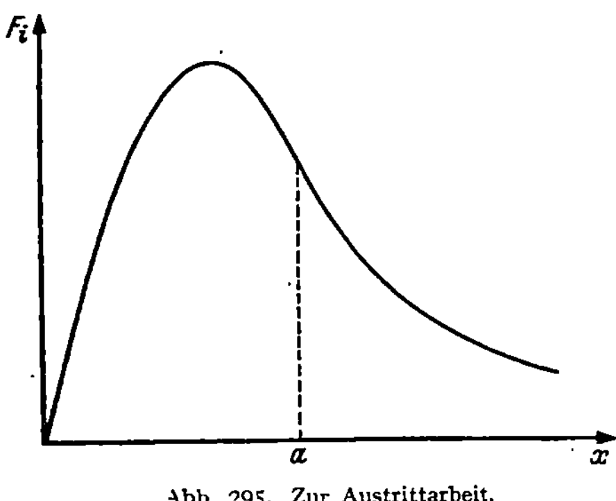

Abb. 295. Zur Austrittarbeit.

so muß in diesem Punkte

$$A a^2 + B a = \frac{e}{4 a^2}$$

und

$$2 A a + B = -\frac{e}{2 a^3}$$

sein, was für A und B folgende Werte liefert:

$$A = -\frac{3}{4}\,\frac{e}{a^4}; \qquad B = +\frac{e}{a^3}.$$

Das totale Austrittspotential beträgt:

$$\varphi = \int\limits_0^a (A x^2 + B x)\,dx + \int\limits_a^\infty \frac{e}{4 x^2}\,dx = \frac{e}{2 a},$$

wobei zufälligerweise beide Teilintegrale die Hälfte dieses Betrages aufliefern.

Es liegt nahe, für Metalle vom gleichen Gittertypus den kritischen Abstand a als proportional der Gitterkonstante d anzunehmen, und zwar von derselben Größenordnung. Wir kommen also zum Ergebnis, daß

$$\varphi \approx \frac{e}{d}.$$

Für Wolfram z. B. ist $d = 3{,}155 \cdot 10^{-8}$ cm. Mit $e = 4{,}80 \cdot 10^{-10}$ ESE berechnen wir dann $\varphi = 0{,}0152$ ESE $= 4{,}57$ V, während der experimentelle Wert für φ 4,52 V beträgt. Die numerische Übereinstimmung ist zufällig, wir konnten eigentlich nur Übereinstimmung der Größenordnung nach erwarten.

16. Einfluß von adsorbierten Fremdatomen auf die glühelektrische Emission.

Wir haben im vorhergehenden Paragraphen φ als temperaturunabhängig angenommen. In Wirklichkeit ist, wie wir schon gesehen haben, φ immer temperaturabhängig (S. 214), und besonders ist dies der Fall, wenn die Oberfläche sich teilweise mit Fremdatomen bedeckt. Lassen die Fremdatome sich leicht ionisieren (elektropositive Atome wie Li, K, Cs usw.), so entsteht eine elektrische Doppelschicht mit der positiven Ladung nach außen, welche Doppelschicht einen Potentialsprung hervorruft mit solchem Zeichen, daß die Austrittarbeit wesentlich erniedrigt wird. Des weiteren muß bemerkt werden, daß bei höheren Temperaturen das Zahlenverhältnis der ionisierten und nichtionisierten Atome sich in Richtung der gleichmäßigen Verteilung verschiebt, d. h. zuungunsten der Zahl der ionisierten Atome. Infolgedessen nimmt der Wert des Potentialsprunges bei steigender Temperatur ab. Der Effekt wird noch verstärkt durch das schnellere Verdampfen der adsorbierten

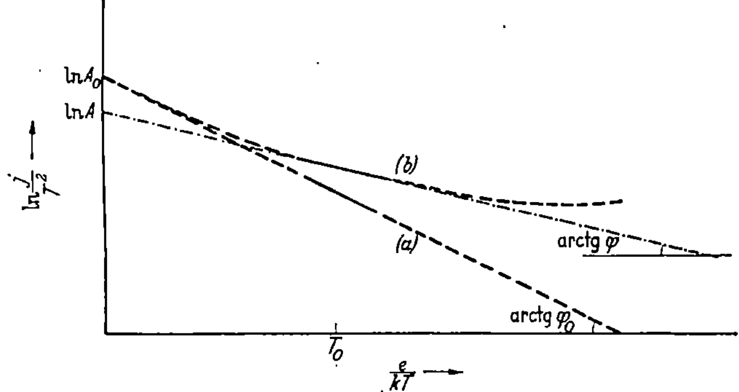

Abb. 296. Elektronenemission verunreinigter Metalloberflächen.

Fremdatome. Man erwartet demnach eine Austrittarbeit, die bei unendlich hoher Temperatur derjenigen des reinen Metalles gleich ist (φ_0), bei niedriger Temperatur aber allmählich kleiner wird.

Im entgegengesetzten Fall, wo elektronegative Atome adsorbiert werden (N, O usw.), läßt sich die Überlegung umkehren. Man erwartet dann eine Erhöhung der Austrittarbeit, die für $T \to \infty$ auch wieder verschwindet.

In Abb. 296 stellt (a) die RICHARDSONsche Gleichung für das reine Grundmetall dar, Kurve (b) die wegen der Verunreinigungen abgeänderte Kurve. Will man in diesem Falle für Temperaturen in der Nähe von T_0 die Elektronenemission wieder in der Form einer RICHARDSONschen Gleichung angeben, also durch:

$$\ln \frac{j}{T^2} = \ln A - \frac{e\,\varphi}{k\,T},$$

so müssen wir in Abb. 296 die Neigung der Tangente an der gebogenen Kurve (b) im Punkte T_0 und die Höhe des Punktes $\ln A$ auf der Ordinatenachse bestimmen. Man ersieht aus der Abbildung unmittelbar, daß φ und A gleichzeitig niedriger sind als φ_0 und A_0 des reinen Grundmetalls[1]. Für elektronegative Adsorptionsschichten sind φ und A gleichzeitig höher als φ_0 und A_0.

---

[1] RICHARDSON, O. W.: Proc. roy. Soc., Lond. A **91**, 524 (1915). — SCHOTTKY, W.: Handb. Exper. Physik **13** (2), 164 (1928).

Setzt man in erster Annäherung[1] $\varphi = \varphi_0 - \gamma/T$ (γ ist positiv für elektropositive Fremdatome), so wird Kurve (b) dargestellt durch

$$\ln \frac{j}{T^2} = \ln A_0 - \frac{e}{kT}\,\varphi_0 + \frac{e}{kT^2}\cdot\gamma .$$

Das scheinbare φ erhalten wir durch Differentiation dieser Form nach e/kT im Punkte T_0:

$$\varphi = -\frac{\partial \ln \dfrac{j}{T^2}}{\partial \dfrac{e}{kT}} = \varphi_0 - 2\frac{\gamma}{T_0}. \tag{1}$$

Weiter findet man unschwer mit Hilfe der Abb. 296:

$$\ln A_0 - \ln A = \frac{e}{kT_0}\cdot\frac{\gamma}{T_0}. \tag{2}$$

Durch Elimination von γ aus (1) und (2) entsteht:

$$\frac{e}{k}(\varphi_0 - \varphi) = 2T_0 \ln \frac{A_0}{A},$$

eine Beziehung, welche die Eigenart der Verunreinigung nicht mehr einschließt und nach der φ und $\ln A$ linear voneinander abhängen. Das experimentelle Ergebnis für Wolfram als Grundmetall zeigt Abb. 297.

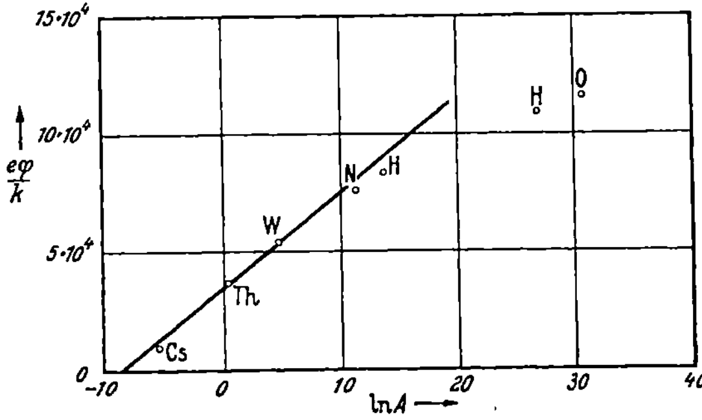

Abb. 297. Zusammenhang der Konstanten aus der RICHARDSONschen Gleichung bei Bedeckung der Metalloberfläche mit Fremdatomen. [Nach ZWIKKER: Physik. Z. 30 (1929).]

17. Kaltemission und Gleichrichterwirkung.

Starke elektrische Felder wirken noch in einer zweiten Weise auf die Emission fördernd ein, nicht nur durch das Senken des Scheitels des Potentialberges. Ein starkes Feld macht diesen Berg gleichzeitig dünn und erlaubt den Elektronen deshalb, durch den Berg hindurchzutreten; dieser Effekt, der von der Wellenmechanik gefordert wird, ist als Tunneleffekt bekannt. Der Zusammenhang zwischen Stromdichte und Feldstärke F ist[2]:

$$j = BF^2 e^{-\frac{a}{F}}.$$

[1] ZWIKKER, C.: Phys. Z. **30**, 578 (1929).
[2] MILLIKAN, R. A., u. C. F. EYRING: Physic. Rev. **27**, 51 (1926).

Dieser Strom tritt auch bei kalten Elektroden auf und heißt daher auch „Kaltemission". Die experimentelle Bestimmung der Stoffkonstanten B und a ist schwer, weil man F nicht kennt. Die Kraftlinien konzentrieren sich nämlich so auf ausragende Punkte, daß es fast unmöglich ist, aus der makroskopischen Feldstärke auf die effektive zu schließen.

Die Kaltemission wird als eine der Ursachen der Gleichrichterwirkung trockener Gleichrichter angesehen[1]. Zwischen dem Metall und dem eigentlichen Halbleiter der Abb. 298 sei eine dünne Schicht eines Isolators angebracht, in der Benennung von SCHOTTKY die „Sperrschicht". Die

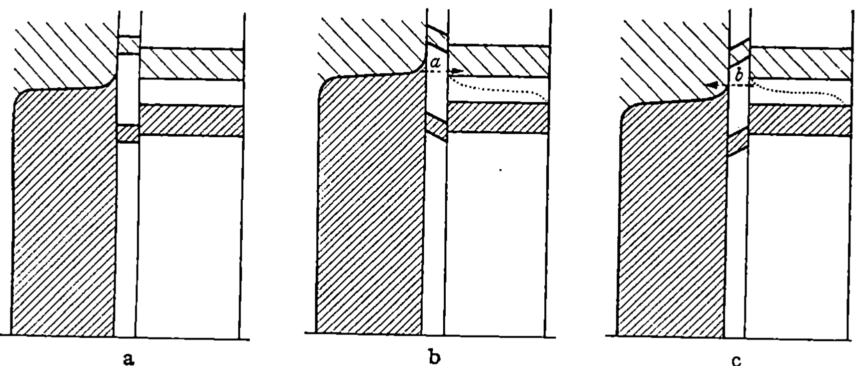

Abb. 298. Gleichrichterwirkung durch Tunneleffekt. a) Gleichgewichtszustand; b) Metall negativ. Die Elektronen können vom Metall nach dem Halbleiter übergehen bei dem Pfeil a; c) Metall positiv. Die entsprechende Bewegung der Elektronen von Halbleiter nach Metall bei b ist nicht möglich.

Elektronen können wegen des Tunneleffekts den Potentialhügel durchqueren. In Richtung des Pfeils a (Abb. 298b) geht dies noch, in Richtung des Pfeils b (Abb. 298c) jedoch nicht, weil in der Höhe von b gar keine Elektronen im Halbleiter vorhanden sind. Die Konstruktion zeigt Gleichrichterwirkung, die Vorzugsrichtung der Elektronenbewegung ist die vom Metall zum Halbleiter.

MOTT[2] zweifelt daran, ob in den technisch wichtigen Gleichrichtern, wobei es sich immer um Verunreinigungshalbleiter handelt, der Tunneleffekt wohl wirksam sei. Er entwickelt einen Mechanismus, wobei die Gleichrichtung dadurch zustande kommt, daß die Elektronen für die beiden Stromrichtungen verschiedene Chancen haben, *über* den Potentialgipfel hinwegzukommen. Er nimmt z. B. für den Kupferoxydul-Gleichrichter an, daß in der Sperrschicht der Überschuß an O, der dem Cu_2O eben die Fähigkeit der Halbleitung erteilt, allmählich abnimmt und an der Stoßstelle mit dem Grundmetall Cu ganz nicht mehr vorhanden ist. Die Gleichgewichtslage der Energieniveaus ist dann diejenige der Abb. 299a. In dieser Abbildung ist zu gleicher Zeit dem Rechnung

[1] VAN GEEL, W.: Z. Physik 69, 765 (1931).
[2] MOTT, N. F.: Proc. roy. Soc., Lond. 171, 27, 281 (1939).

getragen, daß Cu$_2$O einen positiven Halleffekt besitzt, d. h. die Leitfähigkeit ist dem Bestehen von Elektronenlücken in dem unteren Band
zu verdanken (Defekthalbleiter), das μ-Pegel liegt zwischen diesem
Bande und dem Energieniveau der an den Verunreinigungen haftenden
Elektronen. Legt man ein elektrisches Feld an, so wird es im Falle
der Abb. 299b einer Anzahl Elektronen möglich sein, über den Potentialgipfel in das obere Band des Halbleiters zu springen; beim Umpolen
(Abb. 299c) ist es nicht möglich, daß Elektronen aus diesem oberen
Band in das Metall springen, weil eben keine anwesend sind.

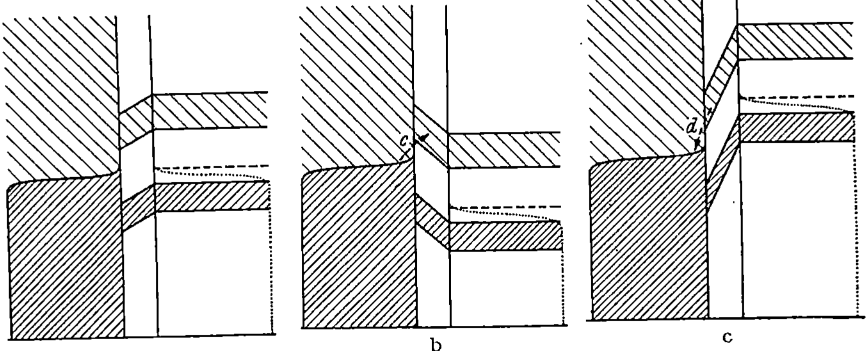

Abb. 299. Gleichrichterwirkung nach Mott. a) Gleichgewichtszustand. In der Sperrschicht nimmt die
Konzentration der Verunreinigungen allmählich ab. b) Metall negativ, die Elektronen springen nach c.
c) Metall positiv, der Sprung d bleibt aus, weil das obere Laufband leer ist.

Mott bemerkt, daß bei Benutzung von Halbleitern mit negativem
Halleffekt (Exzeß-Halbleiter) die Gleichrichterwirkung ihre Richtung um-
kehrt und die Elektronen vorzugsweise vom Halbleiter nach dem Metall
fließen. Dies ist z. B. beobachtet an der Kombination[1] Metall/Schellack/
ZnO, wobei ZnO infolge eines Überschusses an Zn Exzeß-Halbleiter
geworden ist.

Die physikalische Natur der Sperrschicht, deren Stärke, wie aus
Kapazitätsmessungen folgt, die Größenordnung 100 Å hat, ist noch
Gegenstand der Diskussion. Es könnte sein, daß, wie oben ausgeführt, die an das Kupfer grenzende Schicht des Cu$_2$O keinen für die
Halbleitung notwendigen Überschuß an Sauerstoffatomen enthält und
dadurch zu einem Isolator wird. Grondahl[2] u. a. nehmen dagegen
an, daß die Sperrschicht nur scheinbar anwesend ist. Der Widerstand
für den Elektronenstrom vom Halbleiter zum Metall soll deshalb so
groß sein, weil eine Elektronenverarmung des Halbleiters auftritt, der

---

[1] Hartmann: Phys. Z. **37**, 862 (1936).
[2] Grondahl, L. O.: Science, New York **64**, 306 (1926). — Zwikker, C.: Phys. Z.
Sowjet. **1**, 759 (1932). Ausführliche Diskussion bei W. Schottky: Z. Physik **113**,
567 (1939). — Siehe auch W. G. Dow: Fundamentals of engineering electronics.
New York 1937.

eine Anreicherung im entgegengesetzten Fall gegenübersteht. Die Figur, die die Lage der Energiestufen angibt, weicht von der Gleichgewichtsdarstellung ab. Der μ-Pegel kommt in bezug auf die Energiebänder höher oder niedriger zu liegen, je nachdem mehr oder weniger Elektronen zur Verfügung stehen. In der Abb. 300a ist für einen Exzeß-Halbleiter der Gleichgewichtszustand angegeben. In Abb. 300b und 300c ersieht man die Verschiebung des μ-Pegels für die beiden Stromrichtungen. In der Richtung e gehen Elektronen über, in der Richtung f aber nicht.

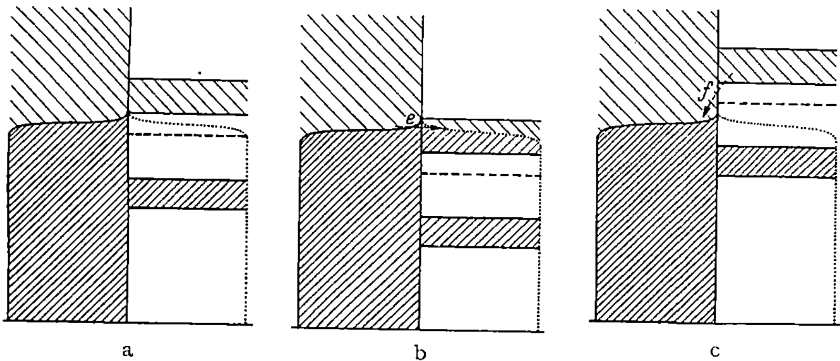

Abb. 300. Gleichrichterwirkung nach GRONDAHL. a) Gleichgewichtszustand. b) Metall negativ. Senkung der Energieniveaus des Halbleiters in bezug auf denjenigen des Metalls wegen Elektronenanreicherung des Halbleiters. Der Halbleiter ist leitend. c) Metall positiv. Hebung der Energieniveaus des Halbleiters wegen Elektronenverarmung des Halbleiters. Der Halbleiter ist zu einem Isolator geworden.

Es ist sehr wohl möglich, daß alle drei hier besprochenen Gleichrichtermechanismen berücksichtigt werden müssen.

Das Gleichgewicht kann auch gestört werden, indem man auf die Grenzfläche zwischen Cu_2O und Cu Licht einfallen läßt. Es werden Elektronen in höhere Laufbahnen des Cu_2O gehoben, und der Übergang der Elektronen nach dem Cu wird erleichtert. Die Kontaktfläche zeigt eine elektromotorische Kraft, die einen Photostrom erregt, der in diesem Fall merkwürdigerweise die Sperrichtung des Gleichrichters hat. Das graue Selen zeigt nach Bedeckung mit Graphit oder einer dünnen Silberschicht diesen Photoeffekt ebenfalls in starkem Maße und wird daher in großem Umfang für die Herstellung technischer Photozellen benutzt.

Namen- und Sachverzeichnis.